中国石油和化学工业行业规划教材

 "十二五  教材
经全国职 U0168581 审定

中国石油和化学工业优秀出版物奖（教材奖）一等奖

化工单元操作
第三版

何灏彦　刘绚艳　禹练英　主编

易卫国　主审

化学工业出版社
·北　京·

内 容 提 要

《化工单元操作》为"十二五"职业教育国家规划教材。本书根据高职教育的特点、要求和教学实际，按照"工作过程系统化"课程开发方法，打破本科教材的常规，不再以传统的"三传"为主线来安排教学次序，而是将化工原理、化工装备、电器与仪表等课程的相关知识有机融合，以典型化工生产单元操作及其设备为纽带进行理实一体化的项目化内容设计而编写。本书精简理论、删除烦琐的公式推导过程和纯理论型计算、放弃对过程原理及理论计算的"过深、过细、过全、过难"的描述。

全书包括流体流动及输送技术、传热技术（传热、冷冻）、分离技术（非均相物系的分离——沉降和过滤、蒸发、干燥、蒸馏、吸收、萃取、结晶、新型分离方法——膜分离和吸附）三大部分，共十一个项目，突出对学生工程应用能力、实践技能和综合素质的培养。

本教材配套大量信息化资源，通过扫描"二维码"可以获取丰富多彩、生动直观的动画和视频资源。并配套有《化工单元操作实训》（"十二五"职业教育国家规划教材）。

本教材适用于高职高专化工技术、生物与制药技术、环保及相关专业的高职院校师生，也可作其他各类化工及制药类职业学校的参考教材和职工培训教材，还可供化工及相关专业工程应用型本科学生和其他相关工程技术人员参考阅读。

图书在版编目（CIP）数据

化工单元操作/何灏彦，刘绚艳，禹练英主编. —3 版.
—北京：化学工业出版社，2020.7 （2025.2重印）
"十二五"职业教育国家规划教材
ISBN 978-7-122-36972-7

Ⅰ.①化…　Ⅱ.①何…　②刘…　③禹…　Ⅲ.①化工单元操作-高等职业教育-教材　Ⅳ.①TQ02

中国版本图书馆 CIP 数据核字（2020）第 084394 号

责任编辑：旷英姿　提　岩　　　　　　　　装帧设计：刘丽华
责任校对：张雨彤

出版发行：化学工业出版社（北京市东城区青年湖南街 13 号　邮政编码 100011）
印　　装：河北延风印务有限公司
787mm×1092mm　1/16　印张 20¾　字数 536 千字　2025 年 2 月北京第 3 版第 9 次印刷

购书咨询：010-64518888　　售后服务：010-64518899
网　　址：http://www.cip.com.cn
凡购买本书，如有缺损质量问题，本社销售中心负责调换。

定　　价：49.00 元　　　　　　　　　　　　　　　　版权所有　违者必究

化工单元操作是化工技术类及相关专业的一门重要的专业基础课，其传授的知识和技能在化工生产中被广泛应用。

本教材根据高职教育的特点、要求、学情和教学实际，按照"项目式、任务式、工作过程导向"课程开发方法，根据专业人才培养方案中课程体系的重构思路，打破本科教材的常规，不再以传统的"三传"为主线来安排教学次序，而是将化工原理、化工装备、电器与仪表等课程的相关知识有机融合，采用新技术、新工艺、新标准，以典型化工生产单元操作及其设备为纽带进行理实一体化的项目化内容设计。

全书共分"流体流动及输送技术、传热技术（传热、冷冻）、分离技术（非均相物系的分离——沉降和过滤、蒸发、干燥、蒸馏、吸收、萃取、结晶、新型分离方法——膜分离和吸附）"三大项目、十一个子项目，各子项目均涵盖"项目案例""技术应用""设备或流程认知""相关知识获取""操作方法""故障处理""安全生产"及"节能"等内容，突出对学生工程应用能力、实践技能和综合素质的培养，初步构建了"以职业岗位为课程目标，以职业标准为课程内容，以生产项目为课程结构，以最新技术为课程视野，以职业能力为课程核心，以'双师'教师为课程主导"的课程新体系，高职特色较鲜明。

在具体内容编排上也与以往教材有所不同：教学内容项目化、任务化、全面化；精简理论，删除烦琐的公式推导过程和纯理论型计算、放弃对过程原理及理论计算的"过深、过细、过全、过难"的描述；增加与实际生产相关的操作知识，拓宽了工程技术视野；力求理论联系实际，注重知识和技能的实用性、工程性、多样性、先进性；设备外观图片现场化、直观化；增加生产应用型案例，习题更具有针对性、生产性、典型性、实训性。

为帮助学生了解所学内容、明确学习将要达到的目标，每个项目均提出了本项目的"知识、技能、素质"目标及"训练与自测"，引导学生开展自我学习和自我评价。

本教材十分重视信息化技术的应用，配套大量信息化资源，通过扫描"二维码"可以获取丰富多彩、生动直观的动画和视频资源。

本教材可作为高职高专化工技术类及相关专业的教材，亦可供化工企业生产一线的工程技术人员参考。

本教材由何灏彦、刘绚艳、禹练英主编，易卫国主审。绪论、项目二由何灏彦编写，项目一由杨孝辉编写，项目三由谭平编写，项目四由刘军编写，项目五由杨文渊编写，项目六由佘媛媛编写，项目七由梁美东编写，项目八由禹练英编写，项目九由刘绚艳编写，项目十由张果龙编写，项目十一由廖红光编写，全书的数字化资源由刘绚艳制作。全书采用校企双元合作开发模式，由何灏彦、刘寿兵（湘江涂料集团公司高级工程师）、李芳（株洲化工集团公司高级技师）提出细化的编写提纲，由何灏彦统稿并作最后的修改。

在本书的编写过程中，得到了编写学校（湖南化工职业技术学院、贵州工业职业技术学院、湖南机电职业技术学院）的领导和老师的大力支持与帮助，在此谨向他们表示衷心的感谢。

由于编者水平所限，不妥之处在所难免，敬请读者和同仁们指正，以便今后修订。

编者

2020 年 4 月

化工单元操作是化工技术类及相关专业的一门重要的专业基础课，其传授的知识和技能在化工生产中被广泛应用。

本教材根据高职教育的特点、要求和教学实际，按照"工作过程系统化"课程开发方法，根据专业人才培养方案中课程体系的重构思路，打破本科教材的常规，不再以传统的"三传"为主线来安排教学次序，而是将化工原理、化工装备、电器与仪表等课程的相关知识有机融合，以典型化工生产单元操作及其设备为纽带，进行理实一体化的模块化内容设计。

全书共分"流体流动及输送技术、传热技术（传热、冷冻）、分离技术（非均相物系的分离——沉降和过滤、蒸发、干燥、蒸馏、吸收、萃取、结晶、新型分离方法——膜分离和吸附）"三大模块，十一个子模块，各子模块均涵盖"技术应用"、"设备或流程认知"、"相关知识获取"、"操作方法"、"故障处理"、"安全生产"及"节能"等内容，突出对学生工程应用能力、实践技能和综合素质的培养，初步构建了"以职业岗位为课程目标，以职业标准为课程内容，以生产项目为课程结构，以最新技术为课程视野，以职业能力为课程核心，以'双师'教师为课程主导"的课程新体系，高职特色较鲜明。

在具体内容编排上也与以往教材有所不同：教学内容模块化、任务化、全面化；精简理论，删除繁琐的公式推导过程和纯理论型计算，放弃对过程原理及理论计算"过深、过细、过全、过难"的描述；增加与实际生产相关的操作知识，拓宽了工程技术视野；力求理论联系实际，注重知识和技能的实用性、工程性、多样性、先进性；设备外观图片相片化、现场化、直观化；增加生产应用型案例，习题更具有针对性、实用性、典型性、实训性。

为帮助学生了解所学内容、明确学习将要达到的目标，每模块前提出了本模块的"知识、技能、素质"目标，引导学生开展自我学习和自我评价。

本教材可作为高职高专化工技术类及相关专业的教材，亦可供化工企业生产一线的工程技术人员参考。

本教材由何灏彦、禹练英、谭平主编，易卫国主审。绪论、模块二、模块十一由何灏彦编写，模块一由于津津编写，模块三由谭平编写，模块四、模块五由杨文渊编写，模块六由佘媛媛编写，模块七由梁美东编写，模块八由禹练英编写，模块九由刘绚艳编写，模块十由张果龙编写。全书由何灏彦提出细化的编写提纲、统稿并作最后的修改。

在本书的编写过程中，得到了编写学校（湖南化工职业技术学院、贵州工业职业技术学院、湖南机电职业技术学院）的领导和老师的大力支持与帮助，在此谨向他们表示衷心的感谢。

由于编者水平所限，不妥之处在所难免，敬请读者和同仁们指正，以便今后修订。

编者

2010 年 5 月

化工单元操作是化工技术类及相关专业的一门重要的专业基础课，其传授的知识和技能在化工生产中被广泛应用。

本教材根据高职教育的特点、要求和教学实际，按照"工作过程系统化"课程开发方法，根据专业人才培养方案中课程体系的重构思路，打破本科教材的常规，不再以传统的"三传"为主线来安排教学次序，而是将化工原理、化工装备、电器与仪表等课程的相关知识有机融合，以典型化工生产单元操作及其设备为纽带，进行理实一体化的项目化内容设计。

全书共分流体流动及输送技术、传热技术（传热、冷冻）、分离技术（非均相物系的分离——沉降和过滤、蒸发、干燥、蒸馏、吸收、萃取、结晶、新型分离方法——膜分离和吸附）等内容，共计十一个项目。突出对学生工程应用能力、实践技能和综合素质的培养，初步构建了"以职业岗位为课程目标，以职业标准为课程内容，以生产项目为课程结构，以最新技术为课程视野，以职业能力为课程核心，以'双师'教师为课程主导"的课程新体系，高职特色较鲜明。

在具体内容编排上也与以往教材有所不同：教学内容项目化、任务化、全面化；精简理论、删除繁琐的公式推导过程和纯理论型计算、放弃对过程原理及理论计算的"过深、过细、过全、过难"的描述；增加与实际生产相关的操作知识，拓宽了工程技术视野；力求理论联系实际，注重知识和技能的实用性、工程性、多样性、先进性；设备外观图片相片化、现场化、直观化；增加生产应用型案例，习题更具有针对性、实用性、典型性、实训性。

为帮助学生了解所学内容、明确学习将要达到的目标，每个项目均提出了本项目的"知识、技能、素质"目标及"训练与自测"，引导学生开展自我学习和自我评价。为便于学生自主学习，我们在"世界大学城"网站建立了内容丰富、资料齐全的课程网络资源库，网址 http://www.worlduc.com/SpaceShow/Index.aspx?uid=260117。为方便教学，本书还配有电子教案。

本教材可作为高职高专化工技术类及相关专业的教材，亦可供化工企业生产一线的工程技术人员参考。

本教材由何灏彦、禹练英、谭平主编，易卫国主审。绪论、项目二由何灏彦编写，项目一由杨孝辉编写，项目三由谭平编写，项目四和项目五由杨文渊编写，项目六由佘媛媛编写，项目七由梁美东编写，项目八由禹练英编写，项目九由刘绚艳编写，项目十由张果龙编写，项目十一由廖红光编写。全书由何灏彦、刘寿兵（湘江涂料集团公司高级工程师）提出细化的编写提纲，由何灏彦统稿并作最后的修改。

在本书的编写过程中，得到了编写学校（湖南化工职业技术学院、贵州工业职业技术学院、湖南机电职业技术学院）的领导和老师的大力支持与帮助，在此谨向他们表示衷心的感谢。

由于编者水平所限，不妥之处在所难免，敬请读者和同仁们指正，以便今后修订。

编者

2013 年 12 月

绪　　论

任务一　了解化工生产过程及单元操作

一、化工生产过程与单元操作

化学工业、石油化学工业、医药工业及轻工、食品、冶金等工业，尽管它们所生产的产品种类、加工方法、工艺流程以及设备等并不完全相同，甚至相差很大，但是它们的生产过程却具有一些共同的特点。将原料大规模进行加工处理，使其在物理性质、化学性质及机械性质上发生变化并生成新的、符合要求的产品，这就是化工生产过程。

图 0-1 表示的是用甲醇氧化法生产福尔马林的流程图。甲醇和水混合液由泵送到高位槽内，然后送入蒸发器内蒸发成气态，与此同时，鼓风机把氧化剂（空气）送入，这两种气态原料经加热器加热至 923K 左右，在氧化器内进行化学反应，生成甲醛，然后使其迅速通过氧化器下部的冷却器降温至 353～393K，最后在吸收塔内被水吸收后而成为产品。

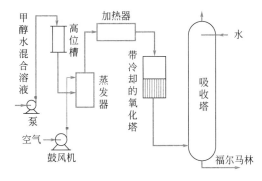

图 0-1　甲醇氧化法生产福尔马林的流程图

从福尔马林生产过程中可以看出，任何一个化工生产过程，都是由一系列化学反应操作和一系列物理操作所构成的。习惯上把化学反应操作称为化工单元过程，把物理操作称为化工单元操作，简称单元操作。化工单元操作（又名化工原理）就是研究这些物理操作的。应当指出，世界上所有化工性质的工业生产过程，全都是由一系列化工单元过程和化工单元操作，按照不同方式串联组合而成的。这就像英文中的 26 个字母，虽为数不多，却可以组成不同的单词。

在化工生产过程中，化学反应是核心，而化工单元操作是为化学反应这一核心服务的，为其提供适宜的反应前、反应后条件（如组成、温度、压力、流量流速等），同时满足环境保护、安全生产的需求。有时单元操作也可直接制造产品，如海水蒸发制盐和淡水。

二、单元操作的分类

根据单元操作的原理、功用不同，常用的单元操作可分为流体流动及输送、传热、冷冻、非均相物系的分离（沉降、过滤）、蒸发、干燥、蒸馏、吸收、萃取、结晶、膜分离、吸附等，见表 0-1。

根据操作方式的不同，单元操作可以分为连续操作和间歇操作两种方式。

根据操作过程参数的变化规律，单元操作可以分为定态操作（稳定操作）和非定态操作（不稳定操作）两种形式。

表 0-1   常用的化工单元操作

类　别	名　称	功　能　与　用　途
流体流动及输送技术	流体流动及输送	将流体从一个设备输送到另一个设备、提高或降低气体的压力
传热技术	传热	升温、降温或改变相态
	冷冻	将物料温度冷却到环境温度以下
分离技术	沉降	从气体或液体中分离悬浮的固体颗粒、液滴或气泡
	过滤	从气体或液体中分离悬浮的固体颗粒
	蒸发	使非挥发性物质中的溶剂汽化，溶液增浓
	干燥	使固体湿物料中所含湿分汽化除去
	蒸馏	利用组分的挥发度不同，分离均相混合液体
	吸收	利用气体在液体（吸收剂）中溶解度不同，分离气相混合物
	萃取	利用液体在液体（萃取剂）中溶解度不同，分离液相混合物
	结晶	使溶液中某种溶质变成晶体析出
	膜分离	利用固体或液体的膜来分离气体或液体混合物
	吸附	利用组分在固体吸附剂上吸附量不同，分离气相或液相混合物

定态操作指操作参数只与位置有关而与时间无关的操作，如定态流动和定态传热等。连续化工生产通常属于定态操作。定态操作的特点是过程进行的速率是稳定的，系统内没有物质或能量的积累。

非定态操作指操作参数既与位置有关又与时间有关的操作，如非定态流动和非定态传热等。间歇生产通常属于非定态操作。非定态操作的特点是过程进行的速率是随时间变化的，系统内存在物质或能量的积累。

任务二　了解本课程的性质、内容和课程目标

一、本课程的性质、内容

化工单元操作是化工类专业的一门核心技术基础课，其主要内容是以化工生产中的物理加工过程为背景，依据操作原理的共性，分成为若干单元操作，学习各单元操作的基本原理、基本计算、典型设备及生产中的操作控制方法。课程所涉及的知识和技能在实际生产中具备很高的应用价值，是培养学生专业职业能力的一门必不可少的工程课程。

在企业调研的基础上，本教材根据化工类专业的人才培养目标和学生将要面对的实际工作岗位和工作任务，安排本课程的教学内容：以原化工原理课程内容为基础，将化工装备、电器与仪表的相关知识进行适度的有机融合，课程内容共分十一个项目。各教学项目以化工生产职业岗位的作业流程、工作任务为导向，根据生产技术的功能与用途不同，按企业的具体职业岗位的职能而设置，可根据不同的人才培养方向、职业岗位进行选择。其教学内容充分体现了化工职业标准的要求，反映了职业素质、安全规范等方面的要求。

二、课程目标

使学生获得常见化工单元操作的操作技能、基础知识和基本计算能力，并受到足够的操作技能训练和职业素质培养，为学生学习后续专业课程和将来从事工程技术工作，实施操作控制、工艺调整、生产管理奠定知识、技能、素质基础。

（1）知识目标　能正确理解各单元操作的基本原理和规律；掌握基本计算公式的物理意义、使用方法和适用范围；了解典型设备的构造、性能和操作原理，并具有设备初步选型及设计的能力。

（2）技能目标　熟悉常见化工单元操作的操作方法；掌握主要单元操作过程及设备的基本计算方法；具备查阅和使用常用工程计算图表、手册、资料的能力；初步具有选择适宜操作条件、寻找强化过程途径、提高设备效能从而使生产获得最大限度的经济效益的能力；具有安全、环保的技能和意识；具有从过程的基本原理出发，观察、分析、综合、归纳众多影响生产的因素，运用所学知识解决工程问题的学习能力、应用能力、写作能力、创新能力、协作能力。

（3）素质目标　形成安全生产、环保节能、讲究卫生的职业意识；树立工程技术观念，养成理论联系实际的思维方式；培养追求知识、勤于钻研、一丝不苟、严谨求实、勇于创新的科学态度；培养敬业爱岗、服从安排、吃苦耐劳、严格遵守操作规程的职业道德；培养团结协作、积极进取的团队合作精神。

任务三　了解解决工程问题的基本思路和方法

本课程所要解决的问题均具有明显的工程性，主要原因是：①影响因素多（物性因素、操作因素及设备结构因素等）；②制约因素多（原辅材料来源、设备性能、自然条件等）；③评价指标多（质量、经济、安全、环保等评价指标）；④经验与理论并重。因此，解决单元操作问题仅仅通过解析的方法是难以实现的，常常需要理论与实践相结合，做到"理论正确、技术可行、方法可靠、操作安全、经济合理"。

在解决有关单元操作的问题时，主要运用物料衡算、能量衡算、平衡关系和过程速率等方法。

1. 物料衡算

物料衡算是质量守恒定律在化工计算中的一种表现形式。根据质量守恒定律，任何一个化工生产过程中，凡向该系统输入的物料总和必等于从该系统中输出的物料量与积累于该系统中的物料量之和。即

$$\sum G_1 = \sum G_2 + G_A \tag{0-1}$$

式中　$\sum G_1$——单位时间内输入系统物料量之和，kg/h；

　　　$\sum G_2$——单位时间内输出系统物料量之和，kg/h；

　　　G_A——积累在系统中的物料量，kg/h。

式(0-1)是总物料衡算式。当过程没有化学反应时，它适用于物料中任一组分的衡算；当有化学反应时，它只适用于任一元素的衡算。若过程中积累的物料量为零，则式(0-1)可简化为：

$$\Sigma G_1 = \Sigma G_2 \tag{0-2}$$

进行物料衡算时，首先按题意画出简单流程示意图，并用虚线框画出衡算范围，在工程计算中，可以根据具体情况以一个生产过程，或一个设备，甚至设备某一局部作为衡算范围。其次，确定衡算基准，对连续操作，常以单位时间为基准；对间歇操作，常以一批操作为基准。

式(0-1)、式(0-2)中各股物料可用质量或物质的量衡算，对于液体还可用体积衡算。

2. 能量衡算

机械能、热能、电能、化学能、原子能等统称为能量，各种能量可以相互转换，若计算中不需考虑能量间的转换问题，可只进行总能量衡算，有时甚至简化为热能或热量衡算。

能量衡算的依据是能量守恒定律，对热量衡算可以写成：

$$\Sigma Q_1 = \Sigma Q_2 + Q_L \tag{0-3}$$

式中　ΣQ_1——随物料进入系统的总热量，kJ/h；

　　　ΣQ_2——随物料离开系统的总热量，kJ/h；

　　　Q_L——向衡算范围外散失的热量，kJ/h。

热量衡算和物料衡算一样，需要确定衡算范围和衡算基准。

3. 平衡关系

物系在自然变化时，其变化必趋于一定方向，如任其发展，在一定的条件下，过程变化必达到极限，即平衡状态。例如：盐在水中溶解时，将一直进行到饱和状态为止；热量从高温物体传到低温物体，直至两物体的温度相等为止。

任何一种平衡状态的建立都是有条件的。当条件改变时，原有平衡状态被破坏并发生移动，直至在新的条件下建立新的平衡。

4. 过程速率

单位时间内过程的变化率称为过程速率。平衡关系只表明过程变化的极限，而过程速率则表明了过程进行的快慢。

任何一个物系，如果不是处于平衡状态，必然会发生使物系趋向平衡的过程，但过程以什么样的速率趋向平衡，这不决定于平衡关系，而是被诸多方面的因素所影响。理论和科学实验证明，过程速率是过程推动力与过程阻力的函数，过程推动力越大，过程阻力越小，则过程速率越大，可用下式表示：

$$过程速率 = \frac{过程推动力}{过程阻力}$$

由于过程不同，推动力与阻力的具体内容各不相同。通常，过程偏离平衡状态越远，过程推动力越大；达到平衡时，过程推动力为零。例如，引起高温物体与低温物体间热量传递的推动力是两物体间的温度差，温度差越大，过程速率越大，温度差为零时，两物体处于热平衡状态，彼此间不会有热量的传递。过程阻力较为复杂，将在有关的单元操作中作介绍。

训练与自测

一、技能训练

通过检索资料，进一步了解化工生产在国民经济的地位与作用，了解化学工业的发展现状及趋势。

二、问题思考

1. 什么是化工单元操作？常见的化工单元操作有哪些？

2.单元操作解决工程实际问题的主要方法有哪些？

3.物料衡算与能量衡算的依据是什么？

4.过程速率的主要影响因素有哪些？请写出过程速率的通式。

三、工艺计算

1.干燥器将含水量10%（质量分数，下同）的湿物料干燥至含水量为0.8%的干物料，试求每吨湿物料除去的水分。

2.某流体的流量为4L/s，请将单位L/s换算为m^3/s和m^3/h。

项目一
流体流动及输送

学习目标

知识目标   掌握常用贮罐、管子、管件、阀件、输送机械的形式、性能、特点、选型与安装使用方法；熟悉静力学方程、连续性方程、伯努利方程、流体阻力的计算方法及应用。

技能目标   能选择合适的贮罐、管子、管件、阀件、流体输送机械的形式；会进行管路的初步布置与安装；能测定流体的压力、液位、温度以及流量；能进行离心泵、往复泵等常用流体输送机械的操作；能对输送过程中的常见故障进行分析处理。

素质目标   形成安全生产、环保节能、讲究卫生的职业意识；树立工程技术观念，养成理论联系实际的思维方式；培养敬业爱岗、服从安排、吃苦耐劳、严格遵守操作规程的职业道德。

项目案例

某厂欲将 $45m^3/h$、20℃的碳酸钾溶液送至 20m 高的吸收塔，试确定该输送任务的生产方案（输送流程及管路布置、输送机械的选型、流量调节控制方法、操作规程等），并进行节能、环保、安全的实际生产操作，完成该输送任务。

流体是液体和气体的统称。流体具有流动性，其形状随容器的形状而变化。液体有一定的液面，气体则没有。液体几乎不具压缩性，受热时体积膨胀不显著，所以一般将液体视为不可压缩的流体；与此相反，气体的压缩性很强，受热时体积膨胀很大，所以气体是可压缩的流体。

流体流动是化工生产中最基本、最常见的现象。在化工生产中，不论是待加工的原料还是已制成的产品，常以液态或气态存在。在各种工艺生产过程中，往往需要将液体或气体输送至设备内进行物理处理或化学反应，这就涉及选用什么形式、多大功率的输送机械，如何确定管道直径及如何控制物料的流量、压强、温度等参数以保证操作或反应能正常进行，这些问题都与流体流动密切相关。另一方面，化工生产中的传质、传热和化学反应过程大多是在流体流动的条件下进行的，流体的流动状况对这些过程的操作费用和设备费用都有很大的影响。因此，流体流动规律是本课程的重要基础，流体输送问题是化工生产必须解决的基本问题。

在化工生产中，有以下几个主要方面经常要应用流体流动的基本原理及其流动规律：

① 管内适宜流速、管径及输送设备的选定；

② 压强、流速和流量的测量；

③ 为强化传热、传质设备的效能提供适宜的流动条件。

任务一　认知流体输送设备及管路

由图 1-1 可知，在硫酸铵生产工艺流程中，除了反应器、洗涤塔、造粒机等设备外，还有硫酸槽、洗涤液槽等贮罐（槽），硫酸泵、洗涤液泵、尾气风机等各种流体输送机械，管道、仪表和控制物料流向和流量的阀门。

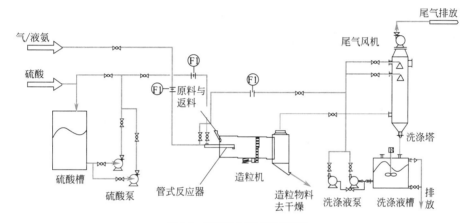

图 1-1　硫酸铵生产工艺流程图

一、贮罐

贮罐是一种最典型的化工容器，主要用于贮存气体、液体、液化气体等介质，如氢气贮罐、石油贮罐、液氨贮罐等，除贮存作用外，还用作计量。因此，贮罐在石油、化工、能源、轻工、环保、制药及食品等行业应用非常广泛。

贮罐一般由筒体、封头、支座、法兰及各种开孔接管组成。

（一）贮罐类型

按形状可分为立式圆筒贮罐、卧式圆筒贮罐、球形贮罐（即球罐），如图 1-2 所示。

1. 立式圆筒贮罐

由于制造较容易，应用最为广泛，常用于炼油和石油化学工业。

（1）固定顶贮罐　罐体由罐底、罐壁和罐顶组成，大型罐其罐壁常由不同厚度的钢板以对接方式连接成整体，壁板厚者在底部，向上厚度递减。小型罐壁板厚度一般相同，常以搭接方式连接。罐顶有平顶、锥顶、桁架顶、无力矩顶、拱顶等数种，如图 1-3 所示。其中用得最多的是拱顶罐，我国已成功地建成 2 万立方米的大型拱顶贮罐。

（2）浮顶贮罐　顾名思义，浮顶贮罐的顶不固定，而是随罐内介质的多少而上下浮动，如图 1-4 所示。浮顶贮罐分为外浮顶贮罐、内浮顶贮罐（带盖内浮顶贮罐）。

① 外浮顶贮罐　外浮顶贮罐的浮顶是一个漂浮在贮液表面上的浮动顶盖，随着贮液的输

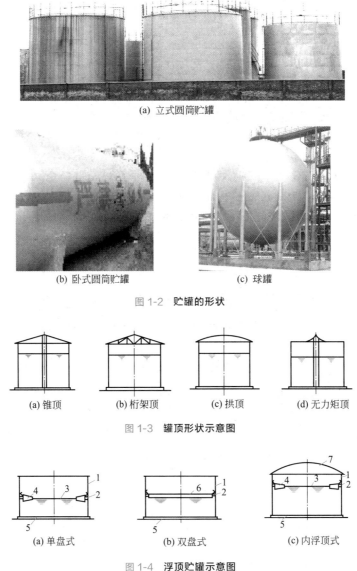

(a) 立式圆筒贮罐

(b) 卧式圆筒贮罐　　　　　(c) 球罐

图 1-2　贮罐的形状

(a) 锥顶　　　(b) 桁架顶　　　(c) 拱顶　　　(d) 无力矩顶

图 1-3　罐顶形状示意图

(a) 单盘式　　　(b) 双盘式　　　(c) 内浮顶式

图 1-4　浮顶贮罐示意图

1—罐壁；2—密封装置；3—浮盘；4—浮船；5—罐底；6—双浮盘；7—拱顶

入输出而上下浮动，浮顶与罐壁之间有一个环形空间，这个环形空间有一个密封装置，使罐内液体在顶盖上下浮动时与大气隔绝，从而大大减少了贮液在贮存过程中的蒸发损失。采用浮顶罐贮存油品时，可比固定顶罐减少油品损失 80％ 左右。

②内浮顶贮罐　内浮顶贮罐是带固顶的浮顶罐，也是拱顶罐和外浮顶罐相结合的新型贮罐。内浮顶贮罐的顶部是拱顶与浮顶的结合，外部为拱顶，内部为浮顶。内浮顶贮罐具有独特优点：一是与外浮顶罐比较，因为有固定顶，能有效地防止风、沙、雨雪或灰尘的侵入，绝对保证贮液的质量。同时，内浮盘漂浮在液面上，使液体无蒸汽空间，减少蒸发损失 85％～96％；减少空气污染，减少着火爆炸危险，易于保证贮液质量，特别适合于贮存高级汽油和喷气燃料及有毒的石油化工产品。由于液面上没有气体空间，故减少罐壁罐顶的腐蚀，从而延长贮罐的使用寿命。二是在密封相同情况下，与外浮顶相比可以进一步降低蒸发损耗。

内浮顶贮罐的缺点：与拱顶罐相比，钢板耗量比较多，施工要求高；与外浮顶罐相比，维修不便（密封结构），贮罐不易大型化，目前一般不超过 $10000m^3$。

2. 卧式圆筒贮罐

适用于贮存容量较小且需有一定压力的液体。

3. 球形贮罐

适用于贮存容量较大且压力较高的液体。

(二)贮罐的选用

贮存介质的性质是选择贮罐形式的一个重要因素。介质最重要的特性有：闪点、沸点、饱和蒸气压、密度、腐蚀性、毒性程度、化学反应活性等。

贮存液体的闪点、沸点以及饱和蒸气压与液体的可燃性密切相关，是选择贮罐形式的主要依据。通常取大气环境最高温度时的介质饱和蒸气压作为其最高工作压力。应根据最高工作压力初步选择贮罐类型。一般情况下，球形、椭圆形、碟形、球冠形封头的圆筒形贮罐和球罐可以承受较高的贮存压力，而立式平底筒形贮罐的承压能力较差，贮存介质的压力不大于 0.1MPa。

其次，再根据贮存量的大小选择合适的贮罐形式。单台立式圆筒形贮罐（非平底形）的容积一般不宜大于 $20m^3$，卧式圆筒形贮罐的容积一般不宜大于 $100m^3$，当总的贮存容量超过 $100m^3$ 但小于 $500m^3$ 时，可以选用几台卧罐组成一个贮罐群，也可以选用一台或两台球罐；如总容量大于 $500m^3$，且贮存压力较高时，建议选用球罐或球罐群。若是常压贮存，且贮存容量较大时（$>100m^3$），为了减少蒸发损耗或防止污染环境，保证贮液不受空气污染时，宜选用外浮顶罐或内浮顶罐；若是常压或低压贮存，蒸发损耗不是主要问题，环境污染也不大，可不必设置浮顶；若需要适当加热贮存，宜选用固定顶罐。

贮存介质的密度将直接影响载荷的分析与罐体应力的大小。介质的腐蚀性是贮存设备材料选择的首要依据，将直接影响制造工艺与设备造价；一般以腐蚀率作为选用材料的基准；腐蚀率在 0.005mm/a 以下，可以充分使用，腐蚀率在 0.05～0.005mm/a，可以使用，腐蚀率在 0.5～0.05mm/a，尽量不要使用，腐蚀率在 0.5mm/a 以上，不使用。而介质的毒性程度则直接影响设备制造与管理的等级和安全附件的配置。

同时，介质的黏度或冰点也直接关系到贮存设备的运行成本。这是因为当介质为具有高黏度或高冰点的液体时，为保持其流动性，就需要对贮存设备进行加热或保温，使其保持便于输送的状态。

另外，在选择贮罐形式时，还需考虑贮存场地的位置、大小和地基承载能力。

二、化工管路

化工管路是化工生产中所涉及的各种管路形式的总称，是化工生产装置不可缺少的部分。它对于化工生产，就像"血管"一样，将化工机器与设备连在一起，从而保证流体能从一个设备输送到另一个设备，或者从一个车间输送到另一个车间。在化工生产中，只有管路畅通，阀门调节得当，才能保证各车间及整个工厂生产的正常进行。

(一)化工管路的构成与标准化

化工管路主要由管子、管件和阀件构成，也包括一些附属于管路的管架、管卡、管撑等辅件。

1. 化工管路的标准化

化工管路的标准化是指制定化工管路主要构件，包括管子、管件、阀件（门）、法兰、垫片等的结构、尺寸、连接、压力等的标准并实施的过程。直径标准与压力标准是选择管子、管件、阀件、法兰、垫片等的依据，已由国家标准详细规定，使用时可以参阅有关资料。

2. 管子

生产中使用的管子按管材不同可分金属管、非金属管和复合管。金属管主要有铸铁管、钢管（含合金钢管）和有色金属管等；非金属管主要有陶瓷管、水泥管、玻璃管、塑料管、橡胶管等；复合管指的是金属与非金属两种材料复合得到的管子，最常见的形式是衬里管，它是为了满足节约成本、强度和防腐的需要，在一些管子的内层衬以适当的材料，如金属、橡胶、塑料、搪瓷等而形成的。随着化学工业的发展，各种新型耐腐蚀材料不断出现，如有机聚合材料、非金属材料管正在越来越多地替代金属管。

管子的规格通常是用"ϕ外径×壁厚"来表示，如$\phi 38mm \times 2.5mm$表示此管子的外径是38mm，壁厚是2.5mm。但也有些管子是用内径来表示其规格的，使用时要注意。管子的长度主要有3m、4m和6m，有些可达9m、12m，但以6m最为普遍。

（1）铸铁管　主要有普通铸铁管和硅铸铁管，在每一种公称直径下只有一种壁厚。因此，铸铁管的规格常用ϕ内径表示，如$\phi 1000mm$表示铸铁管的内径是1000mm。铸铁管除75mm和100mm两种的长度是3m以外，其余都是4m长。

① 普通铸铁管　由上等灰铸铁铸造而成，其主要特点是价格低廉、耐浓硫酸和碱等，但拉伸强度、弯曲强度和紧密性差，性脆而不宜焊接及弯曲加工。因此，主要用于地下供水总管、煤气总管、下水管或料液管，不能用于有压、有害、爆炸性气体和高温液体的输送。

② 硅铁管　分为高硅铁管和抗氯硅铁管。前者指含硅14%以上的合金硅铁管，具有抗硫酸、硝酸和573K以下盐酸等强酸腐蚀的优点；后者指含有硅和钼的铸铁管，具有抗各种浓度和温度盐酸腐蚀的特点。两种管子的硬度都很高，只能用金刚砂轮磨修或用硬质合金刀具来加工；性脆，在敲击、剧冷或剧热的条件下极易破裂；机械强度低于铸铁，只能在0.25MPa（表压）下使用。

（2）钢管　主要有有缝钢管和无缝钢管。

① 有缝钢管　是用低碳钢焊接而成的钢管，又称为焊接管，分为水、煤气管和钢板电焊钢管。水、煤气管的主要特点是易于加工制造，价格低廉，但因为有焊缝而不适宜0.8MPa（表压）以上的压力条件下使用。目前主要用于输送水、蒸汽、煤气、腐蚀性低的液体、压缩空气及真空管路。

② 无缝钢管　是用棒料钢材经穿孔热轧（热轧管）和冷拔（冷拔管）制成的，因为没有接缝，故称为无缝钢管。用于制造无缝钢管的材料主要有普通碳钢、优质碳钢、低合金钢、不锈钢和耐热铬钢等。无缝钢管的主要特点是质地均匀、强度高、管壁薄，少数特殊用途的无缝钢管的壁厚也可以很厚，比如锅炉及石油工业专用的一些管子的壁就比较厚。由于无缝钢管的材料及壁厚很多，工业生产中，无缝钢管能用于在各种温度和压力下输送流体，广泛用于输送有毒、易燃易爆、强腐蚀性流体和制作换热器、蒸发器、裂解炉等化工设备。

无缝钢管的规格以$\phi 45 \times 2.5 \times 4/20$的形式表示，其中45表示外径45mm，2.5表示壁厚度为2.5mm，4表示管长4m，20表示材料是20钢。

（3）有色金属管　是用有色金属制造的管子的统称，主要有铜管、黄铜管、铅管和铝管。在化工生产中，有色金属管主要用于一些特殊用途场合。

① 铜管与黄铜管　是由紫铜或黄铜制成的。铜的导热能力强，是用于制造换热器的换热管；因其延展性好，易于弯曲成型，故常用于油压系统、润滑系统来输送有压液体；由于其耐低温性能好，故也适于在低温管路使用；在海水管路中也有广泛应用。但当操作温度高于

523K 时，不宜在高压下使用。

② 铅管　用铅制作的管子具有良好的抗蚀性，能抗硫酸及 10％以下的盐酸。故工业生产中主要用于硫酸工业及稀盐酸的输送，但不适用于浓盐酸、硝酸和乙酸的输送。其最高工作温度是 413K。由于其机械强度差、性软而笨重、导热能力小，因此已正在被合金管及塑料管所取代。铅管的规格习惯上用 ϕ 内径×壁厚表示。

③ 铝管　用铝制造的管子也有较好的耐酸性，其耐酸性主要由其纯度决定，但耐碱性差，且导热能力强，质量轻。工业生产中广泛用于输送浓硫酸、浓硝酸、甲酸和醋酸，也用于制作换热器；小直径铝管可以代替铜管来输送有压流体。但当温度超过 433K 时，不宜在较高的压力下使用。

（4）非金属管　用各种非金属材料制作而成的管子的统称。

① 陶瓷管　陶瓷管的特点是耐腐性高，对除氢氟酸以外的所有酸碱物料均具有耐腐蚀性，但性脆、机械强度低、承压能力弱、不耐温度剧变。因此，工业生产中主要用于输送压力小于 0.2MPa、温度低于 423K 的腐蚀性流体。

主要规格有 $DN50$、$DN100$、$DN150$、$DN200$、$DN250$ 及 $DN300mm$ 等。

② 水泥管　水泥管主要用于下水道的排污水管。通常无筋混凝土管用作无压流体的输送；预应力混凝土管可在有压情况下输送流体，并用以代替铸铁管和钢管。水泥管的内径范围在 100～1500mm，规格通常用 ϕ 内径×壁厚表示。

③ 玻璃管　用于化工生产中的玻璃管主要是由硼玻璃和石英玻璃制成的。用玻璃制作的管子具有透明、耐腐蚀、易清洗、阻力小和价格低的优点以及性脆、热稳定性差和不耐压力的缺点，对除氢氟酸、含氟磷酸、热浓磷酸和热碱外的绝大多数物料均具有良好的耐腐蚀性。但玻璃的脆性限制了其用途。

④ 塑料管　是以树脂为原料经加工制成的管子，主要有聚乙烯管、聚氯乙烯管、酚醛塑料管、聚甲基丙烯酸甲酯管、增强塑料管（玻璃钢管）、ABS 塑料管和聚四氟乙烯管等。其共同优点是抗腐蚀性强、质量轻、易于加工，热塑性塑料管还能任意弯曲和加工成各种形状。但都具有强度低、不耐压和耐热性差的缺点。每一种管子又有各自的特点，使用中可根据具体情况，参阅有关资料合理选择。应该指出，由于塑料种类繁多，有的专项性能优于金属管，因此用途越来越广泛，有很多原来用金属管的场合均被塑料管所代替，如下水管。

⑤ 橡胶管　橡胶管按结构分为纯胶小口径管、橡胶帆布挠性管和橡胶螺旋钢丝挠性管等；按用途分为抽吸管、压力管和蒸汽管。橡胶管的特点是能耐酸碱，但不耐硝酸、有机酸和石油产品。主要用作临时性管路连接及一些管路的挠性连接，如水管、煤气管的连接。通常不用作永久连接。近年来，由于聚氯乙烯软管的使用，橡胶管正逐渐为聚氯乙烯软管所替代。

3. 管件

化工生产中的管件类型很多，根据管材类型分为 5 种，即水煤气钢管件、铸铁管件、塑料管件、耐酸陶瓷管件和电焊钢管管件。根据管件在管路中的作用不同可以分成如下 5 类，一种管件能起到上述作用中的一个或多个，例如弯头既是连接管路的管件，又是改变管路方向的管件。

（1）改变管路方向　如图 1-5 中的 1、2、3、4 等，通常将其统称为弯头。

（2）连接支管　如图 1-5 中的 5、6、7、8、9 等。通常把它们统称为"三通"、"四通"。

（3）连接两段管子　如图 1-5 中的 10、11、12 等。其中 10 称为外接头，俗称为"管箍"；11 称为内接头，俗称为"对丝"；12 称为活接头，俗称为"油任"。

（4）改变管路的直径　如图 1-5 中的 13、14 等。通常把前者称为大小头，把后者称为内外螺纹管接头，俗称为内外丝或补芯。

（5）堵塞管路　如图 1-5 中的 15、16 等。它们分别称为丝堵和盲板。

必须注意，管件和管子一样，也是标准化、系列化的。选用时必须注意和管子的规格一致。

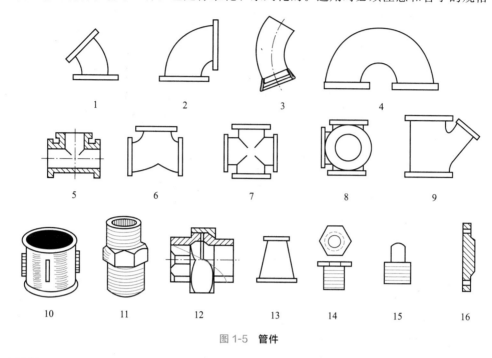

图 1-5　**管件**

4. 阀门

阀门是用来开启、关闭和调节流量及控制安全的机械装备，也称活门、截门或节门，如图 1-6。化工生产中，通过阀门可以调节流量、系统压力、流动方向，从而确保工艺条件的实现与安全生产。

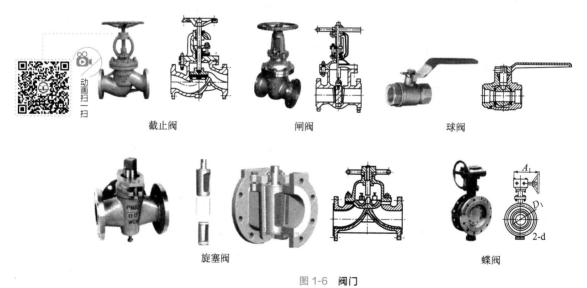

图 1-6　**阀门**

（1）阀门的型号　阀门的种类与规格很多，为了便于选用和识别，规定了工业管路使用阀门的标准，对阀门进行了统一编号。阀门的型号由 7 个部分组成，其形式如下：

$$X_1 X_2 X_3 X_4 X_5 - X_6 X_7$$

X1～X7为字母或数字，可从有关手册中查取。

① 阀门类别代号X1，用阀门名称的第一个汉字的拼音字首来表示，如截止阀用J表示；

② 阀门传动方式代号X2，用阿拉伯数字表示，如气动为6、液动为7、电动为9等；

③ 阀门连接形式代号X3，用阿拉伯数字表示，如内螺纹为1、外螺纹为2等；

④ 阀门结构形式代号X4，用阿拉伯数字表示，以截止阀为例，直通式为1、角式为4、直流式为5等；

⑤ 阀座密封面或衬里材料代号X5，用材料名称的拼音字首来表示，如铜合金材料为T、氟塑料为F、搪瓷为C等；

⑥ 公称压力的数值X6，是阀件在基准温度下能够承受的最大工作压力，可从公称压力系列表中查取；

⑦ 阀体材料代号X7，用规定的拼音字母表示，如铸铜为T、碳钢为C、Cr5Mo钢为I等。

例如，有一阀门的铭牌上标明其型号为Z941T-1.0K，则说明该阀门为闸阀，电动传动，法兰连接，明杆楔式单闸板，阀座密封面的材料为铜合金，公称压力为1.0MPa，阀体材料为可锻铸铁。

（2）阀门的类型　阀门的种类很多，按启动力的来源分为他动启闭阀和自动作用阀。顾名思义，他动启动阀是在外力作用下启闭的，而自动作用阀则是不需要外力就可以工作的。在选用时，应依据被输送介质的性质、操作条件及管路实际进行合理选择。

① 他动启闭阀　有手动、气动和电动等类型，若按结构分则有旋塞、闸阀、截止阀、节流阀、气动调节阀和电动调节阀等。

② 自动作用阀　当系统中某些参数发生变化时，自动作用阀能够自动启闭。主要有安全阀、减压阀、止回阀和疏水阀等。

a. 安全阀　是为了管道设备的安全保险而设置的截断装置，它能根据工作压力而自动启闭，从而将管道设备的压力控制在某一数值以下，保证其安全。主要用在蒸汽锅炉及高压设备上。

b. 减压阀　是为了降低管道设备的压力，并维持出口压力稳定的一种机械装置，常用在高压设备上。例如，高压钢瓶出口都要接减压阀，以降低出口的压力，满足后续设备的压力要求。

c. 止回阀　也称止逆阀或单向阀，是在阀的上下游压力差的作用下自动启闭的阀门，其作用是使介质按一定方向流动而不会反向流动。常用在泵的进出口管路中、蒸汽锅炉的给水管路上。例如，离心泵在开启之前需要灌泵，为了保证灌入的液体不外泄，常在泵吸入管口装一个单向阀。

d. 疏水阀　是一种自动间歇排除冷凝液，并能自动阻止蒸汽排出的机械装置。蒸汽是化工生产中最常见的热源，只有及时排除冷凝液，才能很好地发挥蒸汽的加热功能。几乎所有使用蒸汽的地方，都需要疏水阀。

（3）阀门的选用

阀门种类繁多，选用时应考虑介质的性质、工作压力和工作温度及变化范围、管道的直径及工艺上的特殊要求（节流、减压、放空、止回等）、阀门的安装位置等因素，本着"满足工艺要求、安全可靠、经济合理、操作与维护方便"的基本原则选择相应的阀门。

① 对双向流的管道，应选用无方向性的阀门，如闸阀、球阀、蝶阀；对只允许单向流的管道，应选止回阀；对需要调节流量的地方多选截止阀。

② 对要求启闭迅速的管道，选选球阀或蝶阀；对要求密封性好的管道，应选闸阀或球阀。

③ 对受压容器及管道，视其具体情况设置安全阀，对各种气瓶应在出口处设置减压阀。

④ 蒸汽加热设备及蒸汽管道上应设置疏水阀。

(4) 阀门的维护　阀门是化工生产中最常用的装置，数量广，类型多，其工作情况直接关系到化工生产中的好坏与优劣。为了使阀门正常工作，必须做好阀门的维护工作。

① 保持清洁与润滑良好，使传动部件灵活动作；

② 检查有无渗漏，如有及时修复；

③ 安全阀要保持无挂污与无渗漏，并定期校验其灵敏度；

④ 注意观察减压阀的减压效能，若减压值波动较大，应及时检修；

⑤ 阀门全开后，必须将手轮倒转少许，以保持螺纹接触严密、不损伤；

⑥ 电动阀应保持清洁及接点的良好接触，防止水、汽和油的沾污；

⑦ 露天阀门的传动装置必须有防护罩，以免大气及雨雪的浸蚀；

⑧ 要经常测听止逆阀阀芯的跳动情况，以防止掉落；

⑨ 做好保温与防冻工作，应排净停用阀门内部积存的介质；

⑩ 及时维修损坏的阀门零部件，发现异常及时处理。

(二) 化工管路的布置与安装

1. 化工管路的布置原则

布置化工管路既要考虑到工艺要求，又要考虑到经济要求，还要考虑到操作方便与安全，在可能的情况下还要尽可能美观。因此，布置化工管路必须遵守以下原则。

(1) 在工艺条件允许的前提下，应使管路尽可能短，管件、阀件应尽可能少，以减少投资，使流体阻力降到最低。

(2) 应合理安排管路，使管路与墙壁、柱子、场面、其他管路等之间有适当的距离，以便于安装、操作、巡查检修。如管路最突出的部分距墙壁或柱边的净空不小于100mm，距管架支柱也不应小于100mm，两管路最突出部分间距净空，中压保持约40～60mm，高压保持约70～90mm，并排管路上安装手轮操作阀门时，手轮间距约100mm。

(3) 管路排列时，通常使热的在上，冷的在下；无腐蚀的在上，有腐蚀的在下；输气的在上，输液的在下；不经常检修的在上，经常检修的在下；高压的在上，低压的在下；保温的在上，不保温的在下；金属的在上，非金属的在下；在水平方向上，通常使常温管路、大管路、振动大的管路及不经常检修的管路靠近墙或柱子。

(4) 管子、管件与阀门应尽量采用标准件，以便于安装与维修。

(5) 对于温度变化较大的管路要采取热补偿措施，有凝液的管路要安装凝液排出装置，有气体积聚的管路要设置气体排放装置。

(6) 管路通过人行道时高度不得低于2m，通过公路时不得小于4.5m，与铁轨的净距离不得小于6m，通过工厂主要交通干线一般为5m。

(7) 一般地，化工管路采用明线安装，但上下水管及废水管采用埋地铺设，埋地安装深度应当在当地冰冻线以下。

在布置化工管路时，应参阅有关资料，依据上述原则制订方案，确保管路的布置科学、经济、合理、安全。

2. 化工管路的安装

(1) 化工管路的连接　管子与管子、管子与管件、管子与阀件、管子与设备之间连接的方式主要有四种，即螺纹连接、法兰连接、承插式连接及焊接。

① 螺纹连接　依靠螺纹把管子与管件连接在一起，连接方式主要有内牙管、长外牙管及活接头等。通常用于小直径管路、水煤气管路、压缩空气管路、低压蒸汽管路等的连接。安装

时，为了保证连接处的密封，常在螺纹上涂上胶黏剂或包上填料。

② 法兰连接   是最常用的连接方法，其主要特点是已经标准化，装拆方便，密封可靠，适应的管径、温度及压力范围均很大，但费用较高。连接时，为了保证接头处的密封，需在两法兰盘间加垫片，并用螺栓将其拧紧。

③ 承插式连接   将管子的一端插入另一个管子的钟形插套内，并在形成的空隙中装填料（丝麻、油绳、水泥、胶黏剂、熔铅等）加以密封的一种连接方式。主要用于水泥管、陶瓷管和铸铁管的连接。其特点是安装方便，对各管段中心重合度要求不高，但拆卸困难，不能耐高压。

④ 焊接连接   是一种方便、价廉而且不漏但却难以拆卸的连接方法，广泛使用于钢管、有色金属管及塑料管的连接。主要用在长管路和高压管路中，但当管路需要经常拆卸时，或在不允许动火的车间，不宜采用焊接法连接管路。

（2）化工管路的热补偿   化工管路的两端是固定的，当温度发生较大变化时，管路就会因管材的热胀冷缩而承受压力或拉力，严重时将会造成管子弯曲、断裂或接头松脱。因此必须采取措施排除这种应力，这就是管路的热补偿。热补偿的主要方法有两种：其一是依靠弯管的自然补偿，通常，当管路转角不大于 150° 时，均能起到一定的补偿作用；其二是利用补偿器进行补偿，主要有方形、波形及填料三种补偿。

（3）化工管路的试压与吹洗   化工管路在投入运行之前，必须保证其强度与严密性符合设计要求，因此，当管路安装完毕后，必须进行压力试验，称为试压。试压主要采用液压试验，少数特殊情况也可以采用气压试验。另外，为了保证管路系统内部的清洁，必须对管路系统进行吹扫与清洗，以除去铁锈、焊渣、土及其他污物，称为吹洗。管路吹洗根据被输送介质的不同，有水冲洗、空气吹扫、蒸汽吹洗、酸洗、油清洗和脱脂等。具体方法参见有关管路施工的资料。

（4）化工管路的保温与涂色   化工管路通常是在异于常温的条件下操作的，为了维持生产需要的高温或低温条件，节约能源，维护劳动条件，必须采用措施减少管路与环境的热量交换，这就叫管路的保温。保温的方法是在管道外包上一层或多层保温材料。化工厂中的管路是很多的，为了方便操作者区别各种类型的管路，常常在管外表（保护层外或保温层外）涂上不同的颜色，称为管路的涂色。有两种方法，其一是整个管路均涂上一种颜色（涂单色），其二是在底色上每间隔两米涂上一个 50～100mm 的色圈。常见化工管路的颜色可参阅手册，如给水管为绿色，饱和蒸汽为红色。

（5）化工管路的防静电措施   静电是一种常见的带电现象。在化工生产中，电解质之间、电解质与金属之间都会因为摩擦而产生静电，如当粉尘、液体和气体电解质在管路中流动，或从容器中抽出或注入容器时，都会产生静电。这些静电如不及时消除，很容易因产生电火花而引起火灾或爆炸。管路的抗静电措施主要是静电接地和控制流体的流速，可参阅管路安装手册。

（6）化工管路的防腐   管道无论在地下还是在地面，其表面都会受到周围土壤或大气不同程度的腐蚀，使管道使用寿命减少，因此对管道应采取适当的防腐措施。对普通的地面架空管道，如果不需要保温，则采用涂料使金属与周围大气、水分、灰尘等腐蚀性介质相隔绝，通常是管外壁先除锈，再涂刷一层红丹底漆，然后再刷一遍醇酸磁漆；如果需要保温，则在保温层外再加一层玻璃布或镀锌铁皮，铁皮表面刷两遍醇酸磁漆。埋于地下的管道受到土壤的腐蚀，主要是电化学腐蚀，应根据土壤的性质采用不同的措施，最常用的是涂沥青防腐层。

三、输送设备

在输送流体时，不仅需提供给流体以足够的能量，而且必须达到一定的输送流量的要求。为液体提供能量的输送设备称为泵，为气体提供能量的输送设备则按不同情况分别称为机或泵。由于被输送流体种类繁多，有强腐蚀性、高黏度、易燃易爆、有毒或易挥发、含有悬浮物的等等，其性质千差万别，输送任务（流量、压头等）及操作条件（温度、压力等）也有较大差别。为了适应生产上各种不同的要求，输送机械种类也是多种多样的，规格更是十分广泛。按照工作原理，流体输送机械可分为如表1-1所列的几种类型。

表1-1　流体输送机械分类

类型		液体输送机械	气体输送机械
动力式		离心泵、旋涡泵	离心式通风机、鼓风机、压缩机
容积式 （正位移式）	往复式	往复泵、计量泵、隔膜泵	往复式压缩机
	旋转式	齿轮泵、螺杆泵	罗茨鼓风机、液环压缩机
流体作用式		喷射泵	喷射式真空泵

任务二　获取流体输送知识

一、流体的基本物理量

（一）密度

单位体积流体所具有的质量称为流体的密度，用符号 ρ 表示。其表达式为

$$\rho = \frac{m}{V} \tag{1-1}$$

式中　ρ——流体的密度，kg/m^3；

　　　m——流体的质量，kg；

　　　V——流体的体积，m^3。

常用气体、液体及其混合物的密度，可由有关期刊或手册中查取。

1.液体的密度

液体为不可压缩性流体，其密度随压力的变化很小（极高压力下除外），可忽略不计；但温度对液体密度有一定影响，故查取液体密度时，要注意其温度条件。

若几种液体混合前的分体积等于混合后的总体积，则混合物的平均密度可按下式计算：

$$\frac{1}{\rho_m} = \frac{w_1}{\rho_1} + \frac{w_2}{\rho_2} + \cdots + \frac{w_n}{\rho_n} \tag{1-2}$$

式中　　　　　　ρ_m——液体混合物的平均密度，kg/m^3；

w_1，w_2，$\cdots$，w_n——液体混合物中各组分的质量分数，$w_1 + w_2 + \cdots + w_n = 1$；

　ρ_1，ρ_2，$\cdots$，ρ_n——液体混合物中各组分的密度，kg/m^3。

【例1-1】　已知20℃正戊烷和正辛烷的密度分别为 $626kg/m^3$ 和 $703kg/m^3$。试求正戊烷含量为70%（质量分数）的正戊烷-正辛烷溶液的密度。

解　依式（1-2）计算

$$\frac{1}{\rho_m} = \frac{w_1}{\rho_1} + \frac{w_2}{\rho_2} = \frac{0.7}{626} + \frac{0.3}{703} = 1.54 \times 10^{-3}$$

$$\rho_m = 647 (kg/m^3)$$

2. 气体的密度

气体为可压缩流体，其密度随温度和压力变化较大。当没有气体密度数据时，如果压力不太高、温度不太低，气体的密度可近似按理想气体状态方程式计算，即

$$pV = nRT = \frac{m}{M}RT$$

$$\rho = \frac{m}{V} = \frac{pM}{RT} \tag{1-3}$$

式中　p——气体的压力，kPa；

　　　　T——气体的温度，K；

　　　　M——气体的千摩尔质量，kg/kmol；

　　　　R——通用气体常数，$R = 8.314$ kJ/(kmol·K)。

气体的密度亦可按下式计算：

$$\rho = \rho_0 \frac{T_0 p}{T p_0} \tag{1-4}$$

式中　ρ_0——标准状况下气体的密度，$\rho_0 = \dfrac{M}{22.4}$ (kg/m^3)；

　　　　T_0——标准状况下温度，K，$T_0 = 273$ K；

　　　　p_0——标准状况下压力，kPa，$p_0 = 101.33$ kPa。

气体混合物的平均密度 ρ_m 可用下式计算

$$\rho_m = \frac{PM_m}{RT} \tag{1-5}$$

式中　　　　　　P——混合气体的总压，kPa；

　　　　M_m——混合气体的平均千摩尔质量，即

$$M_m = M_1 y_1 + M_2 y_2 + \cdots + M_n y_n \tag{1-6}$$

M_1，M_2，$\cdots$，M_n——气体混合物各组分的千摩尔质量，kg/kmol；

y_1，y_2，$\cdots$，y_n——气体混合物各组分的摩尔分数，$y_1 + y_2 + \cdots + y_n = 1$。

气体混合物平均密度亦可用下式计算：

$$\rho_m = \rho_1 y_1 + \rho_2 y_2 + \cdots + \rho_n y_n \tag{1-7}$$

式中　ρ_1，ρ_2，$\cdots$，ρ_n——在气体混合物的压力下，各组分的密度，kg/m^3；

　　　　y_1，y_2，$\cdots$，y_n——气体混合物中各组分的体积分数。

【例 1-2】　干空气的组成近似为 21% 的氧气，79% 的氮气（均为体积分数）。试求压力为 294kPa、温度为 80℃时空气的密度。

解　　　　　　　　　　　$T = 273 + 80 = 353$ K

$$M_m = M_1 y_1 + M_2 y_2 = 32 \times 0.21 + 28 \times 0.79 = 28.84 \text{(kg/kmol)}$$

由式(1-5) 得

$$\rho_m = \frac{294 \times 28.84}{8.314 \times 353} = 2.89 \text{(kg/m}^3)$$

3. 相对密度

在一定条件下，某种流体的密度与在标准大气压和 4℃（或 277K）的纯水的密度之比，称为相对密度，旧称比重，用符号 d 表示。

$$d = \frac{\rho}{\rho_{H_2O}} = \frac{\rho}{1000} \tag{1-8}$$

式中　ρ——流体在 t℃时的密度，kg/m^3；

　　ρ_{H_2O}——水在4℃时的密度，kg/m^3。

液体的相对密度值可用比重计测定，也可查有关手册。

（二）压力

流体垂直作用于单位面积上的压力称为流体的静压强，简称压强。习惯上也把压强称为压力，其表达式为

$$p = \frac{F}{A} \tag{1-9}$$

式中　p——流体的静压强，Pa；

　　F——垂直作用于流体表面上的压力，N；

　　A——作用面的面积，m^2。

在 SI 单位制中，压强的单位是 N/m^2，称为帕斯卡，以 Pa 表示。但习惯上还采用其他单位，如 atm（标准大气压）、at（工程大气压）、某流体柱高度等，它们之间的换算关系为：

$$1atm = 1.033at = 760mmHg = 10.33mH_2O = 1.013 \times 10^5 Pa$$

流体的压力除用不同的单位来计量外，还可以有不同的计量基准。

以绝对零压作起点计算的压力，称为绝对压力，简称绝压。

流体的压力可用测压仪表来测量。当被测流体的绝对压力大于外界大气压力时，所用的测压仪表称为压力表。压力表上的读数表示被测流体的绝对压力比大气压力高出的数值，称为表压，即

表压＝绝对压力－大气压力

当被测流体的绝对压力小于外界大气压力时，所用测压仪表称为真空表。真空表上的读数表示被测流体的绝对压力低于大气压力的数值，称为真空度，即

图 1-7　表压、绝压及真空度的关系

真空度＝大气压力－绝对压力

显然，设备内流体的绝对压力愈低，则它的真空度就愈高，真空度又是表压力的负值。

绝对压力、表压力、真空度三者之间的关系可用图 1-7 来表示。

应当指出，外界大气压力随大气的温度、湿度和所在地区的海拔高度而改变。为了避免绝对压力、表压力、真空度三者相互混淆，在以后的讨论中规定，对表压力和真空度均加以标注，如 200kPa（表压）、40kPa（真空度）等，若无注明则表示绝压。

【例 1-3】　某设备进、出口测压仪表的读数分别为 3kPa（真空）和 67kPa（表压），求两处的绝对压力差？

解　已知：进口真空度 $P_{1真} = 3kPa$，出口表压 $P_{2表} = 67kPa$，

则：$p_1 = p_大 - p_真$；$p_2 = p_大 + p_表$

所以：$p_2 - p_1 = p_表 + p_真 = 67 + 3 = 70 (KPa)$

（三）黏度

流体内部产生的相互作用力，通常称为内摩擦力（或称黏滞力）。流体在流动时产生内摩擦的性质，称为流体的黏性。黏性的大小称为黏度，用符号 μ 表示。

在 SI 单位制中，黏度的单位为 Pa·s，常用单位还有 mPa·s、P（泊）、cP（厘泊），它们之间的换算关系为：

$$1Pa·s = 10^3 mPa·s = 10^3 cP$$

1. 纯物质的黏度

其数值可查有关手册。

2. 液体混合物的黏度

分子不缔合的混合液体的黏度，可用下式估算：

$$\lg\mu_m = \sum x_i \lg\mu_i \tag{1-10}$$

式中　μ_m——混合液体的黏度；

　　x_i——液体混合物中 i 组分的摩尔分数；

　　μ_i——液体混合物中 i 组分的黏度。

3. 气体混合物的黏度

常压下气体混合物的黏度，可用下式估算：

$$\mu_m = \frac{\sum y_i\mu_i M_i^{1/2}}{\sum y_i M_i^{1/2}} \tag{1-11}$$

式中　μ_m——气体混合物的黏度；

　　y_i——气体混合物中 i 组分的摩尔分数；

　　μ_i——气体混合物中 i 组分的黏度；

　　M_i——气体混合物中 i 组分的千摩尔质量，kg/kmol。

4. 影响黏度的因素

流体的黏度是流体种类及状态（温度、压力）的函数，一般而言气体的黏度远小于液体。

同一液体的黏度随着温度的升高而降低，压力对液体黏度的影响可忽略不计。

同一气体的黏度随着温度的升高而增大，一般情况下也可忽略压力的影响，但在极高或极低的压力条件下需考虑其影响。

二、静力学方程式及其应用

（一）静力学方程式

设容器的液面上方的压力为 p_0，距液面任意距离 h 处作用于其上的压力为 p，则

$$p = p_0 + \rho g h \tag{1-12}$$

由上式可见：

① 当容器液面上方的压力 p_0 一定时，静止液体内部任一点压力 p 的大小与液体本身的密度和该点距液面的深度有关。因此，在静止的、连续的同一液体内，处于同一水平面上各点的压力都相等。压力相等的面称为等压面。

② 当液面上方的压力 p_0 改变时，液体内部各点的压力也发生同样大小的改变。

③ 式(1-12)可改写为

$$\frac{p - p_0}{\rho g} = h \tag{1-12a}$$

上式说明压力差的大小可以用一定高度的液体柱来表示。由此引申出压力的大小也可用一定高度的液体柱来表示，这就是前面所介绍的压力可以用 mmHg、mmH_2O 等单位来计量的依据。当用液柱高度来表示压力或压力差时，必须注明是何种液体，否则就失去了意义。式(1-12) 及式(1-12a) 适用于液体和气体，统称为流体静力学基本方程式。

（二）静力学基本方程式的应用

1. 压力与压力差的测量

测量压力的仪表很多，现仅介绍以流体静力学基本方程式为依据的测压仪器，这种测压仪器统称为液柱压差计，可用来测量流体的压力或压力差，较典型的有下述两种。

（1）U 形管压差计　U 形管压差计的结构如图 1-8 所示，它是一根 U 形玻璃管，内装有液体作为指示液。指示液要与被测流体不互溶，不起化学作用，且其密度应大于被测流体的密度。常用的指示液有水、四氯化碳、水银等。

当测量管道中 1—1 与 2—2 两截面处流体的压力差时，可将 U 形管的两端分别与 1—1 及 2—2 两截面相连通，由于两截面的压力 p_1 和 p_2 不相等，所以在 U 形管的两侧便出现指示液面的高度差 R，R 称为压差计的读数，其值的大小反映 1—1 及 2—2 两截面间的压力差（$p_1 - p_2$）的大小。（$p_1 - p_2$）与 R 的关系式，可根据流体静力学基本方程式进行推导。

图 1-9 所示的 U 形管底部装有指示液 A，其密度为 ρ_A，U 形管两侧臂上部及连接管内均充满待测流体 B，其密度为 ρ_B。图中 a、a' 两点都在连通着的同一种静止流体内，并且在同一水平面上，所以这两点的静压力相等，即 $p_a = p'_a$。根据流体静力学基本方程式可得：

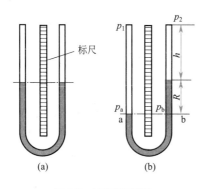

图 1-8　U 形管压差计

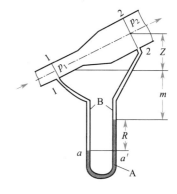

图 1-9　U 形管压差计测量原理

$$p_a = p_1 + \rho_B g(m+R)$$
$$p'_a = p_2 + \rho_B g(Z+m) + \rho_A gR$$

于是：$p_1 + \rho_B g(m+R) = p_2 + \rho_B g(Z+m) + \rho_A gR$

$$p_1 - p_2 = (\rho_A - \rho_B)gR + \rho_B gZ \tag{1-13}$$

当被测管段水平放置时，$Z=0$，上式简化后得：

$$\Delta p = p_1 - p_2 = (\rho_A - \rho_B)gR \tag{1-14}$$

U 形管压差计不但可用来测量流体的压力差，也可测量流体在任一处的压力。若 U 形管一端与设备或管道某一截面连接，另一端与大气相通，这时读数 R 所反映的是管道中某一截面处流体的绝对压力与大气压力之差，即为表压力。

【例 1-4】 如图 1-10 所示，水在管道中流动。为测得 1 至 2 两截面的压力差，在管路上安装一 U 形管压差计，指示液为水银。已知压差计的读数 $R=35cm$，试计算压力差 Δp_{12}。已知水与水银的密度分别为 $1000kg/m^3$ 和 $13600kg/m^3$。

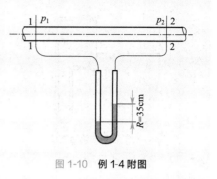

解　由式(1-14) 得

$$\Delta p = p_1 - p_2$$
$$= (\rho_A - \rho_B)gR$$
$$= (13600 - 1000) \times 9.81 \times 0.35$$
$$= 4.33 \times 10^4 (Pa)$$

图 1-10　例 1-4 附图

（2）微差压差计　由式(1-14) 可以看出，若所测量的压力差很小，U 形管压差计的读数 R 也就很小，有时难以准确读出 R 值。为了把读数 R 放大，除了在选用指示液时，尽可能地使其密度 ρ_A 与被测流体的密度 ρ_B 接近外，还可采用如图 1-11 所示的微差压差计。其特点是：压差计内装有两种密度相接近且不互溶的指示液 A 和 C，而指示液 C 与被测流体 B 亦应不互溶。

为了读数方便，使 U 形管的两侧臂顶端各装有扩大室，俗称为"水库"。扩大室内径与 U 形管内径之比应大于 10，这样扩大室的截面积比 U 形管的截面积大很多，虽然 U 形管内指示液 A 的液面差 R 很大，但两扩大室内的指示液 C 的液面变化很微小，可以认为维持等高，于是压力差 Δp 便可用下式计算，即

$$\Delta p = p_1 - p_2 = (\rho_A - \rho_C)gR \tag{1-15}$$

2.液位的测量

化工厂中经常要了解容器里液体的贮存量，或要控制设备里的液面，因此要进行液位的测量。大多数液位计的作用原理均遵循静止液体内部压力变化的规律。

最原始的液位计的玻璃管内所示的液面高度即为容器内的液面高度。如图 1-12，这种构造虽然简单，但易于破损，而且不便于远处观测。下面介绍两种利用液柱压差计来测量液位的方法。

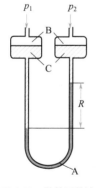

图 1-11　微差压差计

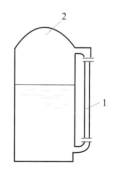

图 1-12　玻璃管液位计
1—玻璃管；2—容器

如图 1-13 所示，于容器或设备 1 外边设一个称为平衡器的小室 2，里面所装的液体与容器里的相同，平衡器里液面的高度维持在容器液面允许到达的最大高度处。用一装有指示液的 U 形管压差计 3 把容器与平衡器连通起来，由压差计读数 R 便可换算出容器里的液面高度。容器里的液面达到最大的高度时，压差计读数为零，液面愈低，压强差计的读数愈大。

若容器离操作室较远或埋在地面以下，要测量其液位可采用图 1-14 所示的装置。

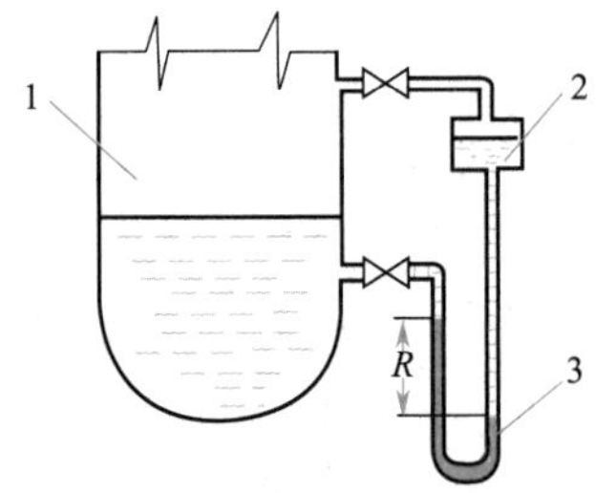

图 1-13　**压差法测量液位**

1—容器；2—平衡器的小室；3—U 形管压差计

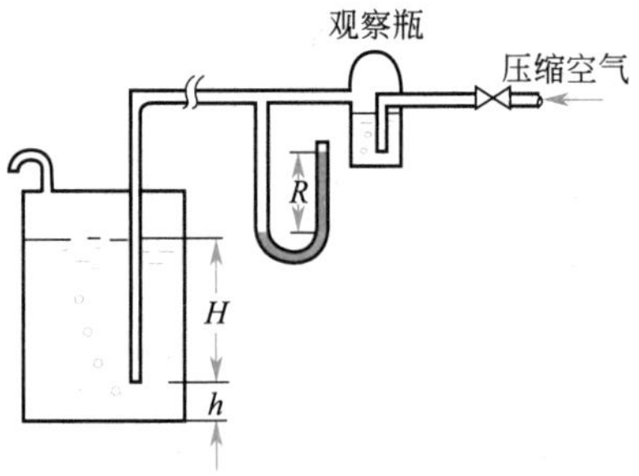

图 1-14　**远程测量液位**

【例 1-5】　为测量腐蚀性液体贮槽中的存液量，采用图 1-14 的装置。测量时通入压缩空气，控制调节阀使空气缓慢地鼓泡通过观察瓶。今测得 U 形管压差计读数为 $R=130\mathrm{mm}$，通气管距贮槽底面 $h=20\mathrm{cm}$，贮槽直径为 2m，液体密度为 $980\mathrm{kg/m^3}$。试求贮槽内液体的贮存量。

解　由题意得：$R=130\mathrm{mm}$，$h=20\mathrm{cm}$，$D=2\mathrm{m}$，$\rho=980\mathrm{kg/m^3}$，$\rho_{\mathrm{Hg}}=13600\mathrm{kg/m^3}$。

管道内空气缓慢鼓泡 $u\approx0$，可用静力学原理求解。

空气的 ρ 很小，忽略空气柱的影响。

$$H\rho g=R\rho_{\mathrm{Hg}}g$$

$$H=\frac{\rho_{\mathrm{Hg}}}{\rho}R=\frac{13600}{980}\times0.13=1.8(\mathrm{m})$$

$$W=\frac{1}{4}\pi D^2(H+h)\rho=0.785\times2^2\times(1.8+0.2)\times980=6154\ (\mathrm{kg})=6.15(\mathrm{t})$$

3. 液封高度的计算

在化工生产中常遇到设备的液封问题。在此，主要根据流体静力学基本方程式来确定液封的高度。设备内操作条件不同，采用液封的目的也就不相同。

（1）安全液封　如图 1-15（a）所示。从气体主管道上引出一根垂直支管，插入充满液体（通常为水，故又称为水封）的液封槽内，插入口以上的液面高度应保证在正常操作压力下气体不会溢出。当由于某种不正常原因，系统内气体压力突然升高时，气体可由此处泄出并卸压，以保证设备的安全。此外，这种水封还有排除气体管中凝液的作用。

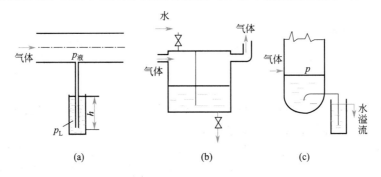

(a)　　　　　　(b)　　　　　　(c)

图 1-15　**液封装置**

（2）切断液封　有些常压可燃气体贮罐前后安装切断液封以代替笨重易漏的截止阀，如图 1-15(b) 所示。正常操作时，液封中不充液，气体可以顺利绕过隔板出入贮罐；需要切断时（如检修），往液封内注入一定高度的液体，使隔板浸入液体的深度大于液封两侧用液柱高度表示的最大压差值。

（3）溢流液封　在很多用水或其他液体洗涤气体的设备（如生产中的洗气塔）内，通常维持在一定压力下操作，水不断流入的同时必须不断排出，为了防止气体随水一起泄出设备，可采用图 1-15(c) 所示的溢流液封装置。

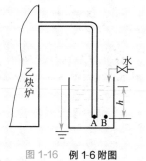

图 1-16　例 1-6 附图

【例 1-6】　为控制乙炔发生炉内的压力不大于 10.7kPa（表压），在炉外装有安全液封（水封），如图 1-16。水封中水应比气体出口管高出多少米？

解　由等压面的判定条件知：

$$p_A = p_B = \rho g h （表压）$$

故

$$h = \frac{p_A}{\rho g} = \frac{10.7 \times 10^3}{1000 \times 9.81} = 1.09 (m)$$

三、连续性方程式及其应用

（一）流量与流速

单位时间内流过管道任一截面的流体量，称为流量。若流量用体积来计量，则称为体积流量，以 V_s 表示，其单位为 m^3/s；若流量用质量来计量，则称为质量流量，以 w_s 表示，其单位为 kg/s。

体积流量和质量流量的关系为：

$$w_s = V_s \rho \tag{1-16}$$

单位时间内流体在流动方向上所流过的距离，称为流速，以 u 表示，其单位为 m/s。因流体流经管道任一截面上各点的流速沿管径而变化，故流体的流速通常是指整个管截面上的平均流速，其表达式为：

$$u = \frac{V_s}{A} \tag{1-17}$$

式中　A——与流动方向相垂直的管道截面积，m^2。

由式(1-16) 与式(1-17) 可得流量与流速的关系，即

$$w_s = V_s \rho = u A \rho \tag{1-18}$$

对内径为 d 的圆管，可将式(1-18) 变为：

$$d = \sqrt{\frac{4V_s}{\pi u}} \tag{1-19}$$

当已知流量，并选择了适宜的流速后，可根据上式求管内径，求得的内径需圆整到标准管径。

（二）连续性方程式

如图 1-17 所示，流体在 1—1 和 2—2 截面间作稳定流动，流体从 1—1 截面流入，从 2—2 截面流出。当管路中流体形成稳定流动时，管中必定充满流体，也就是流体必定是连续流动的。

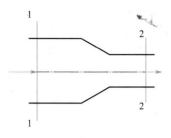

图 1-17　连续性方程式
系统示意图

我们对系统作物料衡算。由质量守恒定律 $w_{s1}=w_{s2}$ 得：

$$u_1A_1\rho_1=u_2A_2\rho_2 \tag{1-20}$$

若流体为不可压缩流体，则密度为常量，即 $\rho_1=\rho_2$，则：

$$u_1A_1=u_2A_2=V_s \tag{1-21}$$

即对于不可压缩流体，在稳定流动系统中，各个截面的体积流量相等。

若流通截面为圆形管路，则 $A=\dfrac{\pi}{4}d^2$，所以有：

$$u_1d_1^2=u_2d_2^2 \quad 或 \quad \frac{u_1}{u_2}=\frac{d_2^2}{d_1^2} \tag{1-21a}$$

即在稳定流动系统中，流体流过不同大小的截面时，其流速与管径的平方成反比。

式中 w_{s1}、w_{s2}——1—1 和 2—2 截面处的质量流量，kg/s；

u_1、u_2——1—1 和 2—2 截面处的流速，m/s；

A_1、A_2——1—1 和 2—2 截面处的流通截面积，m²；

ρ_1、ρ_2——1—1 和 2—2 截面处的流体密度，kg/m³；

V_s——流体的体积流量，m³/s；

d_1、d_2——1—1 和 2—2 截面处的管内径，m。

（三）连续性方程式的应用——管子的选用

1. 管子或品种的选用

根据被输送介质的性质和操作条件，满足生产要求，既安全，经济上又要合理的原则进行选择。凡是能用低一级的，就不要用高一级的，能用一般材料的，就不选用特殊材料。

2. 管径的估算

由管道中流体流量与流速和管径的关系式(1-19)可得

$$d=\sqrt{\frac{4V_s}{\pi u}}=\sqrt{\frac{V_s}{0.785u}}$$

生产中，流量由生产能力所确定，一般是不变的，选择流速后，即可初算出管子的内径。工业上常用流速范围可参考表 1-2。

表 1-2　某些流体在管道中的常用流速范围

流体的种类及状况	流速范围/（m/s）	流体的种类及状况	流速范围/（m/s）
水及一般液体	1~3	饱和水蒸气	
黏度较大的液体	0.5~1	890.4kPa 以下	40~60
低压气体	8~15	303.9kPa 以下	20~40
易燃易爆的低压气体（如乙炔等）	<8	过热水蒸气	30~50
压力较高的气体	15~25	真空操作下气体流速	<10

初算出管内径后，按算出的管内径套管子的公称直径（考虑工作压力）查管子规格表，圆整后确定实际内径和实际流速。

在选择管子直径时，应注意使操作费用和投资折旧费用最低。流速选得越大，所需的管子直径越小，管子的投资折旧费越小，但输送流体的动力消耗和操作费用将越大。

【例 1-7】 现欲安装一低压的输水管路，水的流量为 $7m^3/h$，试确定管子的规格，并计算其实际流速。

解 因输送低压的水，故选镀锌的水煤气管。由表 1-2 知，选水的流速为 1.5m/s，则

$$d = \sqrt{\frac{V_s}{0.785u}} = \sqrt{\frac{7/3600}{0.785 \times 1.5}} = 0.0406 \ (m) = 40.6 (mm)$$

查附录中管子规格表，Dg40 的水煤气管（普通管）的外径为 48mm，壁厚为 3.5mm，实际内径为 $48 - 2 \times 3.5 = 41 \ (mm) = 0.041 (m)$。

实际流速 $$u = 1.5 \times \left(\frac{40.6}{41}\right)^2 = 1.47 (m/s)$$

四、伯努利方程式及其应用

（一）伯努利方程式

如图 1-18 所示，流体在 1—1 和 2—2 截面间作连续流动，流体从 1—1 截面流入，从 2—2 截面流出。

对系统作能量衡算。由能量守恒定律得：

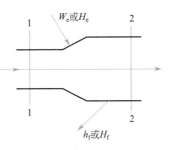

$$Z_1 g + \frac{p_1}{\rho} + \frac{u_1^2}{2} + W_e = Z_2 g + \frac{p_2}{\rho} + \frac{u_2^2}{2} + \sum h_f \quad (1-22)$$

或 $$Z_1 + \frac{p_1}{\rho g} + \frac{u_1^2}{2g} + H_e = Z_2 + \frac{p_2}{\rho g} + \frac{u_2^2}{2g} + \sum H_f \quad (1-22a)$$

图 1-18 伯努利方程式系统示意图

式中 Zg——单位质量流体所具有的位能，J/kg；

Z——单位重量流体所具有的位能，称为位压头，J/N 可略写为 m；

$\frac{p}{\rho}$——单位质量流体所具有的静压能，J/kg；

$\frac{p}{\rho g}$——单位重量流体所具有的静压能，称为静压头，J/N 可略写为 m；

$\frac{u^2}{2}$——单位质量流体所具有的动能，J/kg；

$\frac{u^2}{2g}$——单位重量流体所具有的动能，称为动压头，J/N 可略写为 m；

W_e——输送机械外加给单位质量流体的能量，J/kg；

H_e——输送机械外加给单位重量流体的能量，也叫外加压头，J/N 可略写为 m；

$\sum h_f$——单位质量流体损失的能量，J/kg；

$\sum H_f$——单位重量流体损失的能量，也叫损失压头，J/N 可略写为 m。

当流体静止时，流速等于零，此时也肯定无外加机械能，也无能量损失。因此，伯努利方程式就为静力学基本方程。

对于气体，一般不可以使用伯努利方程，但当两截面间的压力差不是很大$\left(\frac{p_1 - p_2}{p_1} \leqslant 20\%\right)$时，可近似使用伯努利方程式，不过其中的密度要用两截面的平均密度 $\rho_{均} = \frac{\rho_1 + \rho_2}{2}$。

（二）伯努利方程式的应用

1. 伯努利方程式的解题要点

（1）作图与确定衡算范围　根据题意画出流动系统的示意图，并指明流体的流动方向，定出上、下游截面，以明确流动系统的衡算范围。

（2）截面的选取　两截面均应与流动方向相垂直，并且在两截面间的流体必须是连续的。所求的未知量应在截面上或在两截面之间，且截面上的 Z、u、p 等有关物理量，除所需求取的未知量外，都应该是已知的或能通过其他关系式计算出来的。

两截面上的 u、p、Z 与两截面间的 $\sum h_f$ 都应相互对应一致。

（3）基准水平面的选取　基准水平面可以任意选取，但必须与地面平行。如衡算系统为水平管道，则基准水平面通过管道的中心线，$\Delta Z = 0$。

（4）单位必须一致　在用伯努利方程式解题前，应把有关物理量全部换算成 SI 制单位，然后进行计算。

（5）两截面上的压力　两截面上的压力除要求单位一致外，还要求表示方法一致。由式（1-22）知，式中两截面的压力为绝对压力，但由于式中所反映的是压力差（$\Delta p = p_2 - p_1$）的数值，且绝对压力＝大气压＋表压，因此两截面的压力也可以同时用表压力来表示，真空度可写为负表压力。

2. 应用实例

（1）确定管路中流体的流速或流量　流体的流量是化工生产和科学实验中的重要参数之一，往往需要测量和调节其大小，使操作稳定，生产正常，以制得合格产品。

例 1-8 根据已知的管路系统，应用伯努利方程式计算其流速或流量。

【例 1-8】　在常压下用虹吸管从高位槽向反应器内加料，高位槽与反应器均通大气。如图 1-19 所示。高位槽液面比虹吸管出口高出 2.09m，虹吸管内径为 20mm。阻力损失为 20J/kg。试求虹吸管内流速和料液的体积流量（m^3/h）。

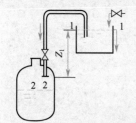

图 1-19　例 1-8 附图

解　取高位槽液面为 1—1 截面，虹吸管出口为 2—2 截面，以 2—2 截面为基准水平面，已知条件有 $Z_1 = 2.09m$，$Z_2 = 0$，$u_1 = 0$，$p_1 = p_2 = 0$（表压），$W_e = 0$，$\sum h_f = 20J/kg$。

伯努利方程简化后得

$$Z_1 g = \frac{u_2^2}{2} + \sum h_f$$

（此式说明在此条件下，位能转化为动能和克服阻力损失）

即　$2.09 \times 9.81 = \dfrac{u_2^2}{2} + 20$

故　$u_2 = 1.0 m/s$

体积流量

$$V_s = uA = 1.0 \times 0.785 \times 0.02^2 = 3.14 \times 10^{-3}(m^3/s) = 1.13(m^3/h)$$

（2）确定设备之间的相对位置　在化工生产中，有时为了完成一定的生产任务，需确定设备之间的相对位置，如高位槽的安装高度、水塔的高度等。

【例 1-9】 如图 1-20 所示的高位槽，要求出水管内的流速为 2.5m/s，管路的损失压头为 5.68m。试求高位槽稳定水面距出水管口的垂直高度。

解　取高位槽水面为 1—1 截面，出水管口为 2—2 截面，基准水平面通过 2—2 截面的中心，则已知条件有

$Z_1 = h$，$u_1 = 0$，$p_1 = p_2 = 0$（表压），$u_2 = 2.5$m/s，$Z_2 = 0$，$H_e = 0$，$\sum H_f = 5.68$m

伯努利方程式简化为

$$Z_1 = \frac{u_2^2}{2g} + \sum H_f$$

所以　$h = \dfrac{2.5^2}{2 \times 9.81} + 5.68 = 6.0$（m）

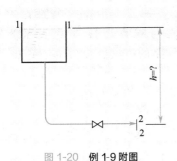

图 1-20　例 1-9 附图

（3）确定流体流动所需的压力　在化工生产中，对近距离输送腐蚀性液体时，可采用压缩空气或惰性气体来取代输送机械，这时要计算为满足生产任务所需的压缩空气的压力大小。

【例 1-10】 某车间用压缩空气压送 98% 的浓硫酸，从底楼贮罐压至 4 楼的计量槽内，如图 1-21 所示，计量槽与大气相通。每批压送量为 10min 内压完 0.3m^3，硫酸的温度为 20℃，机械能损失为 7.66J/kg，管道内径为 32mm。试求所需压缩空气的表压。

解　取硫酸贮槽液面为 1—1 截面，管道出口为 2—2 截面，以 1—1 截面为基准水平面，则已知条件有

$Z_1 = 0$，$u_1 = 0$，$W_e = 0$，$Z_2 = 15$m，$p_2 = 0$（表压），$\sum h_f = 7.66$J/kg

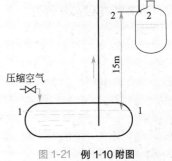

图 1-21　例 1-10 附图

$$u_2 = \frac{V_s}{\frac{\pi}{4}d^2} = \frac{\dfrac{0.3}{10 \times 60}}{0.785 \times 0.032^2} = 0.622 \text{（m/s）}$$

查附录得硫酸的密度 $\rho = 1831$kg/m^3。

伯努利方程式简化为

$$\frac{p_1}{\rho} = Z_2 g + \frac{u_2^2}{2} + \sum h_f$$

此式说明在此条件下，静压能转化为位能、动能和克服阻力损失，即

$$p_1 = \rho \left(Z_2 g + \frac{u_2^2}{2} + \sum h_f \right)$$

$$= 1831 \times \left(15 \times 9.81 + \frac{0.622^2}{2} + 7.66 \right)$$

$$= 2.839 \times 10^5 \text{（Pa）} = 283.9 \text{（kPa）}$$

为了保证压送量，实际表压略大于 283.9kPa。

（4）确定流体流动所需的外加机械能　用伯努利方程式计算管路系统的外加机械能或外加压头，是选择输送机械型号的重要依据，也是确定流体从输送机械所获得有效功率的重要依据。

【例 1-11】 某厂用泵将密度为 $1100\mathrm{kg/m^3}$ 的碱液从碱池输送至吸收塔，经喷头喷出，

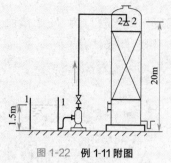

图 1-22　例 1-11 附图

如图 1-22。泵的吸入管是 $\phi108\mathrm{mm}\times4\mathrm{mm}$，排出管是 $\phi76\mathrm{mm}\times2.5\mathrm{mm}$ 钢管，在吸入管中碱液的流速为 $1.5\mathrm{m/s}$。碱液池中碱液液面距地面 $1.5\mathrm{m}$，进液管与喷头连接处的表压为 $29.4\mathrm{kPa}$，距地面 $20\mathrm{m}$，碱液流经管路的机械能损失为 $30\mathrm{J/kg}$。试求输送机械的有效功率。

解　取碱液池液面为 1—1 截面，管道与喷头连接处为 2—2 截面，以地面为基准水平面，则已知条件有

$$Z_1=1.5\mathrm{m},\ u_1=0,\ p_1=0\ (表压),\ Z_2=20\mathrm{m},\ p_2=29.4\times10^3\mathrm{Pa}\ (表压)$$

吸入管内流速 $u_0=1.5\mathrm{m/s}$

吸入管内径 $d_0=108-2\times4=100(\mathrm{mm})$

排出管内径 $d_2=76-2\times2.5=71(\mathrm{mm})$

$$u_2=u_0\left(\frac{d_0}{d_2}\right)^2=1.5\times\left(\frac{100}{71}\right)^2=2.98(\mathrm{m/s})$$

$$\rho=1100\mathrm{kg/m^3},\ \sum h_\mathrm{f}=30\mathrm{J/kg}$$

伯努利方程式简化为

$$W_\mathrm{e}=g(Z_2-Z_1)+\frac{p_2-p_1}{\rho}+\frac{u_2^2-u_1^2}{2}+\sum h_\mathrm{f}$$

$$=(20-1.5)\times9.81+\frac{29.4\times10^3}{1100}+\frac{2.98^2}{2}+30$$

$$=242.7(\mathrm{J/kg})$$

故　$N_\mathrm{e}=W_\mathrm{e}w_\mathrm{s}=242.7\times1.5\times0.785\times0.1^2\times1100=3140(\mathrm{W})\ =3.14(\mathrm{kW})$

五、流体流动阻力及降低措施

如前所述，由于黏性的存在，流体在流动过程中不同流速的流体层之间产生内摩擦，使一部分机械能转化为热能而损失于周围环境。这就是流体的阻力损失。下面将讨论流体阻力的产生、表现形式及其估算。

（一）雷诺数与流动类型

1.雷诺数与流动类型

为了直接观察流体流动时内部质点的运动情况及各种因素对流动状况的影响，可安排如图 1-23 所示的实验。这个实验称为雷诺实验。在水箱 3 内装有溢流装置，以维持水位恒定。箱的底部接一段直径相同的水平玻璃管 4，管出口处有阀门 5 以调节流量。水箱上方有装有带颜色液体的小瓶 1，有色液体可经过细管 2 注入玻璃管内。在水流经玻璃管的过程中，同时把有色液体送到玻璃管入口以后的管中心位置上。

实验时可观察到，当玻璃管里的水流速度不大时，从细管引到水流中心的有色液体成一直线平稳地流过整根玻璃管，与玻璃管里的水并不相混杂，如图 1-24（a）所示。这种现象表明玻璃管里水的质点是沿着与管轴平行的方向作直线运动。若把水流速度逐渐提高到一定数值，有

色液体的细线开始出现波浪形；速度再增加，细线便完全消失，有色液体流出细管后随即散开，与水完全混合在一起，使整根玻璃管中的水呈现均匀的颜色，如图 1-24(b) 所示。这种现象表明水的质点除了沿着管道向前运动外，各质点还作不规则的杂乱运动，且彼此相互碰撞并相互混合。质点速度的大小和方向随时发生变化。

　　这个实验揭露出流体流动有两种截然不同的类型。一种相当于图 1-24(a) 的流动，称为滞流或层流；另一种相当于图 1-24(b) 的流动，称为湍流或紊流。若用不同的管径和不同的流体分别进行实验，从实验中发现，不仅流速 u 能引起流动状况改变，而且管径 d、流体的黏度 μ 和密度 ρ 也都能引起流动状况的改变。可见，流体的流动状况是由多方面因素决定的。通过进一步的分析研究，可以把这些影响因素组合成为 $\dfrac{du\rho}{\mu}$ 的形式。$\dfrac{du\rho}{\mu}$ 称为雷诺特征数或雷诺数，以 Re 表示，这样就可以根据 Re 特征数的数值来分析流动状态。

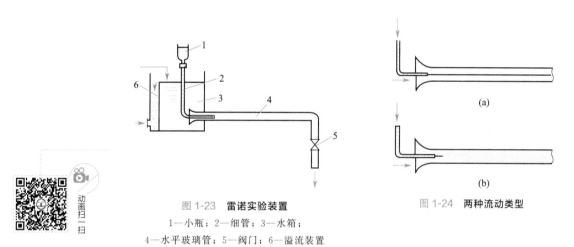

图 1-23　**雷诺实验装置**
1—小瓶；2—细管；3—水箱；
4—水平玻璃管；5—阀门；6—溢流装置

图 1-24　**两种流动类型**

　　Re 特征数是一个无量纲数群，式中各物理量用同一种单位制进行计算时，得到的是无单位的数。故组成此数群的各物理量，必须用一致的单位表示。

　　对于非圆形截面的通道，可以用一个与圆形管直径 d 相当的"直径"来代替，称作当量直径，用 d_e 表示。

$$d_e = 4 \times \text{流通截面积/润湿周边长度}$$

　　在化工中经常遇到的套管换热器环隙间及矩形截面的当量直径可分别如下计算：

$$\text{套管换热器环隙的当量直径 } d_e = d_1 - d_2$$

式中　d_1——套管换热器外管的内径，m；
　　　d_2——套管换热器内管的外径，m。

$$\text{矩形截面的当量直径 } d_e = \frac{2ab}{a+b}$$

式中　a、b——矩形的两个边长，m。

　　应予指出，不能用当量直径来计算流体通过的截面积、流速和流量。

　　实验证明，流体在直管内流动时，当 $Re \leqslant 2000$ 时，流体的流动类型属于滞流；当 $Re \geqslant 4000$ 时，流动类型属于湍流；而 Re 值在 2000～4000 的范围内，可能是滞流，也可能是湍流，若受外界条件的影响，如管道直径或方向的改变、外来的轻微震动，都易促成湍流的发生，所以将这一范围称为不稳定的过渡区。在生产操作条件下，常将 $Re > 3000$ 的情况按湍流考虑。

滞流与湍流的区分不仅在于各有不同的 Re 值，更重要的是它们的本质区别，即流体内部质点的运动方式不同。

流体在管内作滞流流动时，其质点沿管轴作有规则的平行运动，各质点互不碰撞，互不混合。

流体在管内作湍流流动时，其质点作不规则的杂乱运动，并相互碰撞，产生大大小小的旋涡。由于质点碰撞而产生的附加阻力较由黏性所产生的阻力大得多，所以碰撞将使流体前进阻力急剧加大。

管道截面上某一固定点的流体质点在沿管轴向前运动的同时，还有径向运动，而径向速度的大小和方向是不断变化的，从而引起轴向速度的大小和方向也随之而变，即在湍流中流体质点的不规则运动，构成质点在主运动之外还有附加的脉动。质点的脉动是湍流运动的最基本特点。

【例 1-12】 求 20℃时煤油在圆形直管内流动时的 Re 值，并判断其流型。已知管内径为 50mm，煤油的流量为 $6m^3/h$，20℃时煤油的密度为 $810kg/m^3$，黏度为 $3mPa \cdot s$。

解 煤油在圆形直管内的流速为

$$u = \frac{V_s}{0.785d^2} = \frac{(6/3600)}{0.785 \times 0.05^2} = 0.849 (m/s)$$

故

$$Re = \frac{du\rho}{\mu} = \frac{0.050 \times 0.849 \times 810}{3 \times 10^{-3}} = 1.146 \times 10^4 > 4000$$

所以流型为湍流。

2. 流体在圆管内的速度分布

无论是滞流或湍流，在管道任意截面上，流体质点的速度沿管径而变，管壁处速度为零，离开管壁以后速度渐增，到管中心处速度最大。速度在管道截面上的分布规律因流型而异。

理论分析和实验都已证明，滞流时的速度沿管径按抛物线的规律分布，如图 1-25(a) 所示。截面上各点速度的平均值 u 等于管中心处最大速度 u_{max} 的 0.5 倍。

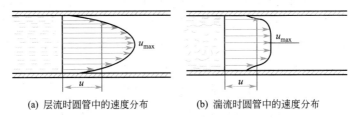

(a) 层流时圆管中的速度分布   (b) 湍流时圆管中的速度分布

图 1-25 **圆管内速度分布**

湍流时，流体质点的运动情况比较复杂，目前还不能完全采用理论方法得出湍流时的速度分布规律。经实验测定，湍流时圆管内的速度分布曲线如图 1-25(b) 所示。由于流体质点的强烈分离与混合，使截面上靠管中心部分各点速度彼此扯平，速度分布比较均匀，所以速度分布曲线不再是严格的抛物线。实验证明，当 Re 值增大时，曲线顶部的区域就变得广阔平坦，靠近管壁处质点的速度骤然下降，曲线较陡。湍流时流体的平均速度 u 是管中心最大速度 u_{max} 的 0.8 倍左右，即 $u \approx 0.8 u_{max}$。

3. 滞流内层

既然湍流时管壁处的速度等于零，则靠近管壁的流体仍作滞流流动，这一作滞流流动的流体薄层，称为滞流内层或滞流底层。自滞流内层往管中心推移，速度逐渐增大，出现了既非滞流流动亦非完全湍流流动的区域。这个区域称为缓冲层或过渡层。再往中心才是湍流主体。滞流内层的厚度随 Re 值的增加而减小。滞流内层的存在，对传热与传质过程都有重大影响，这方面的问题，将在后面有关内容中讨论。

(二) 流体流动阻力

流体在流动过程中要克服阻力，流体的黏性是产生流体流动阻力的内因，而固体壁面（管壁或设备壁）促使流体内部产生相对运动（即产生内摩擦），因此壁面及其形状等因素是流体流动阻力产生的外因。克服这些阻力需要消耗一部分能量，这一能量即为伯努利方程式中的 $\sum h_f$ 项。

生产用管路主要由直管和管件、阀门等两部分组成，流体流动阻力也相应分为直管阻力和局部阻力两类。

1. 直管阻力

(1) 直管阻力计算式　直管阻力是流体流经一定管径的直管时，由于流体的内摩擦而产生的阻力。由理论推导可得到直管阻力的计算方法：

$$h_f = \lambda \frac{l}{d} \times \frac{u^2}{2} \quad \text{J/kg} \tag{1-23}$$

$$H_f = \lambda \frac{l}{d} \times \frac{u^2}{2g} \quad \text{J/N} = \text{m} \tag{1-23a}$$

$$\Delta p_f = \rho h_f = \lambda \frac{l}{d} \times \frac{\rho u^2}{2} \quad \text{J/m}^3 = \text{Pa} \tag{1-23b}$$

上述三式均称为范宁公式，是计算流体在直管内流动阻力的通式，称为直管阻力计算式，对层流、湍流均适用。

式中　l——直管长度，m；

　　　d——管子内径，m；

　　　u——流体流速，m/s；

　　　λ——比例常数，称为摩擦系数（或摩擦因数），其值与流动类型及管壁的粗糙程度等因素有关，应用范宁公式计算直管阻力时，确定摩擦系数 λ 值是个关键。

(2) 摩擦系数　化工生产上所铺设的管道，按其材质的性质和加工情况，大致可分为光滑管与粗糙管。通常把玻璃管、黄铜管、塑料管等列为光滑管，把钢管和铸铁管等列为粗糙管。实际上，即使是用同一材质的管子铺设的管道，由于使用时间的长短与腐蚀、结垢的程度不同，管壁的粗糙程度也会发生很大的差异。

管壁粗糙度可用绝对粗糙度与相对粗糙度来表示。绝对粗糙度是指壁面凸出部分的平均高度，以 ε 表示，见表1-3。在选取管壁的绝对粗糙度 ε 值时，必须考虑到流体对管壁的腐蚀性，流体中的固体杂质是否会黏附在壁面上以及使用情况等因素。

表 1-3　**常用工业管道的绝对粗糙度 ε**

管道材质		ε /mm	管道材质		ε /mm
金属管	无缝的黄铜管、铜管及铝管	0.01~0.05	非金属管	干净玻璃管	0.0015~0.01
	新的无缝钢管或镀锌铁管	0.1~0.5		橡胶软管	0.01~0.03
	新的铸铁管	0.3		陶土排水管	0.45~6.0
	具有轻度腐蚀的无缝钢管	0.2~0.3		很好整平的水泥管	0.38
	具有显著腐蚀的无缝钢管	0.5以上		石棉水泥管	0.03~0.8
	旧的铸铁管	0.85以上			

相对粗糙度是指绝对粗糙度与管道直径的比值，即 ε/d。管壁粗糙度对摩擦系数 λ 的影响程度与管径的大小有关，如对于绝对粗糙度相同的管道，直径不同，对 λ 的影响就不相同，对直径小的影响较大。所以在流动阻力的计算中不但要考虑绝对粗糙度的大小，还要考虑相对粗糙度的大小。流体作滞流流动时，管壁上凹凸不平的地方都被有规则的流体层所覆盖，而流动速度又比较缓慢，流体质点对管壁凸出部分不会有碰撞作用。所以，在滞流时，摩擦系数与管壁粗糙度无关。当流体作湍流流动时，靠管壁处总是存在着一层滞流内层，如果滞流内层的厚度 δ_b 大于壁面的绝对粗糙度，即 $\delta_b > \varepsilon$，如图 1-26(a) 所示，此时管壁粗糙度对摩擦系数的影响与滞流相近。随着 Re 值的增加，滞流内层的厚度逐渐变薄，当 $\delta_b < \varepsilon$ 时，如图 1-26(b) 所示，壁面凸出部分便伸入湍流区内与流体质点发生碰撞，使湍动加剧，此时壁面粗糙度对摩擦系数的影响便成为重要的因素。Re 值愈大，滞流内层愈薄，这种影响愈显著。

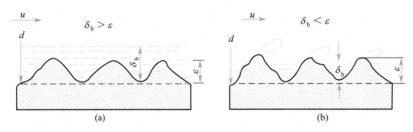

图 1-26　管壁粗糙度对流体流动的影响 (放大)

在工程计算中，一般将实验数据进行综合整理，以 ε/d 为参数，标绘 Re 与 λ 关系。这样，便可根据 Re 与 ε/d 值从图 1-27 中查得摩擦系数 λ 值。

图 1-27 可分成四个区域。

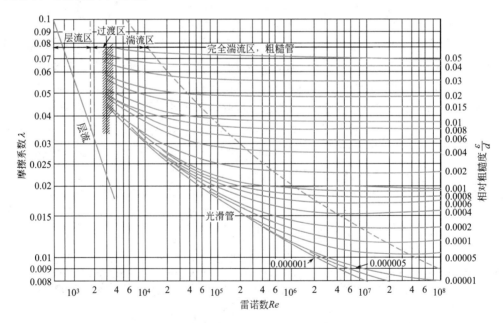

图 1-27　摩擦系数与雷诺数及相对粗糙度的关系

① 层流区　$Re \leqslant 2000$。λ 只是 Re 的函数，与管壁粗糙度无关，且与 Re 成直线关系：

$$\lambda = \frac{64}{Re} \tag{1-24}$$

代入式(1-23)，得 $h_f = \lambda \dfrac{l}{d} \times \dfrac{u^2}{2} = \dfrac{64}{Re} \times \dfrac{l}{d} \times \dfrac{u^2}{2} = \dfrac{32\mu l u}{d^2 \rho}$，即层流时直管阻力与流速的一次方成正比。

② 过渡区　$2000 < Re < 4000$。在此区域内层流或湍流的 λ-Re 曲线都可应用，计算流体阻力时，工程上为了安全起见，宁可估算得大些，一般将湍流时的曲线延伸即可。

③ 湍流区　$Re \geqslant 4000$ 及虚线以下的区域。λ 与 Re 及 ε/d 都有关，在这个区域中标绘有一系列曲线，其中最下面的一条为流体流过光滑管（即玻璃管、铜管等）时 λ 与 Re 的关系。当 $Re = 5000 \sim 100000$ 时，柏拉修斯通过实验得出的半理论公式可表示光滑管内 λ 与 Re 的关系：

$$\lambda = \frac{0.316}{Re^{0.25}} \tag{1-25}$$

④ 完全湍流区（或称阻力平方区）图中虚线以上区域。此区域内曲线都趋于水平线，即摩擦系数 λ 与 Re 数的大小无关，只与 ε/d 有关；若 ε/d 为常数，则 λ 为常数。由流体阻力计算式 $h_f = \lambda \dfrac{l}{d} \times \dfrac{u^2}{2}$ 可知，在完全湍流区内，若 l/d 一定、ε/d 为常数，λ 亦为常数，则 $h_f \propto u^2$，所以此区域被称为阻力平方区。相对粗糙度 ε/d 愈大，达到阻力平方区的 Re 数值愈低。

【例 1-13】　在 $\phi 108\text{mm} \times 4\text{mm}$、长 20m 的钢管中输送油品。已知该油品的密度为 900kg/m^3，黏度为 $0.072\text{Pa} \cdot \text{s}$，流量为 32t/h。试计算该油品流经管道的能量损失及压力降。

解

$$u = \frac{32 \times 1000}{3600 \times 900 \times 0.785 \times 0.1^2} = 1.26\,(\text{m/s})$$

$$Re = \frac{du\rho}{\mu} = \frac{0.1 \times 1.26 \times 900}{0.072} = 1575 < 2000 \quad \text{层流}$$

$$\lambda = \frac{64}{Re} = \frac{64}{1575} = 0.0406$$

能量损失　$h_f = \lambda \dfrac{l}{d} \times \dfrac{u^2}{2} = 0.0406 \times \dfrac{20}{0.1} \times \dfrac{1.26^2}{2} = 6.45\,(\text{J/kg})$

压力降　$\Delta p = h_f \rho = 6.45 \times 900 = 5805\,(\text{Pa})$

【例 1-14】　20℃的水在 $\phi 60\text{mm} \times 3.5\text{mm}$ 的有缝钢管中以 1m/s 的速度流动。求水通过 100m 长水平直管的压力降。

解　由题意知　$d = 0.053\text{m}$，$l = 100\text{m}$，$u = 1\text{m/s}$。

查附录知，20℃水的 $\rho = 998.2\text{kg/m}^3$，$\mu = 1.005 \times 10^{-3}\text{Pa} \cdot \text{s}$。

$$Re = \frac{du\rho}{\mu} = \frac{0.053 \times 1 \times 998.2}{1.005 \times 10^{-3}} = 5.26 \times 10^4 > 4000 \quad \text{湍流}$$

取有缝钢管的绝对粗糙度 $\varepsilon = 0.2\text{mm}$，则

$$\varepsilon/d = \frac{0.2}{53} \approx 0.004$$

查图 1-27 得 $\lambda = 0.03$，对水平直管

$$\Delta p_f = \Delta p = \lambda \frac{l}{d} \times \frac{\rho u^2}{2} = 0.03 \times \frac{100}{0.053} \times \frac{998.2 \times 1^2}{2} = 28251\,(\text{Pa}) = 2.83 \times 10^4\,(\text{Pa})$$

2. 局部阻力

流体在管路的进口、出口、弯头、阀门、扩大、缩小等局部位置流过时，其流速大小和方向都发生了变化，且流体受到干扰或冲击，使涡流现象加剧而消耗能量。由实验测知，流体即使在直管中为滞流流动，但流过管件或阀门时也容易变为湍流。在湍流情况下，为克服局部阻力所引起的能量损失有两种计算方法。

（1）阻力系数法　克服局部阻力所引起的能量损失，也可以表示成动能 $\dfrac{u^2}{2}$ 的一个函数，即

$$h'_f = \xi \frac{u^2}{2} \tag{1-26}$$

或

$$\Delta p'_f = \xi \frac{\rho u^2}{2} \tag{1-26a}$$

式中，ξ 称为局部阻力系数，一般由实验测定。下面列举几种较常用的局部阻力系数的求法。

① 突然扩大与突然缩小　管路由于直径改变而突然扩大或缩小，所产生的能量损失按式（1-26）计算，式中的流速 u 均以小管的流速为准，局部阻力系数可根据小管与大管的截面积之比从图 1-28 的曲线上查得。

② 进口与出口　流体自容器进入管内，可看作从很大的截面 A_1 突然进入很小的截面 A_2，

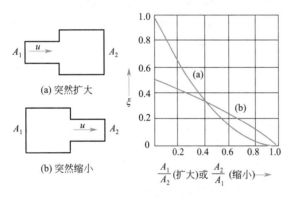

(a) 突然扩大

(b) 突然缩小

$\dfrac{A_1}{A_2}$(扩大) 或 $\dfrac{A_2}{A_1}$(缩小)→

图 1-28　**突然扩大与突然缩小的局部阻力系数**

即 $A_2/A_1 \approx 0$。根据图 1-28 曲线（b），查出局部阻力系数 $\xi_c = 0.5$，这种损失常称为进口损失，相应的系数 ξ_c 称为进口阻力系数。若管口圆滑或成喇叭状，则局部阻力系数相应减小，约为 $0.25 \sim 0.05$。

流体自管子进入容器或从管子直接排放到管外空间，可看作自很小的截面 A_1 突然扩大到很大的截面 A_2，即 $A_1/A_2 \approx 0$，从图 1-28 中的曲线（a），查出局部阻力系数 $\xi_e = 1$，这种损失常称为出口损失，相应的阻力系数 ξ_e 又称为出口阻力系数。

流体从管子直接排放到管外空间时，管出口内侧截面上的压强可取为与管外空间相同。应指出，出口截面上的动能应与出口阻力损失相一致，若截面处在管出口的内侧，表示流体未离开管路，截面上仍具有动能，但出口损失不应计入系统的总能量损失 $\sum h_f$ 内，即 $\xi_e = 0$。若截面处在管子出口的外侧，表示流体已离开管路，截面上的动能为零，但出口损失应计入系统的总能量损失内，此时 $\xi_e = 1$。

③ 管件与阀门　管路上的配件如弯头、三通、活接头等总称为管件。不同管件或阀门的局部阻力系数可从表 1-4 或有关手册中查得。

表 1-4　**常见局部障碍物的阻力系数**

管件和阀件名称	ξ 值	
标准弯头	$45°, \xi = 0.35$	$90°, \xi = 0.75$
90°方形弯头	1.3	
180°回弯头	1.5	

管件和阀件名称	ξ 值						
活管接	0.4						
弯管	φ	30°	45°	60°	75°	90°	105°	120°
	R/d							
	1.5	0.08	0.01	0.14	0.16	0.175	0.19	0.20
	2.0	0.07	0.10	0.12	0.14	0.15	0.16	0.17

标准三通管

$\xi=0.4$ ＿＿＿ $\xi=1.5$ 当弯头用 ＿＿＿ $\xi=1.3$ 当弯头用 ＿＿＿ $\xi=1$

闸阀	全开	3/4 开	1/2 开	1/4 开
	0.17	0.9	4.5	24

标准截止阀（球心阀）	全开 $\xi=6.4$			1/2 开 $\xi=9.5$				
碟阀	α	5°	10°	20°	30°	40°	45°	50°	60°	70°
	ξ	0.24	0.52	1.54	3.91	10.8	18.7	30.6	118	751

旋塞	ϕ	5°	10°	20°	40°	60°
	ξ	0.05	0.29	1.66	17.3	206

管件和阀件名称	ξ 值	
角阀 90°	5	
单向阀（止逆阀）	摇板式 $\xi=2$	球形式 $\xi=70$
底阀	1.5	
滤水器（或滤水网）	2	
水表（盘形）	7	

（2）当量长度法　流体流经管件、阀门等局部地区所引起的能量损失可仿照式(1-23)及式(1-23b)而写成如下形式：

$$h_f' = \lambda \frac{l_e}{d} \times \frac{u^2}{2} \tag{1-27}$$

或

$$\Delta p_f' = \lambda \frac{l_e}{d} \times \frac{\rho u^2}{2} \tag{1-27a}$$

式中，l_e 称为管件或阀门的当量长度，其单位为 m，表示流体流过某一管件或阀门的局部阻力，相当于流过一段与其具有相同直径、长度为 l_e 的直管阻力。实际上是为了便于管路计算，把局部阻力折算成一定长度直管的阻力。

管件或阀门的当量长度数值都是由实验确定的。在湍流情况下某些管件与阀门的当量长度可从图 1-29 的共线图查得。先于图左侧的垂直线上找出与所求管件或阀门相应的点，又在图右侧的标尺上定出与管内径相当的一点，两点连一直线与图中间的标尺相交，交点在标尺上的读数就是所求的当量长度。

管件、阀门等构造细节与加工精度往往差别很大，从手册中查得的 l_e 或 ξ 值只是约略值，即局部阻力的计算也只是一种估算。

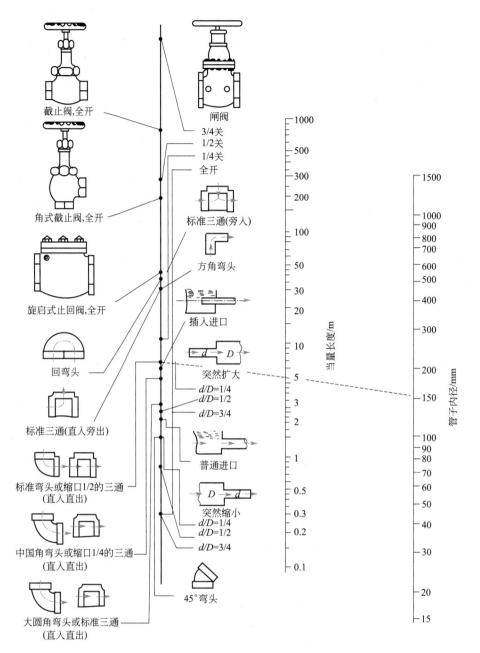

图 1-29 **管件与阀门的当量长度共线图**

3. 管路总能量损失

管路总能量损失又常称为总阻力损失，是管路上全部直管阻力与局部阻力之和。这些阻力可以分别用有关的公式进行计算。对于流体流经直径不变的管路时，如果把局部阻力都按当量长度的概念来表示，则管路的总能量损失为：

$$\sum h_{\mathrm{f}} = \lambda \frac{l + \sum l_{\mathrm{e}}}{d} \times \frac{u^2}{2} \tag{1-28}$$

或

$$\sum h_{\mathrm{f}} = \left(\lambda \frac{l}{d} + \sum \xi \right) \frac{u^2}{2} \tag{1-28a}$$

式中　$\sum h_\mathrm{f}$——管路的总能量损失，J/kg；

　　　　l——管路上各段直管的总长度，m；

　　　　$\sum l_\mathrm{e}$——管路上全部局部阻力的当量长度之和，m；

　　　　$\sum \xi$——管路上全部局部阻力的局部阻力系数之和；

　　　　u——流体流经管路的流速，m/s。

应该注意，上式适用于直径相同的管段或管路系统的计算，式中的流速 u 是指管段或管路系统的流速，由于管径相同，所以 u 可按任一管截面来计算。

当管路由若干直径不同的管段组成时，由于各段的流速不同，此时管路的总能量损失应分段计算，然后再求其总和。

【例 1-15】　如图 1-30 所示，料液由常压高位槽流入精馏塔中。进料处塔中的压力为 20kPa（表压），送液管道为 $\phi45\mathrm{mm}\times2.5\mathrm{mm}$、长 8m 的钢管。管路中装有 180°回弯头一个，全开标准截止阀一个，90°标准弯头一个。塔的进料量要维持在 5m³/h，试计算高位槽中的液面要高出塔的进料口多少米。

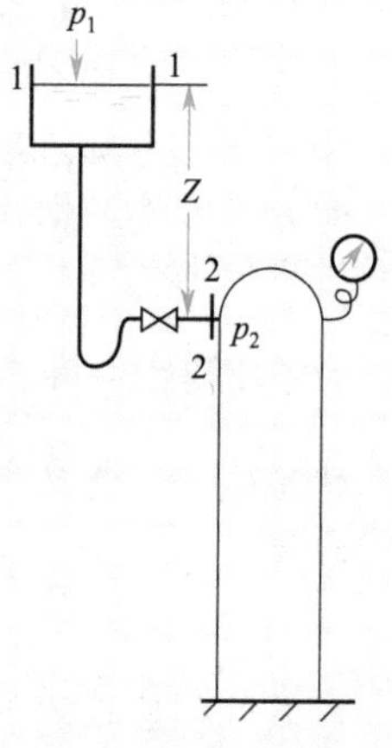

操作温度下料液的物性数据：$\rho=900\mathrm{kg/m^3}$；$\mu=1.3\mathrm{mPa\cdot s}$。

解　如图取截面 1—1，2—2，基准面为过 2—2 截面中心线的水平面。

在 1—1 和 2—2 截面间列伯努利方程式

$$gZ_1+\frac{u_1^2}{2}+\frac{p_1}{\rho}+W_\mathrm{e}=gZ_2+\frac{u_2^2}{2}+\frac{p_2}{\rho}+\sum h_\mathrm{f}$$

1—1 截面：$Z_1=Z$，$p_1=p_\mathrm{a}=0$（表压），$u_1\approx0$

2—2 截面：$Z_2=0$，$p_2=2\times10^4\mathrm{Pa}$（表压），

$$u_2=\frac{V}{A}=\frac{5}{3600\times0.785\times0.04^2}=1.1\ (\mathrm{m/s})$$

图 1-30　例 1-15 附图

① 直管阻力

$$Re=\frac{du\rho}{\mu}=\frac{0.04\times1.1\times900}{1.3\times10^{-3}}=3.05\times10^4$$

取管壁粗糙度 $\varepsilon=0.3\mathrm{mm}$，则 $\dfrac{\varepsilon}{d}=\dfrac{0.3}{40}=0.0075$

由图 1-27 查出摩擦系数 $\lambda=0.039$

$$h_\mathrm{f}=\lambda\frac{l}{d}\times\frac{u^2}{2}=0.039\times\frac{8}{0.04}\times\frac{1.1^2}{2}=4.72\ (\mathrm{J/kg})$$

② 局部阻力

由表 1-4 查得阻力系数：

进口　　　　　　　　　　$\xi_1=0.5$

180°回弯头　　　　　　　$\xi_2=1.5$

90°标准弯头　　　　　　 $\xi_3=0.75$

全开标准截止阀　　　　　$\xi_4=6.4$

$$h_\mathrm{f}'=\sum\xi\frac{u^2}{2}=(0.5+1.5+0.75+6.4)\times\frac{1.1^2}{2}=5.54\ (\mathrm{J/kg})$$

③ 总阻力

$$\sum h_{\mathrm{f}}=h_{\mathrm{f}}+h_{\mathrm{f}}'=4.72+5.54=10.26 \ (\mathrm{J/kg})$$

故

$$Z=\frac{p_2}{\rho g}+\frac{u_2^2}{2g}+\frac{\sum h_{\mathrm{f}}}{g}=\frac{20000}{900\times9.81}+\frac{1.1^2}{2\times9.81}+\frac{10.26}{9.81}=3.37 \ (\mathrm{m})$$

（三）流体流动阻力的降低措施

欲降低流动阻力，可采取如下的措施：

（1）合理布局，尽量减少管长，少装不必要的管件、阀门；

（2）适当加大管径并尽量选用光滑管；

（3）在允许条件下，将气体压缩或液化后输送；

（4）高黏度液体长距离输送时，可用加热方法（蒸汽伴管）或强磁场处理，以降低黏度；

（5）允许的话，在被输送液体中加入减阻剂，如可溶的高分子聚合物、皂类的溶液、适当大小的固体颗粒稀薄悬浮物；

（6）管壁上进行预处理，低表面能涂层或小尺度肋条结构。

而有时为了其他工程目的，需人为地造成局部阻力或加大流体湍动（如液体搅拌，传热、传质过程的强化等）。

六、流体的基本物理量的检测

化工生产正常运行必须对流体输送过程的工艺参数进行检测。流体输送过程常见的工艺参数有温度（T）、压力（p）、液位（L）、流量（F）。

（一）温度检测

1. 温度测量仪表的分类

温度测量仪表按测温方式可分为接触式和非接触式两大类。通常来说接触式测温仪表比较简单、可靠，测量精度较高；但因测温元件与被测介质需要进行充分的热交换，需要一定的时间才能达到热平衡，所以存在测温的延迟现象，同时受耐高温材料的限制，不能应用于很高的温度测量。非接触式仪表测温是通过热辐射原理来测量温度的，测温元件不需与被测介质接触，测温范围广，不受测温上限的限制，也不会破坏被测物体的温度场，反应速率一般也比较快；但受到物体的发射率、测量距离、烟尘和水汽等外界因素的影响，其测量误差较大。常用的温度测量仪表有热电偶和热电阻两种。

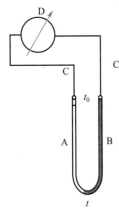

图 1-31　**热电偶测温系统**
A，B—热电偶；C—导线；
D—显示仪表；t—热端；
t_0—冷端

2. 热电偶

热电偶是工业上最常用的温度检测元件之一。其测温系统包括热电偶、显示仪表和导线三部分，如图 1-31 所示。

热电偶是由两种不同材料的导体 A 和 B 焊接或铰接而成的，连在一起的一端称作热电偶的工作端（热端、测量端），另一端与导线连接，叫做自由端（冷端、参比端）。导体 A、B 称为热电极，合称热电偶。

使用时，将工作端插入被测温度的设备中，冷端置于设备的外面，当两端所处的温度不同时（热端为 t，冷端为 t_0），在热电偶回路中就会产生热电势，形成一定大小的电流，这种物理现象称为热电效应。热电偶就是利用这一效应来工作的。常用的热电偶从 $-50\sim+1600$℃ 均可测量，某些特殊热电偶最低可测到 -269℃（如金铁镍铬），最高可达

＋2800℃（如钨-铼）。

热电偶通常是由两种不同的金属丝组成的，而且不受大小和开头的限制，外有保护套管。它具有测量精度高、测量范围广、构造简单、使用方便等特点。

3. 热电阻

热电阻是中低温区最常用的一种温度检测器，用于测量－200～500℃范围内的温度。它具有电阻温度系数大、线性好、性能稳定、使用温度范围宽、加工容易等特点。其测温原理是基于金属导体的电阻值随温度的增加而增加这一特性来进行温度测量的。热电阻大都由纯金属材料制成，目前应用最多的是铂和铜，此外，现在已开始采用镍、锰和铑等材料制造热电阻。

（二）压力检测

1. 压力检测仪表的分类

压力检测仪表按照其转换原理不同，可分为液柱式、弹性式、活塞式和电气式这四大类，其工作原理、主要特点和应用场合如表 1-5 所示。图 1-32 为生产中最常用的弹簧管压力表，又称布尔登表。主要组成部分为一弯成圆弧形的弹簧管，管的横切面为椭圆形，作为测量元件的弹簧管一端固定起来，通过接头与被测介质相连，另一端封闭，为自由端。自由端借连杆与扇形齿轮相连，扇形齿轮又和机心齿轮咬合组成传动放大装置。当被测压的流体引入弹簧管时，弹簧管壁受压力作用而使弹簧管伸张，使自由端移动，其移动距离与压力大小成正比，或者带动指针指示出被测压力数值。它适用于对铜合金不起腐蚀作用的气体和液体，测压范围一般可达 $10^6 Pa$，少数可达 $10^9 Pa$，精度为 $1\% \sim 2\%$。

表 1-5　压力检测仪表分类比较

压力检测仪表的种类		检测原理	主要特点	用　途
液柱式压力计	U 形管压力计 单管压力计 倾斜管压力计 补偿微压计 自动液柱式压力计	液体静力平衡原理（被测压力与一定高度的工作液体产生的重力相平衡）	结构简单、价格低廉、精度较高、使用方便，但测量范围较窄，玻璃易碎	适用于低微静压测量，高精确度者可用作基准器
弹性式压力计	弹簧管压力表	弹性元件弹性变形原理	结构简单、牢固，使用方便，价格低廉	用于高、中、低压的测量，应用十分广泛
	波纹管压力表		具有弹簧管压力表的特点，有的因波纹管位移较大，可制成自动记录型	用于测量 400kPa 以下的压力
	膜片压力表		除具有弹簧管压力表的特点外，还能测量黏度较大的液体压力	用于测量低压
	膜盒压力表		用于低压或微压测量，其他特点同弹簧管压力表	用于测量低压或微压
活塞式压力计	单活塞式压力表 双活塞式压力表	液体静力平衡原理	比较复杂和贵重	用于做基准仪器，校验压力表或实现精密测量
电气式压力表	压力传感器	应变式压力传感器	导体或半导体的应变效应原理	能将压力转换成电量，并进行远距离传送	用于控制室集中显示、控制
		霍尔式压力传感器	导体或半导体的霍尔效应原理		
	压力（差压）变送器	力矩平衡式变送器	力矩平衡原理	能将压力转换成统一标准电信号，并进行远距离传送	

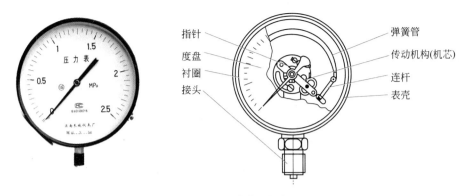

图 1-32　弹簧管压力表

2. 压力表的安装

（1）测压点的选择　测压点选择的好坏，直接影响到测量效果。测压点必须能反映被测压力的真实情况。一般选择被测介质呈直线流动的管段部分，且使取压点与流动方向垂直。测液体压力时，取压点应在管道下部；测气体压力时，取压点应在管道上方。

（2）导压管的铺设　导压管粗细要合适，在铺设时应便于压力表的保养和信号传递。在取压口到仪表之间应加装切断阀。当遇到被测介质易冷凝或冻结时，必须加保温板热管线。

（3）压力表的安装　压力表安装时，应便于观察和维修，尽量避免振动和高温影响。应根据具体情况，采取相应的防护措施，如图 1-33 所示。压力表在连接处应根据实际情况加装密封垫片。

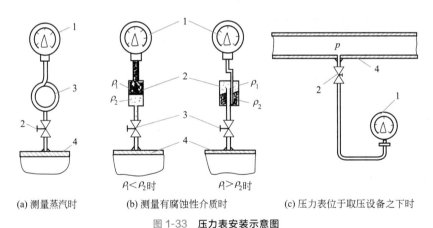

图 1-33　压力表安装示意图

1—压力表；2—切断阀；3—凝液罐或隔离罐；4—取压设备；

ρ_1，ρ_2—隔离液和被测介质的密度

（三）流量检测

流量分为瞬时流量和累积流量。瞬时流量是指在单位时间内流过管道某一截面流体的数量，简称流量，其单位一般用立方米/秒（m^3/s）、千克/秒（kg/s）。累积流量是指在某一段时间内流过流体的总和，即瞬时流量在某一段时间内的累积值，又称为总量，单位用千克（kg）、立方米（m^3）。

通常把测量流量的仪表称为流量计，把测量总量的仪表称为计量表。流量的检测方法很多，所对应的检测仪表种类也很多，如表 1-6。

表 1-6　流量检测仪表分类比较

流量检测仪表种类		检测原理	特　点	用　途	
差压式	孔板	基于节流原理,利用流体流经节流装置时产生的压力差而实现流量测量	已实现标准化,结构简单,安装方便,但差压与流量为非线性关系	管径 > 50mm、低黏度、大流量、清洁的液体、气体和蒸汽的流量测量	
	喷嘴				
	文丘里管				
转子式	玻璃管转子流量计	基于节流原理,利用流体流经转子时,截流面积的变化来实现流量测量	压力损失小,检测范围大,结构简单,使用方便,但需垂直安装	适于小管径、小流量的流体或气体的流量测量,可进行现场指示或信号远传	
	金属管转子流量计				
容积式	椭圆齿轮流量计	采用容积分界的方法,转子每转一周都可送出固定容积的流体,可利用转子的转速来实现测量	精度高,量程宽,对流体的黏度变化不敏感,压力损失小,安装使用较方便,但结构复杂,成本较高	小流量、高黏度、不含颗粒和杂物、温度不太高的流体流量测量	液体
	皮囊式流量计				气体
	旋转活塞流量计				液体
	腰轮流量计				液体、气体
靶式流量计		利用叶轮或涡轮被液体冲转后,转速与流量的关系进行测量	安装方便,精度高,耐高压,反应快,便于信号远传,需水平安装	可测脉动、洁净、不含杂质的流体的流量	
电磁流量计		利用电磁感应原理来实现流量测量	压力损失小,对流量变化反应速率快,但仪表复杂,成本高、易受电磁场干扰,不能振动	可测量酸、碱、盐等导电液体溶液以及含有固体或纤维的流体的流量	
旋涡式	旋进旋涡型	利用有规则的旋涡剥离现象来测量流体的流量	精度高、范围广、无运动部件、无磨损、损失小、维修方便、节能好	可测量各种管道中的液体、气体和蒸汽的流量	
	卡门旋涡型				
	间接式质量流量计				

　　图 1-34 为孔板流量计,图 1-35 为转子流量计,图 1-36 为椭圆齿轮流量计,图 1-37 为涡轮流量计,图 1-38 为电磁流量计。下面对孔板流量计、转子流量计和电磁流量计做简单介绍。

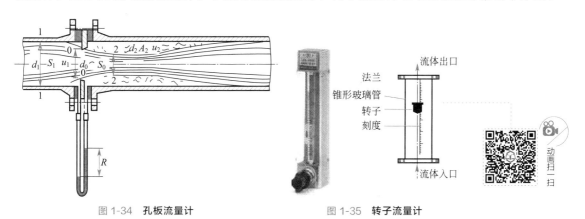

图 1-34　孔板流量计　　　　　　　　　　图 1-35　转子流量计

1. 孔板流量计

在被测管道内插入一块带孔的金属板,孔板两侧连接上 U 形管压差计,如图 1-34 所示。
流量计算公式:

$$u_0 = C_0 \sqrt{\frac{2R(\rho_s - \rho)g}{\rho}} \qquad (1\text{-}29)$$

$$V_s = u_0 S_0 \qquad (1\text{-}30)$$

式中　u_0——流体在孔口处的流速，m/s；

　　　R——U 形管压差计读数，m；

　　ρ_s、ρ——指示液及被测流体的密度，kg/m^3；

　　　V_s——流体流量，m^3/s；

　　　S_0——孔口流通面积，m^2；

　　　C_0——孔流系数。

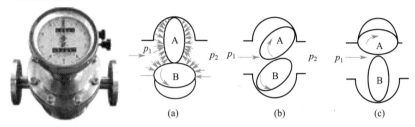

图 1-36　椭圆齿轮流量计

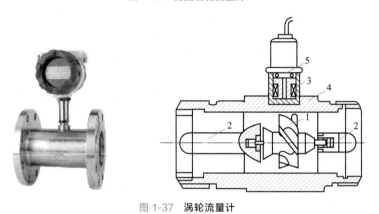

图 1-37　涡轮流量计

1—涡轮；2—导流器；3—磁电感应器；4—外壳；5—放大器

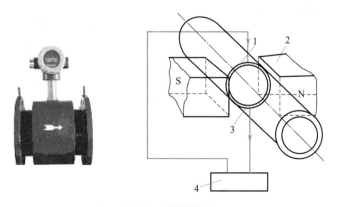

图 1-38　电磁流量计

1—导管；2—磁极；3—电极；4—仪表

孔流系数 C_0 由实验测定。实验结果如图 1-39 所示。图中横坐标 Re 是按管内径计算的，S_0/S_1 为孔口截面与管道截面之比；由图中可看出，当 Re 值超过一定值后，C_0 为常数，孔板流量计在 C_0 为常数范围内使用比较精确；式(1-29) 计算时一般都需用试差法，假设 C_0 值在常数范围。

计算步骤：设 C_0（由 S_0/S_1 在图 1-39 中 C_0 的常数范围内设）—计算 u_0 ［式(1-29)］—计算 Re —查图（图 1-39）得 C_0 —与假设的 C_0 值比较，相等为止。

孔板流量计安装在水平管段中，前后要有一定的稳定段，通常前面稳定段长度约为（15～40）d，后面为 $5d$；孔板中心位于管道中心线上。

孔板流量计构造简单，制造、安装方便，应用很广。但流体流经孔口时，因流通截面突然收缩和突然扩大，损失压头较大。此项损失压头随 S_0/S_1

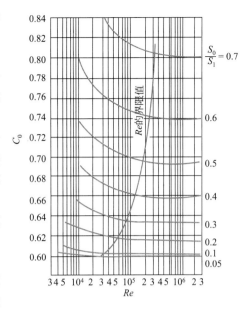

图 1-39　C_0 与 Re 关系曲线

的减小而增大。考虑到这一点，出现了文氏流量计。它是由一段逐渐缩小和逐渐扩大的管子加上 U 形管压差计组成的。其测量原理与孔板流量计相似。

孔板流量计、文氏流量计是基于流体流动的节流原理，利用流体流经节流装置时产生的静压差来实现流量测量的。此外，还有喷嘴流量计。

孔板、喷嘴、文丘里管称为节流元件。它们的结构形式、技术要求、取压方式、使用条件等均有统一的标准，所以称为标准节流元件，其结构如图 1-40 所示。实际使用过程中，只要按照标准要求进行加工，可直接投入使用。

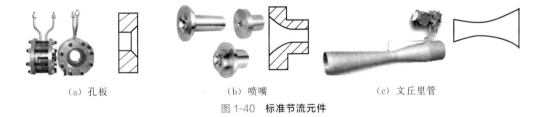

（a）孔板　　　　　　　　　　（b）喷嘴　　　　　　　　　（c）文丘里管

图 1-40　标准节流元件

2. 转子流量计

转子流量计由一个截面积自下而上逐渐扩大的锥形玻璃管构成，管内装有一个由金属或其他材料制作的转子。由于流体流过转子时，能推转子旋转，故有此名。如图 1-35 所示。

当流体自下而上流过转子流量计时，由于受到转子与锥壁之间环隙的节流作用，在转子上下游形成压差。在压差的作用下，转子被推动上升，但随着转子的上升，环隙面积扩大使流速减小，因此转子上下游压差也减小，当压差减小到一定数值时，因压差形成的、对转子的向上推力刚好等于转子的净重力，于是转子就停止上升，而留在某一高度。当流量增加时，转子又会向上运动而停在新的高度。因此，转子停留高度与流量之间有一定的对应关系。根据这种对应关系，把转子的停留高度做成刻度，代表一定的流量，就可以通过转子的停留高度读出流量了。

转子停留高度与流量间的关系也可以通过伯努利方程获得。

转子流量计的最大优点在于可以直接读出流量，而且能量损失小，不需要设置稳定段，因此应用十分广泛。但必须垂直安装，玻璃制品不耐压，不宜在 $400\sim500kPa$ 以上的工作条件下使用。

与孔板流量计相比，转子流量计的节流面积是随流量改变的，而转子上下游的压差是不变的，因此也称转子流量计为变截面型流量计。孔板流量计则相反，节流面积是不变的，而孔板两侧的压差是随流量改变的，因此也称孔板流量计为变压差型流量计。

需要说明的是，转子流量计的读数是生产厂家在一定的条件下用空气或水标定的，当条件变化或输送其他流体时，应进行标定，标定方法参阅产品手册或有关书籍。

3. 电磁流量计

应用法拉第电磁感应定律作为检测原理的电磁流量计，是目前化工生产中检测导电液体流量的常用仪表。

如图 1-38 所示，将一个直径为 D 的管道放在一个均匀磁场中，并使之垂直于磁力线方向。管道由非导磁材料制成，如果是金属管道，内壁上要装有绝缘衬里。

这种测量方法可测量各种腐蚀性液体以及带有悬浮颗粒的浆液，不受介质密度和黏度的影响，但不能测量气体、蒸汽和石油制品等。

（四）液位检测

液位计是用来观察设备内部液位变化的一种装置，为设备操作提供部分依据。一般用于两种目的：一是通过测量液位来确定容器中物料的数量，以保证生产过程中各环节必须定量的物料，二是通过液位测量来反映连续生产过程是否正常，以便可靠地控制过程的进行。

液位检测仪表的种类很多，大体上可分成接触式和非接触式两大类。表 1-7 给出了常见的各类液位检测仪表的工作原理、主要特点和应用场合。图 1-41 为玻璃管液位计，图 1-42 为玻璃板液位计，图 1-43 为浮标液位计，图 1-44 为磁性浮子液位计。

表 1-7   液位检测仪表的分类

液位检测仪表的种类			检测原理	主要特点	用　途
接触式	直读式	玻璃管液位计	连通器原理	结构简单，价格低廉，显示直观，但玻璃易损，读数不十分准确	现场就地指示
		玻璃板液位计			
	差压式	压力式液位计	利用液柱对某定点产生压力的原理而工作	能远传	可用于敞口或密闭容器中，工业上多用差压变送器
		吹气式液位计			
		差压式液位计			
	浮力式	恒浮方式	浮标式	基于浮于液面上的物体随液位的高低而产生的位移来工作	结构简单，价格低廉	测量贮罐的液位
			浮球式			
		变浮力式	沉筒式	基于沉浸在液体中的沉筒的浮力随液位变化而变化的原理工作	可连续测量敞口或密闭容器中的液位、界位	需远传显示、控制的场合
	电气式	电阻式液位计	通过将液位的变化转换成电阻、电容、电感等电量的变化来实现液位的测量	仪表轻巧，滞后小，能远距离传送，但线路复杂，成本较高	用于高压腐蚀性介质的液位测量
		电容式液位计			
		电感式液位计			

液位检测仪表的种类		检测原理	主要特点	用　途
非接触式	核辐射式液位仪表	利用核辐射透过物料时,其强度随物质层的厚度而变化的原理工作	能测各种液位,但成本高,使用和维护不便	用于腐蚀性介质的液位测量
	超声波式液位仪表	利用超声波在气、液、固体中的衰减程度、穿透能力和辐射声阻抗各不相同的性质工作	准确性高,惯性小,但成本高,使用和维护不便	用于对测量精度要求高的场合
	光学式液位仪表	利用液位对光波的折射和反射原理工作	准确性高,惯性小,但成本高,使用和维护不便	用于对测量精度要求高的场合

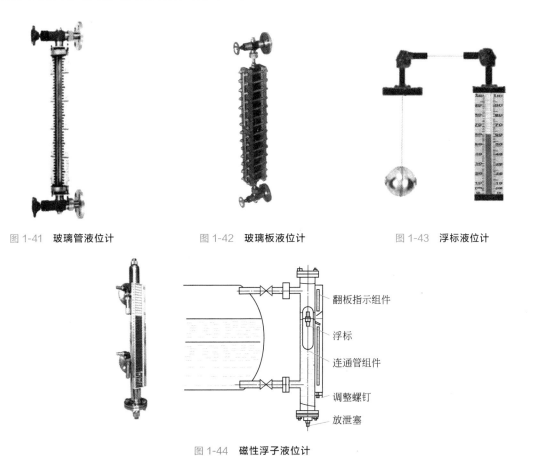

图 1-41　玻璃管液位计　　　　　图 1-42　玻璃板液位计　　　　　图 1-43　浮标液位计

翻板指示组件

浮标

连通管组件

调整螺钉

放泄塞

图 1-44　磁性浮子液位计

任务三　熟悉流体输送机械

一、液体输送机械

(一)离心泵

离心泵是依靠高速旋转的叶轮对液体做功的机械,如图 1-45,它在生产与生活中应用极广。

1.离心泵的结构

离心泵的装置如图 1-46 所示。泵的吸入口在泵壳中心,与吸入管路相连接。泵的排出口在泵壳的切线方向,与排出管路相连接。吸入管路的末端装有底阀,用以开车前灌泵或停车时防止泵内液体倒流回贮槽。底阀前滤网的作用是防止杂物进入管道和泵壳。排出管上装有调节阀,用以调节泵的流量;还应装有止逆阀(图中未表示出),以防止停车时液体倒流入泵壳内而造成事故。当电机通过泵轴带动叶轮转动时,液体便经吸入管从泵壳中心处被吸入泵内,然后经排出管从泵壳切线方向排出。

图 1-45   离心泵

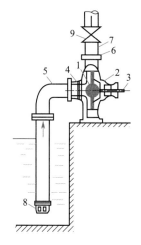

图 1-46   离心泵装置简图

1—叶轮;2—泵壳;3—泵轴;4—吸入口;
5—吸入管;6—排出口;7—排出管;8—底阀;9—调节阀

离心泵由两个主要部分构成:一是包括叶轮和泵轴在内的旋转部件,另一是由泵体、填料函和轴承组成的静止部件。其中最主要的构件是泵体和叶轮。

(1)泵体   离心泵的泵体通常制成如同蜗壳状的渐开线形,如图 1-47 所示。叶轮在泵体内沿着蜗形通道逐渐扩大的方向旋转,越接近液体的出口,流道截面积越大。液体从叶轮边缘高速流出后,在泵体中的蜗形通道作惯性运动时流速将逐渐降低,动能逐渐减小,在忽略位能改变的前提下,根据机械能守恒原理,减少的动能转化为静压能,从而使液体获得高压,并因流速的下降减少了流动能量损失。所以泵体不仅是汇集由叶轮流出的液体的部件,而且是一个能量转换构件。

为了减少液体直接进入泵壳时因碰撞引起的能量损失,在叶轮与泵壳之间有时还装有一个固定不动而且带有叶片的导轮,如图 1-48 所示。由于导轮具有若干逐渐转向和扩大的流道,有利于动能向静压能的转化,且可减少能量损失。

(2)叶轮   叶轮上一般有 6~12 片后弯形叶片(即叶片的弯曲方向与叶轮的旋转方向相反),后弯的目的是便于液体进入泵体与叶轮缝隙间的流道。按其机械结构可分为闭式、半闭式和敞开式三种,如图 1-49 所示。敞开式和半闭式叶轮由于流道不易堵塞,适用于输送含有固体颗粒的液体悬浮液(如砂浆泵、杂质泵)。但是由于没有盖板,液体易从泵壳和叶片的高压区侧通过间隙流回低压区和叶轮进口处,即产生回泄,故其效率较低。闭式或半闭式叶轮由于离开叶轮的高压液体可进入叶轮后盖板与泵体间的空隙处,使盖板后侧也受到较高压力作用,而叶轮前盖板的吸入口附近为低压,故液体作用于叶轮前后两侧的压力不等,会使叶轮推向吸入侧,与泵体接触而产生摩擦,严重时会引起泵的震动与运转不正常。为减小轴向推力,可在叶轮后盖板上钻一些小孔(称为平衡孔),如图 1-50(a)所示,使一部分高压液体漏向低压区，以减小叶轮两侧的压力差，但泵的效率也会有所降低。

图 1-47　泵体内液体流动情况

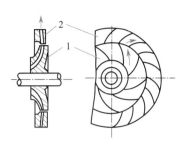

图 1-48　导轮式离心泵
1—叶轮；2—导轮

（a）闭式　　　　　　　　（b）半闭式　　　　　　　（c）敞开式

图 1-49　叶轮

按吸液方式不同，叶轮可分为单吸式和双吸式两种。单吸式叶轮的结构简单，液体只能从叶轮一侧被吸入。双吸式叶轮可同时从叶轮两侧对称地吸入液体，如图 1-50（b）所示。显然，双吸式叶轮不仅具有较大的吸液能力，同时可消除轴向推力。

（3）轴封装置　为确保泵轴带动叶轮进行高速旋转，泵轴与泵体之间应留有一定的间隙，为防止高压液体沿轴外漏，同时防止外界空气反向漏入泵的低压区，对泵轴与泵体之间的间隙需采用密封装置，称为轴封装置。常用的轴封装置有填料密封（如图 1-51）和机械密封两种。填料密封的结构简单，加工方便，但功率损耗较大，且沿轴仍会有一定量的泄漏，需要定期更换维修。对于输送易燃、易爆或有毒、有腐蚀性液体时，轴封要求严格，一般采用机械密封装置。与填料密封相比，机械密封的密封性能好，结构紧凑，使用寿命长，功率消耗少，现已较广泛地应用于各种类型的离心泵中，但其加工精度要求高，安装技术要求严，价格较高，维修也较麻烦。

2. 离心泵的工作原理

在泵启动前，先用被输送的液体把泵灌满。启动后，高速旋转的叶轮带动叶片间的液体作旋转运动。在离心力的作用下，液体便从叶轮中心被抛向叶轮外缘。在这个过程中，叶片间的液体获得了机械能，液体的静压力提高了，同时也增大了流速，一般可达 $15 \sim 25 \mathrm{m/s}$，其动能也增加了。液体离开叶轮进入泵壳后，由于泵壳中流道逐渐加宽，液体流速逐渐降低，部分动能转变为静压能，至泵出口处，液体的静压力进一步提高，最后进入排出管中。

离心泵无自吸能力，在启动之前，必须向泵内灌满被输送的液体，称为灌泵。如果泵的位置低于槽内液面，则启动前无需灌泵，液体可以借助位差自动流入泵内。若在启动离心泵之前没向泵内灌满液体，由于空气密度低，叶轮旋转后产生的离心力小，叶轮中心区不足以形成吸入贮槽内液体的低压，因而虽启动离心泵也不能输送液体，此现象称为"气缚"。吸入管路安装单向底阀就是为了防止启动前灌入泵壳内的液体从泵内流出。生产中，空气从吸入管道进到泵壳中也可能会造成"气缚"。

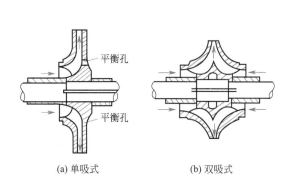

(a) 单吸式　　　　(b) 双吸式

图 1-50　**吸液方式**

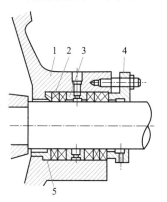

图 1-51　**填料密封**

1—填料函壳；2—软填料；3—液封圈；

4—填料压盖；5—内衬套

3. 离心泵的主要性能参数

离心泵的主要性能包括流量、扬程、轴功率、效率等参数，掌握这些参数的含义及其相互联系，对正确地选择和使用离心泵有重要意义。为了便于人们了解，制造厂在每台泵上都附有一块铭牌，上面标明了泵在最高效率点时的各种性能，如图 1-52 所示。

图 1-52　**离心泵铭牌**

（1）流量 Q　指单位时间内泵排出液体的体积流量，是泵的送液能力，单位为 m^3/s 或 m^3/h。流量大小，取决于它的结构（如单吸或双吸等）、尺寸（主要是叶轮的直径 D 和宽度 B）、转速 n，以及密封装置的可靠程度等。

（2）扬程 H　指离心泵对单位重量（1N）的液体所能提供的有效机械能量，单位为 J/N 或 m，离心泵扬程的大小，取决于泵的结构（如叶轮的直径 D、叶片的弯曲情况等）、转速 n 和流量 Q。离心泵的扬程与管路无关。离心泵的扬程目前还不能通过理论公式进行精确计算，而只能实际测定。离心泵的扬程与伯努利方程中的外加压头是有区别的，外加压头是系统在流量一定的条件下对输送设备提出的做功能力要求，而扬程是输送设备在流量一定的条件下对流体的实际做功能力。

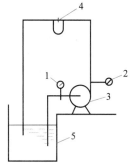

图 1-53　**测定流量和扬程的实验装置**

1—真空表；2—压力表；

3—离心泵；4—流量计；5—水箱

如图 1-53 所示。在管路中装上一个流量计 4，可测得其流量，在吸入口及排出口分别装一块真空表和压力表，读数分别为 p_1 和 p_2。在泵的吸入口截面和排出口截面间列伯努利方程，得

$$Z_1 + \frac{u_1^2}{2g} + \frac{p_1}{\rho g} + H = Z_2 + \frac{u_2^2}{2g} + \frac{p_2}{\rho g} + \sum H_f$$

由于进、出口间的管路很短，其损失压头可忽略不计，故

$$H = (Z_2 - Z_1) + \frac{u_2^2 - u_1^2}{2g} + \frac{p_2 - p_1}{\rho g}$$

【例 1-16】 某生产厂为测定一台离心泵的扬程，以 20℃的清水为介质，测得出口处的表压为 0.48MPa，入口处的真空度为 0.02MPa，泵出入口的管径相同，两测压点之间的高度差为 0.4m，试计算该泵的扬程。

解 已知 $Z = 0.4$m，$p_2 = 0.48$MPa（表压），$p_1 = -0.02$MPa（表压），因出入口管径相同，则 $u_1 = u_2$，从附表中查 293K 清水的密度 $\rho = 998.2$kg/m^3。

将以上数值代入扬程计算式得

$$H = Z + \frac{u_2^2 - u_1^2}{2g} + \frac{p_2 - p_1}{\rho g} = 0.4 + \frac{(0.48 + 0.02) \times 10^6}{998.2 \times 9.81} = 51 \text{（m）}$$

（3）轴功率 N 指泵轴所需的功率。当泵直接由电动机带动时，即为电机传给泵轴的功率，单位为 J/s 或 W。离心泵的轴功率通常随设备的尺寸、流体的黏度、流量等增大而增大，其值可用功率表进行测量。

（4）效率 η 在离心泵运转过程中有一部分高压液体流回到泵的入口，甚至漏到泵外，必然要消耗一部分能量；液体流经叶轮和泵壳时，流体流动方向和速度的变化以及流体间的相互撞击等，也要消耗一部分能量；此外，泵轴与轴承和轴封之间的机械摩擦等还要消耗一部分能量，因此，要求泵轴所提供的轴功率 N 必须大于有效功率 N_e。换句话说，轴功率不可能全部传给流体而成为流体的有效功率。工程上通常用总效率 η 反映能量损失的程度，即

$$\eta = \frac{N_e}{N} \tag{1-31}$$

$$N_e = \rho Q H g \tag{1-32}$$

将式(1-32)代入式(1-31)可得

$$N = \frac{\rho Q H g}{\eta} \tag{1-33}$$

离心泵效率的高低与泵的大小、类型以及加工的状况、流量等有关。一般小型泵为 $50\% \sim 70\%$，大泵可达 90%左右。每一种泵的具体数值由实验测定。

由于泵在启动中会出现电机启动电流增大的情况，因此，制造厂用来配套的电动机功率 N_d 往往是按 $(1.1 \sim 1.2)N$ 计算的。但由于电动机的功率是标准化的，因此，实际电机的功率往往比计算的要大得多。

（5）汽蚀余量 Δh 是一个便于用户计算安装高度的参数，其意义将在以后介绍。

必须注意，泵的铭牌或样本上所列出的各种参数值，都是以常温常压下的清水（密度为 10^3kg/m^3，黏度为 1mPa·s）为介质、效率为最高的条件下测出的。当使用条件与实验条件不同时，某些参数需要必要的修正。

4. 离心泵性能的主要影响因素

（1）液体性质对离心泵性能的影响

① 密度的影响 离心泵的扬程、流量、机械效率均与液体的密度无关。但泵的轴功率与

输送液体的密度有关，随液体密度而改变。因此，当被输送液体的密度与水的不同时，原离心泵特性曲线中的 N-Q 曲线不再适用，此时泵的轴功率可按式(1-33)重新计算。

② 黏度的影响　若被输送液体的黏度大于常温下清水的黏度，则泵体内部液体的能量损失增大，因此泵的扬程、流量都要减小，效率下降，而轴功率增大。

（2）转速对离心泵性能的影响　离心泵的特性曲线都是在一定转速下测定的，但在实际使用时常遇到要改变转速的情况，此时泵的扬程、流量、效率和轴功率也随之改变。当液体的黏度与实验流体的黏度相差不大，且泵的机械效率可视为不变时，不同转速下泵的流量、扬程、轴功率与转速的近似关系为：

$$\frac{Q_1}{Q_2}=\frac{n_1}{n_2};\ \frac{H_1}{H_2}=\left(\frac{n_1}{n_2}\right)^2;\ \frac{N_1}{N_2}=\left(\frac{n_1}{n_2}\right)^3 \tag{1-34}$$

式中　Q_1、H_1、N_1——转速为 n_1 时，泵的流量、扬程、轴功率；

　　　Q_2、H_2、N_2——转速为 n_2 时，泵的流量、扬程、轴功率。

式(1-34)称为离心泵的比例定律。当泵的转速变化在 $\pm20\%$、泵的机械效率可视为不变时，用上式进行计算误差不大。

（3）叶轮直径对离心泵性能的影响　当泵的转速一定时，其扬程、流量与叶轮直径有关。对某一型号的离心泵，将其原叶轮的外周进行切削，该过程称为叶轮的"切割"。如果叶轮车削前后外径变化不超过 5％且出口处的宽度基本不变时，叶轮直径和泵的流量、扬程、轴功率之间的近似关系为：

$$\frac{Q_1}{Q_2}=\frac{D_1}{D_2};\ \frac{H_1}{H_2}=\left(\frac{D_1}{D_2}\right)^2;\ \frac{N_1}{N_2}=\left(\frac{D_1}{D_2}\right)^3 \tag{1-35}$$

式中　Q_1、H_1、N_1——叶轮直径为 D_1 时泵的流量、扬程、轴功率；

　　　Q_2、H_2、N_2——叶轮直径为 D_2 时泵的流量、扬程、轴功率。

式(1-35)称为离心泵的切割定律。为方便用户的使用，通常离心泵的生产厂家以原叶轮为基准，按规范对叶轮分别进行 1～2 次切割，用 A 或 B 表示切割序号，以供用户选购。

5.离心泵的特性曲线与流量调节

（1）特性曲线　实验表明，离心泵在工作时的扬程、功率和效率等主要性能参数并不是固定的，而是随着流量的变化而变化。生产厂把 H-Q、N-Q 和 η-Q 的变化关系绘制在同一坐标系中，称为特性曲线，如图 1-54 所示。泵的样本或说明书上均提供特性曲线图，供用户选泵和操作时参考。

不同形式的离心泵，特性曲线也不同，对于同一泵，当转速和叶轮直径不同时，其特性曲线也不同，因此，在特性曲线图的左上角通常注明泵的形式和转速。尽管不同泵的特性曲线不同，但它们具有以下的共同规律：

① H-Q 曲线　扬程 H 随流量 Q 变化而变化，流量越大，扬程越小。这是因为速度增大，系统中能量损失加大的缘故。

② N-Q 曲线　流量越大，泵所需的功率越大。当 $Q=0$，所需的功率最小。因此，在离心泵启动时，应将出口阀门关闭，使电机功率最小，待完全启动后再逐渐打开阀门，这样可以避免因启动功率过大而烧坏

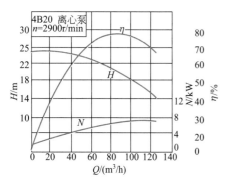

图 1-54　离心泵的特性曲线

电机。

③ η-Q 曲线　η-Q 曲线表明泵的效率开始随流量增大而升高，达到最高值之后，则随流量的增大而降低。泵在最高效率相对应的流量及扬程下工作最为经济，所以与最高效率点对应的 Q、H、N 值称为最佳工况参数。离心泵的铭牌上标出的性能参数就是指该泵在运行时效率最高点的性能参数。根据输送条件的要求，离心泵往往不可能正好在最佳工况下运转，因此一般只能规定一个工作范围，称为泵的最佳工况区，通常为最高效率的 92% 左右，选用离心泵时，应尽可能使泵在此范围内工作。

（2）工作点　对于给定的管路系统，通过运用伯努利方程和阻力计算式，可得

$$H_e = \Delta Z + \frac{\Delta p}{\rho g} + \frac{\Delta u^2}{2g} + \left[\lambda \left(\frac{l + \sum l_e}{d} \right) + \sum \xi \right] \frac{u^2}{2g} \tag{1-36}$$

式（1-36）中只有两项与速度有关，进而与流量有关，将流量方程式代入可得

$$H_e = A + BQ_e^2 \tag{1-36a}$$

式（1-36a）表明，对于给定的输送系统，输送任务 Q_e 与完成任务需要的外加压头 H_e 之间存在特定关系，称为管路特性方程，它所描述的曲线称为管路特性曲线，显然管路特性与泵无关，正像泵的特性与管路无关一样。

如果把泵的特性曲线（H-Q）和管路特性曲线（H_e-Q_e）描绘同一坐标图上，如图 1-55 所示，可以看出，两条曲线相交于一点。泵在该点状态下工作时，可以满足管路系统的需要，因此此点被称为离心泵的工作点。显然，对于某特定的管路系统和一定的离心泵，只能有一个工作点（两方程的解或两曲线的交点）。

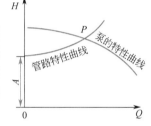

图 1-55　离心泵的工作点

（3）离心泵的流量调节　在实际生产中，当工作点流量和压头不符合生产任务要求时，必须进行工作点调节。显然，改变管路特性和改变泵的特性都能达到改变工作点的目的。

① 改变管路特性　在实际操作中，离心泵的出口管路上通常都装有流量调节阀门，改变阀门的开度就可改变管路中的局部阻力，进而改变泵的流量。用调节出口阀门的开度大小改变管路特性来调节流量是十分简便灵活的方法，在生产中广为使用。对于流量调节幅度不大，且需要经常调节的系统是较为适宜的。其缺点是当用关小阀门开度来减小流量时，增加了管路中的机械能损失，并有可能使工作点移至低效率区，也会使电机的效率降低。

② 改变泵的特性　如前所述，对同一个离心泵改变其转速或叶轮直径可使泵的特性曲线发生变化，从而使其与管路特性曲线的交点移动。这种方法不会额外增加管路阻力，并在一定范围内仍可使泵处在高效率区工作。一般来说，改变叶轮直径显然不如改变转速简便，且当叶轮直径变小时，泵和电机的效率也会降低，可调节幅度也有限，所以常用改变转速来调节流量。特别是近年，变频无级调速装置的使用，可以很方便地通过改变输入电机的电流频率来改变转速，具有调速平稳、效率较高的特点，是一种节能的调节手段，但其价格较贵。

6. 离心泵的联用

在实际生产过程中，当单台离心泵不能满足输送任务要求时，可采用离心泵的并联或串联操作。

（1）离心泵的并联　将两台型号相同的离心泵并联操作，如图 1-56 所示，且各自的吸入管路相同，则两泵的流量和扬程必各自相同，也就是说具有相同的管路特性曲线和单台泵的特性曲线。在同一扬程下，两台并联泵的流量等于单台泵的两倍。但由于流量增大使管路流动阻

力增加，因此两台泵并联后的总流量必低于原单台泵流量的两倍。

（2）离心泵的串联　将两台型号相同的泵串联操作，如图 1-57 所示，则每台泵的扬程和流量也是各自相同的，因此在同一流量下，两台串联泵的扬程为单台泵的两倍。同样扬程增大使管路流动阻力增加，两台泵串联操作的总扬程必低于单台泵扬程的两倍。

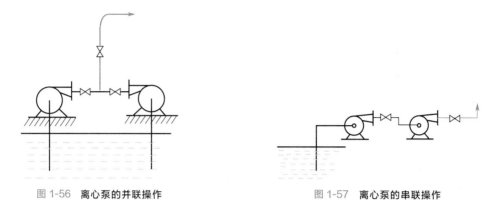

图 1-56　离心泵的并联操作　　　　　　图 1-57　离心泵的串联操作

7. 离心泵的选用

（1）离心泵的类型　由于化工生产中被输送液体的性质、压力及流量要求等差异很大，为了适应不同的输送要求，由生产厂家研制的离心泵的类型也是多样的。按输送液体的性质可分为水泵、耐腐蚀泵、油泵和杂质泵等；按叶轮吸入方式可分为单吸泵和双吸泵；按叶轮数目又可分为单级泵和多级泵。下面对化工生产过程中常用离心泵的类型作简单介绍。

① 清水泵　清水泵是化工生产中最常用的泵型，适宜输送清水或黏度与水相近、无腐蚀以及无固体颗粒的液体，其中以 IS 型泵最为先进，该类型泵是我国按国际标准（ISO）设计、研制的第一个新产品。它具有结构可靠、震动小、噪声小等显著特点。其结构如图 1-58 所示，它只有一个叶轮，从泵的一侧吸液，叶轮装在伸出轴承外的轴端处，如同伸出的手臂一样，故称为单级单吸悬臂式离心水泵。

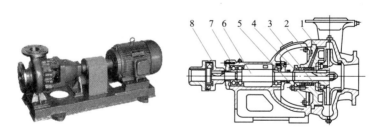

图 1-58　IS 型泵

1—泵壳；2—叶轮；3—密封环；4—护轴套；5—后盖；6—泵轴；7—托架；8—连轴

IS 型泵的型号以字母加数字所组成的代号表示。例如 IS 50-32-200 型泵，IS 表示单级单吸离心泵的形式；50 代表吸入口径，mm；32 代表排出口径，mm；200 为叶轮的直径，mm。

当所要求的扬程较高而流量并不太大时，可采用多级泵，如图 1-59 所示。在一根轴上串联多个叶轮，从一个叶轮流出的液体通过泵壳内的导轮，引导液体改变流向，且将一部分动能转变为静压能，然后进入下一个叶轮的入口，因液体从几个叶轮中多次接受能量，故可达到较高的扬程。国产多级泵的系列代号为 D，叶轮级数一般为 2～9 级，最多为 12 级。

D 型离心泵的型号表示方法以 D12-25×3 型泵为例：其中 D 表示多级离心泵型号；12 表

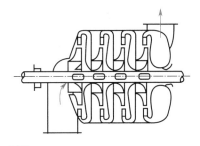

图 1-59 D 型泵

示公称流量（公称流量是指最高效率时流量的整数值），m^3/h；25 表示该泵在效率最高时的单级扬程，m；3 表示级数，即该泵在效率最高时的总扬程为 75m。

　　若输送液体的流量较大而所需的扬程并不高时，则可采用双吸泵。双吸泵的叶轮有两个吸入口，如图 1-60 所示。由于双吸泵叶轮的宽度与直径之比加大，且有两个入口，因此输液量较大。国产双吸泵的系列代号为 Sh。Sh 型泵的编制以 100Sh90 型泵为例，100 表示吸入口的直径，mm；Sh 表示泵的类型为双吸式离心泵；90 表示最高效率时的扬程，m。

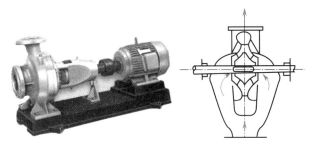

图 1-60 Sh 型泵

　　② 耐腐蚀泵　当输送酸、碱等腐蚀性液体时应采用耐腐蚀泵，此类型泵的主要特点是与液体接触的部件用耐腐蚀材料制成。我国生产的耐腐蚀泵系列代号为 F，后面的字母表示材料代号，各种材料的代号如表 1-8 所示。

表 1-8 耐腐蚀泵中与液体接触部件的材料代号

材料	1Cr18Ni9	Cr28	一号耐酸硅酸铸铁	高硅铁	HT20~40	耐碱铝铸铁
代号	B	E	1G	G15	H	J
材料	1Cr13	Cr18Ni12Mo2Ti	硬铝	铝铁青铜 9~4	工程塑料（聚三氟氯乙烯）	
代号	L	M	Q	U	S	

　　耐腐蚀泵的型号表示方法以 25FB-16A 型泵为例：25 代表吸入口的直径，mm；F 代表耐腐蚀泵；B 代表所用材料为 1Cr18Ni9 的不锈钢；16 代表泵在最高效率时的扬程，m；A 为叶轮切割序号，表示该泵装配的是比标准直径小一号的叶轮。

　　③ 油泵　输送石油产品等低沸点料液的泵称为油泵。这类物料的特点是易燃、易爆，因此，对油泵的基本要求是密封好。当输送 200℃ 以上的油品时，还要求对轴封装置和轴承等进行良好的冷却，故这些部件常装有冷却水夹套。

　　国产油泵的系列代号为 Y，Y 型泵型号表示方法以 50Y-60A 型泵为例：其中 50 表示泵的吸入口直径为 50mm；Y 表示离心式油泵；60 表示公称扬程，m；A 为叶轮切割序号。

④ 杂质泵　杂质泵用于输送悬浮液及浓稠的浆液等，其系列代号为 P，又细分为污水泵 PW、砂泵 PS、泥浆泵 PN 等。对这类泵的要求是：不易被杂质堵塞、耐磨、容易拆洗。所以它的特点是叶轮流道宽，叶片数目少，常采用半闭式或开式叶轮。有些泵壳内还衬以耐磨的铸钢护板。

⑤ 磁力泵　磁力泵只有静密封而无动密封，用于输送液体时能保证一滴不漏。

磁力传动在离心泵上的应用与一切磁传动原理一样，是利用磁体能吸引铁磁物质以及磁体或磁场之间有磁力作用的特性，而非铁磁物质不影响或很少影响磁力的大小，因此可以无接触地透过非磁导体（隔离套）进行动力传输。图 1-61 为磁力泵的标准型结构，有些小型的磁力泵，将外磁钢与电机轴连在一起，省去泵外轴、滚动轴承和联轴器等部件。

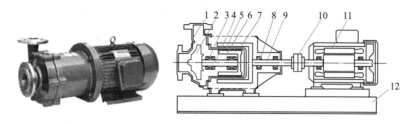

图 1-61　磁力泵

1—泵体；2—叶轮；3—滑动轴承；4—泵内轴；5—隔离套；6—内磁钢；
7—外磁钢；8—滚动轴承；9—泵外轴；10—联轴器；11—电机；12—底座

磁力泵运用在不允许泄漏液体的输送上，尤其是在工业装置零排放要求日趋严格的形式下，备受青睐，与普通的机械密封或气体冲洗密封的密封型泵相比，磁力泵零部件较少，且无需密封液或气体冲洗系统。受到材料及磁性传动的限制，国内一般只用于输送 100℃ 以下、1.6MPa 以下的介质。由于隔离套材料的耐磨性一般较差，因此磁力泵一般输送不含固体颗粒的介质。磁力泵的维护和检修工作量小，但磁力泵的效率比普通离心泵低。

⑥ 屏蔽泵　屏蔽泵属于离心式无密封泵，泵和驱动电机都被封闭在一个被输送介质充满的压力容器内，此压力容器只有静密封。这种结构取消了传统离心泵具有的旋转轴密封装置，能做到完全无泄漏，如图 1-62。

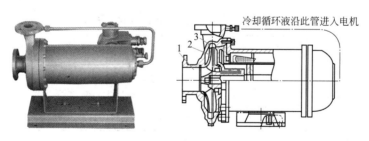

图 1-62　基本型屏蔽泵

1—吸入口；2—叶轮；3—集液室

由于泵壳与电机连为一体，消除了泵轴与泵壳之间的间隙泄漏问题。常用来输送一些对泄漏有严格要求的有毒有害液体。利用被输送液体来润滑及冷却，省去了原有的润滑系统。泵轴与电机轴合为一根，避免了原来易产生两轴对中不好产生的振动问题。屏蔽泵在运行时，要求流量应高于最小连续流量，因为在小流量情况下，泵效率低且会导致发热，使流体蒸发而造成泵干转，引起滑动轴承的损坏。

（2）离心泵的选用　离心泵的选择，一般可按下列方法与步骤进行：

① 确定泵的类型　根据输送液体的性质和操作条件确定泵的类型。

② 选择泵的型号　首先应确定输送系统的流量与扬程，液体的输送量一般为生产任务所规定，如果流量在一定范围内波动，选泵时应按最大流量考虑。根据输送系统管路的安排，用伯努利方程计算出在最大流量下输送系统所需的外加压头，然后按已确定的流量和外加压头从泵的样本或产品目录中选出合适的型号。在选择泵的型号规格时，要考虑到操作条件的变化并备有一定的余量。所选离心泵在系统要求流量条件下的扬程应略大于系统所需的外加压头（即$H \geqslant H_e$），但在该条件下泵的效率应比较高，应处在泵的最高效率范围内。

为方便用户合理选用离心泵，离心泵生产厂家往往将泵的最高效率范围所对应的各性能参数列在泵的特性数据表中，本教材附录中列出了离心泵的特性数据表，以供读者参考。

③ 核算泵的轴功率　若输送液体的密度大于水的密度时，应按式(1-33)核算泵的轴功率，以指导合理选用电机。

【例 1-17】　用 $\phi 108mm \times 4mm$ 的无缝钢管将经沉淀处理后的河水引入蓄水池，最大输水量为 $60m^3/h$，正常输水量为 $50m^3/h$，蓄水池中最高水位高出河水面15m；管路计算总长为 140m，其中吸入管路计算总长为 30m，钢管的绝对粗糙度可取为 0.4mm。当地冬季水温为 10℃，夏季水温为 25℃，大气压力为 98kPa。试选择一台合适的离心泵。

解　考虑到水温及系统流量对所需外加压头的影响，故应按当地夏季水温（25℃）及系统最大流量（$60m^3/h$）确定。

已知：$\Delta Z = 15m$，$\Delta p = 0kPa$，查附录知：水在 25℃ 时的密度 $\rho = 997kg/m^3$，黏度 $\mu = 0.8937 \times 10^{-3} Pa \cdot s$。

水在管内的流速为

$$u = \frac{V_S}{0.785d^2} = \frac{60/3600}{0.785 \times (0.10)^2} = 2.12 \ (m/s)$$

则水在管内的 Re 为

$$Re = \frac{du\rho}{\mu} = \frac{0.10 \times 2.12 \times 997}{0.8937 \times 10^{-3}} = 2.4 \times 10^5 \ (湍流)$$

管壁的相对粗糙度为 $\varepsilon/d = 0.4/100 = 0.004$，查 λ-Re 关系曲线图得知：$\lambda = 0.028$。

$$H_f = \lambda \frac{l + \sum l_e}{d} \times \frac{u^2}{2g} = 0.028 \times \frac{140}{0.10} \times \frac{(2.12)^2}{2 \times 9.81} = 9.0 \ (m)$$

$$H_e = \Delta Z + \frac{\Delta p}{\rho g} + H_f = 15 + 9 = 24 \ (m)$$

因河水经沉淀后较为洁净且在常温下输送，故可选用 IS80-65-160。

8. 离心泵的安装

（1）允许安装高度 H_g　在实际生产过程中，根据工艺要求选定了一台合适的离心泵之后，要考虑的是泵的使用问题。其中，首先要确定泵的安装位置。在化工生产中，离心泵的入口往往与一个贮槽相连，贮槽液面至泵入口中心线的最大垂直距离，称为泵的允许安装高度。泵的允许安装高度可以通过伯努利方程式确定。

如图 1-63 所示，一台离心泵安装于贮槽液面上 H_g 处，H_g 即允许安装高度。设液面的压力为 p；液体密度为 ρ；泵入口处的压力为 p_1；吸入管路中液体的流速为 u_1，损失压头为 H_f；列

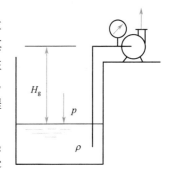

图 1-63　**泵安装高度示意图**

出贮槽液面与泵入口之间的伯努利方程式：

$$\frac{p}{\rho g}=\frac{p_1}{\rho g}+H_g+\frac{u_1^2}{2g}+\sum H_f$$

即

$$H_g=\frac{p-p_1}{\rho g}-\frac{u_1^2}{2g}-\sum H_f \tag{1-37}$$

由式(1-37)可知，当泵入口处为绝对真空，即 $p_1=0$，而流速 u_1 极小，则 $u_1^2/2g$ 和 $\sum H_f$ 可略去不计，这样，理论上允许安装高度 H_g 的最大值为 $p/\rho g$。如贮槽是敞口的，p 即为当地的大气压力，$p/\rho g$ 是以液柱高度表示的大气压力值。例如，在海拔高度为零的地方送水，允许安装高度的理论最大值为 $101.3\times10^3/9.81\times10^3=10.33$（m）。

（2）离心泵的汽蚀现象　当贮槽液面上的压力一定时，允许安装高度越高，则 p_1 越小。若允许安装高度高至某一限度，p_1 降至等于输送温度下液体的饱和蒸气压时，在泵进口处，液体就会汽化，产生大量气泡随液体进入泵内高压区时，又被周围的液体压碎，而重新凝结为液体，而气泡所在空间形成真空，周围的液体质点以极大的速度冲向气泡中心。由于液体质点互相冲击，造成很高的瞬间局部冲击压力。这种极大的冲击力可使叶轮或泵壳表面的金属粒子脱落，表面逐渐形成斑点、小裂缝，甚至使叶轮变成海绵状或整块脱落，这种现象称为"汽蚀"。汽蚀发生时，泵体因受冲击而发生振动，并发出噪声；此外，因产生大量气泡，使流量、扬程下降，严重时不能正常工作。因此，泵在工作时，一定要防止汽蚀现象发生。

（3）离心泵的允许汽蚀余量　在实验中发现，当泵入口处的压力 p_1 还没有降到与液体的饱和蒸气压相等时，汽蚀现象也会发生。这是因为泵入口处压力并非泵内压力最低处，研究表明，离心泵叶轮进口处为泵内压力最低处。为防止汽蚀现象发生，离心泵在运转时，必须使液体在泵入口处的压力 p_1 大于同温度下的饱和蒸气压 $p_饱$。考虑到流速的影响，离心泵入口处液体的动压头 $u_1^2/2g$ 与静压头 $p_1/\rho g$ 之和，必须大于饱和液体的静压头 $p_饱/\rho g$，其差值以 Δh 表示，即

$$\Delta h=\frac{p_1}{\rho g}+\frac{u_1^2}{2g}-\frac{p_饱}{\rho g} \tag{1-38}$$

保证不发生汽蚀的 Δh 最小值，称为允许汽蚀余量。允许汽蚀余量亦为泵的性能，其值由实验测得。允许汽蚀余量随流量（流速）的增大而增大。

由式(1-38)可得

$$\frac{p_1}{\rho g}=\Delta h+\frac{p_饱}{\rho g}-\frac{u_1^2}{2g}$$

将 $p_1/\rho g$ 值代入式(1-37)，允许安装高度计算式变为

$$H_{g,max}=\frac{p}{\rho g}-\frac{p_饱}{\rho g}-\Delta h-\sum H_f \tag{1-39}$$

为了保证泵的安全运转，不发生汽蚀现象，泵实际安装的允许安装高度，往往还要比计算的 $H_{g,max}$ 低 $0.5\sim1m$。

【例 1-18】　接例 1-17，若泵吸入口处高出河面 2m，试核算其安装高度。

解　允许安装高度为

$$H_{g,max}=\frac{p_0}{\rho g}-\frac{p_饱}{\rho g}-\Delta h-\sum H_{f,0-1}$$

已知：$p_0 = 98\text{kPa}$；查附录十，得 $\Delta h = 3\text{m}$。

由附录知 25℃水的饱和蒸气压为 3.167kPa；

$$\sum H_{\text{f},0-1} = \lambda \left(\frac{l + \sum l_\text{e}}{d} \right)_{\text{吸}} \times \frac{u^2}{2g} = 0.028 \times \frac{30}{0.10} \times \frac{(2.12)^2}{2 \times 9.81} = 1.92 \ (\text{m})$$

故允许安装高度为

$$H_{\text{g,max}} = \frac{98 \times 10^3}{997 \times 9.81} - \frac{3.167 \times 10^3}{997 \times 9.81} - 3.0 - 1.92 = 4.78 > 2.0 \ (\text{m})，泵能正常工作。$$

（4）防止汽蚀的措施

① 降低泵的安装高度　泵的安装高度越高其入口处的压力就越低，因此降低泵的安装高度可提高泵入口处的压力，避免汽蚀现象的发生。

② 减少吸液管的阻力损失　在泵吸液管路中设置的弯头、阀门等管件越多，管路阻力越大，泵入口处的压力就越低。因此要尽量减少一些不必要的管件，尽可能缩短吸液管的长度和增大管径，以减少管路阻力，防止汽蚀现象的发生。

③ 降低输送液体的温度　液体的饱和蒸气压是随其温度的升高而升高的，在泵的入口压力不变的情况下，当被输送液体的温度较高时，液体的饱和蒸气压也较高，有可能接近或超过泵的入口压力，使泵发生汽蚀现象。

（5）离心泵的安装

① 离心泵的安装高度，应小于允许安装高度，防止汽蚀现象。

② 减少吸入管路的阻力，吸入管路应短而直，吸入管路的直径比压出管的直径稍大，减少不必要的管件。

③ 从贮罐抽液时，可把泵安装在贮罐液面位置以下，使液体利用位差自动灌入泵体内。

（二）往复泵

往复泵是最早发明的提升液体的机械。目前由于离心泵具有显著优点，往复泵已逐渐被离心泵所取代，所以应用范围逐渐减少。但由于往复泵在压头剧烈变化时仍能维持几乎不变的流量特性，所以往复泵仍然有所应用。往复泵的效率一般在 70%～90%，适于小流量高扬程情况下输送高黏度液体及对流量稳定性要求不高的场合。但不宜直接输送腐蚀性液体和有固体颗粒的悬浮液。为了保证系统的稳定性，也可以先用往复泵将流体送入高位槽，再送到系统中。

1. 往复泵的结构

如图 1-64，往复泵属于容积泵，主要部件包括泵缸 1、活塞（或柱塞）2、活塞杆 3、吸入阀 4 和排出阀 5，阀门、泵缸与活塞构成泵的工作室。

2. 往复泵的工作原理

当活塞自左向右移动时，工作室内容积增大，形成低压。贮液池内的液体在压差的作用下，被压进吸入管，顶开吸入阀而进入工作室，此时排出阀因受压而关闭。当活塞移到右端时，工作室的容积为最大，吸入液体量达到最大值。此后活塞便开始向左移动，工作室内液体受压压力升高，使吸入阀关闭，排出阀被推开，液体进入排出管，当活塞移到左端时，排液完毕，完成一个工作循环。此后，活塞向右移动，开始了下一个循环。

图 1-64 为单动往复泵，活塞往复一次吸液排液各一次。图 1-65 为双动往复泵，此泵不采用活塞而用柱塞，柱塞两侧都有吸入阀（下方）和排出阀（上方）。柱塞向右移动时，左侧的吸液阀开启，右侧的吸液阀关闭，液体经左侧吸入阀进入工作室，同时左侧排出阀关闭，右侧排出阀开启，液体从右侧的工作室排出。当柱塞向左移动时，右侧吸液阀开启吸液，而右侧排

出阀关闭，左侧排出阀开启排液，其左侧吸液阀关闭。如此往复循环。在一个工作循环中，吸液排液各两次。对三联泵，一个工作循环中，吸液排液各三次。

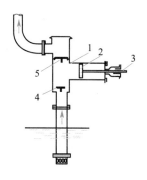

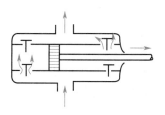

图 1-64　**单动往复泵装置简图**
1—泵缸；2—活塞；3—活塞杆；
4—吸入阀；5—排出阀

图 1-65　**双动往复泵**

3. 往复泵的流量调节

图 1-66 为往复泵的流量曲线。（a）为单动泵的流量曲线，一个工作循环中排液只一次，间断供液，且一次供液过程中，流量由零到最大值，又由最大值到零，这是因为活塞通过连杆和曲柄带动，它在两个端点之间的往复运动速度是变化的，液体的流速也随着变动，所以流量脉动且不均衡。（b）为双动泵的流量曲线，虽然流量均衡性有所改善但仍然不均匀。（c）为三联泵的流量曲线，流量比较均匀，但还是存在脉动现象。

往复泵的流量只与工作室的容积及活塞的往复频率有关，因此，其流量是恒定的。这种特性称为正位移特性，它决定了往复泵不能像离心泵那样直接通过出口阀调节流量。但可以通过改变活塞的往复频率和冲程来改变往复泵的流量。正位移泵的流量都是通过旁路调节的，往复泵也不例外。如图 1-67 所示。通过阀门 2 和 3 调节进入下游管路的流量，在开车时，两阀中必须有一个是开着的。安全阀 4 的作用是限压。

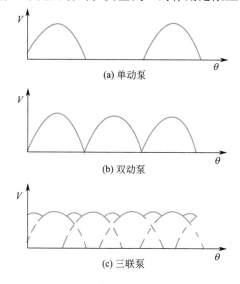

图 1-66　**往复泵的流量曲线图**

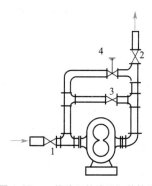

图 1-67　**正位移泵的流量调节管路**
1—吸入管路上阀；2—排出管路上阀；
3—支路阀；4—安全阀

4. 往复泵的安装

往复泵和离心泵一样，借助贮液池液面上的大气压力来吸入液体，所以安装高度也有一定限制。但是，往复泵的吸液是靠工作室容积的扩张完成的，所以在启动之前泵内没有液体亦能完成吸液，因此，往复泵有自吸能力，不需要灌泵。

（三）其他类型泵

1. 计量泵（比例泵）

计量泵的基本构造与往复泵相同，但它可准确方便地改变柱塞行程以调节流量。化工生产中有时要求精确地输送恒定流量的液体或将几种液体按一定比例输送，而计量泵可以满足这些要求。如化工生产中的反应器有时可通过一台电机带动几台计量泵按比例供液。如图 1-68 所示为计量泵的一种形式。

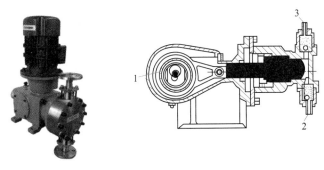

图 1-68　**计量泵**
1—可调整的偏心轮装置；2—吸入口；3—排出口

2. 隔膜泵

隔膜泵也是柱塞往复泵，专用于输送腐蚀性液体或含有悬浮物的液体。它用弹性薄膜（橡胶、皮革、塑料或弹性金属薄片等）将泵分隔成不联通的两部分，如图 1-69 所示，被输送的液体位于隔膜一侧，柱塞位于另一侧，彼此不相接触，避免了柱塞受腐蚀或受磨损，柱塞往复运动通过介质（油或水）传递给薄膜，隔膜亦作往复运动，使另一侧被输送的液体经球形活门吸入或排出。通过隔膜使易于磨损的柱塞不与腐蚀性液体或悬浮物液体直接接触，与液体接触的活动部件是活门。隔膜泵可以用活塞或柱塞带动，也可用压缩空气来带动。

3. 旋转泵

旋转泵靠泵内一个或多个转子的旋转来吸入和排出液体，又称转子泵。旋转泵的形式有多种，操作原理大致相同，现举两例说明如下。

（1）齿轮泵　齿轮泵的结构如图 1-70，泵壳内有两个齿轮，一个由电机直接带动，称为主动轮，另一个靠与主动轮相啮合而转动，称为从动轮。两齿轮与泵壳间形成吸入与排出两个空间。当齿轮按图中所示的箭头方向旋转时，吸入空间内两齿轮的齿互相拨开，形成了低压而吸入液体，然后分为两路沿壳壁被齿轮嵌住，并随齿轮转动而达到排出空间。排出空间内两齿轮的齿互相啮合，于是形成高压而将液体排出。

齿轮泵的特点是压头高而流量小，可用于输送黏稠液体以至膏状物料，但切忌输送有固体颗粒的悬浮液。同往复泵相比，其流量要均匀得多。

（2）螺杆泵　螺杆泵主要由泵壳与一根或两根及以上的螺杆构成。图 1-71 所示为双螺杆泵，实际上与齿轮泵十分相似，利用两根互相啮合的螺杆来吸入液体和排出液体。当所需的压力很高时，可采用较长的螺杆。

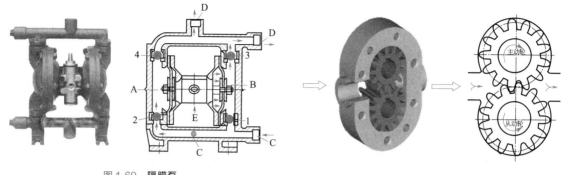

图 1-69　隔膜泵
1～4—球阀
A—柱塞连杆；B—隔膜；C—进口；D—出口

图 1-70　齿轮泵

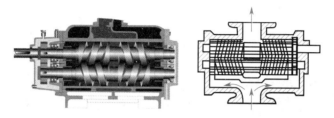

图 1-71　双螺杆泵

　　螺杆泵压头高，效率高，噪声小，适于在高压下输送黏稠液体。同样不能输送含固体颗粒的液体。

　　4. 旋涡泵

　　旋涡泵是一种特殊类型的离心泵，如图 1-72 所示，由泵壳与叶轮组成。叶轮是一个圆盘，叶轮圆盘外周两侧加工成许多凹槽，凹槽之间铣成叶片 4。由图（a）可以看出，泵壳的吸入口与排出口之间设有隔离壁 1，隔离壁与叶轮间的缝隙很小，使泵内分隔为吸入腔 2 与压出腔 3。

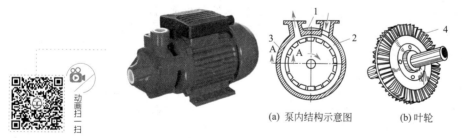

(a) 泵内结构示意图　　(b) 叶轮

图 1-72　旋涡泵
1—隔离壁；2—吸入腔；3—压出腔；4—叶片

　　叶轮旋转时带动来自吸入口的液体前进，同时液体在叶片间的流道内借离心力加压后到达混合室，在混合室内部分地转换为压力能，然后又被叶轮带动向前重新进入叶片流道内加压。由此分析可知，液体可视为受多级离心泵的作用被多次增压，这种增压作用直到压出腔末端引向排出口。液体在叶片间的流道内反复迂回靠离心力的作用而加压，故旋涡泵在开动前也要灌满液体。

　　旋涡泵的最高效率比离心泵的低，特性曲线与离心泵有所差异，如图 1-73 所示。当流量减小时，压头升高很快，轴功也增加，所以此泵操作应避免在太小的流量下或出口阀关闭的情况下作长时间运转。为此也采用正位移泵所用旁路调节法调节流量，以保证泵与电机的安全。旋涡泵 N-Q 线是下倾的，当流量为零时，轴功率最大，所以泵启动时，出口阀必须打开。

旋涡泵适于输送量小、压头高而黏度不大的液体，且输送液体不能含有固体颗粒。

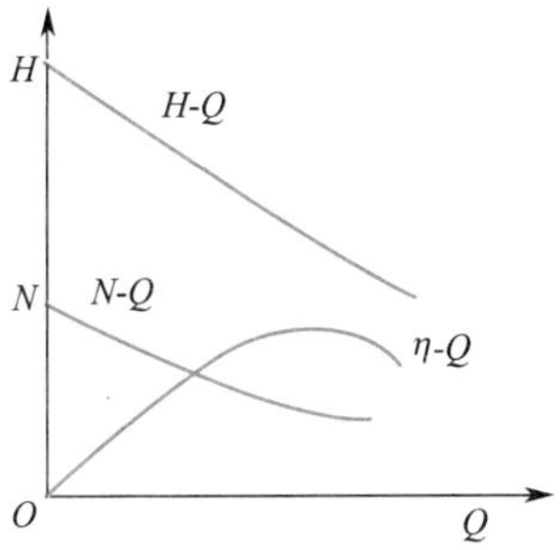

图 1-73　**旋涡泵特性曲线**

二、气体输送机械

气体输送机械主要用于：

（1）气体输送　为了克服输送过程中的流体阻力，需要提高气体压力。

（2）产生高压气体　如合成氨、冷冻等，需要将气体的压力提高至几十、几百个大气压。

（3）产生真空　有些单元过程要在低于大气压的情况下进行，需要从设备中抽出气体，以产生真空。

气体输送机械的结构和工作原理与液体输送机械大体相同，但是气体密度远远小于液体密度，故气体输送机械有自身的特点：

（1）对一定的质量流量，由于气体的密度小，其体积流量很大。因此气体输送管路的流速比液体要大得多，前者约为后者的 10 倍，则流经相同管长后的阻力损失前者约为后者的 10 倍。因而气体输送机械的动力消耗往往很大。

（2）气体输送机械体积一般都很庞大，对出口压力高的机械更是如此。

（3）由于气体的可压缩性，在输送机械内部气体压力变化的同时，体积和温度也将随之发生变化。这些变化对气体输送机械的结构和形状都有着较大的影响。气体输送机械一般根据终压（出口表压力）或出口压力与进口压力之比（称为压缩比）进行分类：

通风机　终压（表压）不大于 15kPa；

鼓风机　终压（表压）为 15～300kPa，压缩比小于 4；

压缩机　终压（表压）在 300kPa 以上，压缩比大于 4；

真空泵　将低于大气压的气体从容器或设备内抽到大气中。

气体输送机械按其结构与工作原理可分为离心式、往复式、旋转式和流体作用式。

（一）通风机

1. 离心式通风机的结构与工作原理

离心式通风机（图 1-74）的结构与离心泵相似，但也有其自身特点：通风机的叶轮直径一般比较大；叶片的数目比较多；叶片有平直、前弯、后弯三种；机壳内逐渐扩大的通道及出口截面常为矩形。

离心式通风机的工作原理与离心泵完全相同。

根据所产生风压大小，离心式通风机可分为：

低压离心通风机，风压低于 1kPa（表压）；

中压离心通风机，风压为 1～3kPa（表压）；

高压离心通风机，风压为 3～15kPa（表压）。

图 1-74　**离心式通风机**

2. 离心式通风机的性能参数

离心式通风机的主要性能参数有风量、风压、轴功率和效率。由于气体通过风机时的压力变化较小，在风机内运动的气体可视为不可压缩流体。所以也可以应用柏努利方程式来分析离心式通风机的性能。

（1）风量 Q　是指单位时间内从风机出口排出的气体体积，单位为 m^3/s 或 m^3/h。

（2）全风压 H_T　指单位体积气体通过风机所获得的能量，单位为 J/m^3 或 Pa。离心式通风机的风压取决于风机的结构、叶轮尺寸、转速和进入风机的气体的密度。一般通过测量风机进、出口处气体的流速与压力的数值，按伯努利方程式来计算风压。

在风机进、出口之间列伯努利方程：

$$H_T=(Z_2-Z_1)\rho g+(p_2-p_1)+\frac{(u_2^2-u_1^2)}{2}\rho+\rho\sum h_f \tag{1-40}$$

式中，因 $(Z_2-Z_1)\rho g$ 与其他几项相比很小，可以忽略；当气体直接由大气进入风机时，$u_1=0$，再忽略入口到出口的能量损失，则上式变为：

$$H_T=(p_2-p_1)+\frac{\rho u_2^2}{2}=H_{ST}+H_K \tag{1-41}$$

从该式可以看出，通风机的全风压由两部分组成，一部分是进出口的静压差，习惯上称为静风压 H_{ST}；另一部分为进出口的动压头差，习惯上称为动风压 H_K。

性能表上的风压，一般都是在 20℃、常压下以空气为介质测得的，该条件下 $\rho_空=1.2kg/m^3$，若实际的操作条件与上述的实验条件不同，应进行校核。

$$H_T=H'_T\frac{\rho}{\rho'}=H'_T\frac{1.2}{\rho'} \tag{1-42}$$

式中，上标"'"是指操作条件下的值。

（3）轴功率与效率　离心式通风机的轴功率可以下式表示：

$$N=\frac{H_TQ}{1000\eta} \tag{1-43}$$

式中　N——轴功率，kW；

Q——风量，m^3/s；

H_T——全风压，Pa；

η——机械效率，因按全风压定出，故又称为全压效率。

应注意，在应用式(1-43)计算轴功率时，式中的 Q 与 H_T 必须是同一状态下的数值。

3. 离心式通风机的选用

离心式通风机的选用与离心泵的选用相类似，其选择步骤如下：

（1）计算风压　根据工艺条件，先计算出输送系统所需的实际风压 H'_T，再换算成实验条件下的风压 H_T。

（2）确定风机的类型　根据所输送气体的性质（如清洁空气，易燃、易爆或腐蚀性气体以及含尘气体等）与风压的范围，确定风机的类型。若输送的是清洁空气，或与空气性质相近的气体，可选用一般类型的离心式通风机，常用的有 4-72 型、8-18 型和 9-27 型。前一类型属中、低压通风机，后两类属于高压通风机。

（3）确定风机的型号　根据以风机进口状态计的实际风量与实验条件下的风压 H_T，从风机样本或产品目录中的特性曲线或性能表中选择合适的机型。离心式通风机的型号是在类型之外附注机号，用以表示风机的叶轮直径。如 4-72 No.12 型通风机：4-72 表示风机类型；No.12 表示机号，其中 12 表示叶轮直径为 12dm。

（4）核算轴功率　若风量用实际风量 Q'，全风压也用实际全风压 H'_T；若全风压用校正为实验状态下的全风压 H_T，风量也用实验状态下的风量 Q。

（二）鼓风机

1.离心式鼓风机

离心式鼓风机又称为涡轮鼓风机，其外形与离心泵相像，内部结构也有许多相同之处。离心式鼓风机的蜗壳形通道亦为圆形，但外壳直径与厚度的比较大，叶轮上叶片数目较多，转速较高，叶轮外周都装有导轮。单级叶轮的鼓风机，其进、出口的最大压差约为20kPa，要想有更大的压差，需用多级叶轮，图1-75所示为多级叶轮式离心式鼓风机。由于压缩比不大，各级叶轮直径大致相等，气体压缩时所产生的热量不多，无冷却装置。单级出口表压多在30kPa以内，多级可达0.3MPa。离心式鼓风机的选型方法与离心式通风机相同。

2.罗茨鼓风机

化工生产中，罗茨鼓风机是最常用的一种旋转式鼓风机，其工作原理与齿轮泵相似。如图1-76所示，机壳内有两个渐开摆线形的转子，两转子的旋转方向相反，可使气体从机壳一侧吸入，从另一侧排出。转子与转子、转子与机壳之间的缝隙很小，使转子能自由运动而无过多泄漏。

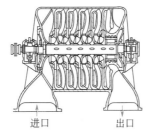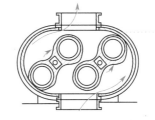

图1-75　离心式鼓风机　　　　图1-76　罗茨鼓风机

属于正位移型的罗茨风机的风量与转速成正比，与出口压力无关。该风机的风量范围为2～500m³/min，出口表压可达80kPa，在40kPa左右效率最高。该风机出口应装稳压罐，并设安全阀。

流量调节采用旁路，出口阀不可完全关闭。操作时，气体温度不能超过85℃，否则转子会因受热鼓胀而卡住。

（三）压缩机

1.往复式压缩机

往复式压缩机的基本结构和工作原理与往复泵相似，如图1-77所示。但是，由于往复式压缩机处理的气体密度小，具有可压缩性，压缩后气体的温度升高，体积变小，因此往复压缩机又有其特殊性。以单动往复式压缩机为例，其压缩循环过程包括四个阶段：压缩阶段、排气

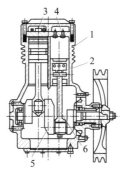

图1-77　往复式压缩机
1—汽缸体；2—活塞；3—排气阀；4—吸气阀；5—曲轴；6—连杆

阶段、膨胀阶段和吸气阶段。

图1-78为单动往复压缩机有余隙时的压缩循环示意图，活塞往复一次，完成了一个实际工作循环。而每个实际工作循环系由吸气、压缩、排气与余隙气体膨胀四个过程所组成。图中(a)、(b)、(c)、(d)表示活塞在运动中的位置变化。图中(a)表示压缩过程；(b)表示排气过程；(c)表示余隙气体膨胀过程；(d)表示吸气过程。

图1-78　单动往复压缩机的压缩循环

压缩比是压缩机出口压力和进口压力之比。当生产过程的压缩比大于8时，因压缩造成的升温会导致吸气无法完成或润滑失效或润滑油燃烧，因此，当压缩比较高时，常采取多级压缩。所谓多级压缩是指气体连续依次经过若干汽缸的多次压缩，两级压缩之间设置冷却器，从而安全达到最终压力。多级压缩的优点是：①避免排出气体温度过高；②提高汽缸容积利用率；③减少功率消耗；④压缩机的结构更为合理，从而提高压缩机的经济效益。但若级数过多，则会使整个压缩系统结构复杂，能耗加大。

2. 离心式压缩机

离心式压缩机常称为透平式压缩机，如图1-79所示，主要结构、工作原理都与离心式鼓风机相似，只是离心式压缩机的叶轮级数多，可在10级以上，转速较高，故能产生更高的压力。由于气体的压缩比较高，体积变化比较大，温度升高也比较显著，因此，离心式压缩机常分为几段，每段包括若干级。叶轮直径和宽度逐段缩小，段与段间设置中间冷却器，以免气体温度过高。

与往复式压缩机相比，离心式压缩机具有体积小、重量轻、运转平稳、流量大而均匀、易损部件少、调节容易、维修方便、压缩气可不受油污染等一系列优点，但也存在着制造精度要求高、不易加工、给气量变动时压强不稳定、负荷不足时效率显著下降等缺点。近年来在化工生产中，离心式压缩机已越来越多地取代了往复式压缩机。而且，离心式压缩机已经发展成为非常大型的设备，流量达到几十万立方米，出口压力达到几十兆帕。

离心式压缩机的调节方法有如下几种：

(1) 调整出口阀的开度　方法很简便，但会使压缩比增大，消耗较多的额外功率，该方法不经济。

(2) 调整入口阀的开度　方法也很简便，实质上是保持压缩比，降低出口压力，消耗额外功率较上述方法少，使最小流量降低，稳定工作范围增大。这是常用的调节方法。

(3) 改变叶轮的转速　这是最经济的方法。有调速装置或用蒸汽机作为动力时应用方便。

(四) 真空泵

1. 水环真空泵

水环真空泵如图1-80所示，它的外壳呈圆形，壳内偏心地装有叶轮，叶轮上有辐射状叶片，泵壳内约充有一半容积的水，启动泵后，叶轮顺时针方向旋转，水被叶轮带动形成水环并离开中心。水环具有密封作用，使叶片间形成大小不同的密封小室。叶轮右侧小室渐渐扩大，压力降低，气体从吸入口吸入，叶轮左侧的小室渐渐缩小，压力升高，气体便从排出口排出，就这样，由于叶轮不停地转动，气体就不停地吸入和排出。

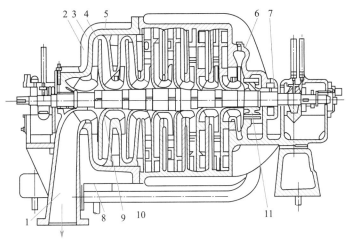

图 1-79　离心式压缩机

1—吸入管；2—叶轮；3—扩压器；4—弯道；

5—回流器；6—蜗壳；7—后轴封；8—前轴封；

9—轴封；10—密封结构；11—平衡盘

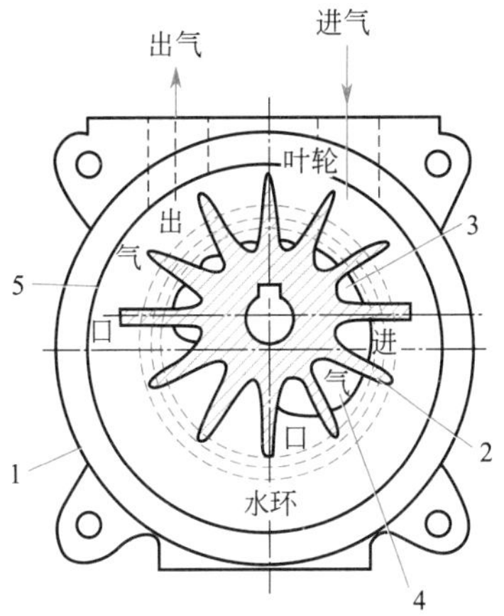

图 1-80　水环真空泵

1—外壳；2—叶轮；3—水环；

4—吸入口；5—压出口

　　水环真空泵可产生的最大真空度为 83kPa 左右，当被抽吸的气体不宜与水接触时，泵内可充以其他的液体，故又称为液环真空泵。

　　水环真空泵的特点是结构简单、紧凑，易于制造和维修，使用寿命长、操作可靠。它适用于抽吸含有液体的气体。但是它的效率很低，约为 30％～50％，所产生的真空度受泵内水温的控制。

2. 往复真空泵

　　往复真空泵的基本结构和工作原理与往复压缩机相同，只是真空泵在低压下工作，汽缸内外压差很小，所用阀门必须更加轻巧，启闭方便。另外，当需要达到的真空度较高时，如 95％的真空度，则压缩比约为 20。这样高的压缩比，余隙中残余气体对真空泵的抽气速率影响必然很大。为减小余隙的影响，在真空泵汽缸两端之间设置一条平衡气道，在活塞排气终了时，使平衡气道短时间连通，余隙中残余气体从一侧流向另一侧，以降低残余气体的压力，减小余隙的影响。

3. 喷射泵

　　喷射泵是利用流体流动时静压能转换为动能而造成的真空来抽送流体的。它既可用来抽送气体，也可用来抽送液体。在化工生产中，喷射泵常用于抽真空，故又称为喷射真空泵。

　　喷射泵的工作流体可以是蒸汽，也可以是液体。图 1-81 所示的是单级蒸汽喷射泵。工作蒸汽以很高的速度从喷嘴喷出，在喷射过程中，蒸汽的静压能转变为动能，产生低压，而将气体吸入。吸入的气体与蒸汽混合后进入扩散管，使部分动能转变为静压能，而后从压出口排出。

　　喷射泵结构简单，无运动部件，可采用各种材料制造，适应性强；工作可靠，安装维护方便，密

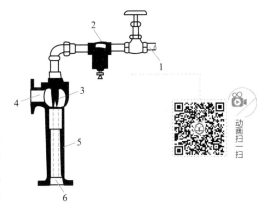

图 1-81　蒸汽喷射泵

1—工作蒸汽入口；2—过滤器；

3—喷嘴；4—吸入口；5—扩散管；6—压出口

封性好；能输送高温的、腐蚀性的以及含有固体颗粒的流体。但效率很低，一般只能达到25％～30％，工作流体消耗很大，由于抽送液体与工作流体混合，其应用范围受到一定的限制。单级蒸汽喷射泵可达到90％的真空度，若要获得更高的真空度，可以采用多级蒸汽喷射。

三、输送机械的节能

泵与风机在化工生产中被广泛应用，但能耗较大，它们的耗电量一般都为全厂用电量的70％～80％。

泵与风机的主要节能措施如下：

① 减少管道阻力。如果管道设计不合理，则流体在管道中通过时阻力增大，造成压头或扬程损失，并浪费电能。

② 采用高效节电泵与风机，淘汰低效老式泵与风机。

③ 正确选择泵与风机的电机的功率，防止"大马拉小车"现象。

④ 生产中，采用调速装置调节流量和风量。因为泵与风机的轴功率与其转速的三次方成正比，尽量不要采用调节节流阀或风挡门的方法调节流量和风量。

⑤ 生产中，调节控制好流量和风量，使泵与风机在效率较高的区域运转。

⑥ 加强泵与风机的管理，维护、保养及时，降低轴封和轴承的摩擦损失，减少物料泄漏。

任务四　离心泵的操作

一、操作方法

1. 启动

① 关闭压力表阀、真空表阀。

② 关闭出口阀，开启进料阀进行灌泵。待离心泵泵体上部放气旋塞冒出的全是液体而无气泡时，即泵已灌满，关闭放气阀。

③ 开冷却水、密封部冲洗液等。

④ 启动电机，打开压力表、真空表阀。

2. 正常运行

① 电机启动2～3min后，慢慢打开出口阀，调节流量直至达到要求。

② 观察压力表和真空表的读数，达到要求数值后，要检查轴承温度。一般滑动轴承温度不大于65℃，滚动轴承温度不大于70℃。运转要平稳，无杂音。流量和扬程均达到标牌上的要求。

③ 泵正常工作后，检查密封情况。机械密封漏损量不超过10滴/min，软填料密封不超过20滴/min。

3. 停车

① 与接料岗位取得联系后，应先关闭压力表、真空表阀，再慢慢关闭离心泵的出口阀。使泵轻载，又能防止液体倒灌。

② 按电动机按钮，停止电机运转。

③ 关闭离心泵的进口阀及密封液阀、冷却水等。

④ 若停车时间长，应将泵和管路中的液体放净，以免锈蚀和冬季冻结。

二、安全生产

保证泵的安全运行的关键是加强日常检查，包括：定时检查各部轴承温度；定时检查各出口阀压力、温度；定时检查润滑油压力，定期检验润滑油油质；检查填料密封泄漏情况，适当调整填料压盖螺栓的松紧程度；检查各传动部件有无松动和异常声音；检查各连接部件的紧固情况，防止松动；泵在正常运行中不得有异常振动声响，各密封部位无滴漏，压力表、安全阀灵活好用。

用泵输送可燃液体时，其管内流速不应超过安全速度。

 训练与自测

一、技能训练

1. 流体的输送操作及流动阻力的测定。
2. 离心泵的操作及性能的测定。
3. 化工管路拆装。
4. 机、泵拆装。
5. 喷射式真空泵的操作。
6. 流量计的认识和校验。

二、问题思考

1. 某化工企业采用乙酸和乙醇为原料，硫酸为催化剂生产乙酸乙酯，每天乙酸用量为1200kg，乙醇用量为1100kg，工厂每周进一次原料，请选用合适的贮罐形式。贮罐采用什么材质合适？反应釜选用何种材质合适？

2. 观察实训室上水管路，分析管路中各组成部分的作用。

3. 当润滑油的温度升高时，其流动性能有否变化？为什么？

4. 用U形管压差计测得某吸收塔顶、釜的压力差。U形管中指示液为水，读数为500mm，塔中气体密度为 $2.0kg/m^3$，则吸收塔的压力差为多少帕？若用汞作为指示液，则压差计读数为多少？这里为什么不用汞作为指示液？

5. 看附图回答如下问题：①阀门关闭时，两个测压点上的读数哪个大？②阀门打开时，两测压点上读数哪个大？流量哪个大？流速哪个大？分别说明原因。

6. 流体在圆形管内作完全湍流流动时，若流量一定，则其阻力与管径是怎样的关系？

7. 流量一定，管径越小，输送费用就越少，这种说法对吗？为什么？

8. 离心泵的泵体为什么要加工成蜗壳形？从中可获得什么启发？

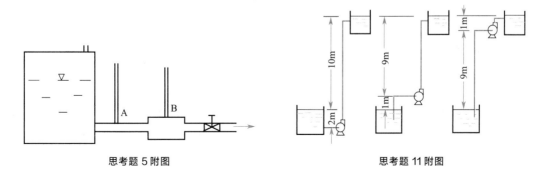

思考题5附图　　　　　　　　　　思考题11附图

9.离心泵的"气缚"是怎样产生的？为防止"气缚"现象的产生应采取哪些措施？

10.什么是离心泵的汽蚀现象？它对泵的操作有何影响？如何防止？

11.如附图是某工程队为化工企业设备安装的施工方案。工艺要求是：用离心泵输送 60℃ 的水，分别提出了如图所示的 3 种安装方式。这 3 种安装方式的管路总长（包括管件的当量长度）可视为相同，试讨论：

（1）此 3 种安装方式是否都能将水送到高位槽？若能送到，其流量是否相等？

（2）此 3 种安装方式中，泵所需功率是否相等？

12.离心泵的工作点是怎样确定的？改变工作点的方法有哪些？是如何改变工作点的？

13.离心泵有哪几种调节流量的方法？各有何利弊？

14.为什么离心泵的流量调节阀门要安装在出口管路上而不是进口管路上？

15.试说明以下几种泵的规格中各组字符的含义：

          IS 50-32-125   D12-25×3   120Sh80   65Y-60A   100F-92A

16.往复泵的流量如何调节？

17.离心式压缩机有哪些优缺点？

18.离心泵的开车、停车的主要步骤有哪些？

三、工艺计算

1.空气大约由 21% 的氧气和 79% 的氮气所组成（均为体积分数），试求常压下 80℃ 空气的密度。

2.如图所示用一复式 U 形管压差计测量水管 A、B 两点的压力差。指示液为汞，其间充满水。今测得 $h_1=1.20m$，$h_2=0.3m$，$h_3=1.30m$，$h_4=0.25m$，求 A、B 两点的压差。

3.如图所示，欲控制乙炔发生炉中的操作压力为 0.112MPa（绝压），试确定水封管口插入的深度。

4.密度为 1820kg/m³ 的硫酸，定态流过内径为 50mm 和 68mm 组成的串联管路，体积流量为 150L/min。试求硫酸在大管和小管中的质量流量（kg/s）和流速（m/s）。

5.如图所示，甲烷以 1700m³/h 的流量流过管路，管路内径从 200mm 逐渐缩小到 100mm，在粗细两管上连有一 U 形管压差计，指示液为水。甲烷通过管路时，U 形管压差计的读数为多少毫米？（设甲烷与水的密度分别为 1.43kg/m³ 和 1000kg/m³，甲烷的流动阻力损失可忽略不计）

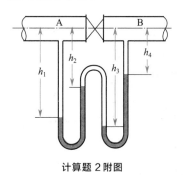
计算题 2 附图

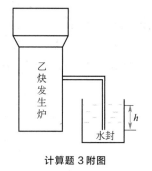
计算题 3 附图

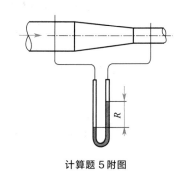
计算题 5 附图

6.如图所示，高位槽内水面离地面 10m，水从 $\phi108×4$ 的管中流出，导管出口离地面 2m，管路阻力损失为 73J/kg。试计算：①A—A 截面处的流速；②水的流量，以 m³/h 表示。

7.某油品以层流状态在直管内流动，流量不变时，下列情况阻力损失为原来的多少？

①管长增加一倍；②管径增大一倍；③提高油温使黏度为原来的 1/2（密度变化不大）。

8. 合成氨工业的碳化工段操作中,采用本题附图所示的喷射泵制浓氨水。喷射泵主体为 $\phi57mm \times 3mm$ 的管子渐收缩成内径为 13mm 的喷嘴。每小时将 $1 \times 10^4 kg$ 的稀氨水连续送入,流至喷嘴处,因流速加大而压力降低,将由中部送入的氨气吸入制成浓氨水。稀氨水性质与水近似,可取其密度为 $1000kg/m^3$。稀氨水进口管上压力表读数为 $1.52 \times 10^5 Pa$,由压力表至喷嘴内侧的总摩擦阻力为 2J/kg。试求稀氨水在喷嘴内侧的压力?

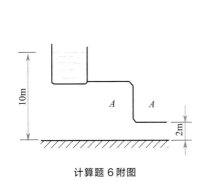

计算题 6 附图

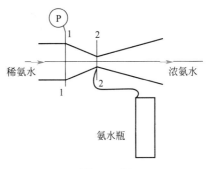

计算题 8 附图

9. 用泵将贮槽中温度为 293K、密度为 $1200kg/m^3$ 的硝基苯送至反应器中,进料量为 $3 \times 10^4 kg/h$,贮槽液面上为大气压,反应器内压力为 $1.0 \times 10^4 Pa$(表压)。管路为 $\phi89mm \times 4mm$ 的不锈钢管,总长 45m,其上装有孔板流量计(阻力系数 8.25)一个、全开闸阀两个和 $90°$ 标准弯头 4 个。贮槽液面与反应器入口之间垂直距离为 15m,若泵的总效率为 0.65,液面稳定,求泵的轴功率。

10. 某离心泵在转速为 1450r/min 下测得流量为 $65m^3/h$,压头为 30m。若将转速调至 1200r/min,试估算此时泵的流量和压头。

11. 由于工作需要用一台 IS 100-80-125 型泵在海拔 1000m、压力为 89.83kPa 的地方抽 293K 的河水,已知该泵吸入管路中的全部压头损失为 1m,该泵安装在水源水面上 1.5m 处,此泵能否正常工作?

12. 在一液位恒定的常压贮槽内盛有石油产品,密度为 $800kg/m^3$,黏度小于 $20mPa \cdot s$,贮存在饱和蒸气压为 77.3kPa 的容器中。现拟用 65Y-60A 型油泵将此油品以 $20m^3/h$ 的流量送往压力为 343kPa 的容器中。容器的油品入口比贮液面高 8m。吸入管路和排出管路的全部能量损失分别为 1m 和 5m。试核算该泵是否可用。

13. 用泵从江水中取水送入一贮水池中,池中水面比江面高 30m。管路长度(包括局部阻力的当量长度)为 94m。要求输水量为 $20 \sim 40m^3/h$。若水温为 20℃,管路的 $\varepsilon/d = 0.001$。

① 选择一适当管路;

② 现有一离心泵,其铭牌上标出流量为 $45m^3/h$,扬程为 42m,效率为 0.6,电机功率为 7kW,是否合用?

项目二

传　热

学习目标

知识目标　了解传热的基本方式与特点、工业换热类型；掌握传热基本方程、热量衡算、换热器的传热速率与热负荷；熟悉热传导、对流传热的规律。

技能目标　了解传热在化工生产中的应用、换热器的选型与设计方法；熟悉常见换热器的结构特点、主要性能及应用场合；掌握强化传热的措施、换热器的操作方法。

素质目标　形成安全生产、环保节能、讲究卫生的职业意识；树立工程技术观念，养成理论联系实际的思维方式；培养追求知识、勤于钻研、一丝不苟、严谨求实、勇于创新的科学态度；培养敬业爱岗、服从安排、吃苦耐劳、严格遵守操作规程的职业道德；培养团结协作、积极进取的团队合作精神。

项目案例

某厂欲将 4500kg/h 的苯溶液从 80℃冷却到 50℃，试确定该冷却任务的生产方案（换热器的选型、冷却剂的选择及其工艺参数的确定、操作规程等），并进行节能、环保、安全的实际生产操作，完成该冷却任务。

任务一　了解传热过程及其应用

一、传热在化工生产中的应用

传热，即热量的传递，是自然界和工程技术领域中普遍存在的一种现象。无论在化工、医药、能源、动力、冶金等工业部门，还是在农业、环境保护等部门中都涉及许多传热问题。在日常生活中，也存在着许多传热现象。

根据热力学第二定律可知，热量总是自动地从温度较高的物体传给温度较低的物体。因此，只要物体内部或物体之间有温度差，就必然发生传热现象。热量自高温处传给低温处是自动发生的（自发过程）。在某些情况下，热量也能从低温处传向高温处，如空调器、电冰箱等制冷设备即如此。但热量从低温处传向高温处是非自发过程，其发生是有条件的，这个条件就是需要消耗机械功。

化学工业与传热紧密相连。无论生产中的化学过程（单元反应），还是物理过程（单元操作），几乎都伴有热量的传递。归纳起来，传热在化工生产过程中的应用主要有以下方面。

① 为化学反应创造必要的条件　化学反应是化工生产的核心，化学反应都要求有一定的温度条件，例如：合成氨的操作温度为 470～520℃。为了达到要求的反应温度，必须在化学反应的同时进行加热或冷却。

② 为单元操作创造必要的条件　在某些单元操作（例如蒸发、结晶、蒸馏、解吸和干燥等）中，需要输入或输出热量，才能使这些单元操作正常地进行。例如：蒸馏操作中，塔底须用加热蒸汽加热塔釜液体，塔顶蒸汽须引入冷凝器用冷凝水将蒸汽冷凝成液体。

③ 提高热能的综合利用率　化工生产中的化学反应大都为放热反应，其放出的热量可回收利用，以降低生产的能量消耗。例如：在上例中，合成氨的反应气温度很高，有大量的余热需要回收，通常可设置余热锅炉生产蒸汽甚至发电。

④ 隔热与节能　为了减少热量（或冷量）的损失，以满足工艺要求，降低生产成本，改善劳动条件，往往需要对设备和管道进行保温，在其外表面包裹一层或几层隔热材料。

因此，传热设备在化工厂的设备投资中占有很大的比例，据统计，在一般的石油化工企业中，换热设备的费用约占总投资的 30%～40%。在提倡节能的当今社会，研究传热及传热设备具有现实意义。

二、传热过程的类型

化工生产过程中对传热的要求可分为两种情况：一是强化传热，如各种换热设备中的传热，要求传热速率快，传热效果好。另一种是削弱传热，如设备和管道的保温，要求传热速率慢，以减少热量（或冷量）的损失。

化工传热过程既可连续进行也可间歇进行。若传热系统（例如换热器）中的温度仅与位置有关而与时间无关，此种传热称为稳态传热，其特点是系统中不积累能量（即输入的热量等于输出的热量），传热速率（单位时间传递的热量）为常数。若传热系统中各点的温度既与位置有关又与时间有关，此种传热称为非稳态传热，间歇生产过程中的传热和连续生产过程中的开、停车阶段的传热一般属于非稳定传热。化工生产中的传热大多可视为稳态传热，因此，本模块只讨论稳态传热。

三、载热体及其选择

生产中的热量交换通常发生在两流体之间。在换热过程中，参与换热的流体称为载热体，温度较高放出热量的流体称为热载热体，简称为热流体；温度较低吸收热量的流体称为冷载热体，简称为冷流体。同时，根据换热的目的不同，载热体又有其他的名称。若换热是为了将冷流体加热，此时热流体称为加热剂；若换热的目的是将热流体冷却（或冷凝），此时冷流体称为冷却剂（或冷凝剂）。

1. 载热体的选用原则
① 载热体应能满足所要求达到的温度。
② 载热体的温度调节应方便。
③ 载热体的比热容或潜热应较大。
④ 载热体应具有化学稳定性，使用过程中不会分解或变质。

⑤ 为了操作安全起见，载热体应无毒或毒性较小，不易燃易爆，对设备腐蚀性小。

⑥ 价格低廉，来源广泛。

此外，对于换热过程中有相变的载热体或专用载热体，还有比容积、黏度、热导率等物性参数的要求。

2. 常用加热剂和冷却剂

工业中常用的加热剂有热水（40～100℃）、饱和水蒸气（100～180℃）、矿物油（180～250℃）、导生油（联苯或二苯醚的混合物）（255～380℃）、熔盐（142～530℃）、烟道气（500～1000℃）等，除此之外还可用电来加热。当要求温度小于180℃时，常用饱和水蒸气作加热剂。其优点是饱和水蒸气的压力和温度一一对应，调节其压力就可以控制加热温度，使用方便；饱和水蒸气冷凝放出潜热，潜热远大于显热，因此所需的蒸汽量小；蒸汽冷凝时的膜系数很大，对流传热的阻力小；价廉、无毒、无失火危险。其缺点是饱和水蒸气冷凝传热能达到的温度受压力的限制，不能太高（一般<180℃）。

常用的冷却剂有水（20～30℃）、空气、冷冻盐水、液氨（−33.4℃）等。水的来源广泛，热容量大，应用最为普遍。从资源节约角度看，应让冷却水循环使用。在水资源较缺乏的地区，宜采用空气冷却，但空气传热速度慢。

四、传热的基本方式

根据传热机理的不同，热量传递有三种基本方式，即传导传热（热传导）、对流传热（热对流）和辐射传热。不管以何种方式传热，热量总是由高温处自发向低温处传递。

1. 传导传热

传导传热又称热传导或导热，是由于物质的分子、原子或电子的运动或振动，而将热量从物体内高温处向低温处传递的过程。任何物体，不论其内部有无质点的相对运动，只要存在温度差，就必然发生热传导。可见热传导不仅发生在固体中，而且也是流体内的一种传热方式。

气体、液体、固体的热传导进行的机理各不相同。在气体中，热传导是由不规则的分子热运动引起的；在大部分液体和不良导体的固体中，热传导是由分子或晶格的振动传递动量来实现的；在金属固体中，热传导主要依靠自由电子的迁移来实现，因此，良好的导电体也是良好的导热体。热传导不能在真空中进行。

2. 对流传热

对流传热也叫热对流，是指流体中质点发生宏观位移而引起的热量传递。热对流仅发生在流体中。由于引起流体质点宏观位移的原因不同，对流又可分为强制对流和自然对流。由于外力（泵、风机、搅拌器等作用）而引起的质点运动，称为强制对流。由于流体内部各部分温度不同而产生密度的差异，造成流体质点相对运动，称为自然对流。在流体发生强制对流时，往往伴随着自然对流，但一般强制对流的强度比自然对流的强度大得多。

3. 辐射传热

因热的原因，物体发出辐射能并在周围空间传播而引起的传热，称为辐射传热。它是一种通过电磁波传递能量的方式。具体地说，物体将热能转变成辐射能，以电磁波的形式在空中进行传送，当遇到另一个能吸收辐射能的物体时，即被其部分或全部吸收并转变为热能。辐射传热就是不同物体间相互辐射和吸收能量的总结果。由此可知，辐射传热不仅是能量的传递，同时还伴有能量形式的转换。热辐射不需要任何媒介，换言之，可以在真空中传播。这是热辐射不同于其他传热方式的另一特点。应予指出，只有物体温度较高时，辐射传热才能成为主要的传热方式。

实际上，传热过程往往不是以某种传热方式单独出现，而是两种或三种传热方式的组合。例如生产中普遍使用的间壁式换热器中的传热，主要是以热对流和热传导相结合的方式进行的。

任务二 认知传热设备

一、换热器的分类

在工业生产中，要实现热量的交换，需要用到一定的设备，这种用于交换热量的设备称为热量交换器，简称为换热器（如图 2-1）。由于载热体的性质、传热的要求各不相同，因此换热器种类很多，它们的特点不一，操作使用方法有所不同。

图 2-1　生产中的换热器

1. 按作用原理分类

（1）直接接触式换热器　两流体直接混合进行的换热，使用的设备称直接接触式换热器，又称混合式换热器。此类换热器的特点是结构简单，传热效率高，适用于两流体允许混合的场合。比如，用冷水冷却热水，或用冷水冷凝冷却低压蒸汽。混合式蒸汽冷凝器（图 2-2）、凉水塔、洗涤塔、喷射冷凝器等设备中进行的换热均属于直接接触式换热。

（2）间壁式换热器　需要进行热量交换的两流体被固体壁面分开，互不接触，热量由热流体（放出热量）通过壁面传给冷流体（吸收热量）。间壁式换热使用的换热器称为间壁式换热器，又称表面式换热器或间接式换热器。这类换热器的特点是两流体在换热过程中不发生混合，从而避免了因换热带来的污染，因此，工业上间壁式换热器的应用最广，各种管式和板式结构的换热器中所进行的换热均属于间壁式换热。

（3）蓄热式换热器　蓄热式换热是借助于热容量较大的固体蓄热体，将热量由热流体传给冷流体的换热方法。使用的设备称蓄热式换热器，又称回流式换热器或蓄热器。操作时，让热、冷流体交替进入换热器，热流体将热量贮存在蓄热体中，然后由冷流体取走，从而达到换热的目的，见图 2-3。此类换热具有设备结构简单、可耐高温等优点，常用于高温气体热量的回收或冷却。其缺点是设备体积庞大，热效率低，且不能完全避免两流体的混合，石油化工中，蓄热式裂解炉中所进行的换热就属于蓄热式换热。

2. 按换热器的用途分类

（1）加热器　用于把流体加热到所需的温度，被加热流体在加热过程中不发生相变。

（2）预热器　用于流体的预热，以提高整套工艺装置的效率。

（3）过热器　用于加热饱和蒸汽，使其达到过热状态。

（4）蒸发器　用于加热液体，使之蒸发汽化。

（5）再沸器　是蒸馏过程的专用设备，用于加热已冷凝的液体，使之再受热汽化。

（6）冷却器　用于冷却流体，使之达到所需的温度。

（7）冷凝器　用于冷凝饱和蒸汽，使之放出潜热而凝结液化。

3. 按换热器传热面的形状和结构分类

（1）管式换热器　管式换热器通过管子壁面进行传热。按传热管的结构不同，可分为列管式换热器、套管式换热器、蛇管式换热器和翅片管式换热器等几种。管式换热器应用最广。

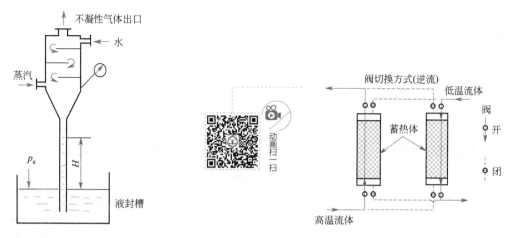

图 2-2　混合式蒸汽冷凝器　　　　　　　　　　图 2-3　蓄热式换热器

（2）板式换热器　板式换热器通过板面进行传热。按传热板的结构形式，可分为平板式换热器、螺旋板式换热器、板翅式换热器和热板式换热器等几种。

（3）特殊形式换热器　这类换热器是指根据工艺特殊要求而设计的具有特殊结构的换热器。如回转式换热器、热管换热器、同流式换热器等。

4. 按换热器所用材料分类

（1）金属材料换热器　金属材料换热器是由金属材料制成的，常用金属材料有碳钢、合金钢、铜及铜合金、铝及铝合金、钛及钛合金等。金属材料的热导率较大，故该类换热器的传热效率较高，生产中用到的主要是金属材料换热器。

（2）非金属材料换热器　非金属材料换热器由非金属材料制成，常用非金属材料有石墨、玻璃、塑料以及陶瓷等。这类换热器主要用于具有腐蚀性的物料。非金属材料的热导率较小，所以其传热效率较低。

二、间壁换热器的结构与性能特点

（一）管式换热器

1. 套管换热器

套管换热器是由两种直径不同的直管套在一起组成同心套管，然后将若干段这样的套管连接而成的，其结构如图 2-4 所示。每一段套管称为一程，程数可根据所需传热面积的多少而增减。

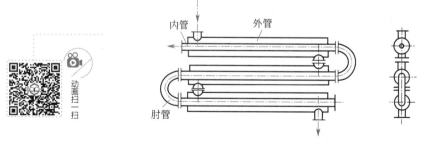

图 2-4　**套管换热器**

套管换热器的优点是结构简单，能耐高压，传热面积可根据需要增减。其缺点是单位传热面积的金属耗量大，管子接头多，检修清洗不方便。此类换热器适用于高温、高压及流量较小的场合。

2. 蛇管换热器

蛇管换热器根据操作方式不同，分为沉浸式和喷淋式两类。

（1）沉浸式蛇管换热器　此种换热器通常以金属管弯绕而成，制成适应容器的形状，沉浸在容器内的液体中。管内流体与容器内液体隔着管壁进行换热。几种常用的蛇管形状如图 2-5 所示。此类换热器的优点是结构简单，造价低廉，便于防腐，能承受高压。其缺点是管外对流传热系数小，常需加搅拌装置，以提高传热系数。

（2）喷淋式蛇管换热器　喷淋式蛇管换热器的结构如图 2-6 所示。此类换热器常用于用冷却水冷却管内热流体。各排蛇管均垂直地固定在支架上，蛇管的排数根据所需传热面积的多少而定。热流体自下部总管流入各排蛇管，从上部流出再汇入总管。冷却水由蛇管上方的喷淋装置均匀地喷洒在各排蛇管上，并沿着管外表面淋下。该装置通常置于室外通风处，冷却水在空气中汽化时，可以带走部分热量，以提高冷却效果。与沉浸式蛇管换热器相比，喷淋式蛇管换热器具有检修清洗方便、传热效果好等优点。其缺点是体积庞大，占地面积多，冷却水耗用量较大，喷淋不均匀等。

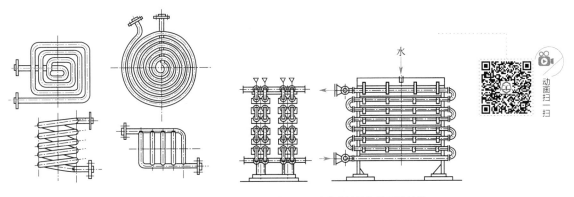

图 2-5　沉浸式蛇管换热器的蛇管形状　　　　图 2-6　喷淋式蛇管换热器的结构

3. 列管换热器

列管式换热器又称管壳式换热器，它具有结构简单、坚固耐用、用材广泛、清洗方便、适用性强等优点，在生产中得到广泛应用，在换热设备中占主导地位。列管式换热器根据结构特点分为以下几种。

（1）固定管板式换热器　如图 2-7 所示。该换热器主要由壳体、封头、管束、管板、折流挡板、流体进出口的接管等部件构成。其结构特点是两块管板分别焊在壳体的两端，管束两端固定在两管板上。操作时一种流体由封头上的接管进入器内，经封头与管板间的空间（分配室）分配至各管内，流过管束后，从另一端封头上的接管流出换热器。另一种流体由壳体上的接管流入，壳体内装有若干块折流挡板，流体在壳体内沿折流挡板作折流流动，从壳体上的另一接管流出换热器。两流体借管壁的导热作用交换热量。通常将流经管内的流体称为管程（管方）流体，将流经管外的流体称为壳程（壳方）流体。

当壳体与换热管的温差较大（大于 50℃）时，产生的温差应力（又叫热应力）具有破坏性，易引起设备变形，或使管子弯曲，从管板上松脱，甚至造成管子破裂或设备毁坏。因此必须从结构上考虑这种热膨胀的影响，采取各种补偿的办法，消除或减小热应力。常见的温差补偿措施有：补偿圈补偿、浮头补偿和 U 形管补偿等。在壳体上设置一个补偿圈（亦称膨胀

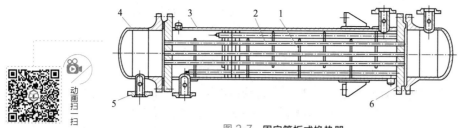

图 2-7　固定管板式换热器

1—折流挡板；2—管束；3—壳体；4—封头；5—接管；6—管板

节），当外壳和管束热膨胀不同时，补偿圈发生弹性变形（拉伸或压缩），以适应外壳和管束不同的热膨胀程度。

固定管板式换热器的优点是结构简单、紧凑，管内便于清洗。其缺点是壳程不能进行机械清洗，且壳程压力受膨胀节强度限制不能太高。固定管板式换热器适用于壳程流体清洁且不结垢，两流体温差不大或温差较大但壳程压力不高的场合。

（2）浮头式换热器　如图 2-8 所示。其结构特点是两端管板之一不与壳体固定连接，可以在壳体内沿轴向自由伸缩，该端称为浮头。此种换热器的优点是当换热管与壳体有温差存在，壳体或换热管膨胀时，互不约束，不会产生温差应力；管束可以从管内抽出，便于管内和管间的清洗。其缺点是结构复杂，用材量大，造价高。浮头式换热器适用于壳体与管束温差较大或壳程流体容易结垢的场合。

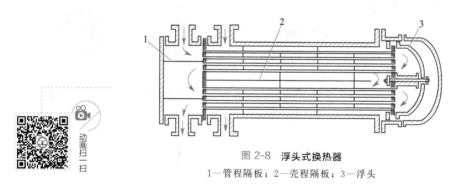

图 2-8　浮头式换热器

1—管程隔板；2—壳程隔板；3—浮头

（3）U 形管式换热器　如图 2-9 所示。其结构特点是只有一个管板，管子成 U 形，管子两端固定在同一管板上。管束可以自由伸缩，当壳体与管子有温差时，不会产生温差应力。U 形管式换热器的优点是结构简单，只有一个管板，密封面少，运行可靠，造价低，管间清洗较方便。其缺点是管内清洗较困难，可排管子数目较少，管束最内层管间距大，壳程易短路。U 形管式换热器适用于管、壳程温差较大或壳程介质易结垢而管程介质不易结垢的场合。

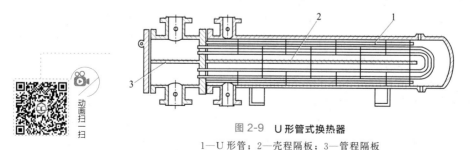

图 2-9　U 形管式换热器

1—U 形管；2—壳程隔板；3—管程隔板

（4）填料函式换热器　如图 2-10 所示。其结构特点是管板只有一端与壳体固定，另一端采用填料函密封。管束可以自由伸缩，不会产生温差应力。该换热器的优点是结构较浮头式换热器简单，造价低；管束可以从壳体内抽出，管、壳程均能进行清洗。其缺点是填料函耐压不高，一般小于 4.0MPa；壳程介质可能通过填料函外漏。填料函式换热器适用于管、壳程温差较大或介质易结垢需要经常清洗且壳程压力不高的场合。

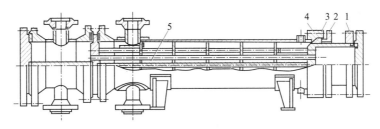

图 2-10　填料函式换热器

1—活动管板；2—填料压盖；3—填料；4—填料函；5—纵向隔板

（5）釜式换热器　如图 2-11 所示。其结构特点是在壳体上部设置蒸发空间。管束可以为固定管板式、浮头式或 U 形管式。釜式换热器清洗方便，并能承受高温、高压。它适用于液-汽（气）式换热（其中液体沸腾汽化），可作为简单的废热锅炉。

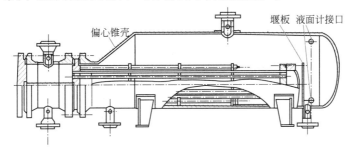

图 2-11　釜式换热器

4. 翅片管换热器

翅片管换热器又称管翅式换热器，其结构特点是在换热管的外表面或内表面或同时装有许多翅片，常用翅片有轴向和径向两类，如图 2-12 所示。

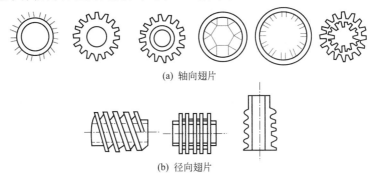

(a) 轴向翅片

(b) 径向翅片

图 2-12　常见的几种翅片

化工生产中常遇到气体的加热或冷却问题。因气体的对流传热系数较小，所以当换热的另一方为液体或发生相变时，换热器的传热热阻主要在气体一侧。此时，在气体一侧设置翅片，既可增大传热面积，又可增加气体的湍动程度，减少了气体侧的热阻，提高了传热效率。一般，当两种流体的对流传热系数之比超过 3：1 时，可采用翅片换热器。工业上常用翅片换热器作为空气冷却器，用空气代替水，不仅可在缺水地区使用，即使在水源充足的地方也较经济。

空气冷却器主要由翅片管束、风机和构架组成。管材本身大多采用碳钢，但翅片多为铝制，可以用缠绕、镶嵌的办法将翅片固定在管子的外表面上，也可以用焊接固定。热流体通过封头分配流入各管束，冷却后汇集在封头后排出。冷空气由安装在管束排下面的轴流式通风机强制向上吹过管束及其翅片，通风机也可以安装在管束上面，而将冷空气由底部引入。空冷器的主要缺点是装置比较庞大，占空间多，动力消耗也大，如图 2-13 所示。

(二) 板式换热器

1. 夹套换热器

夹套换热器的结构如图 2-14 所示。它由一个装在容器外部的夹套构成，容器内的物料和夹套内的加热剂或冷却剂隔着器壁进行换热，器壁就是换热器的传热面。其优点是结构简单，容易制造，可与反应器或容器构成一个整体。其缺点是传热面积小，器内流体处于自然对流状态，传热效率低，夹套内清洗困难。夹套内的加热剂和冷却剂一般只能使用不易结垢的水蒸气、冷却水和氨等。夹套内通蒸汽时，应从上部进入，冷凝水从底部排出；夹套内通液体载热体时，应从底部进入，从上部流出。

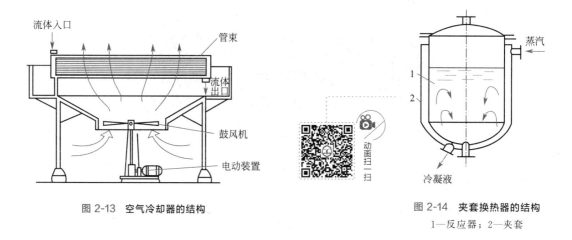

图 2-13　空气冷却器的结构

图 2-14　夹套换热器的结构
1—反应器；2—夹套

为了提高其传热性能，可在容器内安装搅拌器，使器内液体作强制对流；为了弥补传热面的不足，还可在器内安装蛇管等。

2. 平板式换热器

平板式换热器简称板式换热器，其结构如图 2-15 所示。它是由若干块长方形薄金属板叠加排列，夹紧组装于支架上构成的。两相邻板的边缘衬有垫片，压紧后板间形成流体通道。每块板的四个角上各开一个孔，借助于垫片的配合，使两个对角方向的孔与板面一侧的流道相通，另两个孔则与板面另一侧的流道相通，这样，使两流体分别在同一块板的两侧流过，通过板面进行换热。除了两端的两个板面外，每一块板面都是传热面，可根据所需传热面积的变化，增减板的数量。

板片是板式换热器的核心部件。为使流体均匀流动，增大传热面积，促使流体湍动，常将板面冲压成各种凹凸的波纹状，常见的波纹形状有水平波纹、人字形波纹和圆弧形波纹等，如图 2-16 所示。

板式换热器的优点是结构紧凑，单位体积设备提供的传热面积大；组装灵活，可随时增减板数；板面波纹使流体湍动程度增强，从而具有较高的传热效率；装拆方便，有利于清洗和维修。其缺点是处理量小；受垫片材料性能的限制，操作压力和温度不能过高。此类换热器适用于需要经常清洗，工作环境要求十分紧凑，操作压力在 2.5MPa 以下，温度在 −35～200℃ 的场合。

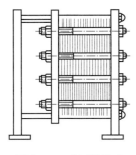

图 2-15　平板式换热器

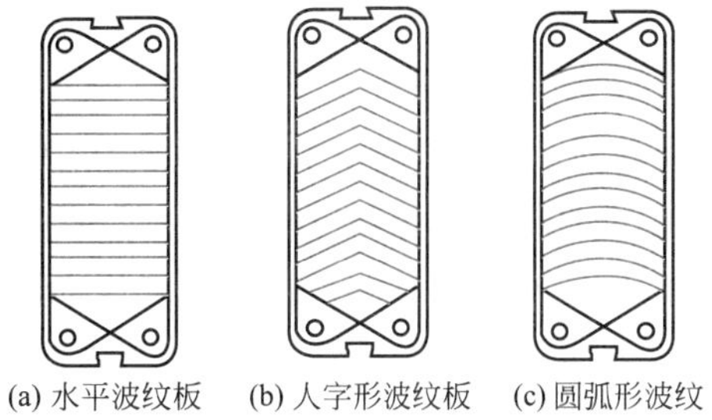

(a) 水平波纹板　(b) 人字形波纹板　(c) 圆弧形波纹

图 2-16　板式换热器的板片

3. 螺旋板式换热器

螺旋板式换热器的结构如图 2-17 所示。它是由焊在中心隔板上的两块金属薄板卷制而成的，两薄板之间形成螺旋形通道，两板之间焊有一定数量的定距撑以维持通道间距，两端用盖板焊死。两流体分别在两通道内流动，隔着薄板进行换热。其中一种流体由外层的一个通道流入，顺着螺旋通道流向中心，最后由中心的接管流出；另一种流体则由中心的另一个通道流入，沿螺旋通道反方向向外流动，最后由外层接管流出。两流体在换热器内作逆流流动。

螺旋板式换热器的优点是结构紧凑；单位体积设备提供的传热面积大，约为列管换热器的 3 倍；流体在换热器内作严格的逆流流动（对Ⅰ型），可在较小的温差下操作，能充分利用低温能源；由于流向不断改变，且允许选用较高流速，故传热系数大，约为列管换热器的 1～2 倍；又由于流速较高，同时有惯性离心力的作用，污垢不

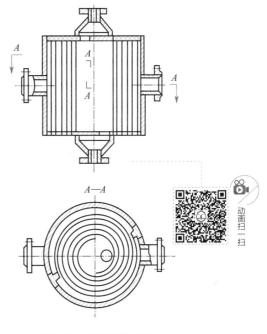

图 2-17　螺旋板式换热器

易沉积。其缺点是制造和检修都比较困难；流动阻力大，在同样物料和流速下，其流动阻力约为直管的 3～4 倍；操作压强和温度不能太高，压力一般在 2MPa 以下，温度则不超过 400℃。

4. 板翅式换热器

板翅式换热器为单元体叠加结构，其基本单元体由翅片、隔板及封头组成，如图 2-18(a) 所示。翅片上下放置隔板，两侧边缘由封条密封，并用钎焊焊牢，即构成一个翅片单元体。根据工艺的需要，将一定数量的单元体组合起来，并进行适当排列，然后焊在带有进出口的集流箱上，便可构成具有逆流、错流或错逆流等多种形式的换热器，如图 2-18(b)～(d) 所示。

板翅式换热器的优点是结构紧凑，单位体积设备具有的传热面积大；一般用铝合金制造，轻巧牢固；由于翅片促进了流体的湍动，其传热系数很高；由于所用铝合金材料，在低温和超

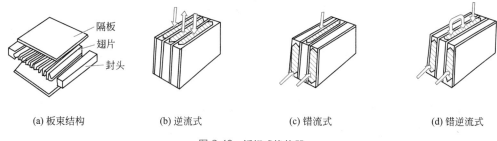

(a) 板束结构　　(b) 逆流式　　(c) 错流式　　(d) 错逆流式

图 2-18　**板翅式换热器**

低温下仍具有较好的导热性和抗拉强度，故可在−273～200℃范围内使用；同时因翅片对隔板有支撑作用，其允许操作压力也较高，可达 5MPa。其缺点是易堵塞，流动阻力大，清洗检修困难，故要求介质洁净，同时对铝不腐蚀。

板翅式换热器因其轻巧、传热效率高等许多优点，其应用领域已从航空、航天、电子等少数部门逐渐发展到石油化工、天然气液化、气体分离等更多的工业部门。

(三) 热管换热器

热管换热器是用一种被称为热管的新型换热元件组合而成的换热装置。热管的种类很多，但其基本结构和工作原理基本相同。以吸液芯热管为例，如图 2-19 所示，在一根密闭的金属

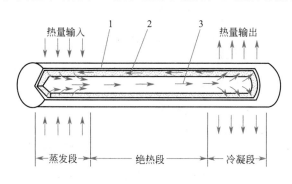

图 2-19　**热管换热器示意图**
1—壳体；2—吸液芯；3—工作介质蒸汽

管内充以适量的工作液，紧靠管子内壁处装有金属丝网或纤维等多孔物质，称为吸液芯。全管沿轴向分成三段：蒸发段（又称热端）、绝热段（又称蒸汽输送段）和冷凝段（又称冷端）。当热流体从管外流过时，热量通过管壁传给工作液，使其汽化，蒸汽沿管子的轴向流动，在冷端向冷流体放出潜热而凝结，冷凝液在吸液芯内流回热端，再从热流体处吸收热量而汽化。如此反复循环，热量便不断地从热流体传给冷流体。

热管按冷凝液循环方式不同分为吸液芯热管、重力热管和离心热管三种。吸液芯热管的冷凝液依靠毛细管力回到热端，重力热管的冷凝液靠重力流回热端，离心热管的冷凝液则依靠离心力流回热端。

热管按工作液的工作温度范围分为四种：深冷热管，在 200K 以下工作，工作液有氮、氢、氖、甲烷、乙烷等；低温热管，在 200～550K 范围内工作，工作液有氟里昂、氨、丙酮、乙醇、水等；中温热管，在 550～750K 范围内工作，工作液有导热姆 A、锒、铯、水、钾钠混合液等；高温热管，在 750K 以上范围内工作，工作液有钾、钠、锂、银等。

目前使用的热管换热器多为箱式结构，如图 2-20 所示。把一组热管组合成一个箱形，中间用隔板分为热、冷两个流体通道，一般热管外壁上装有翅片，以强化传热效果。

热管换热器的传热特点是热量传递分汽化、蒸汽流动和冷凝三步进行，由于汽化和冷凝的对流强度都很大，蒸汽的流动阻力又较小，因此热管的传热热阻很小，即使在两端温度差很小的情况下，也能传递很大的热流量。因此，它特别适用于低温差传热的场合。热管换热器具有传热能力大、结构简单、工作可靠等优点，展现出很广阔的应用前景。图 2-21 为热管换热器的两个应用实例。

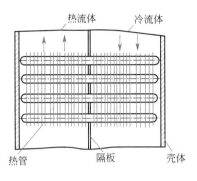

图 2-20　热管换热器

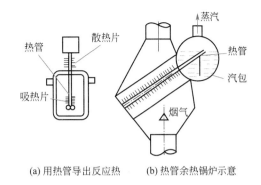

(a) 用热管导出反应热　　(b) 热管余热锅炉示意

图 2-21　热管换热器应用实例

三、列管换热器的型号与系列标准

鉴于列管换热器应用极广，为便于设计、制造和选用，有关部门已制定了列管换热器的系列标准。

1. 列管换热器的基本参数和型号表示方法

（1）基本参数　列管换热器的基本参数主要有：①公称换热面积 SN；②公称直径 DN；③公称压力 PN；④换热管规格；⑤换热管长度 L；⑥管子数量 n；⑦管程数 N_p。

（2）型号表示方法　列管换热器的型号由五部分组成：

$$\underset{1}{\mathrm{X}}\ \underset{2}{\mathrm{XXXX}}\ \underset{3}{\mathrm{X}}\ \underset{4}{\mathrm{-XX}}\ \underset{5}{\mathrm{-XXX}}$$

1——换热器代号；

2——公称直径 DN，mm；

3——管程数 N_p，有Ⅰ、Ⅱ、Ⅳ、Ⅵ四种；

4——公称压力 PN，MPa；

5——公称换热面积 SN，m^2。

例如，公称直径为 600mm、公称压力为 1.6MPa、公称换热面积为 $55m^2$、双管程固定管板式换热器的型号为：G600Ⅱ-1.6-55，其中 G 为固定管板式换热器的代号。

2. 列管换热器的系列标准

在我国对列管式换热器的分类与设计是按照 GB 151《钢制管壳式（即列管式）换热器》进行的，各系列标准可参阅有关手册。

四、换热器的选用

在化工生产中，经常要求在各种不同的条件下进行热量交换，每种类型的换热器都有其优缺点。在选择换热器的类型时，要考虑的因素很多，例如材料、压强、温度、温度差、压强降、结垢腐蚀情况、流动状态、传热效果、检修和操作等。现在虽然新型换热器不断出现，使用也日趋广泛，但是老式的换热器（如蛇管式换热器和夹套式换热器）仍有其适用的场合，如用在釜式反应器中的换热，而其他类型的换热器就难以完成此种传热任务。管壳式换热器在传热效果、紧凑性及金属耗量方面显然不如新型换热器（如平板式换热器、螺旋板式换热器），但它具有结构简单，可在高温、高压下操作及材料范围广等优点，因此管壳式换热器仍然是使用最普遍的。当操作温度和压强（<5MPa）不太高，处理量较少，或处理腐蚀性流体而要求采用贵重金属材料时，就宜采用新型换热器。

任务三 获取传热知识

一、传热速率方程及其应用

1. 间壁式换热器内的传热过程

如图 2-22 所示，热、冷流体在间壁式换热器内被固体壁面（如列管换热器的管壁）隔开，它们分别在壁面的两侧流动，热量由热流体通过壁面传给冷流体的过程为：热流体以对流传热（给热）方式将热量传给壁面一侧，壁面以导热方式将热量传到壁面另一侧，再以对流传热（给热）方式传给冷流体。

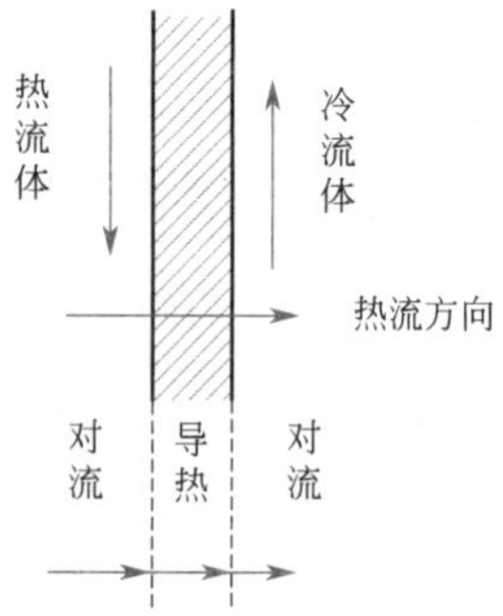

由于两流体的传热是通过管壁进行的，故列管换热器的传热面积是所有管束壁面的面积，即

$$S = n\pi dL \tag{2-1}$$

式中　S——传热面积，m^2；

　　　n——管数；

　　　d——管径（内径或外径），m；

　　　L——管长，m。

图 2-22　间壁两侧流体间的传热

2. 总传热速率方程及其应用

在传热过程中，热量传递的快慢用传热速率来表示。传热速率是指单位时间内通过传热面传递的热量，用 Q 表示，其单位为 W。热通量是指单位传热面积、单位时间内传递的热量，用 q 表示，其单位为 W/m^2。

与其他传递过程类似，传热速率可表示为：

$$传热速率 = \frac{传热推动力（温度差）}{传热阻力（热阻）} = \frac{\Delta t}{R} \tag{2-2}$$

间壁式换热器的传热速率与换热器的传热面积、传热推动力等有关。传热速率与传热面积成正比，与传热推动力成正比，即

$$Q \propto S \Delta t_m$$

引入比例系数，写成等式，即

$$Q = KS\Delta t_m \tag{2-3}$$

或

$$Q = \frac{\Delta t_m}{\dfrac{1}{KS}} = \frac{\Delta t_m}{R} \tag{2-3a}$$

式中　Q——传热速率，W；

　　　K——比例系数，称为传热系数，$W/(m^2 \cdot K)$；

　　　S——传热面积，m^2；

　　Δt_m——换热器的传热推动力，或称冷、热流体的传热平均温度差，K；

　　　R——换热器的总热阻，K/W。

式（2-3）称为传热基本方程，又称总传热速率方程。

化工过程的传热问题可分为两类：一类是设计型问题，即根据生产要求，选定（或设计）

换热器；另一类是操作型问题，即计算给定换热器的传热量、流体的流量或温度等。两者均以传热基本方程为基础进行求解。

将式（2-3）改写成：

$$K = \frac{Q}{S \Delta t_m} \tag{2-4}$$

由式（2-4）可看出 K 的物理意义为：单位传热面积、单位传热温度差时的传热速率。所以 K 值越大，在相同的温度差条件下，所传递的热量越多。因此，在传热操作中，总是设法提高传热系数 K，以强化传热过程。

二、传热速率与热负荷

（一）传热速率与热负荷的关系

化工生产中，为了达到一定的生产目的，将热、冷流体在换热器内进行换热。要求换热器单位时间传递的热量称为换热器的热负荷。热负荷是由生产工艺条件决定的，是换热器的生产任务，与换热器结构无关。

传热速率是换热器单位时间能够传递的热量，是换热器的生产能力，主要由换热器自身的性能决定。为保证换热器完成传热任务，换热器的传热速率应大于等于其热负荷。

在换热器的选型（或设计）中，计算所需传热面积时，需要先知道传热速率，但当换热器还未选定或设计出来之前，传热速率是无法确定的，而其热负荷则可由生产任务求得。所以，在换热器的选型（或设计）中，一般按如下方式处理：先用热负荷代替传热速率，求得传热面积后，再考虑一定的安全裕量。这样选择（或设计）出来的换热器，就一定能够按要求完成传热任务。

（二）热负荷的确定

1. 热量衡算

根据能量守恒定律，在两种流体之间进行稳定传热时，以单位时间为基准，换热器中热流体放出的热量（或称热流体的传热量）等于冷流体吸收的热量（或称冷流体的传热量）加上散失到空气中的热量（即热量损失，简称热损），即

$$Q_h = Q_c + Q_L \tag{2-5}$$

式中　Q_h——热流体放出的热量，kJ/h 或 kW；

　　　Q_c——冷流体吸收的热量，kJ/h 或 kW；

　　　Q_L——热损，kJ/h 或 kW。

上式称为传热过程的热量衡算方程式。热量衡算用于确定加热剂或冷却剂的用量或确定一端的温度。

2. 热负荷的确定

当换热器保温性能良好，热损失可以忽略不计时，式（2-5）可变为：

$$Q_h = Q_c \tag{2-6}$$

此时，热负荷取 Q_h 或 Q_c 均可。

当换热器的热损不能忽略时，必定有 $Q_h \neq Q_c$，此时，热负荷取 Q_h 还是 Q_c，需根据具体情况而定。

以套管换热器为例，如图 2-23(a) 所示，热流体走管程，冷流体走壳程，可以看出，此时，经过传热面（间壁）传递的热量为热流体放出的热量，因此，热负荷应取 Q_h；再如图 2-23(b) 所示，冷流体走管程，热流体走壳程，经过传热面传递的热量为冷流体吸收的热量，因此，热

负荷应取 Q_c。

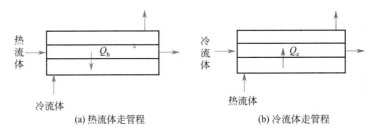

(a) 热流体走管程　　　(b) 冷流体走管程

图 2-23　热负荷的确定

总之，哪种流体走管程，就应取该流体的传热量作为换热器的热负荷。

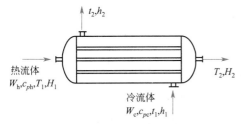

图 2-24　传热量的计算示意图

3. 载热体传热量的计算

载热体传热量 Q_h 和 Q_c 可以根据以下三种方法，从载热体的流量、恒压热容（比热容）、温度变化或潜热以及焓值计算。如图 2-24 所示。

（1）显热法　流体在相态不变的情况下，因温度变化而放出或吸收的热量称为显热。若流体在换热过程中没有相变化，且流体的比热容可视为常数或可取为流体进、出口平均温度下的比热容时，其传热量可按下式计算：

$$Q_h = W_h c_{ph}(T_1 - T_2) \tag{2-7}$$
$$Q_c = W_c c_{pc}(t_2 - t_1) \tag{2-7a}$$

式中　W_h、W_c——热、冷流体的质量流量，kg/s；

c_{ph}、c_{pc}——热、冷流体的比定压热容，kJ/(kg·K)；

T_1、T_2——热流体的进、出口温度，K；

t_1、t_2——冷流体的进、出口温度，K。

注意 c_p 的求取：一般由流体换热前后的平均温度（即流体进出换热器的平均温度）$(T_1+T_2)/2$ 或 $(t_1+t_2)/2$ 查得。教材附录中列有有关比热容的图（表），供读者使用。

（2）潜热法　流体在温度不变、相态发生变化的过程中吸收或放出的热量称为潜热。若流体在换热过程中仅仅发生相变化（饱和蒸汽变为饱和液体或反之），而没有温度变化，其传热量可按下式计算：

$$Q_h = W_h r_h \tag{2-8}$$
$$Q_c = W_c r_c \tag{2-8a}$$

式中　r_h、r_c——热、冷流体的汽化潜热，kJ/kg。

若流体在换热过程中既有相变化又有温度变化，则可把上述两种方法联合起来求取其传热量。例如：饱和蒸汽冷凝后，冷凝液出口温度低于饱和温度（或称冷凝温度）时，其传热量可按下式计算：

$$Q_h = W_h[r_h + c_{ph}(T_s - T_2)] \tag{2-9}$$

式中　T_s——冷凝液的饱和温度，K。

（3）焓差法　在等压过程中，物质吸收或放出的热量等于其焓变。若能够得知流体进、出状态时的焓，则不需考虑流体在换热过程中有否发生相变，其传热量均可按下式计算：

$$Q_h = W_h(I_{h1} - I_{h2}) \tag{2-10}$$

$$Q_c = W_c(I_{c2} - I_{c1}) \tag{2-10a}$$

式中　I_{h1}、I_{h2}——热流体进、出状态时的焓，kJ/kg；

　　　I_{c1}、I_{c2}——冷流体进、出状态时的焓，kJ/kg。

需要注意的是，当流体为几个组分的混合物时，很难直接查到其比热容、汽化潜热和焓。此时，工程上常常采用加合法近似计算，即

$$B_m = \sum (B_i x_i) \tag{2-11}$$

式中　B_m——混合物中的 c_{pm} 或 r_m 或 I_m；

　　　B_i——混合物中 i 组分的 c_p 或 r 或 I；

　　　x_i——混合物中 i 组分的分数，c_p 或 r 或 I 如果是以 kg 计，用质量分数，如果是以 kmol 计，则用摩尔分数。

【例 2-1】　将 0.417kg/s、80℃的硝基苯，通过一换热器冷却到 40℃，冷却水初温为 30℃，出口温度不超过 35℃。如热损失可以忽略，试求该换热器的热负荷及冷却水用量。

解　（1）从附录查得硝基苯和水的比热容分别为 1.6kJ/(kg·K) 和 4.187kJ/(kg·K)，由式(2-7) 得：

$$Q_h = W_h c_{ph}(T_1 - T_2) = 0.417 \times 1.6 \times (80 - 40) = 26.7 \text{ (kW)}$$

（2）热损失 Q_L 可以忽略时，冷却水用量可以按 $Q = Q_h = Q_c$ 计算：

$$Q = W_h c_{ph}(T_1 - T_2) = W_c c_{pc}(t_2 - t_1)$$

即　　　　　　　　　$26.7 = W_c \times 4.187 \times (35 - 30)$

$$W_c = 1.275\text{kg/s} = 4590\text{kg/h} \approx 4.59\text{m}^3/\text{h}$$

【例 2-2】　在一套管换热器内用 0.16MPa 的饱和蒸汽加热空气，饱和蒸汽的消耗量为 10kg/h，冷凝后进一步冷却到 100℃，空气流量为 420kg/h，进、出口温度分别为 30℃和 80℃。空气走管程，蒸汽走壳程。试求：（1）热损；（2）换热器的热负荷。

解　（1）在本题中，要求得热损，必须先求出两流体的传热量。

① 蒸汽的传热量　对于蒸汽，既有相变，又有温度变化，可用式(2-9) 或式(2-10) 进行计算。

从附录查得 $p = 0.16$MPa 的饱和蒸汽的有关参数：

$$T_s = 113℃，\ r_h = 2224.2\text{kJ/kg}，\ I_{h1} = 2698.1\text{kJ/kg}$$

已知：$T_2 = 100℃$，则其平均温度 $T_m = (113 + 100)/2 = 106.5℃$

从附录查得此温度下水的比热容 $c_{ph,m} = 4.23$kJ/(kg·K)。由式(2-9) 有：

$$Q_h = W_h[r_h + c_{ph}(T_s - T_2)] = (10/3600) \times [2224.2 + 4.23 \times (113 - 100)] = 6.33 \text{ (kW)}$$

从附录中查得 100℃时水的焓 $I_{h2} = 418.68$kJ/kg。由式(2-10) 有：

$$Q_h = W_h(I_{h1} - I_{h2}) = (10/3600) \times (2698.1 - 418.68) = 6.33 \text{ (kW)}$$

需要注意的是：有时由于物性数据存在偏差，会使不同方法的计算结果略有不同。

② 空气的传热量　空气的进出口平均温度为 $t_m = (30 + 80)/2 = 55$ (℃)

从附录中查得此温度下空气的比热容 $c_{pc,m} = 1.005$kJ/(kg·K)。由式(2-7a) 有

$$Q_c = W_c c_{pc}(t_2 - t_1) = (420/3600) \times 1.005 \times (80 - 30) = 5.86 \text{ (kW)}$$

热损　　　　　　$Q_L = Q_h - Q_c = 6.33 - 5.86 = 0.47 \text{ (kW)}$

（2）因为空气走管程，所以换热器的热负荷应为空气的传热量，即

$$Q = Q_c = 5.86\text{kW}$$

三、传热推动力

在传热基本方程中，Δt_m 为换热器的传热温度差，代表整个换热器的传热推动力。但大多数情况下，换热器在传热过程中各传热截面的传热温度差是不相同的，各截面温差的平均值就是整个换热器的传热推动力，此平均值称为传热平均温度差（或称传热平均推动力）。

传热平均温度差的大小及计算方法与换热器中两流体的相互流动方向及温度变化情况有关。

换热器中两流体间有不同的流动形式。若两流体的流动方向相同，称为并流［图 2-25(b)］；若两流体的流动方向相反，称为逆流［图 2-25(a)］；若一流体沿一方向流动，另一流体发生反向流动，称为折流；若两流体的流动方向垂直交叉，称为错流（图 2-26）。

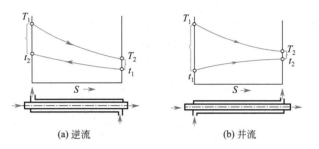

(a) 逆流　　　　　　　　　　　　　　(b) 并流

图 2-25　变温传热过程的温差变化示意图

（一）恒温传热时的传热平均温度差

当两流体在换热过程中均只发生相变时，热流体温度 T 和冷流体温度 t 都始终保持不变，称为恒温传热。此时，各传热截面的传热温度差完全相同，并且流体的流动方向对传热温度差也没有影响。换热器的传热推动力可取任一传热截面上的温度差，即 $\Delta t_m = T - t$。蒸发操作中，使用饱和蒸汽作为加热剂，溶液在沸点下汽化时，其传热过程可近似认为是恒温传热。

（二）变温传热时的传热平均温度差

大多数情况下，间壁一侧或两侧的流体温度沿换热器管长而变化，如图 2-25 所示，热流体从 T_1 被冷却至 T_2，而冷流体则从 t_1 被加热至 t_2，此类传热被称为变温传热。变温传热时，各传热截面的传热温度差各不相同，但一般以换热器两端温度差 Δt_1 和 Δt_2 为极值。由于两流体的流向不同，对平均温度差的影响也不相同。

1. 并、逆流时的传热平均温度差

通过推导，此时的平均推动力可在 Δt_1 和 Δt_2 间，采用一种被称为对数平均值的方法进行计算，即

$$\Delta t_m = \frac{\Delta t_1 - \Delta t_2}{\ln \dfrac{\Delta t_1}{\Delta t_2}} \tag{2-12}$$

式中　Δt_m——换热器中热、冷流体的平均温度差，K；

Δt_1、Δt_2——换热器两端热、冷流体的温度差，K。

并流时 $\Delta t_1 = T_1 - t_1$，$\Delta t_2 = t_2 - t_2$；逆流时 $\Delta t_1 = t_1 - t_2$，$\Delta t_2 = t_2 - t_1$。

而当 $\Delta t_1 / \Delta t_2 \leqslant 2$ 时，可近似用算术平均值 $(\Delta t_1 + \Delta t_2)/2$ 代替对数平均值，其误差不超过 4%。

【例 2-3】 在套管换热器内，热流体温度由 90℃冷却到 70℃，冷流体温度由 20℃上升到 60℃。试分别计算：（1）两流体作逆流和并流时的平均温度差；（2）若操作条件下，换热器的热负荷为 585kW，其传热系数 K 为 300W/(m^2·K)，两流体作逆流和并流时所需的换热器的传热面积。

解 （1）传热平均推动力

逆流时　热流体温度 T　　　90℃ ⟶ 70℃
　　　　冷流体温度 t　　　 60℃ ⟵ 20℃
　　　　两端温度差 Δt　　30℃　　 50℃

所以

$$\Delta t_m = \frac{\Delta t_1 - \Delta t_2}{\ln \dfrac{\Delta t_1}{\Delta t_2}} = \frac{50-30}{\ln \dfrac{50}{30}} = 39.2 \ (\text{℃})$$

由于 50/30<2，也可近似取算术平均值，即

$$\Delta t_m = \frac{50+30}{2} = 40 \ (\text{℃})$$

并流时　热流体温度 T　　　90℃ ⟶ 70℃
　　　　冷流体温度 t　　　 20℃ ⟶ 60℃
　　　　两端温度差 Δt　　70℃　　 10℃

所以

$$\Delta t_m = \frac{\Delta t_1 - \Delta t_2}{\ln \dfrac{\Delta t_1}{\Delta t_2}} = \frac{70-10}{\ln \dfrac{70}{10}} = 30.8 \ (\text{℃})$$

（2）所需传热面积

逆流时

$$S = \frac{Q}{K \Delta t_m} = \frac{585 \times 10^3}{300 \times 39.2} = 49.74 \ (\text{m}^2)$$

并流时

$$S = \frac{Q}{K \Delta t_m} = \frac{585 \times 10^3}{300 \times 30.8} = 63.31 \ (\text{m}^2)$$

此例说明，在同样的进出口温度下，逆流的传热推动力比并流要大。在热负荷一定的前提下，可减少所需传热面积。因此，生产中一般都选择逆流操作。

2. 错、折流时的传热平均温度差

在大多数换热器中，为了强化传热、加工制作方便等原因，两流体并非作简单的并流和逆流，而是比较复杂的折流或错流，如图 2-26 所示。

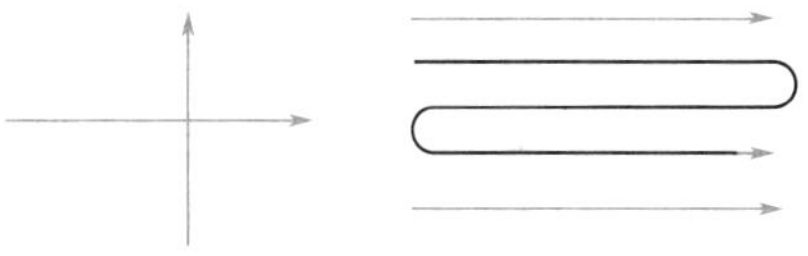

对于错流和折流时传热平均温度差，由于其复杂性，不能像并、逆流那样，直接推导出其计算式。通常的求取方法是，先按逆流计算对数平均温度差 $\Delta t_m'$，再乘以校正系数 $\varphi_{\Delta t}$，即

(a) 错流　　　　(b) 折流

图 2-26　错流和折流示意图

$$\Delta t_m = \varphi_{\Delta t} \Delta t_m' \tag{2-13}$$

式中　$\varphi_{\Delta t}$——温度差校正系数，其大小与流体的温度变化有关，可表示为两参数 R 和 P 的函数，即

$$\varphi_{\Delta t} = f(R、P)$$

$$P = \frac{t_2 - t_1}{T_1 - t_1} = \frac{冷流体的温升}{两流体的最初温度差}$$

$$R = \frac{T_1 - T_2}{t_2 - t_1} = \frac{热流体的温降}{冷流体的温升}$$

$\varphi_{\Delta t}$ 可根据 R 和 P 两参数由图查取。图 2-27 适用于单壳程情形，每个壳程内的管程可以是 2、4、6、8 程，对于其他流向的 $\varphi_{\Delta t}$ 值可从有关传热手册及书籍中查得。

工程上，为了节约能量，提高传热效益，要求换热器的温差校正系数大于 0.8。

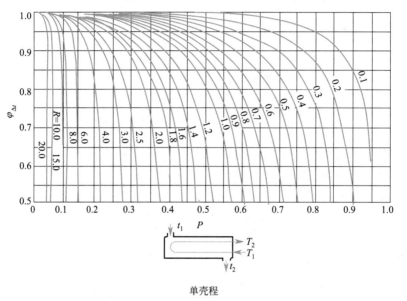

单壳程

图 2-27　温度差修正系数图

【例 2-4】　在一单壳程、二管程的列管换热器中，用水冷却热油。水走管程，进口温度为 20℃，出口温度为 50℃；热油走壳程，进口温度为 120℃，出口温度为 60℃。试求传热平均温度差。

解　先按逆流计算，

热流体温度 T 　　　　　120℃→60℃
冷流体温度 t 　　　　　50℃←20℃
两端温度差 Δt 　　　　70℃　40℃

因为 $\Delta t_1 / \Delta t_2 = 70/40 < 2$

所以

$$\Delta t_逆 = \frac{\Delta t_1 + \Delta t_2}{2} = \frac{70+40}{2} = 55（℃）$$

$$P = \frac{t_2 - t_1}{T_1 - t_1} = \frac{50-20}{120-20} = 0.3$$

$$R = \frac{T_1 - T_2}{t_2 - t_1} = \frac{120-60}{50-20} = 2$$

由图 2-27 查得：$\varphi_{\Delta t} = 0.88$

所以

$$\Delta t_m = \varphi_{\Delta t} \Delta t'_m = 0.88 \times 55 = 48.4（℃）$$

(三) 不同流向传热温度差的比较及流向的选择

假定热、冷流体进出换热器的温度相同。

1. 两侧均恒温或一侧恒温、一侧变温

此种情况下，平均温度差的大小与流向无关，即 $\Delta t_{m逆} = \Delta t_{m错,折} = \Delta t_{m并}$。

2. 两侧均变温

平均温度差逆流时最大，并流时最小，即 $\Delta t_{m逆} > \Delta t_{m错,折} > \Delta t_{m并}$。

生产中为提高传热推动力，应尽量采用逆流，例如：在换热器的热负荷和传热系数一定时，若载热体的流量一定，可减小所需传热面积，从而节省设备投资费用（参见例 2-3）；若传热面积一定，则可减小加热剂（或冷却剂）用量，从而降低操作费用（参见例 2-5）。

但出于某些其他方面的考虑时，也采用其他流向，例如：当工艺要求被加热流体的终温不高于某一定值，或被冷却流体的终温不低于某一定值时，采用并流比较容易控制；从图 2-25 可以看出，采用并流时，进口端温差较大，对加热黏性大的冷流体较为适宜，因为冷流体进入换热器后温度可迅速提高，黏度降低，有利于提高传热效果，改善流动状况；对热敏性物料的加热或对易结晶物料的冷却，也宜采用并流操作。

采用错流或折流可以有效地降低传热热阻，降低热阻往往比提高传热推动力更为有利，所以工程上多采用错流或折流。

【例 2-5】 在一传热面积 S 为 50m^2 的列管换热器中，采用并流操作，用冷却水将热油从 $110℃$ 冷却至 $80℃$，热油放出的热量为 400kW，冷却水的进、出口温度分别为 $30℃$ 和 $50℃$。忽略热损。(1) 计算并流时冷却水用量和传热平均温度差；(2) 如果采用逆流，仍然维持油的流量和进、出口温度不变，冷却水进口温度不变，试求冷却水的用量和出口温度。（假设两种情况下换热器的传热系数 K 不变）

解 (1) 并流时从附录中查得 $(30+50)/2 = 40℃$ 下，水的比热容为 4.174kJ/(kg·K)，则冷却水用量为：

$$W_c = \frac{Q}{c_{pc}(t_2 - t_1)} = \frac{400 \times 3600}{4.174 \times (50-30)} = 1.725 \times 10^4 \ (\text{kg/h})$$

传热平均温度差为：

$$\Delta t_m = \frac{\Delta t_1 - \Delta t_2}{\ln \dfrac{\Delta t_1}{\Delta t_2}} = \frac{(110-30)-(80-50)}{\ln \dfrac{110-30}{80-50}} = 51 \ (℃)$$

(2) 采用逆流 在此题中，采用逆流后，换热器的传热面积 S、传热系数 K 及热负荷 Q 均不变，则其传热平均温度差也和并流时相同，故有：

$$\Delta t_m = 51℃$$

假设此时 $\Delta t_1 / \Delta t_2 \leqslant 2$，则可用算术平均值，即

$$\Delta t_m = \frac{(110-t_2)+(80-30)}{2} = 51 \ (℃)$$

解得： $t_2 = 58℃$

则 $\Delta t_1 = 110 - 58 = 52℃$，$\Delta t_2 = 80 - 30 = 50℃$，$\Delta t_1 / \Delta t_2 = 52/50 < 2$，假设正确。因此，冷却水的出口温度为 $t_2 = 58℃$。

从附录查得（30+58）/2＝44℃时水的比热容为 4.174kJ/(kg·K)，则逆流时冷却水用量为：

$$W_c = \frac{Q}{c_{pc}(t_2 - t_1)} = \frac{400 \times 3600}{4.174 \times (58-30)} = 1.232 \times 10^4 \quad (\text{kg/h})$$

四、传热系数

（一）热传导

1. 物体的导热规律

在物体内部，凡在同一瞬间、温度相同的点所组成的面，称为等温面。两相邻等温面的温度差与其垂直距离之比的极限称为温度梯度。

傅里叶定律是导热的基本定律，表明导热速率与温度梯度以及垂直于热流方向的等温面面积成正比，即

$$Q \propto -S\frac{\mathrm{d}t}{\mathrm{d}x}$$

写成等式，即

$$Q = -\lambda S\frac{\mathrm{d}t}{\mathrm{d}x} \tag{2-14}$$

式中　Q——导热速率，J/s 或 W；

λ——比例系数，称为热导率，J/(s·m·K) 或 W/(m·K)；

S——导热面积，m^2；

$\mathrm{d}t/\mathrm{d}x$——温度梯度。

式中负号表示热流方向与温度梯度方向相反，即热量总是从高温向低温传递。

热导率是表征物质导热性能的一个物性参数，λ 越大，导热性能越好。导热性能的大小与物质的组成、结构、温度及压力等有关。

物质的热导率通常由实验测定。各种物质热导率数值差别极大，一般而言，金属的热导率最大，非金属的次之，液体的较小，而气体的最小。各种物质热导率的大致范围如下：金属 2.3～420W/(m·K)；建筑材料 0.25～3W/(m·K)；绝热材料 0.025～0.25W/(m·K)；液体 0.09～0.6W/(m·K)；气体 0.006～0.4W/(m·K)。工程上常见物质的热导率可从有关手册中查得，本书附录亦有部分摘录。

与液体和固体相比，气体的热导率最小，对导热不利，但却有利于保温、绝热。工业上所使用的保温材料，如玻璃棉等，就是因为其空隙中有大量空气，所以其热导率很小，适用于保温隔热。

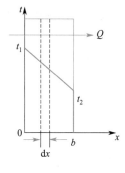

图 2-28　**单层平壁的导热**

2. 导热速率的计算

（1）平壁导热速率的计算　如图 2-28 所示，设单层平壁的热导率为常数（取平均温度下的值），其面积与厚度相比是很大的，则从边缘处的散热可以忽略，壁内温度只沿垂直于壁面的 x 方向发生变化，即所有等温面是垂直于 x 轴的平面，且壁面的温度不随时间变化。对此种平壁一维稳态导热，导热速率 Q 和导热面积 S 均为常数。应用式(2-14)：

$$Q = -\lambda S\frac{\mathrm{d}t}{\mathrm{d}x}$$

当 $x=0$ 时，$t=t_1$；$x=b$ 时，$t=t_2$；且 $t_1>t_2$，积分上式可得：

$$Q=\frac{\lambda}{b}S(t_1-t_2) \tag{2-15}$$

或

$$Q=\frac{t_1-t_2}{\dfrac{b}{\lambda S}}=\frac{\Delta t}{R} \tag{2-15a}$$

式中　　　b——平壁厚度，m；

$\Delta t=t_1-t_2$——导热推动力，K；

$R=\dfrac{b}{\lambda S}$——导热热阻，K/W。

【例 2-6】 普通砖平壁厚度为 500mm，一侧温度为 300℃，另一侧温度为 30℃，已知平壁的平均热导率为 0.9W/(m·℃)，试求：（1）通过平壁的导热通量，W/m²；（2）平壁内距离高温侧 300mm 处的温度。

解　（1）由式(2-15)有：

$$q=\frac{Q}{S}=\frac{t_1-t_2}{\dfrac{b}{\lambda}}=\frac{300-30}{\dfrac{0.5}{0.9}}=486\ (\mathrm{W/m^2})$$

（2）由式(2-15)可得：

$$t=t_1-q\frac{b}{\lambda}=300-486\times\frac{0.3}{0.9}=138\ (℃)$$

工程上常常遇到多层不同材料组成的平壁，例如工业用的窑炉，其炉壁通常由耐火砖、保温砖以及普通建筑砖由里向外构成，其导热称为多层平壁导热。下面以图 2-29 所示的三层平壁为例，说明多层平壁导热的计算方法。

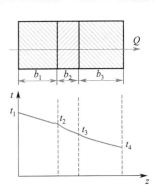

图 2-29　三层平壁的导热

由于是平壁，各层壁面面积可视为相同，设均为 S，各层壁面厚度分别为 b_1、b_2 和 b_3，热导率分别为 λ_1、λ_2 和 λ_3，假设层与层之间接触良好，即互相接触的两表面温度相同。各表面温度分别为 t_1、t_2、t_3 和 t_4，且 $t_1>t_2>t_3>t_4$，则在稳态导热时，通过各层的导热速率必定相等，即 $Q_1=Q_2=Q_3=Q$

$$Q=\frac{\Delta t_1}{R_1}=\frac{\Delta t_2}{R_2}=\frac{\Delta t_3}{R_3}=\frac{\Delta t_1+\Delta t_2+\Delta t_3}{R_1+R_2+R_3} \tag{2-16}$$

即

$$Q=\frac{t_1-t_4}{\dfrac{b_1}{\lambda_1 S}+\dfrac{b_2}{\lambda_2 S}+\dfrac{b_3}{\lambda_3 S}} \tag{2-17}$$

式(2-16)表明，在多层稳态导热时，某层的热阻越大，则该层两侧的温度差（推动力）也越大，换言之，温度差与相应的热阻成正比；三层壁面的导热，可看成是三个热阻串联导热，导热速率等于任一分热阻的推动力与对应的分热阻之比，也等于总推动力与总热阻之比，总推动力等于各分推动力之和，总热阻等于各分热阻之和。

推而广之，对 n 层平壁，其导热速率方程式为：

$$Q = \frac{\sum\limits_{i=1}^{n} \Delta t_i}{\sum\limits_{i=1}^{n} R_i} = \frac{t_1 - t_{n+1}}{\sum\limits_{i=1}^{n} \frac{b_i}{\lambda_i S}} \quad (2\text{-}18)$$

式中下标 i 为平壁的序号。

【例 2-7】 某平壁燃烧炉是由一层耐火砖与一层普通砖砌成的，两层的厚度均为 100mm，其热导率分别为 $0.9W/(m \cdot K)$ 及 $0.7W/(m \cdot K)$。待操作稳定后，测得炉壁的内表面温度为 700℃，外表面温度为 130℃。为减少燃烧炉的热损失，在普通砖的外表面增加一层厚度为 40mm、热导率为 $0.06W/(m \cdot K)$ 的保温材料。操作稳定后，又测得炉内表面温度为 740℃，外表面温度为 90℃。设两层材料的热导率不变。加保温层后炉壁的热损失比原来减少百分之几？

解　设单位面积炉壁的热损失为 $q(q = Q/S)$，加保温层前，是双层平壁的热传导

$$q_1 = \frac{t_1 - t_3}{\dfrac{b_1}{\lambda_1} + \dfrac{b_2}{\lambda_2}} = \frac{700 - 130}{\dfrac{0.1}{0.9} + \dfrac{0.1}{0.7}} = 2240 \ (W/m^2)$$

加保温层后，是三层平壁的热传导

$$q_2 = \frac{t_1 - t_4}{\dfrac{b_1}{\lambda_1} + \dfrac{b_2}{\lambda_2} + \dfrac{b_3}{\lambda_3}} = \frac{740 - 90}{\dfrac{0.1}{0.9} + \dfrac{0.1}{0.7} + \dfrac{0.04}{0.06}} = 707 \ (W/m^2)$$

热损失减少的百分数 $(q_1 - q_2)/q_1 = (2240 - 707)/2240 = 68.4\%$

(2) 圆筒壁导热速率的计算　化工生产中，经常遇到圆筒壁的导热问题，它与平壁导热的不同之处在于圆筒壁的传热面积和热通量不再是常量，而是随半径而变，同时温度也随半径而变，但传热速率在稳态时依然是常量。

对单层圆筒壁，工程上可用圆筒壁的内、外表面积的平均值来计算圆筒壁的导热速率。

$$Q = \frac{\lambda S_m (t_1 - t_2)}{b} = \frac{\lambda S_m (t_1 - t_2)}{r_2 - r_1} \quad (2\text{-}19)$$

式中　t_1、t_2——圆筒壁的内、外表面温度，且设 $t_1 > t_2$，K；

r_1、r_2——圆筒壁的内、外半径，m。

圆筒壁的内、外表面积的平均值 S_m 可分别采用对数平均值（$S_2/S_1 \geqslant 2$ 时）或算术平均值（$S_2/S_1 \leqslant 2$ 时）加以计算。

当 $S_2/S_1 \geqslant 2$ 时：

$$S_m = \frac{S_2 - S_1}{\ln \dfrac{S_2}{S_1}} = \frac{2\pi r_2 L - 2\pi r_1 L}{\ln \dfrac{2\pi r_2 L}{2\pi r_1 L}} = \frac{2\pi L (r_2 - r_1)}{\ln \dfrac{r_2}{r_1}} \quad (2\text{-}20)$$

代入式(2-19)，得

$$Q = \frac{S_m \lambda (t_1 - t_2)}{r_2 - r_1} = \frac{2\pi L \lambda (t_1 - t_2)}{\ln \dfrac{r_2}{r_1}} = \frac{t_1 - t_2}{\dfrac{\ln(r_2/r_1)}{2\pi L \lambda}} = \frac{\Delta t}{R} \quad (2\text{-}21)$$

式（2-21）即为单层圆筒壁的导热速率方程式。式中 $R = \dfrac{\ln(r_2/r_1)}{2\pi L\lambda}$，即为单层圆筒壁的导热热阻。

在工程上，多层圆筒壁的导热情况也比较常见，例如：在高温或低温管道的外部包上一层乃至多层保温材料，以减少热损（或冷损）；在反应器或其他容器内衬以工程塑料或其他材料，以减小腐蚀；在换热器换热管的内、外表面形成污垢，等等。

以三层圆筒壁为例，如图 2-30 所示，假设各层之间接触良好，各层的热导率分别为 λ_1、λ_2 和 λ_3，厚度分别为 $b_1 = r_2 - r_1$，$b_2 = r_3 - r_2$ 和 $b_3 = r_4 - r_3$，根据串联导热过程的规律，可写出三层圆筒壁的导热速率方程式为：

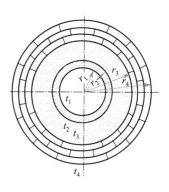

图 2-30　三层圆筒壁导热

$$Q = \frac{\Delta t_1 + \Delta t_2 + \Delta t_3}{R_1 + R_2 + R_3} = \frac{2\pi L(t_1 - t_1)}{\dfrac{\ln(r_2/r_1)}{\lambda_1} + \dfrac{\ln(r_3/r_2)}{\lambda_2} + \dfrac{\ln(r_1/r_3)}{\lambda_3}} \tag{2-22}$$

或

$$Q = \frac{t_1 - t_1}{\dfrac{b_1}{\lambda_1 S_{m1}} + \dfrac{b_2}{\lambda_2 S_{m2}} + \dfrac{b_3}{\lambda_3 S_{m3}}} \tag{2-23}$$

对 n 层圆筒壁：

$$Q = \frac{t_1 - t_{n+1}}{\displaystyle\sum_{i=1}^{n} \frac{\ln(r_{i+1}/r_i)}{2\pi L\lambda_i}} \tag{2-24}$$

或

$$Q = \frac{t_1 - t_{n+1}}{\displaystyle\sum_{i=1}^{n} \frac{b_i}{\lambda_i S_{mi}}} \tag{2-25}$$

【例 2-8】 某工厂用 ϕ170mm×5mm 的无缝钢管输送水蒸气，管长 50m，钢管的热导率为 45W/(m·K)。为减少沿途的热损失，在管外包两层绝热材料，第一层为厚 30mm 的矿渣棉，其热导率为 0.065W/(m·K)；第二层为厚 30mm 的石棉灰，其热导率为 0.21W/(m·K)。管内壁温度为 300℃，保温层外表面温度为 40℃。试求该管路的散热量。

解　由题意知 $r_1 = 80$mm，$r_2 = 85$mm，$r_3 = 85 + 30 = 115$mm，$r_4 = 115 + 30 = 145$mm。

由式（2-22）可得：

$$
\begin{aligned}
Q &= \frac{2\pi L(t_1 - t_4)}{\dfrac{\ln(r_2/r_1)}{\lambda_1} + \dfrac{\ln(r_3/r_2)}{\lambda_2} + \dfrac{\ln(r_4/r_3)}{\lambda_3}} \\
&= \frac{2 \times 3.14 \times 50 \times (300 - 40)}{\dfrac{1}{45}\ln\dfrac{85}{80} + \dfrac{1}{0.065}\ln\dfrac{115}{85} + \dfrac{1}{0.21}\ln\dfrac{145}{115}} \\
&= 14200 \ (\text{W}) = 14.2 \ (\text{kW})
\end{aligned}
$$

（二）对流传热

在间壁式换热器内，热量从热流体到固体壁面一侧以及从固体壁面另一侧到冷流体是通过对流传热进行传递的。当流体沿壁面作湍流流动时，在靠近壁面处总有一滞流内层存在。在滞流内层和湍流主体之间有一过渡层。图 2-31 表示壁面两侧流体的流动情况以及和流动方向垂直的某一截面上流体的温度分布情况。

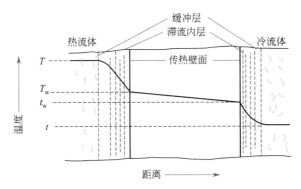

图 2-31　对流传热过程分析

在湍流主体内，由于流体质点湍动剧烈，所以在传热方向上，流体的温度差极小，各处的温度基本相同，热量传递主要依靠对流进行，传导所起作用很小。在过渡层内，流体的温度发生缓慢变化，传导和对流同时起作用。在滞流内层中，流体仅沿壁面平行流动，在传热方向上没有质点位移，所以热量传递主要依靠传导进行，由于流体的热导率很小，使滞流内层中的导热热阻很大，因此在该层内流体温度差较大。

由此可知，在对流传热（或称给热）时，热阻主要集中在滞流内层，因此，减薄滞流内层的厚度是强化对流传热的重要途径。

1. 对流传热基本方程——牛顿冷却定律

由前面分析可知，对流传热是一个相当复杂的传热过程。为了便于处理起见，把对流传热过程看作一个厚度为 $\delta_{膜}$ 的传热膜的导热过程。因此，可应用傅里叶定律处理。参照前述固体平壁中的导热速率计算公式，可写出传热膜中导热速率的计算式：

$$Q=\frac{\lambda}{\delta_{膜}}S\Delta t$$

由于传热膜的厚度 $\delta_{膜}$ 难以测定，人为引入一个新的系数 α，令 $\alpha=\lambda/\delta_{膜}$，称 α 为对流传热系数，则上式可以改写为：

$$Q=\frac{\Delta t}{\dfrac{1}{\alpha S}}=\alpha S\Delta t \qquad\qquad (2-26)$$

式中　Q——对流传热（或给热）速率，W；

　　　S——对流传热面积，m^2；

　　　Δt——流体与壁面（或反之）间温度差的平均值，即 $(T-T_w)_m$ 或 $(t_w-t)_m$，K；

　　　α——对流传热系数（或称为给热系数），$W/(m^2 \cdot K)$；

　$1/(\alpha S)$——对流传热热阻，K/W。

式（2-26）称为对流传热基本方程式，又称为牛顿冷却定律。

必须注意，对流传热系数一定要和传热面积及温度差相对应，例如，若热流体在换热器的管内流动，冷流体在换热器的管外流动，则它们的对流传热系数分别为：

$$Q=\alpha_i S_i (T-T_w)_m \qquad\qquad (2-27)$$
$$Q=\alpha_o S_o (t_w-t)_m \qquad\qquad (2-27a)$$

式中　S_i、S_o——换热管内、外表面积，m^2；

α_i、α_o——换热管内、外侧的对流传热系数，$W/(m^2 \cdot K)$；

T_w、t_w——换热管内、外侧的壁温。

对流传热系数表示在单位传热面积上，流体与壁面（或反之）的温度差为 1K 时，单位时间以对流传热方式传递的热量。它反映了对流传热的强度，对流传热系数 α 越大，说明对流强度越大，对流传热热阻越小。

对流传热系数 α 不同于热导率 λ，它不是物性，而是受诸多因素影响的一个参数，下面将讨论有关的影响因素。表 2-1 列出了几种对流传热情况下的 α 值，从中可以看出，气体的 α 值最小，载热体发生相变时的 α 值最大，且比气体的 α 值大得多。

表 2-1　α 值的范围

对流传热类型（无相变）	$\alpha / [W/(m^2 \cdot K)]$	对流传热类型（有相变）	$\alpha / [W/(m^2 \cdot K)]$
气体加热或冷却	5~100	有机蒸气冷凝	500~2000
油加热或冷却	60~1700	水蒸气冷凝	5000~15000
水加热或冷却	200~15000	水沸腾	2500~25000

2. 影响对流传热系数的因素

通过理论分析和实验证明，影响对流传热的因素有以下方面。

① 流体的种类及相变情况　流体的状态不同，如液体、气体和蒸汽，它们的对流传热系数各不相同。流体有无相变，对传热有不同影响，一般流体有相变时的对流传热系数较无相变时的为大。

② 流体的性质　影响对流传热系数的因素有热导率、比热容、黏度和密度等。对同一种流体，这些物性又是温度的函数，有些还与压力有关。

③ 流体的流动状态　当流体呈湍流时，随着 Re 的增大，滞流内层的厚度减薄，对流传热系数增大。当流体呈滞流时，流体在传热方向上无质点位移，故其对流传热系数较湍流时的为小。

④ 流体流动的原因　自然对流与强制对流的流动原因不同，其传热规律也不相同。一般强制对流传热时的对流传热系数较自然对流传热的为大。

⑤ 传热面的形状、位置及大小　传热面的形状（如管内、管外、板、翅片等）、传热面的方位、布置（如水平或垂直放置、管束的排列方式等）及传热面的尺寸（如管径、管长、板高等）都对流传热系数有直接的影响。

3. 对流传热系数的特征数关联式

由于影响对流传热系数的因素很多，要建立一个通式来求各种条件下的对流传热系数是不可能的。目前，常采用因次分析法，将众多的影响因素（物理量）组合成若干无因次数群（特征数），再通过实验确定各特征数之间的关系，即得到各种条件下的 α 关联式。

表 2-2 列出了各特征数的名称、符号及意义，供使用 α 关联式时参考。

表 2-2　特征数的名称、符号及意义

特征数名称	符　号	特征数表达式	意　义
努塞尔数	N_u	$\alpha l / \lambda$	表示对流传热系数的特征数
雷诺数	Re	lup/μ	确定流动状态的特征数
普兰特数	Pr	$c_p \mu / \lambda$	表示物性影响的特征数
格拉斯霍夫数	Gr	略	表示自然对流影响的特征数

对于强制对流的传热过程，Nu、Re、Pr 3 个特征数之间的关系，大多数为指数函数的形式，即

$$Nu = CRe^m Pr^n \tag{2-28}$$

这种特征数之间的关系式称为特征数关联式。式中 C、m、n 都是常数，都是针对各种不同情况的具体条件进行实验测定的。当这些常数被实验确定后，即可用该式来求算相同条件下的对流传热系数。

由于特征数关联式是一种经验公式，在使用时应注意以下几个方面：

① 应用范围　关联式中 Re、Pr 等特征数的数值范围，关联式不得超范围使用。

② 特征尺寸　Nu、Re 等特征数中 l 应如何取定，由关联式指定，不得改变。

③ 定性温度　各特征数中流体的物性应按什么温度确定，由关联式指定。

每一个 α 关联式对上述三个方面都有明确的规定和说明。

4. 流体无相变时的对流传热系数关联式

应予指出，在传热中，滞流、湍流的 Re 值区间为：

滞流　　　　$Re < 2300$

湍流　　　　$Re > 10000$

过渡区　　　$2300 \leqslant Re \leqslant 10000$

流体在换热器内作强制对流时，为提高传热系数，流体多呈湍流流动，较少出现滞流状态。因此，下面只介绍湍流和过渡区的对流传热系数关联式。

（1）流体在圆形直管内作强制湍流

① 低黏度（小于 2 倍常温水的黏度）流体

$$Nu = 0.023Re^{0.8} Pr^n \tag{2-29}$$

或

$$\alpha = 0.023 \frac{\lambda}{d_i} \left(\frac{d_i u \rho}{\mu} \right)^{0.8} \left(\frac{c_p \mu}{\lambda} \right)^n \tag{2-29a}$$

式中 n 值随热流方向而异，当流体被加热时，$n = 0.4$，当流体被冷却时，$n = 0.3$。

应用范围：$Re > 10000$，$0.7 < Pr < 120$；管长与管径比 $L/d_i \geqslant 60$。若 $L/d_i < 60$，需将由式(2-29) 算得的 α 乘以 $[1 + (d_i/L)^{0.7}]$ 加以修正。

特征尺寸：Nu、Pr 特征数中的 l 取为管内径 d_i。

定性温度：取为流体进、出口温度的算术平均值。

② 高黏度液体

$$Nu = 0.027Re^{0.8} Pr^{0.33} \varphi_w \tag{2-30}$$

应用范围、特征尺寸和定性温度与式(2-29) 相同。

φ_w 为黏度校正系数，当液体被加热时，$\varphi_w = 1.05$，当液体被冷却时，$\varphi_w = 0.95$。

【例 2-9】　常压空气在内径为 68mm、长度为 5m 的管内由 30℃ 被加热到 68℃，空气的流速为 4m/s。试求：(1) 管壁对空气的对流传热系数；(2) 空气流速增加一倍，其他条件均不变时的对流传热系数。

解　(1) 定性温度　$t_m = \dfrac{t_1 + t_2}{2} = \dfrac{30 + 68}{2} = 49$（℃）

在附录中查得 49℃ 下空气的物性如下：

$\mu = 1.915 \times 10^{-5} Pa \cdot s$，$\lambda = 2.823 \times 10^{-2} W/(m \cdot K)$，$\rho = 1.10 kg/m^3$，$Pr = 0.698$

$$Re = \frac{d_i u \rho}{\mu} = \frac{0.068 \times 4 \times 1.10}{1.915 \times 10^{-5}} = 1.56 \times 10^4$$

$$\frac{L}{d_i} = \frac{5}{0.068} = 73.5$$

Pr、Re 及 L/d_i 值均在式(2-29)应用范围内，故可用该式计算 α。又气体被加热，取 $n = 0.4$，则：

$$\alpha = 0.023 \frac{\lambda}{d_i} Re^{0.8} Pr^{0.4}$$

$$= 0.023 \times \frac{2.823 \times 10^{-2}}{0.068} \times (1.56 \times 10^4)^{0.8} \times 0.698^{0.4}$$

$$= 18.7 \; [\text{W}/(\text{m}^2 \cdot \text{K})]$$

（2）空气流速增加一倍，其他条件均不变，由式(2-29)知，对流传热系数 α' 为

$$\alpha' = \alpha \left(\frac{u'}{u}\right)^{0.8} = 18.7 \times 2^{0.8} = 32.6 \; [\text{W}/(\text{m}^2 \cdot \text{K})]$$

（2）流体在圆形直管内作强制过渡流　当 $Re = 2300 \sim 10000$ 时，属于过渡区，对流传热系数可先按湍流计算，然后将算得结果乘以校正系数 Φ，即

$$\Phi = 1 - \frac{6 \times 10^5}{Re^{1.8}} \tag{2-31}$$

（3）流体在弯管内作强制对流　流体在弯管内流动时，由于受惯性离心力的作用，流体的湍动程度增大，使对流传热系数值较直管内的大，此时，α 可按下式计算：

$$\alpha' = \alpha \left(1 + 1.77 \frac{d}{R}\right) \tag{2-32}$$

式中　α'——弯管中的对流传热系数，$\text{W}/(\text{m}^2 \cdot \text{K})$；

α——直管内的对流传热系数，$\text{W}/(\text{m}^2 \cdot \text{K})$；

d——管内径，m；

R——弯管轴的曲率半径，m。

（4）流体在非圆形管内作强制对流　当流体在非圆形管内作强制对流时，对流传热系数的计算仍可用上述关联式，只要将式中管内径换成传热当量直径即可。传热用当量直径 d_e' 定义为：

$$d_e' = \frac{4 \times 流体流动截面积}{被流体润湿的传热周边长度}$$

注意：计算 Re 时应采用流体力学当量直径 d_e。

（5）流体在换热器管间流动　对于常用的列管换热器，由于壳体是圆筒，管束中各列管子数目并不相等，而且大多装有折流挡板，使得流体的流向和流速不断变化，因而当 $Re > 100$ 时，即可达到湍流。此时对流传热系数的计算，要视具体结构选用相应的计算公式。

列管换热器折流挡板的形式较多，其中以弓形（圆缺型）挡板最为常见，如图 2-32。当换热器内装有圆缺型挡板（缺口面积约为 25% 壳体内截面积）时，壳方流体的对流传热系数可用下式计算，即

$$Nu = 0.36 Re^{0.55} Pr^{1/3} \varphi_w \tag{2-33}$$

或

$$\alpha = 0.36 \frac{\lambda}{d_e} \left(\frac{d_e u \rho}{\mu}\right)^{0.55} \left(\frac{c_p \mu}{\lambda}\right)^{1/3} \varphi_w \tag{2-33a}$$

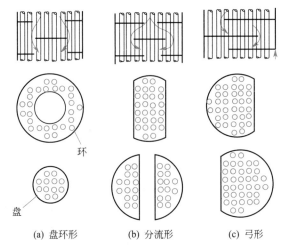

图 2-32　折流挡板的形式

应用范围：$Re = 2 \times 10^3 \sim 1 \times 10^6$。

定性温度：取为流体进、出口算术平均值。

特征尺寸：当量直径 d_e。

对液体，黏度校正系数 φ_w 取值与式(2-30) 相同；对气体，无论是被加热还是被冷却，$\varphi_w = 1$。

当量直径 d_e 根据管子排列方式的不同，分别采用不同的公式进行计算。

管子为正方形排列时：

$$d_e = \frac{4\left(t^2 - \frac{\pi}{4}d_o^2\right)}{\pi d_o} \tag{2-34}$$

管子为正三角形排列时：

$$d_e = \frac{4\left(\frac{\sqrt{3}}{2}t^2 - \frac{\pi}{4}d_o^2\right)}{\pi d_o} \tag{2-35}$$

式中　t——相邻两管的中心距，m；

　　　d_o——管外径，m。

式(2-33)、式(2-33a) 中的流速根据流体流过管间的最大截面积 A 计算，即

$$A = hD\left(1 - \frac{d_o}{t}\right) \tag{2-36}$$

式中　h——两挡板间的距离，m；

　　　D——换热器壳体内径，m。

若换热器的管间无挡板，则管外流体将沿管束平行流动，此时，可用管内强制对流的关联式进行计算，只需将式中的直径换为当量直径即可。

5.流体有相变时的对流传热

在对流传热时，流体发生相变，分为蒸汽冷凝和液体沸腾两种。

（1）蒸汽冷凝过程的对流传热　如果蒸汽处于比其饱和温度低的环境中，将出现冷凝现象。在换热器内，当饱和蒸汽与温度较低的壁面接触时，蒸汽将释放出潜热，并在壁面上冷凝成液体，发生在蒸汽冷凝和壁面之间的传热称为冷凝对流传热，简称为冷凝传热。冷凝传热速率与蒸汽的冷凝方式密切相关。蒸汽冷凝主要有两种方式：膜状冷凝和滴状冷凝（或称珠状冷

凝），如图 2-33。如果冷凝液能够润湿壁面，则会在壁面上形成一层液膜，称为膜状冷凝；如果冷凝液不能润湿壁面，则会在壁面上杂乱无章地形成许多小液滴（珠），称为滴状冷凝。

在膜状冷凝过程中，壁面被液膜所覆盖，此时蒸汽的冷凝只能在液膜的表面进行，即蒸汽冷凝放出的潜热必须通过液膜后才能传给壁面。因此冷凝液膜往往成为膜状冷凝的主要热阻。冷凝液膜在重力作用下沿壁面向下流动时，其厚度不断增加，所以壁面越高或水平放置的管子管径越大，则整个壁面的平均对流传热系数也就越小。

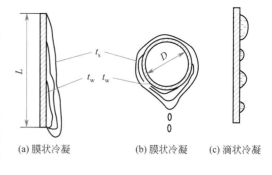

(a) 膜状冷凝　　(b) 膜状冷凝　　(c) 滴状冷凝

图 2-33　蒸汽冷凝方式

在珠状冷凝过程中，壁面的大部分直接暴露在蒸汽中，由于在这些部位没有液膜阻碍热流，故其对流传热系数很大，是膜状冷凝的十倍左右。

蒸汽冷凝时，往往在壁面形成液膜，液膜的厚度及其流动状态是影响冷凝传热的关键。凡有利于减薄液膜厚度的因素都可以提高冷凝传热系数。

当蒸汽以一定速度运动（$u>10\text{m/s}$）时，会和液膜产生摩擦，若蒸汽和液膜同向流动，则摩擦将使液膜运动加速，厚度变薄，使 α 增大；若两者逆向流动，则 α 减小。当两者间的摩擦力超过液膜重力时，蒸汽会将液膜吹离壁面。此时，随着蒸汽速度的增加，会使 α 急剧增大。因此，一般情况下冷凝器的蒸汽入口应设在其上部，此时蒸汽与液膜流向相同，有利于 α 增大。

若蒸汽中含有空气或其他不凝性气体，由于气体的热导率小，气体聚集成薄膜附着在壁面后，将大大降低传热效果。研究表明，当蒸汽中含有 1% 的不凝性气体时，对流传热系数将下降 60%。因此，在涉及相变的传热设备上部应安装有排除不凝性气体的阀门，操作时，应定期排放不凝性气体，以减少不凝性气体对 α 的影响。

（2）液体沸腾过程的对流传热　将液体加热到操作条件下的饱和温度时，整个液体内部都将会有气泡产生，这种现象称为液体沸腾。发生在沸腾液体与固体壁面之间的传热称为沸腾对流传热，简称为沸腾传热。

图 2-34 为实验得到的常压下水的沸腾曲线，它表示水在池内沸腾时对流传热系数 α 与传热壁面和液体的温度差 Δt 之间的关系。

实验表明，当传热壁面与液体的温度差较小时，只有少量气泡产生，传热以自然对流为主，对流传热系数和传

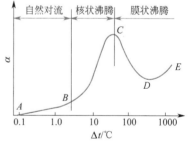

图 2-34　水的沸腾曲线

热速率都比较小，如图中 AB 段；随着温度差的增大，液体在传热壁面受热后生成的气泡数量增加很快，并在向上浮动中，对液体产生剧烈的扰动，因此，对流传热系数上升很快，这个阶段称为核状沸腾，如图中 BC 段；当温度差增大到一定程度，气泡生成速度大于气泡脱离壁面的速度时，气泡将在传热壁面上聚集并形成一层不稳定的气膜，这时热量必须通过这层气膜才能传到液相主体中去，由于气体的热导率比液体的小得多，对流传系数反而下降，这个阶段称为过渡区，如图中 CD 段；当温度差再增大到一定程度，产生的气泡在传热壁面形成一层稳定的气膜，此后，温度差再增大时，对流传热系数基本不变，这个阶段称为膜状沸腾，如图中 DE 段。实际上一般将 CDE 段称为膜状沸腾。

由于核状沸腾的传热系数比膜状沸腾的大，工业上总是设法控制在核状沸腾下操作。

6. 对流-辐射联合传热系数

在化工生产中，许多设备和管道的外壁温度往往高于周围环境温度，此时热量将以对流和辐射两种方式散失于周围环境中。为了减少热损，许多温度较高或较低的设备，如换热器、塔器和蒸汽管道等都必须进行保温。设备的热损应等于对流传热和辐射传热之和，若分别计算，会使得过程非常繁杂，同时又没有必要，因为工程上重要的是了解总的热损为多少、至于对流损失多少、辐射损失多少则是不重要的。因此，往往把对流-辐射联合作用下的总热损用下式计算：

$$Q = \alpha_T S_w (t_w - t) \tag{2-37}$$

式中　α_T——对流-辐射联合传热系数，$W/(m^2 \cdot K)$；

　　　S_w——设备或管道的外壁面积，m^2；

　　　t_w、t——设备或管道的外壁温度和周围环境温度，K。

对流-辐射联合系数 α_T 可用如下经验式估算。

① 室内（$t_w < 150℃$，自然对流）

对圆筒壁（$D < 1m$）

$$\alpha_T = 9.42 + 0.052(t_w - t) \tag{2-38}$$

对平壁（或 $D \geq 1m$ 的圆筒壁）

$$\alpha_T = 9.77 + 0.07(t_w - t) \tag{2-39}$$

② 室外

$$\alpha_T = \alpha_0 + 7\sqrt{u} \tag{2-40}$$

对于保温壁面，一般取 $\alpha_0 = 11.63 W/(m^2 \cdot K)$；对于保冷壁面，一般取 $\alpha_T = 7 \sim 8 W/(m^2 \cdot K)$；$u$ 为风速，m/s。

【例 2-10】 有一室外蒸汽管道，敷上保温层后外径为 0.4m，已知其外壁温度为 33℃，周围空气的温度为 25℃，平均风速为 2m/s。试求每米管道的热损。

解　由式(2-40)可知联合传热系数为：

$$\alpha_T = \alpha_0 + 7\sqrt{u} = 11.63 + 7\sqrt{2} = 21.53 \ [W/(m^2 \cdot K)]$$

由式(2-37)有：

$$Q = \alpha_T S_w (t_w - t) = \alpha_T \pi d L (t_w - t)$$

即　　$Q/L = \alpha_T \pi d (t_w - t) = 21.53 \times 3.14 \times 0.4 \times (33 - 25) = 216.33 \ (W/m)$

(三) 传热系数的获取方法

由传热基本方程得 $K = \dfrac{Q}{S \Delta t_m}$，传热系数在数值上等于单位传热面积、热流体与冷流体温度差为 1K 时换热器的传热速率。传热系数是评价换热器传热性能的重要参数，也是对传热设备进行工艺计算的依据。影响传热系数 K 值的因素很多，主要有换热器的类型、流体的种类和性质以及操作条件等。在换热器的工艺计算中，传热系数 K 的来源主要有以下三个方面。

1. 取经验值

选取工艺条件相仿、设备类似而又比较成熟的经验数据，表 2-3 列出了列管换热器传热系数的大致范围，可供参考。

表 2-3　列管换热器中 K 值的大致范围

热 流 体	冷流体	传热系数 K / [W/(m² · K)]	热 流 体	冷流体	传热系数 K / [W/(m² · K)]
水	水	850~1700	低沸点烃类蒸汽冷凝（常压）	水	455~1140
轻油	水	340~910	高沸点烃类蒸汽冷凝（减压）	水	60~170
重油	水	60~280	水蒸气冷凝	水沸腾	2000~4250
气体	水	17~280	水蒸气冷凝	轻油沸腾	455~1020
水蒸气冷凝	水	1420~4250	水蒸气冷凝	重油沸腾	140~425
水蒸气冷凝	气体	30~300			

2. 现场测定

对于已有的换热器，可以测定有关数据，如设备的尺寸、流体的流量和进出口温度等，然后求得传热速率 Q、传热温度差 Δt_m 和传热面积 S，再由传热基本方程 $K = \dfrac{Q}{S\Delta t_m}$ 计算 K 值。这样得到的 K 值可靠性较高，但是其使用范围受到限制，只有与所测情况相一致的场合（包括设备的类型、尺寸、流体性质、流动状况等）才准确。但若使用情况与测定情况相似，所测 K 值仍有一定参考价值。

【例 2-11】 在一套管换热器中，苯在管内流动，流量为 3000kg/h，进、出口温度分别为 80℃和 30℃，在平均温度下，苯的比热容可取 1.9kJ/(kg · K)。水在环隙中流动，进、出口温度分别为 15℃和 30℃。逆流操作，换热器的传热面积为 2m²，热损可以忽略不计。试求换热器的传热系数。

解 换热器的传热量：

$$Q = W_h c_{ph}(T_1 - T_2) = (3000/3600) \times 1.9 \times (80-30) = 79.2 \text{ (kW)}$$

平均温度差：

$$\Delta t_m = \frac{\Delta t_1 - \Delta t_2}{\ln \dfrac{\Delta t_1}{\Delta t_2}} = \frac{(80-30)-(30-15)}{\ln \dfrac{80-30}{30-15}} = 29 \text{ (℃)}$$

所以，传热系数为：

$$K = \frac{Q}{S\Delta t_m} = \frac{79.2}{2 \times 29} = 1.36 \text{ [kW/(m}^2 \cdot \text{K)]}$$

3. 公式计算

传热系数 K 的计算公式可利用串联热阻叠加原理导出。当热、冷流体在换热器中通过间壁换热时，其传热机理如下（为方便起见，假设热流体走管程，冷流体走壳程）。

热流体对壁面的对流传热

$$Q_1 = \frac{\Delta t_1}{R_1} = \frac{(T - T_w)_m}{\dfrac{1}{\alpha_1 S_1}}$$

壁面内的导热

$$Q_2 = \frac{\Delta t_2}{R_2} = \frac{(T_w - t_w)_m}{\dfrac{b}{\lambda S_m}}$$

壁面对冷流体的对流传热

$$Q_3 = \frac{\Delta t_3}{R_3} = \frac{(t_w - t)_m}{\dfrac{1}{\alpha_o S_o}}$$

可知，热、冷流体通过间壁的传热是一个"对流-传导-对流"的串联过程。上述三式分别表示了通过各步的传热速率。对于稳态传热，各串联环节速率相等，即 $Q_1 = Q_2 = Q_3$，总推动力等于各分推动力之和，总阻力等于各分阻力之和（热阻叠加原理）。综合式(2-3a) 和上面三式，可得到如下计算式：

$$Q = \frac{\Delta t_m}{\dfrac{1}{KS}} = \frac{(T - T_w)_m + (T_w - t_w)_m + (t_w - t)_m}{\dfrac{1}{\alpha_i S_i} + \dfrac{b}{\lambda S_m} + \dfrac{1}{\alpha_o S_o}}$$

可知

$$\frac{1}{KS} = \frac{1}{\alpha_i S_i} + \frac{b}{\lambda S_m} + \frac{1}{\alpha_o S_o} \tag{2-41}$$

式(2-41) 即为计算 K 值的基本公式，具体计算时，等式左边的传热面积 S 可选传热面（管壁面）的外表面积 S_o 或内表面积 S_i 或平均表面积 S_m，但传热系数 K 必须与所选传热面积相对应。当 S 取 S_o，则

$$\frac{1}{K_o S_o} = \frac{1}{\alpha_i S_i} + \frac{b}{\lambda S_m} + \frac{1}{\alpha_o S_o} \tag{2-42}$$

即

$$\frac{1}{K_o} = \frac{S_o}{\alpha_i S_i} + \frac{b S_o}{\lambda S_m} + \frac{1}{\alpha_o} \tag{2-42a}$$

或

$$K_o = \frac{1}{\dfrac{S_o}{\alpha_i S_i} + \dfrac{b S_o}{\lambda S_m} + \dfrac{1}{\alpha_o}} \tag{2-42b}$$

同理，当 S 取 S_i 或 S 取 S_m 时，得

$$K_i = \frac{1}{\dfrac{1}{\alpha_i} + \dfrac{b S_i}{\lambda S_m} + \dfrac{S_i}{\alpha_o S_o}} \tag{2-43}$$

$$K_m = \frac{1}{\dfrac{S_m}{\alpha_i S_i} + \dfrac{b}{\lambda} + \dfrac{S_m}{\alpha_o S_o}} \tag{2-44}$$

式中　S_o、S_i、S_m——传热壁面的外表面积、内表面积、平均表面积，m^2；

　　　K_o、K_i、K_m——基于 S_o、S_i、S_m 的传热系数，$W/(m^2 \cdot K)$。

应予指出，在传热计算中，选择何种面积作为计算基准，结果完全相同。但工程上，大多以外表面积为基准，除了特别说明外，手册中所列 K 值都是基于外表面积的传热系数，换热器标准系列中的传热面积也是指外表面积。因此，传热系数 K 的通用计算式为：

$$\frac{1}{K} = \frac{S_o}{\alpha_i S_i} + \frac{b S_o}{\lambda S_m} + \frac{1}{\alpha_o} \tag{2-45}$$

$$K = \frac{1}{\dfrac{S_o}{\alpha_i S_i} + \dfrac{b S_o}{\lambda S_m} + \dfrac{1}{\alpha_o}} \tag{2-45a}$$

换热器在使用过程中，传热壁面常有污垢形成，对传热产生附加热阻，该热阻称为污垢热阻。通常，污垢热阻比传热壁面的热阻大得多，因而在传热计算中应考虑污垢热阻的影响。影

响污垢热阻的因素很多，主要有流体的性质、传热壁面的材料、操作条件、清洗周期等。由于污垢热阻的厚度及热导率难以准确地估计，因此通常选用经验值，表2-4列出了一些常见流体的污垢热阻的经验值。

表2-4　常见流体的污垢热阻 R_s

流　　体	R_s /(m² · K/kW)	流　　体	R_s /(m² · K/kW)	流　　体	R_s /(m² · K/kW)
水(> 50℃)		气体		液体	
蒸馏水	0.09	空气	0.26~0.53	盐水	0.172
海水	0.09	溶剂蒸气	0.172	有机物	0.172
清洁的河水	0.21	水蒸气		熔盐	0.086
未处理的凉水塔用水	0.58	优质不含油	0.052	植物油	0.52
已处理的凉水塔用水	0.26	劣质不含油	0.09	燃料油	0.172~0.52
已处理的锅炉用水	0.26	往复机排出	0.176	重油	0.86
硬水、井水	0.58			焦油	1.72

设管内、外壁面的污垢热阻分别为 R_{si}、R_{so}，根据串联热阻叠加原理，式(2-45)变为：

$$\frac{1}{K}=\frac{S_o}{\alpha_i S_i}+R_{si}+\frac{bS_o}{\lambda S_m}+R_{so}+\frac{1}{\alpha_o} \tag{2-46}$$

或

$$K=\frac{1}{\dfrac{S_o}{\alpha_i S_i}+R_{si}+\dfrac{bS_o}{\lambda S_m}+R_{so}+\dfrac{1}{\alpha_o}} \tag{2-46a}$$

式(2-46)表明，换热器的总热阻等于间壁两侧流体的对流热阻、污垢热阻及壁面导热热阻之和。

若传热壁面为平壁或薄管壁时，S_i、S_o、S_m 相等或近似相等，则式(2-46)可简化为：

$$\frac{1}{K}=\frac{1}{\alpha_i}+R_{si}+\frac{b}{\lambda}+R_{so}+\frac{1}{\alpha_o} \tag{2-47}$$

(四) 壁温的计算

在热损失和某些对流传热系数的计算，以及选择换热器类型和换热管材料时，需知道壁温，对于稳定传热过程，有

$$Q=\frac{(T-T_w)_m}{\dfrac{1}{\alpha_i S_i}+\dfrac{R_{si}}{S_i}}=\frac{(T_w-t_w)_m}{\dfrac{b}{\lambda S_m}}=\frac{(t_w-t)_m}{\dfrac{1}{\alpha_o S_o}+\dfrac{R_{so}}{S_o}}=KS\Delta t_m \tag{2-48}$$

【例2-12】　有一换热器，管内通90℃的热流体，膜系数 α_1 为 1100W/(m² · ℃)，管外有某种液体沸腾，沸点为50℃，膜系数 α_2 为 5800W/(m² · ℃)。试求以下两种情况下的壁温：(1)管壁清洁无垢；(2)外侧有污垢产生，污垢热阻为 0.005m² · ℃/W。设管壁热阻可以忽略。

解　因管壁热阻可以忽略，故换热管内、外侧的壁温相等，设为 T_w。

(1)当壁很薄时，$S_i \approx S_o$，又管壁清洁无垢，由式(2-48)得

$$\frac{T-T_w}{\dfrac{1}{\alpha_1}}=\frac{T_w-t}{\dfrac{1}{\alpha_2}}$$

$$\frac{90-T_w}{\dfrac{1}{1100}}=\frac{T_w-50}{\dfrac{1}{5800}}$$

则
$$T_w=56.4℃$$

（2）同理，当外侧有污垢时

$$\frac{T-T_w}{\dfrac{1}{\alpha_1}}=\frac{T_w-t}{\dfrac{1}{\alpha_2}+R_{so}}$$

$$\frac{90-T_w}{\dfrac{1}{1100}}=\frac{T_w-50}{\dfrac{1}{5800}+0.005}$$

则
$$T_w=84℃$$

由此可知，壁温总是比较接近热阻小的那一侧流体的温度。当不计污垢热阻时，壁温接近 α 值大的那一侧流体的温度。

五、强化与削弱传热

（一）强化传热途径

所谓强化传热，就是设法提高换热器的传热速率。从传热基本方程 $Q=KS\Delta t_m$ 可以看出，增大传热面积 S、提高传热推动力 Δt_m 以及提高传热系数 K 都可以达到强化传热的目的，但是，实际效果却因具体情况而异。下面分别予以讨论。

1. 增大传热面积

增大传热面积，可以提高换热器的传热速率，但是增大传热面积不能靠简单地增大设备尺寸来实现，因为这样会使设备的体积增大，金属耗用量增加，设备费用相应增加。实践证明，从改进设备的结构入手，增加单位体积的传热面积，可以使设备更加紧凑，结构更加合理，目前出现的一些新型换热器，如螺旋板式、板式换热器等，其单位体积的传热面积便大大超过了列管换热器。在管式换热器中，减少管子直径，也可增加单位体积的传热面积。同时，还研制出并成功使用了多种高效能传热面，如图 2-35 所示的几种带翅片或异型表面的传热管，便是工程上在列管换热器中经常用到的高效能传热管，它们不仅使传热表面有所增加，而且强化了流体的湍动程度，提高了对流传热系数，使传热速率显著提高。

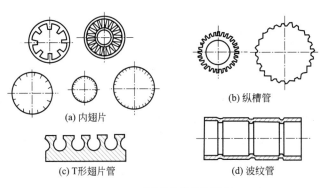

(a) 内翅片
(b) 纵槽管
(c) T形翅片管
(d) 波纹管

图 2-35　高效能传热管的形式

上述方法可提高单位体积的传热面积，使传热过程得到强化。但同时由于流道的变化，往往会使流动阻力有所增加，故设计或选用时应综合比较，全面考虑。

2. 提高传热推动力

增大传热平均温度差，可以提高换热器的传热速率。传热平均温度差的大小取决于两流体的温度大小及流动形式。一般来说，物料的温度由工艺条件所决定，不能随意变动，而加热剂或冷却剂的温度，可以通过选择不同介质和流量加以改变。例如：用饱和水蒸气作为加热剂时，增加蒸汽压力可以提高其温度；在水冷器中增大冷却水流量或以冷冻盐水代替普通冷却水，可以降低冷却剂的温度。但需要注意的是，改变加热剂或冷却剂的温度，必须考虑到技术上的可行性和经济上的合理性。另外，采用逆流操作或增加壳程数，均可得到较大的平均传热温度差。

3. 提高传热系数

增大传热系数，可以提高换热器的传热速率。增大传热系数，实际上就是降低换热器的总热阻。为分析方便起见，总热阻的求取按平壁考虑，即依据式(2-47)分析：

$$\frac{1}{K}=\frac{1}{\alpha_i}+R_{si}+\frac{b}{\lambda}+R_{so}+\frac{1}{\alpha_o}$$

由此可见，要降低总热阻，减小各项分热阻中的任一个即可。但不同情况下，各项分热阻所占比例不同，故应具体问题具体分析，抓住主要矛盾，设法减小所占比例大的分热阻。一般来说，在金属换热器中，壁面较薄且热导率高，不会成为主要热阻；污垢热阻是一个可变因素，在换热器刚投入使用时，污垢热阻很小，可不予考虑，但随着使用时间的加长，污垢逐渐增加，便可成为阻碍传热的主要因素；对流传热的热阻经常是传热过程的主要矛盾，必须重点考虑。

提高 K 值的具体途径和措施有以下几种。

（1）降低对流传热热阻　当壁面热阻（b/λ）和污垢热阻（R_{si}、R_{so}）很小，可以忽略时，式(2-47)可简化为：

$$\frac{1}{K}=\frac{1}{\alpha_i}+\frac{1}{\alpha_o}\tag{2-49}$$

若 $\alpha_i \gg \alpha_o$，则 $K \approx \alpha_o$，此时，欲提高 K 值，关键在于提高管外侧的对流传热系数；若 $\alpha_o \gg \alpha_i$，则 $K \approx \alpha_i$，此时，欲提高 K 值，关键在于提高管内侧的对流传热系数。总之，当两 α 相差很大时，欲提高 K 值，应该采取措施提高 α 小的那一侧的对流传热系数。

若 α_i 与 α_o 较为接近，此时，必须同时提高两侧的对流传热系数，才能提高 K 值。

① 无相变时的对流传热　增大流速和减小管径都能增大对流传热系数，但以增大流速更为有效。此外，不断改变流体的流动方向，也能使 α 得到提高。在换热流体许可时（如冷却水），可将纳米级粒子混于换热流体中，一起流过换热器，增大给热速率。

目前，在列管换热器中，为提高 α，通常采取如下具体措施：

在管程，采用多程结构，可使流速成倍增加，流动方向不断改变，从而大大提高了 α，但当程数增加时，流动阻力会随之增大，故需全面权衡。

在壳程，也可采用多程，即装设纵向隔板，但限于制造、安装及维修上的困难，工程上一般不采用多程结构，而广泛采用折流挡板，这样，不仅可以局部提高流体在壳程内的流速，而且迫使流体多次改变流向，从而强化了对流传热。

还可通过内置螺旋条、扭曲带、网栅等湍流促进器以促进湍流。湍流促进器一般可使管式换热器的传热系数增加，但流体的压力降随之增大，且换热器拆洗困难，采用时需具体分析，全面权衡。

　　② 有相变时的对流传热　对于冷凝传热，除了及时排除不凝性气体和冷凝液外，还可以采取一些其他措施，例如在管壁上开一些纵向沟槽或装金属网，以阻止液膜的形成。对于沸腾传热，实践证明：设法使表面粗糙化，或在液体中加入如乙醇、丙酮等添加剂，均能有效地提高对流传热系数。

　　(2) 降低污垢热阻　换热器在运行中，往往会因流体介质的腐蚀、冲刷及流体所夹带的固体颗粒的沉积，在换热器传热表面上形成结垢或积污，甚至堵塞，从而降低换热器的传热能力，因此必须设法减缓污垢的形成，并及时清除污垢。

　　减小污垢热阻的具体措施有：提高流体的流速和扰动，以减弱垢层的沉积；加强水质处理，尽量采用软化水；加入阻垢剂，防止和减缓垢层形成；定期采用机械、高压水或化学的方法清除污垢。

　　机械清洗最简单的是用刮刀、旋转式钢丝刷除去坚硬的垢层、结焦或其他沉积物。高压水（压力 10～20MPa）冲洗法多用于结焦严重的管束的清洗。化学清洗是利用清洗剂（盐酸）与垢层起化学反应的方法来除去积垢，适用于形状较为复杂的构件的清洗，如 U 形管的清洗、管子之间的清洗。这种清洗方法的缺点是对金属有轻微的腐蚀损伤作用。

　　【例 2-13】　有一用 $\phi 25\text{mm} \times 2\text{mm}$ 无缝钢管 $[\lambda = 46.5\text{W}/(\text{m} \cdot \text{K})]$ 制成的列管换热器，管内通以冷却水，$\alpha_i = 400\text{W}/(\text{m}^2 \cdot \text{K})$，管外为饱和水蒸气冷凝，$\alpha_o = 10000\text{W}/(\text{m}^2 \cdot \text{K})$，由于换热器刚投入使用，污垢热阻可以忽略。试计算：(1) 传热系数 K 及各分热阻所占总热阻的比例；(2) 将 α_i 提高一倍（其他条件不变）后的 K 值；(3) 将 α_o 提高一倍（其他条件不变）后的 K 值。

　　解　(1) 由于壁面较薄，此处按平壁近似计算。根据题意：$R_{si} = R_{so} = 0$，由式(2-47) 有：

$$K = \frac{1}{\dfrac{1}{\alpha_i} + \dfrac{b}{\lambda} + \dfrac{1}{\alpha_o}} = \frac{1}{\dfrac{1}{400} + \dfrac{0.002}{46.5} + \dfrac{1}{10000}} = 378.4 \ [\text{W}/(\text{m}^2 \cdot \text{K})]$$

　　各分热阻及所占比例的计算直观而简单，故省略计算过程，直接将计算结果列于下表。

热阻名称	热阻值 / $[\times 10^3 (\text{m}^2 \cdot \text{K})/\text{W}]$	比例/%	热阻名称	热阻值 / $[\times 10^3 (\text{m}^2 \cdot \text{K})/\text{W}]$	比例/%
总热阻 $1/K$	2.64	100	管外对流热阻 $1/\alpha_o$	0.1	3.8
管内对流热阻 $1/\alpha_i$	2.5	94.7	壁面导热热阻 b/λ	0.04	1.5

　　从各分热阻所占比例可以看出，管内对流热阻占主导地位，所以提高 K 值的有效途径应该是减小管内对流热阻，即提高 α_i。下面的计算结果可以印证这一结论。

　　(2) 将 α_i 提高一倍（其他条件不变），即 $\alpha_i' = 800\text{W}/(\text{m}^2 \cdot \text{K})$

$$K' = \frac{1}{\dfrac{1}{800} + \dfrac{0.002}{46.5} + \dfrac{1}{10000}} = 717.9 \ [\text{W}/(\text{m}^2 \cdot \text{K})]$$

　　增幅为：

$$\frac{717.9 - 378.4}{378.4} \times 100\% = 89.7\%$$

　　(3) 将 α_o 提高一倍（其他条件不变），即 $\alpha_o' = 20000\text{W}/(\text{m}^2 \cdot \text{K})$

$$K'' = \cfrac{1}{\cfrac{1}{400} + \cfrac{0.002}{46.5} + \cfrac{1}{20000}} = 385.7 \ [W/(m^2 \cdot K)]$$

增幅为：

$$\frac{385.7 - 378.4}{378.4} \times 100\% = 1.9\%$$

【例 2-14】 在上例中，当换热器使用一段时间后，形成了垢层，需要考虑污垢热阻，试计算此时的传热系数 K 值。

解 根据表 2-4 所列数据，取水的污垢热阻 $R_{si} = 0.58 (m^2 \cdot K)/kW$，水蒸气的 $R_{so} = 0.09 (m^2 \cdot K)/kW$。则由式(2-47) 有：

$$K'' = \cfrac{1}{\cfrac{1}{\alpha_i} + R_{si} + \cfrac{b}{\lambda} + R_{so} + \cfrac{1}{\alpha_o}}$$

$$= \cfrac{1}{\cfrac{1}{400} + 0.00058 + \cfrac{0.002}{46.5} + 0.00009 + \cfrac{1}{10000}}$$

$$= 301.8 \ [W^2/(m^2 \cdot K)]$$

由于垢层的产生，使传热系数下降了。

$$\frac{K - K'''}{K} \times 100\% = \frac{378.4 - 301.8}{378.4} \times 100\% = 20.2\%$$

通过本例说明，垢层的存在，确实大大降低了传热速率，因此在实际生产中，应该尽量减缓垢层的形成并及时清除污垢。

(二) 削弱传热

削弱传热，就是设法减少热量传递，主要用于隔热。在化工生产中，只要设备（或管道）与环境（周围空气）存在温度差，就会有热损失（或冷损失）出现。利用热导率很低、导热热阻很大的保温隔热材料对高温和低温设备进行保温隔热，以减少设备与环境间的热交换，从而减少热损失。常见的保温隔热材料见表 2-5。

表 2-5　常见的保温隔热材料

材料名称	主要成分	密度/(kg/m³)	热导率/[W/(m·K)]	特　　性
碳酸镁石棉	85%石棉纤维, 15%碳酸镁	180	0.09~0.12 (50℃)	保温用涂抹材料, 耐温 300℃
碳酸镁砖		380~360	0.07~0.12 (50℃)	泡花碱黏结剂, 耐温 300℃
碳酸镁管		280~360	0.07~0.12 (50℃)	泡花碱黏结剂, 耐温 300℃
硅藻土材料	SiO₂,Al₂O₃,Fe₂O₃	280~450	< 0.23	耐温 800℃
泡沫混凝土		300~570	< 0.23	大规模保温填料, 耐温 250~300℃
矿渣棉	高炉渣制成棉	200~300	< 0.08	大面积保温填料, 耐温 700℃
膨胀蛭石	镁铝铁含水硅酸盐	60~250	< 0.07	耐温< 1000℃
蛭石水泥管		430~500	0.09~0.14	耐温< 800℃
蛭石水泥板		430~500	0.09~0.14	耐温< 800℃
沥青蛭石管		350~400	0.08~0.1	保冷材料
超细玻璃棉		18~30	0.032	
软木	常绿树木栓层制成	120~200	0.035~0.058	保冷材料

六、传热过程的节能

热能是化工生产的主要能源，传热过程也是化工生产中最常见的单元操作。目前，传热过程的节能措施主要有：①对能源实行定额管理与综合调配制度，严格控制消耗，做到层层计量，层层回收；②对热量进行有效能分级，多次、逐级综合利用；③充分回收工艺过程的化学反应热和废热，提高热利用率；④加强管理，改善设备运行状况，强化换热器的传热，杜绝跑、冒、滴、漏现象的发生；⑤对设备及管道进行保温，提高保温效果，减少热损失；⑥加强设备维护，定期对换热设备进行清洗、检修，去除污垢、杂质，保持疏水器的良好运行状态；⑦采用新型高效换热元件和换热技术，如使用钛制板式换热器和热管技术等。

七、传热计算案例

热量衡算式、传热基本方程 $Q=KS\Delta t_m$ 等是解决传热问题的主要公式，了解方程中各参数的单位、意义和求取方法，对分析和解决工业传热实际问题大有裨益。

【例 2-15】 在一单壳程、四管程的列管换热器中，用冷水将 1.25kg/s 的某液体［比热容为 1.9kJ/(kg·K)］从 80℃ 冷却到 50℃。水在管内流动，进、出口温度分别为 20℃ 和 40℃。换热器的管子规格为 $\phi25mm\times2.5mm$，若已知管内、外的对流传热系数分别为 1.70kW/(m²·K) 和 0.85kW/(m²·K)，试求换热器的传热面积。假设污垢热阻、壁面热阻及换热器的热损均可忽略。

解 换热器的传热面积可由传热基本方程求得，即

$$S_o=\frac{Q}{K_o\Delta t_m}$$

换热器的传热量为：

$$Q=W_h c_{ph}(T_1-T_2)=1.25\times1.9\times(80-50)=71.25(kW)$$

平均温度差先按逆流计算，然后校正，即

$$\Delta t_m'=\frac{\Delta t_1-\Delta t_2}{\ln\dfrac{\Delta t_1}{\Delta t_2}}=\frac{(80-40)-(50-20)}{\ln\dfrac{80-40}{50-20}}=34.8(℃)$$

而 $P=\dfrac{t_2-t_1}{T_1-t}=\dfrac{40-20}{80-20}=0.33$ $R=\dfrac{T_1-T_2}{t_2-t_1}=\dfrac{80-50}{40-20}=1.5$

由图 2-27 查得：$\varphi_{\Delta t}=0.91$

则 $$\Delta t_m=\varphi_{\Delta t}\Delta t_m'=0.91\times34.8=31.67(K)$$

依题意，传热系数的计算只需考虑两个对流热阻，即

$$K_o=\frac{1}{\dfrac{d_o}{\alpha_i d_i}+\dfrac{1}{\alpha_o}}=\frac{1}{\dfrac{0.025}{1.7\times0.02}+\dfrac{1}{0.85}}=0.52[kW/(m^2\cdot K)]$$

所以 $$S_o=\frac{Q}{K_o\Delta t_m}=\frac{71.25}{0.52\times31.67}=4.33(m^2)$$

【例 2-16】 某车间需要安装一台换热器，将流量为 30m³/h、浓度为 10% 的 NaOH 水溶液由 20℃ 预热到 60℃。加热剂为 127℃ 的饱和蒸汽。蒸汽走壳程，NaOH 水溶液走管程。该车间现库存一台两管程列管式换热器，其规格为 $\phi25mm\times2mm$，长度为 3m，总管数为 72

根。库存的换热器能否满足传热任务？操作条件下，蒸汽冷凝膜系数 $\alpha_o = 1 \times 10^4 \text{W}/(\text{m}^2 \cdot \text{K})$，污垢热阻总和 $\sum R_s = 0.0003 (\text{m}^2 \cdot \text{K})/\text{W}$，钢的热导率 $\lambda = 46.5 \text{W}/(\text{m} \cdot \text{K})$，NaOH 溶液的物性参数为 $\rho = 1100 \text{kg}/\text{m}^3$，$\lambda = 0.58 \text{W}/(\text{m} \cdot \text{K})$，$c_p = 3.77 \text{kJ}/(\text{kg} \cdot \text{K})$，$\mu = 1.5 \text{mPa} \cdot \text{s}$。

解 对库存换热器进行传热能力核算

$$Q = K_o S_o \Delta t_m$$

其中

$$S_o = n \pi d_o L = 72 \times 3.14 \times 0.025 \times 3 = 17.0 (\text{m}^2)$$

$$\Delta t_m = \frac{(T-t_1)-(T-t_2)}{\ln \dfrac{T-t_1}{T-t_2}} = \frac{t_2-t_1}{\ln \dfrac{T-t_1}{T-t_2}} = \frac{60-20}{\ln \dfrac{127-20}{127-60}} = 85.4 (\text{℃})$$

求管内 NaOH 水溶液一侧的 α_i

$$u = \frac{30}{3600 \times 0.785 \times 0.021^2 \times 72/2} = 0.67 (\text{m/s})$$

$$Re = \frac{d_i u \rho}{\mu} = \frac{0.021 \times 0.67 \times 1100}{1.5 \times 10^{-3}} = 10300 > 10^4$$

$$Pr = \frac{c_p \mu}{\lambda} = \frac{3.77 \times 10^3 \times 1.5 \times 10^{-3}}{0.58} = 9.75$$

$$\frac{L}{d_i} = \frac{3}{0.021} = 143 > 60$$

$$\alpha_i = 0.023 \times \frac{\lambda}{d} (Re)^{0.8} (Pr)^{0.4} = 0.023 \times \frac{0.58}{0.021} \times (10300)^{0.8} \times (9.75)^{0.4}$$

$$= 2560 [\text{W}/(\text{m}^2 \cdot \text{K})]$$

换热器的传热系数

$$\frac{1}{K_o} = \frac{1}{\alpha_o} + \frac{d_o}{\alpha_i d_i} + \frac{b d_o}{\lambda d_m} + \sum R$$

$$= \frac{1}{10000} + \frac{0.025}{2560 \times 0.021} + \frac{0.002 \times 0.025}{46.5 \times 0.023} + 0.0003$$

$$= 0.000912$$

$$K_o = 1097 \text{W}/(\text{m}^2 \cdot \text{K})$$

换热器的传热速率

$$Q = K_o S_o \Delta t_m = 1097 \times 17.0 \times 85.4 = 1593 (\text{kW})$$

该换热器的热负荷

$$Q_c = W_c c_{pc} (t_2 - t_1) = \frac{30 \times 1100}{3600} \times 3.77 \times (60-20) = 1382 (\text{kW})$$

因为 $Q > Q_c$，所以库存的换热器能够完成传热任务。

【例 2-17】 流量为 2000kg/h 的某气体在列管式换热器的管程流过，温度由 150℃降至 80℃；壳程冷却用水的进口温度为 15℃，出口温度为 65℃，与气体作逆流流动，两者均处于湍流。已知气体侧的对流传热系数远小于冷却水侧的对流传热系数，管壁热阻、污垢热阻和热损失均可忽略不计，气体平均比热容为 1.02kJ/(kg·℃)，水的比热容为 4.17kJ/(kg·℃)，试求：（1）冷却水用量；（2）如冷却水进口温度上升为 20℃，仍用原设备达到相同的气体冷却程度，此时的出口水温将为多少？冷却水用量又为多少？

解　（1）冷却水用量：

$$Q = W_c c_{pc}(t_2 - t_1) = W_h c_{ph}(T_1 - T_2)$$
$$= W_c \times 4.17 \times (65 - 15) = 2000 \times 1.02 \times (150 - 80)$$

得

$$W_c = 685\text{kg/h}$$

（2）如冷却水进口温度上升为 20℃，仍用原设备达到相同的气体冷却程度，

原情况　　$Q = W_c c_{pc}(t_2 - t_1) = W_h c_{ph}(T_1 - T_2) = K_i S_i \Delta t_m = \alpha_i S_i \Delta t_m$　　　　（a）

新情况　　$Q' = W_c' c_{pc}(t_2' - t_1') = W_h c_{ph}(T_1 - T_2) = K_i' S_i' \Delta t_m' = \alpha_i' S_i' \Delta t_m'$　　　（b）

因 $\alpha_{水} \gg \alpha_{气}$，$K \approx \alpha_{气}$，换热器与气体的情况未变，则

$$Q = Q' \qquad \alpha_i = \alpha_i' \qquad S_i' = S_i, \qquad 故 \ \Delta t_m' = \Delta t_m$$

假设 $\Delta t_1'/\Delta t_2' < 2$，则可采用算术平均值计算 $\Delta t_m'$，即

$$\Delta t_m = \frac{(150 - 65) + (80 - 15)}{2} = 75(℃)$$

$$\Delta t_m' = \frac{(150 - t_2') + (80 - 20)}{2} = \frac{210 - t_2'}{2}$$

则　　$t_2' = 60℃$

因 $\Delta t_1'/\Delta t_2' = 90/60 < 2$，则假设成立，$\Delta t_m'$ 用算术平均值计算合适。

对新情况下的热量进行衡算

$$Q' = W_c' \times 4.17 \times (60 - 20) = 2000 \times 1.02 \times (150 - 80)$$

故　$W_c' = 856\text{kg/h}$

任务四　列管换热器的操作

一、操作方法

开车与运行时，应做到以下几点：

① 开车前，应检查压力表、温度计、安全阀、液位计以及有关阀门是否齐全完好。

② 在通入热流体（如蒸汽）之前，先打开冷凝水排放阀门，排除积水和污垢；打开放空阀，排除空气和不凝性气体。

③ 开启冷流体进口阀门和放空阀向换热器注液，当液面达到规定位置时，缓慢或分数次开启蒸汽（或其他加热剂）的阀门，做到先预热后加热，防止发生换热管和壳体因温差过大而引起损坏或影响换热器的使用寿命。

④ 根据工艺要求调节冷、热流体的流量，使其达到所需要的温度。

⑤ 经常检查冷热两种流体的进出口温度和压力变化情况，发现温度、压力有异常，应立即查明原因，及时消除故障。

⑥ 定时排放不凝性气体和冷凝液，以免影响传热效果；根据换热效率下降情况应及时对换热器进行清洗，以保持较高的传热效率。

⑦ 定时分析工作介质的成分，根据成分变化确定有无内漏，以便及时进行堵管或换管

处理。

⑧ 定时检查换热器有无渗漏，外壳有无变形及有无振动现象，若有应及时排除。

停车时，应先关闭热流体的进口阀门，然后关闭冷流体进口阀门，并将管程及壳程的流体排净，以防冻裂和产生腐蚀。

二、安全生产

用高压蒸汽加热时，对设备耐压要求高，须严防泄漏或与物料混合，避免造成事故。使用热载体加热时，要防止热载体循环系统堵塞，热油喷出，酿成事故。使用电加热时，电气设备要符合防爆要求。直接火加热危险性最大，温度不易控制，可能造成局部过热烧坏设备，引起易燃物质的分解爆炸。当加热温度接近或超过物料的自燃点时，应采用惰性气体保护。若加热温度接近物料分解温度，此生产工艺称为危险工艺，必须设法改进工艺条件，如负压或加压操作。

换热器安全装置的主要检查内容有：压力表的取压管有无泄漏和堵塞现象；旋塞手柄是否处在全开位置，弹簧式安全阀的弹簧是否有锈蚀；安全装置和计量器具是否在规定的使用期限内，其精度是否符合要求。如安全阀的定期校验每年至少一次；爆破片应定期更换，一般爆破片应在 2～3 年更换一次，在苛刻条件下使用的爆破片应每年更换一次；对于超压未破的爆破片应立即更换；压力表的校验和维护应符合国家计量部门的规定。压力表的精度对低压换热器应不低于 2.5 级，对中压以上的换热器应不低于 1.5 级。

训练与自测

一、技能训练

操作换热器（套管式、列管式、板式）并测定其传热系数。

二、问题思考

1. 什么叫稳态传热？稳态传热与恒温传热的异同点是什么？

2. 常用的加热剂和冷却剂有哪些？

3. 传热的基本方式有哪几种？各有什么特点？

4. 试说明对换热器进行分类的方法及其种类。

5. 间壁式换热器的优点是什么？如何分类？对每一类各举出 2～3 种结构的名称。

6. 固定管板式换热器的结构特点是什么？热应力是怎样产生的？为了克服其影响，可采取哪些措施？

7. 简要说明热管换热器的工作原理及其优点。

8. 写出传热基本方程，并说明方程中各项的含义及单位。

9. 什么叫传热速率和热负荷？两者关系如何？热负荷如何确定和计算？

10. 换热时，如何选择适宜的流向？

11. 由不同材质组成的两层等厚平壁，联合导热，温度变化如图所示。试判断它们的热导率的大小，并说明理由。

12. 分析热阻叠加原理在传热计算中的作用。

13. 分析对流传热过程的特点。

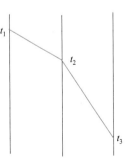

思考题 11 附图

14. 在有相变传热的换热器中，通常安装有排除不凝性气体的阀门，为什么？

15. 什么叫强化传热？强化传热的有效途径是什么？可采取哪些具体措施？

16. 如何避免或降低污垢热阻？

17. 水蒸气间壁式加热空气，其控制热阻在哪里？如何才能有效地提高传热系数？

18. 列管换热器为何常采用多管程？

19. 在壳程中设置折流挡板的作用是什么？

20. 在列管换热器设计中，为什么要求温度差校正系数大于 0.8？

三、工艺计算

1. 求下列情况下载热体的传热量：(1) 1500kg/h 的硝基苯从 80℃ 冷却到 20℃；(2) 50kg/h，400kPa 的饱和蒸汽冷凝后又冷却至 60℃。

2. 在换热器中，欲将 2000kg/h 的乙烯气体从 100℃ 冷却至 50℃，冷却水进口温度为 30℃，进出口温度差控制在 8℃ 以内，试求该过程冷却水的消耗量。

3. 用一列管换热器来加热某溶液，加热剂为热水。拟订水走管程，溶液走壳程。已知溶液的平均比热容为 3.05kJ/(kg·K)，进出口温度分别为 35℃ 和 60℃，其流量为 600kg/h；水的进出口温度分别为 90℃ 和 70℃。若热损为热流体放出热量的 5%，试求热水的消耗量和该换热器的热负荷。

4. 在一釜式列管换热器中，用 280kPa 的饱和水蒸气加热并汽化某液体（水蒸气仅放出冷凝潜热）。液体的比热容为 4.0kJ/(kg·K)，进口温度为 50℃，其沸点为 88℃，汽化潜热为 2200kJ/kg，液体的流量为 1000kg/h。忽略热损，求加热蒸汽消耗量。

5. 在一列管换热器中，热流体进出口温度为 130℃ 和 65℃，冷流体进出口温度为 32℃ 和 48℃，求两流体分别呈并流和逆流时换热器的平均温度差。

6. 用一单壳程四管程的列管换热器来加热某溶液，使其从 30℃ 加热至 50℃，加热剂则从 120℃ 下降至 45℃，试求换热器的平均温度差。

7. 接触法硫酸生产中用氧化后的高温 SO_3 混合气（走管程）预热原料气（SO_2 及空气混合物），已知：列管换热器的传热面积为 90m²，原料气进口温度为 300℃，出口温度为 430℃，SO_3 混合气进口温度为 560℃，两种流体的流量均为 10000kg/h，热损失为原料气所得热量的 6%，设两种气体的比热容均可取为 1.05kJ/(kg·K)，且两流体可近似作为逆流处理，求：(1) SO_3 混合气的出口温度；(2) 传热系数。

8. 某燃烧炉的平壁由下列三种砖依次砌成。耐火砖：热导率 $\lambda_1 = 1.05$W/(m·℃)、壁厚 $\delta_1 = 0.23$m；绝热砖：热导率 $\lambda_2 = 0.095$W/(m·℃)；普通砖：热导率 $\lambda_3 = 0.71$W/(m·℃)、壁厚 $\delta_3 = 0.24$m。若已知耐火砖内侧温度为 860℃，耐火砖与绝热砖接触面温度为 800℃，而绝热砖与普通砖接触面温度为 135℃，试求：(1) 通过炉墙损失的热量，W/m²；(2) 绝热砖层厚度，m；(3) 普通砖外壁温度，℃。

9. 有一 ϕ108mm×4mm 的管道，内通以 200kPa 的饱和蒸汽。已知其外壁温度为 110℃，内壁温度以蒸汽温度计。试求每米管长的导热量。

10. 已知一外径为 75mm、内径为 55mm 的金属管，输送某一热的流体，此时金属管内壁温度为 120℃，外壁温度为 115℃，每米管长的散热速率为 4545W/m，求该管材的热导率。为减少热损，外加一层石棉层，其热导率为 0.15W/(m·K)。此时石棉层外壁温度为 10℃，而每米管长的散热速率减少为原来的 3.87%，求石棉层厚度及金属管和石棉层接触面处的温度。

11. 水以 1m/s 的速度在长为 3m、管径为 ϕ25mm×2.5mm 的管内由 25℃ 加热至 50℃，试求水与管壁之间的对流传热系数。

12. 在某列管换热器中，管子为 $\phi25mm\times2.5mm$ 的钢管，管内外流体的对流传热系数分别为 $200W/(m^2\cdot K)$ 和 $2500W/(m^2\cdot K)$，不计污垢热阻，试求：（1）此时的传热系数；（2）将 α_i 提高一倍时（其他条件不变）的传热系数；（3）将 α_o 提高一倍时（其他条件不变）的传热系数。

13. 在上题中，换热器使用一段时间后，产生了污垢，两侧污垢热阻均为 $1.72\times10^{-3}m^2\cdot K/W$，若仍维持对流传热系数为 $200W/(m^2\cdot K)$ 和 $2500W/(m^2\cdot K)$ 不变，试求传热系数下降的百分数。

14. 一废热锅炉，由 $\phi25mm\times2mm$ 钢管组成，管外为水沸腾，温度为 $227℃$，管内走合成转化气，温度由 $575℃$ 下降到 $472℃$。已知转化气一侧 $\alpha_i=300W/(m^2\cdot K)$，水侧 $\alpha_o=10000W/(m^2\cdot K)$，钢的热导率为 $45W/(m\cdot K)$，若忽略污垢热阻，试求：（1）以内壁面为基准的总传热系数 K_i；（2）单位面积上的热负荷 $q(W/m^2)$；（3）管内壁温度 T_{wi} 及管外壁温度 T_{wo}；（4）试以计算结果说明为什么废热锅炉中转化气温度高达 $500℃$ 左右仍可使用钢管做换热管。

15. $100℃$ 的饱和水蒸气在列管换热器的管外冷凝，总传热系数为 $2039W/(m^2\cdot K)$，传热面积为 $12.75m^2$，$15℃$ 的冷却水以 $2.25\times10^3kg/h$ 的流量在管内流过，设平均温差可以用算术平均值计算，试求水蒸气的冷凝量（kg/h）？

16. 为了测定套管式甲苯冷却器的传热系数，测得实验数据如下：冷却器传热面积为 $2.8m^2$，甲苯的流量为 $2000kg/h$，由 $80℃$ 冷却到 $40℃$。冷却水从 $20℃$ 升温到 $30℃$，两流体呈逆流流动，试求所测得的传热系数和水的流量。

项目三

冷 冻

 学习目标

知识目标　了解制冷的分类、冷冻剂与载冷体的常用种类；理解制冷的基本原理；掌握压缩蒸
　　　　　气制冷循环的基本过程、制冷能力的计算方法及影响因素。

技能目标　了解制冷的应用、冷冻剂与载冷体的选择方法；掌握制冷操作方法和工艺参数的确
　　　　　定方法；熟悉压缩蒸气制冷设备的结构及作用。

素质目标　形成安全生产、环保节能、讲究卫生的职业意识；树立工程技术观念，养成理论联
　　　　　系实际的思维方式；培养敬业爱岗、服从安排、吃苦耐劳、严格遵守操作规程的职
　　　　　业道德。

 项目案例

　　某厂欲将空气液化，试确定其生产工艺及所需设备，并进行节能、环保、安全的实际生产操
作，完成该液化任务。

任务一　了解冷冻过程及其应用

一、制冷在工业生产中的应用

　　降低物体温度的过程称为制冷。利用水、空气等冷却剂能将物体冷却到冷却剂的温度，称
为自然制冷。但在人们的日常生活和某些工业生产及物品的贮藏、运输过程中，常需将物料降
低到比自然界的水和空气更低的温度，此时，自然制冷已不可能达到，必须采用一些特殊的装
置进行人工制冷。

　　工业生产中的冷冻操作（人工制冷）就是将物料的温度降低到比水和空气这些天然冷却剂
的温度还要低的一种单元操作过程，即制冷过程，又称冷冻。

　　人工制冷的原理是利用冷冻剂从低温物体中不断地取出热量，然后，通过机械方法或其他
方法将冷冻剂所吸收的热量传递到高温的环境中去。冷冻剂在制冷系统中循环使用。

冷冻在国民经济的各个部门和人们的日常生活中得到广泛应用。例如，食品工业中冷饮的制造和食品的冷藏，如图 3-1 所示；医药工业中一些抗生素剂、疫苗血清等须在低温下贮存；石油化工生产中，石油裂解气的分离则要求在 173K 左右的低温下进行，裂解气中分离出的液态乙烯、丙烯等则要求在低温下贮存、运输；化学工业中的低温化学反应及空气分离、吸收、结晶、升华干燥等单元操作过程中均用到冷冻。

二、制冷方法

图 3-1 冰箱

现代工业中，人工制冷一般通过如下途径来实现：

① 低沸点液体的汽化　当低沸点液体汽化时，由于汽化所需热量来自液体本身，因此液体熵值减少，其本身将被冷却到汽化压力下的沸点。如常压下，汽化的液氨温度可降低到 239.6K（常压下液氨的沸点）。为了获得更低的温度，汽化应当在尽量低的压力下进行。

② 节流或减压　利用节流或减压作用，将各种预先被压缩的气体膨胀。由于膨胀，气体压力下降，内能减少，温度降低。

根据人工制冷的两个基本途径，目前工业生产中常用的制冷方法有如下三种：压缩制冷、吸收制冷、喷射制冷。本书仅介绍压缩制冷，以此为例了解制冷技术的基本过程和方法。

三、压缩制冷过程

(一) 单级压缩蒸发制冷的工作过程

任何物质的沸点（或冷凝温度）均随外界压力而变。如液氨在常压的沸点为 239.6K，而在 1216kPa 下其冷凝温度为 303K。利用物质的这一性质，使其在低压下蒸发，即可得到低温，从而能从被冷物料中吸取热量，达到制冷目的，这便是压缩蒸发制冷的基本依据。

工程上，利用压缩机做功，将气相工作介质压缩，冷却凝结成液相，然后使其减压膨胀、蒸发（汽化），完成从低温热源取走热量并送到高温热源的过程，称为压缩蒸发制冷，也称为蒸气压缩制冷。此过程类似用泵将流体由低处送往高处，所以，有时也将此种冷冻装置称为热泵。

实际蒸气压缩制冷循环的装置流程如图 3-2 所示。

① 在压缩机内进行绝热压缩　工业设备内此过程大体接近于可逆。设压缩前后冷冻剂蒸气的比熵值为 i_1、i_2，则压缩机对 1kg 冷冻剂所做的功为 $W_e = \Delta i = i_2 - i_1$，kJ/kg。

② 等压冷却与冷凝　经压缩机加压后的冷冻剂过热蒸气进入冷凝器，首先放出显热

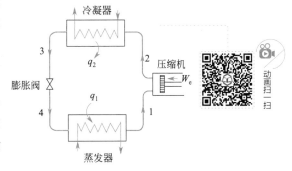

图 3-2 实际蒸气压缩制冷的装置流程

而冷却为饱和蒸气，继而放出潜热再冷凝成饱和液体，最后还放出少量显热而成为过冷液体。这三步是在冷凝器内连续进行的。设冷凝并过冷后冷冻剂的比熵值为 i_3，则冷凝器内 1kg 冷冻剂的放热量为 $q_2 = i_2 - i_3$，kJ/kg。

③ 节流膨胀　由冷凝器送出的过冷液体通过节流膨胀阀膨胀后，减压降温并部分汽化，生成气液混合物。此过程为不可逆、无外功的绝热过程，过程前后的熵值不变。若膨胀后的比

熔值用 i_4 表示，即 $i_4=i_3$。节流膨胀过程中，冷冻剂对外做功为零。

④ 等压等温蒸发　膨胀后的冷冻剂气液混合物进入蒸发器内，从被冷物料（如冷冻盐水）中吸热而全部汽化，回到循环开始时的状态（比熔值为 i_1），又开始下一轮循环。蒸发前后冷冻剂的比熔值变化即为 1kg 冷冻剂在蒸发过程中的吸热量，$q_1=i_1-i_4$。

由此可知，实际制冷循环的冷冻系数为

$$\varepsilon=\frac{q_1}{W_e}=\frac{i_1-i_4}{i_2-i_1} \tag{3-1}$$

冷冻剂在循环过程中，处于不同状况下的比熔值 i_1、i_2、i_3、i_4 可从制冷手册或有关专业书籍的压-熔图（$\lg p\text{-}i$ 图）上查取。

对于理想制冷循环，其冷冻系数可按下式计算：

$$\varepsilon=\frac{T_1}{T_2-T_1} \tag{3-2}$$

式中　T_1——蒸发器内冷冻剂吸热时的温度，K；

　　　T_2——冷凝器内冷冻剂放热时的温度，K。

由式(3-2) 可知，对于理想制冷循环来说，制冷系数只与制冷剂的蒸发温度和冷凝温度有关，与制冷剂的性质无关。制冷剂的蒸发温度越高，冷凝温度越低，制冷系数越大，表示机械功的利用程度越高。实际上，蒸发温度和冷凝温度的选择还要受别的因素约束，需要进行具体的分析。

（二）多级压缩蒸发制冷的工作过程

压缩制冷系统中，外界向系统所提供的能量是压缩功。作为工业生产，为减少能耗，提高经济效益，应在不影响制冷效果的前提下，尽可能降低压缩功耗。对于往复压缩机，其容积效率随压缩比的增加而减少，压缩功耗则随级数增加而降低。在压缩制冷操作中，为了获得较低的冷冻温度，需要冷冻剂在更低的压力下蒸发，这样，进压缩机的蒸气压力下降，压缩机的压缩比增加，容积效率下降，即压缩机的效率下降。另外，压缩比高时，压缩机出口气体温度升高，可能导致冷冻剂蒸气的分解。例如，当温度超过 120℃时，氨蒸气将开始分解，整个制冷过程被破坏。为此，实际生产中，当工艺要求冷凝器和蒸发器的温度之差（T_2-T_1）较大时，亦即需要较高压缩比时，或者工艺要求不同级别的低温时，常采用双级或多级压缩，以提高压缩机效率，降低出口温度，减少整个系统的功耗。如用氨作冷冻剂，当工艺要求蒸发温度低于−30℃时，应采用双级压缩，若要求蒸发温度低于−45℃，则应采用三级压缩。

1. 双级压缩制冷

图 3-3 所示为一种双级压缩制冷装置流程。从蒸发器送出的氨饱和蒸气进入压缩机的低压汽缸，压缩成过热蒸气，其压力等于（实际上稍大于）高压汽缸入口的压强，过热蒸气通过中间冷却器与从冷凝器送来的气液混合物中的液氨接触，将其过热部分的热量传给饱和液体，使部分饱和液体汽化为饱和蒸气，由中间冷却器顶部引出的干饱和蒸气送至高压汽

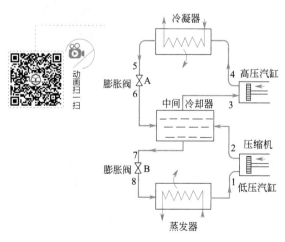

图 3-3　双级压缩制冷的装置流程

缸，又被压缩成压力更高的过热蒸气，进入冷凝器中用水冷凝并过冷，再由节流膨胀阀 A 膨胀至高压汽缸入口压力，所生成的气液混合物进入中间冷却器，与低压汽缸送来的过热蒸气进行热交换后，其本身所带蒸气与低压汽缸送来的经过冷却的蒸气及部分液体汽化所产生的蒸气一道进入高压汽缸。饱和液体则由中间冷却器底部引出，经节流膨胀阀 B 膨胀至低压汽缸入口处压力，所生成的气液混合物一同进入蒸发器，从被冷物质（如冷冻盐水）吸热而全部汽化为饱和蒸气后送回低压汽缸，开始下一轮循环。

由于采用了两级压缩，中间冷却，虽然（T_2-T_1）差值较大，但每一级压缩比不大，终温也不高。这样，既避免了单级压缩因要求的压缩比高而可能出现的终温过高、容积效率过低的问题，同时，也减少了压缩功的消耗，提高了制冷系数，但制冷设备结构和操作将更为复杂。

2.逐级制冷（复叠式制冷）

当工艺要求通过制冷获取更低的温度时，仍采用多级压缩制冷就比较困难了。因为多级压缩制冷系用一种冷冻剂来获取低温，它受到冷冻剂的性质和压缩机级数的制约。例如，某工艺过程要求获得$-70℃$的低温，若用蒸发温度较高（蒸气压较低）的氨为冷冻剂，氨在$-70℃$下蒸发，蒸发器内的压力将低至 10.8kPa，此时蒸气比容将大到 $9m^3/kg$，进入压缩机汽缸的气体体积将很大，设备尺寸必须大大增加，而且$-70℃$已接近氨的凝固温度（$-77.7℃$）。另外，对于活塞式压缩机，由于其吸气活门系统存在阻力，气体进口压力不能低于 $10\sim15kPa$，过低的吸气压力，还将导致周围空气漏入冷冻系统而破坏操作的正常运行。由此可知，工业生产中不能用氨作冷冻剂来获取这样的温度。反之，如果采用蒸发温度较低（蒸气压较高）的氟里昂-13 作冷冻剂，虽然它在$-70℃$时蒸气压仍可达 180kPa，蒸气比容也只有 $0.084m^3/kg$，但如果冷凝器冷却水温度为 25℃（一般工业冷却水温），为使氟里昂-13 的蒸气得到冷凝，要求压缩机的终压不得低于 3550kPa，这已远远超过制冷装置中压缩机正常的排气压力，功耗大大增加，实际生产亦不可取。

为了获取更低的制冷温度，工程上常采用两种或多种不同的冷冻剂组成串联的逐级制冷流程，又称复叠式制冷流程。即用一种冷冻剂所产生的冷冻效应去冷凝另一沸点更低的冷冻剂，该冷冻剂所产生的冷效应又去冷凝另一沸点更低的冷冻剂，依此逐级液化，可达很低的温度。

图 3-4 为工业生产中常用的氨-乙烯逐级制冷流程。此流程中有两个循环，上面为氨制冷循环（高温级），下面为乙烯制冷循环（低温级）。由于氨的蒸发温度比乙烯蒸发温度高，乙烯液化时的温度较氨液化时低得多，所以，氨制冷循环中的蒸发器即为乙烯制冷循环中的冷凝器，这是逐级制冷循环的突出特征。

氨制冷的循环过程为 $1'\rightarrow2'\rightarrow3'\rightarrow4'\rightarrow$ $1'$。由蒸发器引出的气态氨经压缩机加压后变为过热蒸气进入冷凝器，被冷却水冷凝为

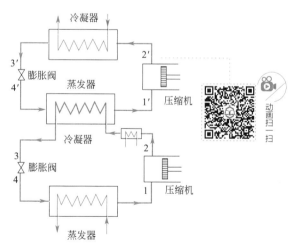

图 3-4　**氨-乙烯逐级制冷流程**

过冷的高压液态氨，再经节流膨胀阀减压为气液混合物，然后进入蒸发器从高压乙烯中吸取热量而全部蒸发为气态氨，又进入压缩机开始下一轮循环。

乙烯制冷的循环过程为 1→2→3→4→1。由蒸发器引出的气态乙烯经压缩机加压后变成过热蒸气，若此时乙烯温度较水温为高，则可先用冷却水将乙烯降温后再送入冷凝器（即氨蒸发器）进一步冷却冷凝，而将热量传递给氨，液氨受热后汽化，乙烯则被冷凝为过冷液体，再经膨胀阀进行节流膨胀减压为气液混合物，然后进入蒸发器，在此吸取被冷物体的热量而全部汽化为气态乙烯，又进入压缩机开始下一轮循环。由于乙烯沸点低，所以在乙烯制冷循环的蒸发器内可以获得比氨蒸发时更低的温度。

逐级制冷不仅可获得相当低的制冷温度，而且外加功的利用率较高，过程的总功耗较小，但设备结构复杂，操作要求也较高，目前比较大型的石油化工厂中石油裂解气的分离多采用这种方法，因为分离出的产物乙烯、丙烯均可作逐级制冷的冷冻剂，这样，冷冻剂来源方便、经济，能量利用也较合理。

四、制冷剂与载冷体

（一）冷冻剂（制冷剂）

1. 冷冻剂的选择

前已述及，在制冷装置中不断循环流动以实现制冷目的的工作物质称为冷冻剂，或称为制冷剂。压缩循环制冷过程系利用冷冻剂的相变来实现热量的转移，因此，冷冻剂是实现人工制冷不可缺少的物质。虽然冷冻剂的种类和性质并不会影响冷冻系数的数值，但冷冻剂的种类和性质对压缩机汽缸尺寸、制作材料及操作压力等有很大影响。因此，冷冻操作中需选择合适的冷冻剂。

工业生产对冷冻剂有如下基本要求：

① 汽化潜热大　这样单位质量冷冻剂具有较大的冷冻能力，在制冷要求一定时，则可减少单位时间内冷冻剂的循环量，从而减少动力消耗。

② 蒸气比容积小　这样可使压缩机汽缸容积减小，降低设备费用，同时也可减少动力消耗。

③ 蒸气压适宜　冷冻剂在蒸发温度下的蒸气压最好高于常压，以避免空气被吸入制冷装置。冷冻剂在冷凝温度下的蒸气压也不能太高，一般以不超过 1.5MPa 为宜，否则设备结构复杂，材质要求高，设备密封也困难。

④ 临界温度高、凝固温度低　这样既便于冷凝器内使用一般冷却水或空气作冷却介质，又便于获取较低的蒸发温度。

⑤ 黏度和密度小　这样可减少冷冻剂流动时的阻力。

⑥ 热导率高　这样有利于提高换热过程的传热效率，减少蒸发器和冷凝器的传热面积。

⑦ 其他　化学性质稳定，不易分解，不与润滑油互溶，不腐蚀设备，不易燃，对人体无害，价格低廉，来源充足等。

显然，任何一种冷冻剂均不可能全部满足上述所有的要求，选用时，应根据工艺要求，具体的生产条件，权衡考虑，进行最佳选择。例如，压缩机类型不同，对冷冻剂的基本要求就不同。蒸气比容小，对往复压缩机有利，而离心式压缩机在正常操作时，需要有大量气体循环，蒸气比容大小则不用考虑。

2. 常用的冷冻剂

目前，工业生产中使用的冷冻剂种类很多，特征各不相同，但应用最为广泛的还是氨和各种氟里昂。

氨的汽化潜热比其他冷冻剂大得多，因此其单位容积冷冻能力大，氨在蒸发温度达

−34℃时，其蒸发压力也不低于101.3kPa，当冷却水温较高时（如夏季），冷凝器内的冷凝压力也不超过1500kPa。另外，氨与润滑油不互溶，对钢铁无腐蚀作用，价格便宜，容易得到。其缺点是刺激性气味重、有毒、易燃，并对铜和铜的合金有强烈腐蚀作用。

氟里昂的种类很多，最常用的有氟里昂-12、氟里昂-22等。其突出优点是操作压力适中，当冷凝压力为700～800kPa、蒸发压力高于101.3kPa，即可获得低达−30℃的蒸发温度。另外，氟里昂还具有无味、不着火、不爆炸、对金属无腐蚀等优点。不同种类的氟里昂还可适应不同的制冷温度要求。例如氟里昂-12、氟里昂-22采用单级压缩可获−30℃的冷冻温度，采用多级压缩可获−60℃的冷冻温度。而氟里昂-13用于逐级制冷循环时，可获−100℃的低温。氟里昂冷冻剂的缺点是价格较贵、汽化潜热小、流动阻力大，特别是它对环境的破坏作用，已日益引起人们的重视。

随着石油化学工业的发展，乙烯、丙烯冷冻剂的使用也日益增多。因为利用石油裂解气分离出来的乙烯、丙烯产品作为裂解气分离中所需的冷冻剂是很方便的，这也符合生产过程综合利用的原则。

共沸溶液冷冻剂作为一种新的冷冻剂已逐步被广泛使用。共沸溶液冷冻剂是由两种或两种以上不同冷冻剂按一定比例配制而成的，相互溶解且具有恒沸点的一种混合溶液。共沸溶液的最大特征是：在固定压力下蒸发时其蒸发温度恒定，而且它的气相和液相组成相同。共沸溶液的热力学性质与组成共沸液的原溶液热力学性质不同，因而人们可根据需要配制出不同的共沸溶液冷冻剂。如用R500代替氟里昂-12，可使同一设备的制冷量增加17%～18%；如用R502代替氟里昂-22，则不仅增加制冷量，而且其排气温度也降低了；在多级制冷装置的低温部分若用R503代替氟里昂-13，不但制冷量增加，而且可达更低的蒸发温度。因此，采用共沸溶液冷冻剂是冷冻剂的发展方向之一，这种冷冻剂的广泛应用也将促进制冷技术的发展。

（二）载冷体

1. 载冷体的作用

工业生产中的制冷过程可根据不同的工艺要求分为直接制冷和间接制冷两种。所谓直接制冷是指工艺要求的被冷物料在蒸发器内与冷冻剂进行热交换，冷冻剂直接吸取被冷物料的热量，而使被冷物料温度降到所需求的低温。而间接制冷则是在制冷装置中先将某中间物料冷冻，然后再将此冷冻了的中间物料分送至需要低温的工作点。此中间物料即为载冷体，又称冷媒。这是一种将冷量传递给被冷物料，又将从被冷物料吸取的热量送回制冷装置并传递给冷冻剂的媒介物。载冷体循环流动于制冷装置与需要冷量的工作点之间。因为一个工厂需要冷量的工作点往往有多个，这样，就可在工厂内设置专门的制冷车间，利用载冷体以实现集中供冷。

2. 常用的载冷体

常用的载冷体有空气、水和盐水。

用空气和水作载冷体的突出优点是：腐蚀性小、价格低廉、容易获得。但空气的比热容小，耗用量大，一般只有在利用空气进行直接冷却时才用。水的比热容虽比空气大，但它的冰点高，所以只能用作获取0℃以上低温的载冷体。工业生产中广泛采用的载冷体是冷冻盐水。

常用冷冻盐水有氯化钠、氯化钙及氯化镁等无机盐的水溶液。其中，应用最广的是氯化钙水溶液。氯化钠水溶液一般只用于食品工业中的冷冻操作。近年来，乙二醇、丙二醇等的水溶液也作冷冻盐水，常称为有机盐水。

冷冻盐水在一定浓度时有一定的冻结温度。不同冷冻盐水的冻结温度不同。当冷冻盐水的温度达到或接近冻结温度时，冷冻系统的管道、设备将发生冻结现象，严重影响设备的正常运行。因此，冷冻操作过程中，必须根据工艺要求达到的冷冻温度，选择合适的冷冻盐水。为确保生产的正常运行，冷冻盐水的冻结温度必须比工艺要求的最低冷冻温度低 10～13℃。例如，浓度为 29.9% 的氯化钙水溶液的冻结温度为 −55℃，这是此种冷冻盐水的最低冻结温度，因此，使用氯化钙水溶液作冷冻盐水时，其最低冷冻温度不宜低于 −45℃。生产运行过程中，为了保持一定的冷冻温度，必须严格控制冷冻盐水的浓度，并随时进行调节。

盐水对金属材料有较大的腐蚀性。为此，实际生产时常在盐水中加入少量缓蚀剂，如重铬酸钠或铬酸钠，以减轻盐水对金属材料的腐蚀。但这类缓蚀剂的毒性较大，使用时应特别注意安全。另外，盐水中的杂质，如硫酸钠等，其腐蚀性也是很大的，使用时应尽量预先除去，这样也可大大减少盐水的腐蚀性。

任务二 认知冷冻设备

压缩制冷装置是一个封闭系统，它由压缩机、冷凝器、节流膨胀阀、蒸发器四台主要设备及其他附属设备共同组成，各设备间由管道连成一个整体，冷冻剂在系统内循环。

一、压缩机

压缩机是制冷装置的心脏，也是其主要的运转部分，人们通常称它为冰机或冷冻机。目前实际使用的多为往复压缩机。由于氟里昂-12 及氟里昂-22 等比容大的冷冻剂逐渐推广使用，采用离心压缩机的制冷装置也日渐增多。

国产往复压缩冷冻机已有完整的系列标准。该系列的型号用四个符号分别表示汽缸数、冷冻剂种类、结构形式和汽缸直径。如 4FV10 表示该冷冻机为四缸、冷冻剂为氟里昂、V 形、汽缸直径为 10cm。

选用压缩机时，可根据工艺要求的冷冻能力、采用的冷冻剂及制冷操作的温度条件，计算出压缩机所需的吸气压力、排气压力、理论吸气量、理论功率，据此即可从产品目录上选用合适的压缩机。

然而，国产制冷装置均已成套供应，每套装置均配有一定规格的压缩机。这样，实际要选用的不是压缩机而是制冷装置。选用制冷装置的核心是确定冷冻能力。选用时，应先将工艺要求的实际温度条件下的冷冻能力换算为标准温度下的冷冻能力。

二、冷凝器

制冷装置中的冷凝器主要是以水为冷却介质，常用形式有两类：

① 卧式管壳式冷凝器 冷却水走管程（多程），流速为 0.5～1.2m/s，冷冻剂蒸气在管外冷凝，传热总系数为 700～900W/(m²·K)。其主要优点是：传热系数比较大，冷却水耗用量少，占空间高度小，操作管理方便。但它对冷却水水质要求高，水温要低，清洗水垢时必须停止运行。一般用在中、小型制冷装置中。

② 立式管壳式冷凝器 冷却水自顶部进入分配槽，沿管内壁呈水膜溢流而下，冷冻剂蒸气在管间冷凝，传热总系数为 700～800W/(m²·K)。其优点是：占地面积小，可以在室外安装。由于冷却水在管内直通流动（不分程），可采用水质较差的冷却水，而且，清除水垢方便，不必停止运行。但它耗水量大，设备也比较笨重。国内大、中型制冷装置多采用这种形式。

除此以外，实际生产中有时也采用沉浸式、套管式、排管式、喷淋式热交换器作为制冷装置中的冷凝器。

无论采用何种形式的冷凝器，都应确保冷凝液能及时从传热表面上排除，以提高冷冻剂的冷凝传热系数。

三、蒸发器

制冷装置中的蒸发器也是一种间壁式换热器。为提高过程的传热系数，其结构应确保冷冻剂蒸气能很快地脱离传热表面。为了有效地利用传热面，应将冷冻剂节流后产生的蒸气在其进入蒸发器前就与液体分离，即应在蒸发器前设立气液分离器。操作过程中还必须保持蒸发器内液面的合理高度，否则会降低蒸发器的传热效果。常用的形式有两类。

① 卧式管壳式蒸发器　载冷体在管内自下而上呈多程流动，流速为 $1\sim2m/s$，冷冻剂液体约充满管间空隙的 90%。载冷体将热量传给管外冷冻剂后而降温，冷冻剂在管间吸热汽化后产生的蒸气夹带部分液滴上升至蒸发器顶部的干气室，在此进行气液分离，经分离后的液滴流回蒸发器，干蒸气则被压缩机抽走，传热总系数可达 $400\sim470W/(m^2\cdot K)$。

卧式蒸发器广泛用于冷冻盐水系统。其优点是：结构紧凑，系统封闭可减少腐蚀，并可避免低温盐水吸湿而引起浓度的降低。主要缺点是：当盐水泵发生故障而停止运转时，盐水可能在蒸发器内冻结，从而破坏了生产的正常运行。为此，生产上常采用浓度较高的盐水，以降低其冻结温度，避免盐水在蒸发器内冻结。当然，这样增加了盐水流动阻力，降低了传热系数。生产操作时应注意：压缩机停止运转后，盐水泵还需继续运转一段时间，以防止盐水冻结而损坏蒸发器。

② 直立管式蒸发器　这是一种结构比较特殊的管壳式换热器，如图 3-5 所示。其管程系由上下两根水平总管及连接于两总管间的若干垂直短管（管径较大，又称循环管）和弯曲短管（管径较小）所组成的一个管组。整个管组浸在矩形槽的冷冻盐水之中。液体冷冻剂充满下部的水平总管及各短管的大部分空间，其液面可由浮球调节阀控制（图中未标出）。由于液体在弯曲管内蒸发较剧烈，所以液体将由弯曲管内上升，由循环管下降，形成自然循环。蒸发后得到的冷冻剂蒸气，由上部的水平总管送出，经气液分离器后，被压缩机抽走。冷冻盐水在矩形槽内用搅拌器促使其循环，并有隔板引导它沿一定方向流动，流速为 $0.5\sim0.7m/s$，传热总系数可达 $520\sim580W/(m^2\cdot K)$。

直立管式蒸发器系敞开式设备，运行中便于观察，检修也很方便，但盐水与大气直接接触，容易吸收空气中的水分而使浓度降低，因此生产过程中必须经常向盐水槽中补充固体盐。另外，接触空气的盐水腐蚀性更强，对设备的防腐要求高。目前，这种蒸发器多用于空调系统的制冷装置中。

四、节流膨胀阀

目前，生产上广泛采用的节流膨胀阀阀芯为针形，阀芯在阀孔内上下移动而改变流道截面积，阀芯位置不同，通过阀孔的流量

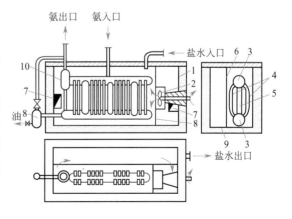

图 3-5　直立管式蒸发器

1—槽；2—搅拌器；3—总管；4—弯曲管；5—循环管；
6—挡板；7—挡板上的孔；8—油分离器；
9—绝热层；10—汽液分离器

也不同。因此，节流阀的功能不仅能使冷冻剂降压降温，还可控制冷冻剂进入蒸发器的流量。

节流阀的操作多为自动控制，其方式为浮球式。浮球与针形阀芯相连，浮球液面与蒸发器内液面相同。当蒸发器内液面下降时，浮球亦下降，与浮球相连的联杆推动阀芯远离阀座，从而使节流孔的流通面积扩大，进入蒸发器的冷冻剂流量增加。稳定操作时，阀芯基本不动。

任务三   获取冷冻知识

一、冷冻能力

1. 冷冻能力的表示

制冷循环过程中，单位时间内冷冻剂从被冷物体（如冷冻盐水）取出的热量，称为冷冻能力，即制冷能力，用符号 Q_1 表示，单位为 W 或 kW。

工程计算和实际生产中，冷冻能力的具体表达方式还有如下几种。

① 单位质量冷冻剂的冷冻能力   每千克冷冻剂经过蒸发器时从被冷物料中取出的热量，称为单位质量冷冻剂的冷冻能力，简称为单位冷冻能力，用符号 q_1 表示，单位为 kJ/kg，即

$$q_1 = \frac{Q}{G} \tag{3-3}$$

式中 G——冷冻剂的循环量或质量流量，kg/s。

② 单位体积冷冻剂的冷冻能力   每立方米进入压缩机的冷冻剂蒸气的冷冻能力，称为单位体积冷冻剂的冷冻能力，简称单位体积冷冻能力，用符号 q_v 表示，单位为 kJ/m³，即

$$q_v = \frac{Q_1}{V} \tag{3-4}$$

式中 V——进入压缩机时冷冻剂蒸气的体积流量，m³/s。

2. 标准冷冻能力

标准操作温度条件下的冷冻能力，称为标准冷冻能力，用符号 Q_s 表示，单位为 W 或 kW。

因为不同操作温度条件下，同一冷冻装置的冷冻能力不同，为了准确说明冷冻机的冷冻能力，就必须指明冷冻操作温度。按照国际人工制冷会议规定，当进入压缩机的冷冻剂为干饱和蒸气时，冷冻装置的标准操作温度规定为：蒸发温度 $T_1 = 258K$，冷凝温度 $T_2 = 303K$，过冷温度 $T_3 = 298K$。

一般冷冻机铭牌上所标明的冷冻能力即为标准冷冻能力。当生产操作过程中的实际温度条件不同于标准温度时，冷冻机实际冷冻能力便与产品目录中所列数据不同，为了选用合适的压缩制冷设备，必须将实际所要求的冷冻能力换算为标准冷冻能力后方能进行选型。反之，欲核算一台现有的冷冻机是否能满足生产需要，也必须将铭牌上标明的冷冻能力换算为操作温度下的冷冻能力。

通常，冷冻设备出厂时均附有该设备的工作性能曲线，使用时可根据这些曲线求得具体生产条件下的冷冻能力，据此可进行选型和核算。如果缺乏这些资料，按照压缩机一定，其汽缸容积为定值这一事实，可用下式进行换算：

$$Q_s = Q_1 \frac{\lambda_s q_{vs}}{\lambda_1 q_{v1}} \tag{3-5}$$

式中 λ——压缩机的送气系数，可由经验公式进行计算或由图表查取。

其他各项符号与前述相同，下标"1"表示实际操作状况时的参数，"s"表示标准温度状况时的参数。

【例 3-1】 已知某理想冷冻循环中，冷冻剂在 330K 时冷凝，经测定，冷凝时放出 1500kW 的热量，而冷冻剂蒸发吸热时的温度为 245K。求：（1）制冷系数；（2）冷冻能力；（3）所需的外功。

解 （1）制冷系数 ε

对于理想冷冻循环

$$\varepsilon = \frac{T_1}{T_2 - T_1}$$

已知：$T_1 = 245K$，$T_2 = 330K$

则

$$\varepsilon = \frac{245}{330 - 245} = 2.88$$

（2）冷冻能力 Q_1

由式(3-1) 知，$\varepsilon = \dfrac{Q_1}{W_e}$，而 $W_e = Q_2 - Q_1$

已知 $Q_2 = 1500kW$

则

$$\varepsilon = \frac{Q_1}{1500 - Q_1} = 2.88$$

$$Q_1 = 1113.4kW$$

（3）所需外功 W_e

$$W_e = Q_2 - Q_1 = 1500 - 1113.4 = 386.6(kW)$$

二、冷冻操作的节能

1. 制冷装置的设计

（1）采用多级压缩蒸发制冷　当需要较高压缩比时，或者工艺要求不同级别的低温时，采用双级或多级压缩，以提高压缩机效率，减少整个系统的功耗。

（2）确定被冷却对象的温度及冷却方式　被冷却对象的温度不要定得过低，这样蒸发温度也就不会过低；选用最有效的冷却方式，使冷凝温度不要偏离。

（3）选配适宜的制冷压缩机和换热器　制冷压缩机的容量应与制冷装置的冷量负荷相适应，不可过大，以免造成不必要的浪费。对于冷量负荷经常变化的制冷装置，应选多台制冷压缩机或选用具有能量调节机构的压缩机，以便在运转中能合理调配。选用的制冷换热器应采用较小的传热温差和制冷剂流动阻力，可适当考虑强化传热的方法来减少传热温差。

（4）做好管路保温　选择保温效果好、耐久性的保温材料，设置适当厚度的管道绝热层，以减少冷量损失。

（5）充分利用低位热能　工业中如果有大量中、低品位热能，可选用热泵技术、新型吸收式或蒸汽喷射式制冷等循环技术，充分利用工业余热。

2. 操作温度的选择

（1）蒸发温度　制冷过程的蒸发温度是指制冷剂在蒸发器中的沸腾温度。实际使用中的制冷系统，由于用途各异，蒸发温度各不相同，但制冷剂的蒸发温度必须低于被冷物料要求达到的最低温度，使蒸发器中制冷剂与被冷物料之间有一定的温度差，以保证传热所需的推动力。

这样制冷剂在蒸发时，才能从冷物料中吸收热量，实现低温传热过程。

若蒸发温度高时，则蒸发器中传热温差小，要保证一定的吸热量，必须加大蒸发器的传热面积，增加了设备费用；但功率消耗下降，制冷系数提高，日常操作费用减少。相反，蒸发温度低时，蒸发器的传热温差增大，传热面积减小，设备费用减少；但功率消耗增加，制冷系数下降，日常操作费用增大。所以，必须结合生产实际，进行经济核算，选择适宜的蒸发温度。蒸发器内温度的高低可通过节流阀开度的大小来调节，一般生产上取蒸发温度比被冷物料所要求的温度低 4~8K。

（2）冷凝温度　制冷过程的冷凝温度是指制冷剂蒸气在冷凝器中的凝结温度。影响冷凝温度的因素有冷却水温度、冷却水流量、冷凝器传热面积大小及清洁度。冷凝温度主要受冷却水温度的限制，由于使用的地区不一和季节的不同，其冷凝温度也不同，但它必须高于冷却水的温度，使冷凝器中的制冷剂与冷却水之间有一定的温度差，以保证热量传递。即，使气态制冷剂冷凝成液态，实现高温放热过程。通常取制冷剂的冷凝温度比冷却水高 8~10K。

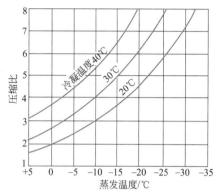

图 3-6　氨冷凝温度、蒸发温度
与压缩比的关系

（3）操作温度与压缩比的关系　压缩比是压缩机出口压力 p_2 与入口压力 p_1 的比值。压缩比与氨冷凝温度、蒸发温度的关系如图 3-6 所示。当冷凝温度一定时，随着蒸发温度的降低，压缩比明显加大，功率消耗先增大后下降，制冷系数总是变小，操作费用增加。当蒸发温度一定时，随着冷凝温度的升高，压缩比也明显加大，功率消耗增大，制冷系数变小，对生产也不利。

因此，应该严格控制制冷剂的操作温度，蒸发温度不能太低，冷凝温度也不能太高，压缩比不至于过大，工业上单级压缩循环压缩比不超过 6~8。这样就可以提高制冷系统的经济性，获得较高的效益。

（4）制冷剂的过冷　制冷剂的过冷就是在进入节流阀之前将液态制冷剂温度降低，使其低于冷凝压力下所对应的饱和温度，成为该压力下的过冷液体。由图 3-6 可以看出，若蒸发温度一定时，降低冷凝温度，可使压缩比有所下降，功率消耗减小，制冷系数增大，可获得较好的制冷效果。通常取制冷剂的过冷温度比冷凝温度低 5K 或比冷却水进口温度高 3~5K。

三、安全生产

确保制冷系统的安全运行，制冷剂不得出现异常高压，以免设备破裂；不得发生湿冲程、液击等误操作，以免破坏压缩机；运动部件不得有缺陷或紧固件松动，以免损坏机械或制冷剂泄漏。

生产中勤看仪表，勤查机器运行状况，勤听机器运转有无杂音，勤查系统有无跑、冒、滴、漏现象。

确保压力表、温度计、液位计、安全阀、压力继电器等安全装置的完好、有效，落实制冷剂泄漏的防范和应急响应措施。

训练与自测

一、技能训练
操作制冷机。

二、问题思考

1.何谓冷冻操作？冷冻操作过程的实质是什么？

2.工业生产中常用的人工制冷方法有哪几种？

3.冷冻操作过程中为什么必须从外界向系统补充能量？此补充能量是否一定要为机械能？

4.多级压缩制冷与逐级制冷过程的基本特征是什么？各适用于什么场合？

5.选择合适的冷冻剂主要考虑哪些因素？常用冷冻剂有哪些？各有何特征？

6.压缩制冷运行过程中，为什么要严格控制冷冻盐水的浓度？

7.组成压缩制冷装置的主要设备有哪些？它们各自的结构特征是什么？

8.冷冻能力的表达方式有几种？什么叫标准冷冻能力？

项目四
非均相物系的分离

 学习目标

知识目标　掌握非均相物系用机械方法（沉降和过滤）分离的原理、适用条件及主要设备；理解重力沉降设备的生产能力与沉降面积、沉降高度的关系；了解沉降速度的计算方法。

技能目标　能根据非均相物系的特性以及分离任务要求合理选择分离方法及设备；会计算重力沉降速度、降尘室生产能力；能分析影响沉降过程和过滤效果的因素；能进行板框压滤机、真空转鼓过滤机、三足式离心机的基本操作，分析处理生产中的常见故障。

素质目标　培养敬业爱岗、严格遵守操作规程的职业素质；培养团结协作、积极进取的团队合作精神；培养安全生产、环保节能的职业意识；培养理论联系实际的思维方式；培养独立思考、勇于创新的科学态度。

项目案例1

某厂欲将碳酸钙颗粒从其水溶液中分离出来，试确定其分离方法及其所需设备，并进行节能、环保、安全的实际生产操作，完成该分离任务。

项目案例2

某厂欲将干燥后的氧化锌颗粒从其干燥介质（空气）中分离出来，并将废气净化，满足排放要求，试确定其分离方法及其所需设备，并进行节能、环保、安全的实际生产操作，完成该净化任务。

在化工生产中，常常需要将混合物分离。例如：原料常要经过提纯或净化之后才符合加工要求；生产中的废气、废液在排放以前，应将有害物质尽量除去，防止环境污染。为了实现分离目的，必须根据混合物性质的差异而采用不同的方法。

总的说来，可以把混合物分为两大类，即均相混合物和非均相混合物。

非均相混合物包括气-固混合物（如含尘气体）、液-固混合物（如悬浮液）、液-液混合物（如互不相溶液体形成的乳浊液）、气-液混合物以及固体混合物等。这类混合物的特点是体系内部同时存在两种以上相态，相界面两侧的物质性质不相同，一般可以用机械方法实现分离。

任务一　了解非均相物系的分离过程及其应用

一、常见非均相物系分离的方法

以液-固混合物（即液体中含有分散的固体颗粒所形成的混合物）为例，将其中处于连续状态的液体称为连续相（或分散介质），处于分散状态的固体颗粒称为分散相（或分散物质）。工业生产中分离非均相物系的方法是设法造成分散相和连续相之间的相对运动，其分离规律遵循流体力学基本规律。因分离的依据和作用力的不同，非均相混合物的分离方法主要有以下几种：

① 沉降分离法　利用连续相与分散相的密度差异，借助某种机械力的作用，使颗粒和流体发生相对运动而得以分离。根据机械力的不同，可分为重力沉降、离心沉降和惯性沉降。

② 过滤分离法　利用两相对多孔介质穿透性的差异，在某种推动力的作用下，使非均相物系得以分离。根据推动力的不同，可分为重力过滤、加压（或真空）过滤和离心过滤。

③ 静电分离法　依据两相带电性的差异，在电场力的作用下进行分离的操作技术，如静电除尘。

④ 湿法分离法　依据两相在增湿剂或洗涤剂中接触阻留情况不同，使两相得以分离的操作技术，如文氏洗涤器、泡沫除尘器。

二、非均相物系分离在化工生产中的应用

非均相物系分离在生产中主要用在如下几个方面：

① 满足后序生产工艺的要求　如合成氨生产中的煤气在进入气柜前，要通过洗气塔除去其中的粉尘；压缩机入口处安装油水分离器，以除去空气中的液滴或固体颗粒，避免杂质对汽缸的冲击和磨损等。

② 回收有价值的物质　如从炼油厂排放废水中回收油滴；从催化反应器出来的气体中回收利用价值较高的催化剂。

③ 分离非均相混合物，得到所要求的产品　如从聚氯乙烯母液中分离得到聚氯乙烯。

④ 使某些单元操作正常、高效地进行　如板式精馏塔操作中，通过两板间的分离空间，使上升蒸汽中所夹带的液滴分离下来，减少液相返混，提高塔板效率。

⑤ 减少环境污染，保证生产安全　如某些工业废气、废液中的有毒物质或固体颗粒在排放前必须加以处理，满足排放要求；某些含碳物质及金属细粉与空气易形成爆炸物必须加以除去，以消除爆炸隐患。

任务二　认知非均相物系的分离设备

一、沉降设备

（一）重力沉降设备

1.沉降槽

（1）结构　从悬浮液中分离出清液而留下稠厚沉渣的重力沉降设备称为沉降槽，分连续和

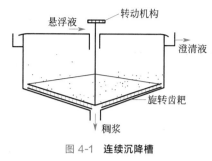

图 4-1　连续沉降槽

间歇两种，通常用于分离颗粒不是很小的悬浮液。间歇沉降槽通常用建筑材料砌成，用金属材料加工成底部呈锥形的形状。生产中，将待处理的悬浮液放入间歇沉降槽中，静置一定时间后，沉降达到规定指标，抽出上层清液和下层稠厚的沉渣层，重复进行下一次操作。连续沉降槽是一种初步分离悬浮液的设备。图 4-1 是典型的连续沉降槽示意图，又称增稠器。它主要由一个大直径的浅槽、进料槽道与料井、转动机构与转耙组成。

（2）工作原理　操作时料浆通过进料槽道由位于中央的圆筒形料井送至液面以下 0.3～1m 处，分散到槽的横截面上。要求料浆尽可能分布均匀，引起的扰动小。料浆中的颗粒向下沉降，清液向上流动，经槽顶四周的溢流堰流出。沉到槽底的颗粒沉渣由缓缓转动的耙拨向中心的卸料锥而后排出。槽中各部位的操作状态，即颗粒的浓度、沉降速度等不随时间而变。

强化沉降槽操作的方法是提高颗粒沉降速度。为加速分离常加入聚凝剂或絮凝剂，使小颗粒相互结合成大颗粒。聚凝是通过加入电解质，改变颗粒表面的电性，使颗粒相互吸引而结合；絮凝则是加入高分子聚合物或高聚电解质，使颗粒相互团聚成絮状。常见的聚凝剂和絮凝剂有 $AlCl_3$、$FeCl_3$ 等无机电解质，聚丙烯酰胺、聚乙胺和淀粉等高分子聚合物。

（3）特点　沉降槽构造简单，生产能力大，劳动条件好，但设备庞大，占地面积大，稠浆的处理量大，一般用于大流量、低浓度、较粗颗粒悬浮液的处理。工业上大多数污水处理都采用连续沉降槽。

2. 多层降尘室

（1）结构　多层隔板式降尘室是处理气固相混合物的设备。其结构见图 4-2。在砖砌的降尘室中放置很多水平隔板，隔板间距通常为 40～100mm，目的是减小灰尘的沉降高度，以缩短沉降时间，同时增大单位体积沉降器的沉降面积，即增大了沉降器的生产能力。

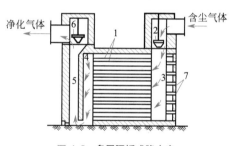

图 4-2　多层隔板式降尘室
1—隔板；2,6—调节阀；3—气体分配道；
4—气体集聚道；5—气道；7—出灰口

（2）工作原理　操作时含尘气体经气体分配道进入隔板缝隙，进、出口气量可通过流量调节阀调节；洁净气体自隔板出口经气体集聚道汇集后再由出口气道排出，流动中颗粒沉降至隔板的表面，经过一定操作时间后，从除尘口将灰尘除去。为了保证连续生产，可将两个降尘室并联安装，操作时交替使用。

（3）特点　降尘室具有结构简单、操作成本低廉、对气流的阻力小、动力消耗少等优点，缺点是体积及占地面积较为庞大，分离效率低，适于分离重相颗粒直径在 $75\mu m$ 以上的气体非均相混合物。

3. 降尘气道

（1）结构　降尘气道也是用以分离气体非均相物系的重力沉降设备，常用于含尘气体的预分离。结构如图 4-3 所示，其外形呈扁平状，下部设集灰斗，内设折流挡板。

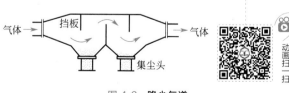

图 4-3　降尘气道

（2）工作原理　含尘气体进入降尘气道后，因流道截面扩大而流速减小，增加了气体的停留时间，使尘粒有足够的时间沉降到集灰斗内，即可达到分离要求。气道中折流挡板的作用有两个：第一增加了气体在气道中的行程，从而延长气体在设备中的停留时间；第二对气流形成干扰，使部分尘粒与挡板发生碰撞后失去动能，直接落入器底或集尘头内。

（3）特点　降尘气道构造简单，可直接安装在气体管道上，所以无需专门的操作，但分离效率不高。

（二）离心沉降设备

1.旋风分离器

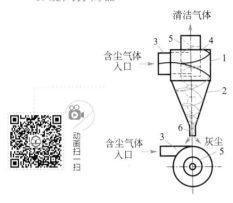

图 4-4　旋风分离器
1—外壳；2—锥形底；
3—气体入口管；4—上盖；
5—气体出口管；6—除尘管

旋风分离器是工业生产中使用很广的除尘设备。它利用离心沉降原理从气流中分离颗粒，一般用来除去气体中粒径 $5\mu m$ 以上的颗粒。其主要性能指标是临界粒径与气体通过旋风分离器的压降。

（1）结构　旋风分离器的基本结构如图 4-4 所示。主体上部为圆筒，下部为圆锥筒；顶部侧面为切线方向的矩形进口，上面中心为气体出口，排气管下口低于进气管下沿；底部集灰斗处要密封。

（2）工作原理　含尘气体以 $20\sim30m/s$ 的流速从进气管沿切向进入旋风分离器，受圆筒壁的约束旋转，做向下的螺旋运动（外旋流），到底部后，由于底部没有出口且直径较小，使气流以较小的旋转直径向上作螺旋运动（内旋流），最终从顶部排出。含尘气体作螺旋运动的过程中，在离心力的作用下，尘粒被甩向壁面，碰壁以后，沿壁滑落，直接进入灰斗。

实际上气体在旋风分离器中的流动是十分复杂的，内外旋流并没有分明的界线，在外旋流旋转向下的过程中不断地有部分气体转入内旋流。此外，进器的气流中有小部分沿筒体内壁旋转向上，达到上顶盖后转而沿中心气体出口管旋转向下，到达出口管下端后随上升的内旋流流出。中心上升的内旋流称为"气芯"，向上的轴向速度很大。中心部分为低压区，是旋流设备的一个特点，若中心低压区变为负压，则有可能从出灰口漏入空气而将分离下来的粉尘重新扬起。

（3）特点　旋风分离器的结构简单，操作不受温度和压力的限制，分离效率可以高达 $70\%\sim90\%$，可以分离出小到 $5\mu m$ 的颗粒，对 $5\mu m$ 以下的细微颗粒分离效率较低，可用后接袋滤器或湿法除尘器的方法来捕集。其缺点是气体在器内的流动阻力较大，对器壁的磨损较严重，分离效率对气体流量的变化较为敏感等。

2.旋液分离器

（1）结构　旋液分离器又称水力旋流器，是利用离心沉降原理从悬浮液中分离固体颗粒的设备，它与旋风分离器结构相似，原理相同，设备主体也是由圆筒和圆锥两部分组成的，如图 4-5 所示。但由于分离对象不同，旋液分离器分离的混合物中两相密度差较旋风分离器中两相的密度差小，因此，沉降的推动力小，

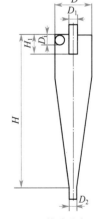

图 4-5　旋液分离器

	增浓	分级
D_1	$D/4$	$D/7$
D_1	$D/3$	$D/7$
H	$5D$	$2.5D$
H_1	$0.3D\sim0.4D$	$0.3D\sim0.4D$

锥形段倾斜角一般为 $10°\sim20°$

所以为提高停留时间和分离效率，其锥形部分相对较长，直径相对较小。

（2）工作原理 悬浮液经入口管沿切向进入圆筒，向下作螺旋形运动，固体颗粒受惯性离心力作用被甩向器壁，随下旋流降至锥底的出口，由底部排出的增浓液称为底流；清液或含有微细颗粒的液体则成为上升的内旋流，从顶部的中心管排出，称为溢流。内旋流中心有一个处于负压的气柱。气柱中的气体是由悬浮液中释放出来的，或者是由溢流管口暴露于大气中时而将空气吸入器内的。

（3）特点 旋液分离器不仅可用于悬浮液的增浓，也用于分级方面，还可用于不互溶液体的分离、气液分离以及传热、传质和雾化等操作，因而广泛应用于多种工业领域中。

二、过滤设备

工业上应用最广的过滤设备是以压差为推动力的过滤机，典型的有压滤机、叶滤机和转筒真空过滤机等。

1. 板框压滤机

（1）结构 压滤机以板框式最为普遍，是一种间歇操作的过滤机。其结构是由许多块正方形的滤板与滤框交替排列组合而成的，板和框之间装有滤布，滤板与滤框靠支耳架在一对横梁上，并用一端的压紧装置将它们压紧，组装后的外形图如图4-6所示。滤板和滤框可用铸铁、碳钢、不锈钢、铝、塑料、木材等制造。我国制定的板框压滤机系列规格：框的厚度为 $25\sim50mm$，框每边长 $320\sim1000mm$，框数可从几个到60个，随生产能力而定。板框压滤机的操作压力一般为 $0.3\sim0.5MPa$，最高可达 $1.5MPa$。

动画扫一扫

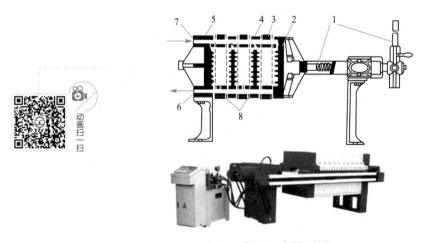

图 4-6 板框压滤机

1—压紧装置；2—可动头；3—滤框；4—滤板；5—固定头；6—滤液出口；7—滤浆进口；8—滤布

滤板和滤框的结构见图4-7。滤板侧面设有凸凹纹路，凸出部分支撑滤布，凹处形成的沟为滤液流道；上方两侧角上分别设有两个孔，组装后形成悬浮液通道和洗涤水通道；下方设有滤液出口。滤板有过滤板与洗涤板之分，洗涤板的洗涤水通道上设有暗孔，洗涤水进入通道后由暗孔流到两侧框内洗涤滤饼。滤框上方角上开有与板同样的孔，组装后形成悬浮液通道和洗涤水通道；在悬浮液通道上设有暗孔，使悬浮液进入通道后由暗孔流到框内；框的中间是空的，两侧装上滤布后形成累积滤饼的空间。

在滤板和滤框外侧铸有小钮或其他标志，便于组装时按顺序排列。滤板中的非洗涤板为一钮板，洗涤板为三钮板，而滤框则是二钮，滤板与滤框装合时，按钮数以 1-2-3-2-1-2… 的顺序排列。

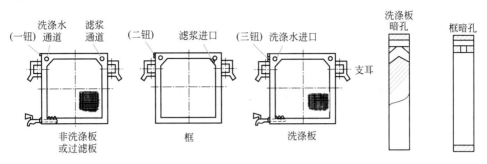

图 4-7 滤板和滤框

（2）工作原理 板框压滤机为间歇操作，每个操作循环由装合、过滤、洗涤、卸饼、清理5个阶段组成。板框装合完毕，开始过滤，悬浮液在指定压力下经滤浆通路由滤框角上的暗孔并行进入各个滤框，见图 4-8(a)，滤液分别穿过滤框两侧的滤布，沿滤板板面的沟道至滤液出口排出。颗粒被滤布截留而沉积在框内，待滤饼充满全框后，停止过滤。当工艺要求对滤饼进行洗涤时，先将洗涤板上的滤液出口关闭，洗涤水经洗水通路从洗涤板角上的暗孔并行进入各个洗涤板的两侧，见图 4-8(b)。洗涤水在压差的推动下先穿过一层滤布及整个框厚的滤饼，然后再穿过一层滤布，最后沿滤板（一钮板）板面沟道至滤液出口排出。这种洗涤方法称为横穿洗涤法，它的特点是洗涤水穿过的途径正好是过滤终了时滤液穿过途径的两倍。洗涤结束后，旋开压紧装置，将板框拉开卸出滤饼，然后清洗滤布，整理板框，重新装合，进行下一个循环。

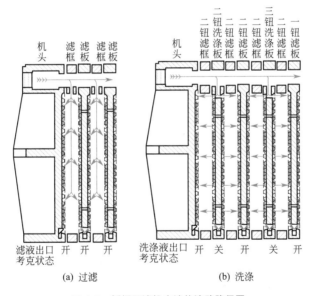

图 4-8 板框压滤机内液体流动路径图

（3）特点 板框压滤机的优点是结构简单，过滤面积大且占地面积小，操作压力高，滤饼含水少，对各种物料的适应能力强，缺点在于操作不是连续的、自动的，所费的劳动力多且劳动强度大，适用于中小规模的生产及有特殊要求的场合。

近年来大型板框压滤机的自动化和机械化的发展很快，滤板和滤框可由液压装置自动压紧或拉开，全部滤布连成传送带式，运转时可将滤饼从框中带出使之受重力作用而自行落下。

2. 叶滤机

（1）结构 加压叶滤机是在板框压滤机的基础上改进的一种产品。图 4-9 所示的加压叶滤

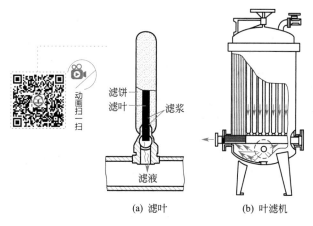

图 4-9　加压叶滤机示意图

机是由许多不同宽度的长方形滤叶装合而成的。滤叶由金属多孔板或金属网制造，内部具有空间，外罩滤布。过滤时滤叶安装在能承受内压的密闭机壳内。滤浆用泵压送到机壳内，滤液穿过滤布进入滤叶的空腔内，汇集至总管后排出机外，颗粒则沉积于滤布外侧形成滤饼。滤饼的厚度通常为 5～35mm，视滤浆性质及操作情况而定。

（2）工作原理　叶滤机也是间歇操作设备。悬浮液从叶滤机顶部进入，在压力作用下液体透过滤叶上的滤布，通过分配花板从底部排出，固体颗粒被截留在滤叶外部，当滤叶上滤饼厚度达到一定时，停止过滤，若需要洗涤，则进洗涤水直接洗涤，最后拆开卸料。

（3）特点　叶滤机设备紧凑，密闭操作，劳动条件较好，每次循环滤布不需装卸，劳动力较省；缺点是更换滤布较困难，有的叶滤机结构比较复杂。

3.转筒真空过滤机

为了克服过滤机间歇操作带来的问题，开发了各种形式的连续过滤设备，其中以转鼓真空过滤机应用最广。

（1）结构　如图 4-10 所示，其主体部分是一个卧式转筒，直径为 0.3～5m，长为 0.3～7m，表面有一层金属网，网上覆盖滤布，筒的下部浸入料浆中。转筒沿径向分成若干个互不相通的扇形格，每个扇形格端面上的小孔与分配头相通。凭借分配头的作用，转筒在旋转一周的过程中，每个扇形格可按顺序完成过滤、洗涤、卸渣等操作。

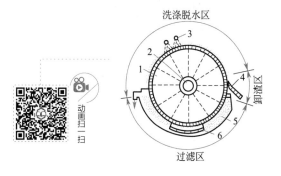

图 4-10　转筒真空过滤机操作示意图

1—转筒；2—分配头；3—洗涤液喷嘴；
4—刮刀；5—滤浆槽；6—摆式搅拌器

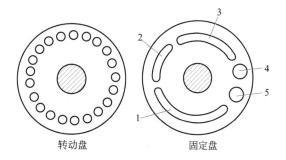

图 4-11　分配头示意图

1,2—与真空滤液罐相通的槽；3—与真空洗涤液
罐相通的槽；4,5—与压缩空气相通的圆孔

分配头是转筒真空过滤机的关键部件，如图 4-11 所示，它由固定盘和转动盘构成，固定盘开有 5 个槽（或孔），槽 1 和槽 2 分别与真空滤液罐相通，槽 3 和真空洗涤液罐相通，孔 4 和孔 5 分别与压缩空气管相连。转动盘固定在转筒上与其一起旋转，其孔数、孔径均与转筒端面的小孔相对应，转动盘上的任一小孔旋转一周，都将与固定盘上的五个槽（孔）连通一次，从而完成过滤、洗涤和卸渣等操作。固定盘与转动盘借弹簧压力紧密贴合。

（2）工作原理　当转筒中的某一扇形格转入滤浆中时，与之相通的转动盘上的小孔也与固定盘上槽 1 相通，在真空状态下抽吸滤液，滤布外侧则形成滤饼；当转至与槽 2 相通时，该格的过滤面已离开滤浆槽，槽 2 的作用是将滤饼中的滤液进一步吸出；当转至与槽 3 相通时，该格上方有洗涤液喷淋在滤饼上，并由槽 3 抽吸至洗涤液罐。当转至与孔 4 相通时，压缩空气将由内向外吹松滤饼，迫使滤饼与滤布分离，随后由刮刀将滤饼刮下，刮刀与转筒表面的距离可调；当转至与孔 5 相通时，压缩空气吹落滤布上的颗粒，疏通滤布孔隙，使滤布再生，然后进入下一周期的操作。操作中，形成滤饼层的厚度通常为 3~6mm，最大可达 100mm。

（3）特点　转筒真空过滤机具有操作连续化、自动化、允许料液浓度变化大等特点，因此节省人力，生产能力大，适应性强，在化工、医药、制碱、造纸、制糖、采矿等工业中均有应用。但转筒真空过滤机结构复杂，过滤面积不大，洗涤不充分，滤饼含液量较高（10%~30%），能耗高，不适宜处理高温悬浮液。

三、离心机

离心机是利用离心力分离液态非均相物系的设备。离心分离可以分离出用一般沉降或过滤方法不能分离的液体混合物或气体混合物，而且其离心分离速率也较大，例如悬浮液用过滤方式处理若需 1h，用离心分离只需几分钟，而且可以得到比较干的固体渣。

离心机的主要部件是一个载着物料、高速旋转的转鼓。利用高速旋转的转鼓所产生的离心力，可将悬浮液中的固体微粒沉降或过滤而除去，或使乳浊液中两种密度不同的液体分离。

按分离方式的不同，离心机可以分为以下几种：

① 沉降式离心机　加料管将含固体微粒的悬浮液（通常含颗粒很小且浓度不大）连续引到转鼓底部，使其在鼓内自下而上流动。当悬浮液中某一颗粒沉降到达鼓内壁所需的时间，小于它从底部上升到转鼓顶部所需的时间（即它在鼓内的停留时间），则此颗粒便能从液体中分离出来，否则将随液体溢流而出。当颗粒层于鼓壁上达到一定厚度之后将其取出，清液则从鼓的上方开口溢流而出。

② 过滤式离心机　鼓壁上开孔，覆以滤布，悬浮液注入其中随之旋转。液体受离心力后穿过滤布及壁上的小孔排出，而固体颗粒则截留在滤布上。

③ 分离式离心机　用于乳浊液的分离。非均相液体混合物被转鼓带动旋转时，密度大的液体趋向器壁运动，密度小的液体集中于中央，分别从靠近外周及近中央的溢流口流出。

离心机按结构分，主要有三足式、管式、刮刀卸料式、碟片式、活塞推料式。

1. 三足式离心机

（1）结构　图 4-12 所示的为上部卸料的三足式离心机的结构，分成上部卸料和下部卸料两大类。包括转鼓 10、主轴 17、轴承座 16、三角皮带轮 2、电动机 1、外壳 15 和底盘 6 的整个系统用三根摆杆 9 悬吊在三个支柱（三足）7 的球面座上，摆杆上装有缓冲弹簧 8，摆杆两端分别以球面与支柱和底盘相连接，另外还有机座 5 和制动器 14 等。三足式离心机的轴短而粗，鼓底向上凸出，使转鼓重心靠近上轴承，这不仅使整机高度降低以利操作，而且使转轴回转系统的临界转速远高于离心机的工作转速，减小振动，并由于支撑摆杆的挠性较大，使整个悬吊系统的固有频率远低于转鼓的转动频率，增大了减振效果。

（2）工作原理　操作时，在转鼓中加入待过滤的悬浮液，在离心力的作用下，滤液透过滤布和转鼓上的小孔进入外壳，然后再引至出口，固体则被截留在滤布上成为滤饼。待过滤了一定量的悬浮液，滤饼已积到一定厚度后，就停止加料。如需要洗涤滤饼或干燥滤饼，则应使转鼓再继续转动，待洗涤或干燥完毕再停车。

（3）特点　三足式离心机是过滤离心机中应用最广泛、适应性最好的一种设备，可用于分

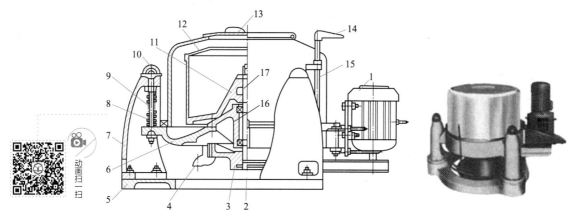

图 4-12　上部卸料三足式离心机

1—电动机；2—三角皮带轮；3—制动轮；4—滤液出口；5—机座；6—底盘；7—支柱；8—缓冲弹簧；
9—摆杆；10—转鼓；11—转鼓底；12—拦液板；13—机盖；14—制动器；15—外壳；16—轴承座；17—主轴

离固体从 $10\mu m$ 的小颗粒至数毫米的大颗粒，甚至纤维状或成件的物料。特别是人工上部卸料三足式离心机结构简单、维修方便、价格低廉。

三足式离心机具有结构简单、操作平稳、占地面积小等优点，适用于过滤周期较长、处理量不大、滤渣要求含液量较低的生产过程，可根据滤渣湿含量的要求灵活控制过滤时间，所以广泛用于小批量、多品种物料的分离。但由于这种离心机需从上部人工卸除滤饼，劳动强度大；且离心机的转动机构和轴承等都在机身下部，操作检修均不方便；易因液体漏入轴承而使其受到腐蚀。

2. 管式超速离心机

（1）结构　管式超速离心机的结构见图 4-13，主要由机身、传动系统、转鼓、集液盘、进液轴承座等组成。管式超速离心机的分离因数一般高达 15000～60000，转速高达 8000～50000r/min。为了减小转筒所受的应力，转筒为细长形，一般直径 $0.1～0.2m$，高 $0.75～1.5m$。管式超速离心机有 GF-分离型和 GQ-澄清型。GF-分离型主要用于分离各种难分离的乳浊液，特别适用于两相密度差甚微的液-液分离；GQ-澄清型用于分离各种难于分离的悬浮液，特别适用于浓度小、黏度大、固相颗粒细、固液重度较小的固液分离。

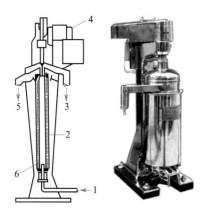

图 4-13　管式超速离心机

1—加料；2—转筒；3—轻液出口；
4—电机；5—重液出口；6—挡板

（2）工作原理　混合液从离心机底部进入转筒，筒内有垂直挡板，可使液体迅速随转筒高速旋转，同时自下而上流动，且料液在离心力场的作用下因其密度差的存在而分离。对于 GF-分离型，密度大的液相形成外环，密度小的液相形成内环，其流动到转鼓上部从各自的排液口排出，微量固体沉积在转鼓壁上，待停机后人工卸出。对于 GQ-澄清型，密度大的固体微粒逐渐沉积在转鼓内壁形成沉渣层，待停机后人工卸出，澄清后的液相流动到转鼓上部的排液口排出。

（3）特点　管式超速离心机由于分离因数很高，所以它的分离效率极高，但处理能力较低，用于分离乳浊液时可连续操作，用来分离悬浮液时，可除去粒径在 $1\mu m$ 左右的极细颗粒，故能分离其他离心沉降设备不能分离的物料；结构简单，操作维修方便，耗能低，占地面积小；物料的温度适应范围广。

3. 刮刀卸料式离心机

（1）结构　图 4-14 为卧式刮刀卸料式离心机结构及操作的示意图，属于自动操作的间歇离心机。主要由转鼓、外壳、刮刀、溜槽、液压缸等组成。

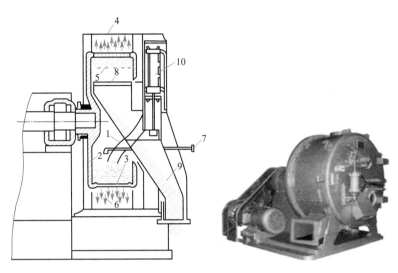

图 4-14　卧式刮刀卸料式离心机

1—进料管；2—转鼓；3—滤网；4—外壳；5—滤饼；6—滤液；7—冲洗管；8—刮刀；9—溜槽；10—液压缸

（2）工作原理　操作时，进料阀门自动定时开启，悬浮液进入全速运转的鼓内，滤液经滤网及鼓壁小孔被甩到鼓外，再经机壳的排液口排出。被滤网截留的颗粒被耙齿均匀分布在滤网面上。当滤饼达到指定厚度时，进料阀门自动关闭，停止进料。随后冲洗阀门自动开启，洗水喷洒在滤饼上，洗涤滤饼，再甩干一定时间后，刮刀自动上升，滤饼被刮下，并经倾斜的溜槽排出。刮刀升至极限位置后自动退下，同时冲洗阀门又开启，对滤网进行冲洗，即完成一个操作循环，接着开始下一个循环的进料。此种离心机也可人工操纵。它的操作特点是加料、分离、洗涤、甩干、卸料、洗网等工序的循环操作都是在转鼓全速运转的情况下自动地依次进行。每一工序的操作时间可按预定要求实行自动控制。

（3）特点　卧式刮刀卸料式离心机操作简便，生产能力大，适宜于大规模连续生产，目前已较广泛地用于石油、化工行业，如硫铵、尿素的脱水。但由于采用刮刀卸料，颗粒破碎严重，对于必须保持晶粒完整的物料不宜采用。

4. 碟片式高速离心机

（1）结构　碟片式离心机可用于分离乳浊液和从液体中分离少量极细的固体颗粒。图 4-15 为碟片式离心机的示意图。它的转鼓内装有 50～100 片平行的倒锥形碟片，间距一般为 0.5～12.5mm，碟片的半腰处开有孔，诸碟片上的孔串联成垂直的通道，碟片直径一般为 0.2～0.6m。转鼓与碟片通过一垂直轴由电动机带动高速旋转，转速在 4000～7000r/min，分离因数可达 4000～10000。

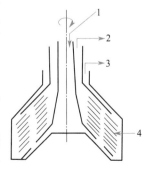

图 4-15　碟片式离心机

1—加料；2—轻液出口；
3—重液出口；4—固体物积存区

（2）工作原理　要分离的液体混合物由空心转轴顶部进入，通过碟片半腰的开孔通道进入诸碟片之间，并随碟片转动，在离心力的作用下，密度大的液体或含细小颗粒的浓相趋向外周，沉于碟片的下侧，流向外缘，最后由上方的重液出口流出；轻液则趋向中心，沉于碟片上侧，流向中心，自上方的轻液出口流出。碟片的作用在于将液体分隔成很多薄层，缩短液滴（或颗粒）的水平沉降距离，提高分离效率，它可将粒径小到 $0.5\mu m$ 的颗粒分离出来。

（3）特点　碟片式高速离心机转鼓容积大，分离效率高，但结构复杂，不易用耐腐蚀材料制成，不适用于分离腐蚀性的物料。此种设备广泛用于润滑油脱水、牛乳脱脂、饮料澄清、催化剂分离等。

5. 活塞推料式离心机

（1）结构　活塞推料式离心机是自动连续操作的离心机，其结构如图 4-16 所示，主要由转鼓、活塞推送器、进料斗等组成。

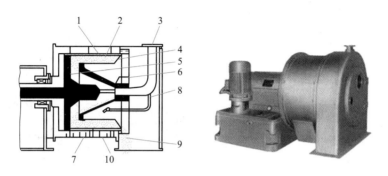

图 4-16　**活塞推料式离心机**
1—转鼓；2—滤网；3—进料口；4—滤饼；5—活塞推送器；6—进料斗；
7—滤液出口；8—冲洗管；9—固体排出；10—洗水出口

（2）工作原理　活塞推料式离心机的操作一直是在全速旋转下进行的，料浆不断由进料管送入，沿锥形进料斗的内壁流到转鼓的滤网上，滤液穿过滤网经滤液出口连续排出。积于滤网表面上的滤渣则被往复运动的活塞推送器沿转鼓内壁面推出，滤渣被推至出口的途中依次进行洗涤、甩干等过程。工作过程中加料、过滤、洗涤、甩干、卸料等操作在转鼓的不同部位同时进行，与转筒真空过滤机的工作过程相似。

（3）特点　活塞推料式离心机的优点是颗粒破碎程度小，控制系统较简单，功率消耗也较均匀，主要用于浓度适中并能很快脱水和失去流动性的悬浮液。缺点是对悬浮液的浓度较敏感，若料浆太稀，则滤饼来不及生成，料液将直接流出转鼓；若料浆太稠，则流动性差，易使滤渣分布不均，引起转鼓振动。

四、气体的其他净制方法及设备

气体的净制是化工生产过程中最为常见的分离操作之一。由于要求不一，工业上可采用多种方法，比如前面的沉降操作，还有惯性除尘、湿法除尘及袋滤除尘、静电除尘等分离方法。

1. 惯性除尘器

（1）工作原理　惯性分离器又称动量分离器，是利用夹带于气流中的颗粒或液滴的惯性而实现分离的。在气体流动的路径上设置障碍物，气流绕过障碍物时发生突然的转折，颗粒或液滴便撞击在障碍物上被捕集下来。如图 4-17 所示的是一惯性分离器组，在其中每一容器内，气流中的颗粒撞击挡板后落入底部。容器中的气速必须控制适当，使之既能进行有效的分离，又不致重新卷起已沉落的颗粒。

（2）特点　惯性分离器与旋风分离器的道理相近，颗粒的惯性愈大，气流转折的曲率半径愈小，则其效率愈高。所以，颗粒的密度及直径愈大，则愈易分离；适当增大气流速度及减少转折处的曲率半径也有助于提高效率。一般说来，惯性分离器的效率比降尘室的略高，能有效地捕集 $10\mu m$ 以上的颗粒，压力降在 $100\sim1000Pa$，可作为预除尘器使用。

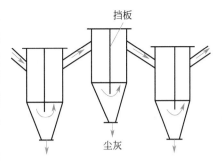

图 4-17　**惯性分离器组**

为增强分离效果，惯性分离器内也可充填疏松的纤维状物质以代替刚性挡板。在此情况下，沉降作用、惯性作用及过滤作用都产生一定的分离效果。若以黏性液体润湿填充物，则分离效率还可提高。工业生产中惯性分离器的常见形式有多种，如蒸发器及塔器顶部的折流式除沫器、冲击式除沫器等。

2.湿法分离法

湿法分离法是使气固混合物穿过液体，固体颗粒黏附于液体而被分离出来。工业上常用的此类分离设备有文氏管洗涤器、泡沫除尘器、湍球塔等。

（1）文丘里除尘器

① 结构　文丘里除尘器是一种湿法除尘设备。其主体由收缩管、喉管及扩散管三段连接而成。液体由喉管外围的环形夹套经若干径向小孔引入。含尘气体以 $50\sim100m/s$ 的高速通过喉部时把液体喷成很细的雾滴，促使尘粒润湿而聚结长大，随后将气流引入旋风分离器或其他分离设备，达到较高的净化程度，如图 4-18 所示。收缩管的中心角一般不大于 $25°$，扩散管中心角常在 $7°$左右。液相用量一般为气体体积流量的千分之一左右。

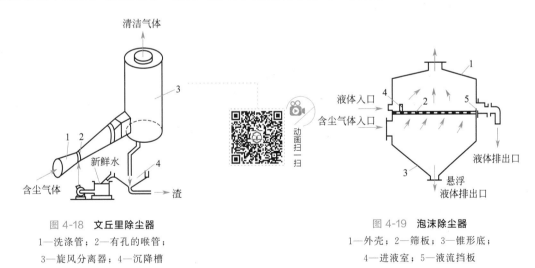

图 4-18　**文丘里除尘器**
1—洗涤管；2—有孔的喉管；
3—旋风分离器；4—沉降槽

图 4-19　**泡沫除尘器**
1—外壳；2—筛板；3—锥形底；
4—进液室；5—液流挡板

② 特点　文丘里除尘器具有结构简单紧凑、造价较低、操作简便等特点，分离也比较彻底。但其阻力较大，其压力降一般为 $2000\sim5000Pa$，必须与其他分离设备联合使用，产生的废液也必须妥善处理。

（2）泡沫除尘器

① 结构　泡沫除尘器也是湿法除尘设备，结构如图 4-19 所示，其外壳为圆形或方形筒体，中间设有水平筛板，此板将除尘器分成上下两室。

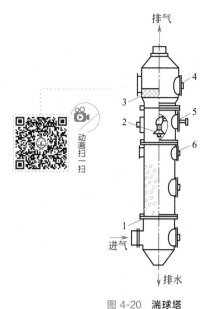

图 4-20　湍球塔

1—栅板；2—喷嘴；3—除雾器；
4—人孔；5—供水管；6—视镜

② 工作原理　液体从上室的一侧靠近筛板处进入，并水平流过筛板，气体由下室进入，穿过筛孔与板上液体接触，在筛板上形成一泡沫层，泡沫层内气液混合剧烈，泡沫不断破灭和更新，从而创造了良好的捕尘条件。气体中的尘粒一部分（较大尘粒）被从筛板泄漏下来的液体带出并由器底排出，另一部分（微小尘粒）则在通过筛板后被泡沫层所截留，并随泡沫液经溢流板流出。

③ 特点　泡沫除尘器具有分离效率高、构造简单、阻力较小等优点，但对设备的安装要求严格，特别是筛板的水平度对操作影响很大。

（3）湍球塔　湍球塔是一种高效除尘设备，如图 4-20 所示，其主要构造是在塔内栅板间放置一定量的轻质空心塑料球。由于受到经栅板上升的气流冲击和液体喷淋，以及自身重力等多种力的作用，轻质空心塑料球悬浮起来，剧烈翻腾旋转，并互相碰撞，使气液得到充分接触，除尘效率很高。空心塑料球常用聚乙烯或聚丙烯等材料制成。

3. 袋滤器

① 结构　袋滤器是利用含尘气体穿过做成袋状而由骨架支撑起来的滤布，以滤除气体中尘粒的设备。袋滤器的形式有多种，含尘气体可以由滤袋内向外过滤，也可以由外向内过滤。图 4-21 为一种袋滤器的结构示意图。含尘气体由下部进入袋滤器，气体由外向内穿过支撑于骨架上的滤袋，洁净气体汇集于上部由出口管排出，尘粒被截留于滤袋外表面。清灰操作时，开启压缩空气以反吹系统，使尘粒落入灰斗。

② 特点　袋滤器具有除尘效率高、适应性强、操作弹性大等优点，可除去 $1\mu m$ 以下的尘粒，常用作最后一级的除尘设备。但占用空间较大，受滤布耐温、耐腐蚀的限制，不适宜于高温（>300℃）气体，也不适宜带电荷的尘粒和黏结性、吸湿性强的尘粒的捕集。

4. 静电分离法

静电分离法是利用两相带电性的差异，借助于电场的作用，使两相得以分离的方法。属于此类的操作有电除尘、电除雾等。以电除尘器为例介绍静电分离法的主要原理。

① 工作原理　含有悬浮尘粒或雾滴的气体通过金属电极间的高压直流静电场，使气体发生电离；在电离过程中，产生的离子碰撞并附着于悬浮尘粒或雾滴上使之带电；带电的粒子或液滴在电场力作用下向着与其电性相反的收尘电极运动并吸附于电极而恢复中性。吸附在电极上的尘粒或液滴在振动或冲洗电极时落入灰斗，从而实现对含尘或含雾气的分离。如图 4-22 所示的为具有管状收尘电极的静电除尘器。

② 特点　静电除尘器能有效地捕集 $0.1\mu m$ 甚至更小的烟尘或雾滴，分离效率可高达 99.99%，阻力较小，气体处理量可以很大，低温操作时性能良好，也可用于 500℃ 左右的高温气体除尘。缺点是设备费和运转费都较高，安装、维护、管理要求严格。

5. 声波除尘法和热除尘法

声波除尘法是利用声波使含尘气流产生振动，细小颗粒相互碰撞而团聚变大，再由离心分离等方法加以分离。热除尘是使含尘气体处于一个温度场（其中存在温度差）中，颗粒在热致迁移力的作用下从高温处迁移至低温处而被分离。在实验室内，应用此原理已制成热沉降器来采样分析，但尚未运用到工业生产中。

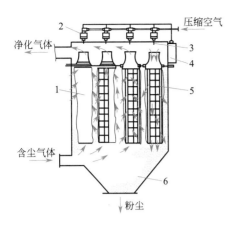

图 4-21　**脉冲式袋滤器**

1—滤袋；2—电磁阀；3—喷嘴；
4—自控器；5—骨架；6—灰斗

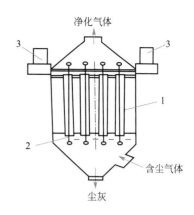

图 4-22　**静电除尘器**

1—收尘电极；2—放电电极；
3—绝缘箱

五、分离方法和设备的选用

非均相物系的分离是化工生产中常见的单元操作，既要能够满足生产工艺提出的分离要求，又要考虑经济合理性。因此，选择适宜的分离方法和分离设备是达到较高分离效率的关键。

1. 气-固分离

气-固分离需要处理的固体颗粒直径通常有一个分布，一般可采用如下分离过程。

（1）利用重力沉降除去粒径在 $50\mu m$ 以上的粗大颗粒　因为重力沉降设备投资及操作费用均低，颗粒直径、浓度越大，除尘效率越高，常用于含尘气体的预分离，以降低颗粒浓度，有利于后续分离过程的进行。

（2）利用旋风分离器除去 $5\mu m$ 以上的颗粒　旋风分离器具有结构简单、价格低廉、操作简便、生产能力与分离能力均较高的优点，缺点是阻力损失较大、动力消耗大。设计适当时，除尘效率可达 90％以上，但对 $5\mu m$ 以下颗粒的分离效率仍较低，适用于中等捕集要求及非黏性、非纤维状固体的除尘操作。

（3）利用袋滤器、湿法除尘或电除尘器除去 $5\mu m$ 以下的颗粒　袋滤器可除去粒径在 $0.1\mu m$ 以上的颗粒，常用于气体的高度净化和回收干粉，造价低于电除尘器，维修方便。主要缺点是不适于黏附性强及吸湿性强的粉尘，设备尺寸及占地面积大，操作成本也较高。

湿法除尘器以文丘里除尘器最为典型，可除去粒径在 $1\mu m$ 以上的颗粒，除尘效率可高达 95％～99％，其结构简单、操作及维修方便，适于处理各种非黏性、非水硬性的粉尘。主要缺点是需要处理产生的污水，回收固体比较困难，并需采用捕沫器清除净化气中夹带的雾沫，气体阻力大，操作费用较高。

电除尘器利用高压电场使含尘气体电离，带电后的尘粒在电场力作用下沉降于电极表面，从而实现分离。电除尘器可除去粒径在 $0.01\mu m$ 以上的颗粒，效率高，处理能力大，可用于高温。气体的流动阻力小，操作费用低，但投资大，要求粉尘电阻率在 104～1011Ω·cm 之间，主要用于对气体纯度要求特别高的场合。

2. 液-固分离

液-固分离的目的主要是：①获得固体颗粒产品；②澄清液体。对液-固混合物系，要同时考虑分离目的、颗粒粒径分布、固体浓度（含量）等因素。

（1）以获得固体颗粒产品为分离目的　固体颗粒的粒径大于 $50\mu m$，可采用过滤离心机，分离效果好，滤饼含液量低；粒径小于 $50\mu m$ 的宜采用压差过滤设备。

固体浓度小于 1%（体积分数，下同）时，可采用连续沉降槽、旋液分离器、沉降离心机浓缩；固体浓度为 1%～10%，可采用板框压滤机；固体浓度为 10%～50%，可采用离心机；固体浓度在 50% 以上，可采用真空过滤机。

（2）以澄清液体为分离目的　利用连续沉降槽、过滤机、过滤离心机或沉降离心机分离不同粒径的颗粒，还可加入絮凝剂或助滤剂。如螺旋沉降离心机可除去 $10\mu m$ 以上的颗粒；预涂层的板框式压滤机可除去 $5\mu m$ 以上的颗粒；管式分离机可除去 $1\mu m$ 左右的颗粒。当澄清要求非常高时，可在以上分离操作的最后采用深层过滤。

以上提到的各类数据仅是一种参考值，由于生产过程中分离的影响因素极其复杂，通常要根据工程经验或通过中间试验，判断一个新系统的适用设备与适宜的分离操作方法。

任务三　获取沉降和过滤知识

一、沉降

沉降是指在某种外力作用下，使密度不同的两相发生相对运动从而实现分离的操作过程。根据所受外力的不同，沉降可分为重力沉降和离心沉降。

（一）重力沉降

1. 球形颗粒的自由沉降

单个颗粒在无限大流体（容器直径大于颗粒直径的 100 倍以上）中的降落过程，称为自由沉降。

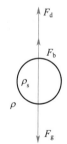

图 4-23　静止流体中颗粒受力示意图

如图 4-23 所示，球形颗粒置于静止的流体中，在颗粒密度大于流体密度时，颗粒将在流体中沉降，此时颗粒受到的三个力的作用，即重力（质量力在重力场中常称为重力）、浮力和阻力（即曳力）。

重力
$$F_g = \frac{\pi}{6}d^3\rho_s g \tag{4-1}$$

浮力
$$F_b = \frac{\pi}{6}d^3\rho g \tag{4-2}$$

阻力
$$F_d = \zeta A\rho \frac{u^2}{2} \tag{4-3}$$

式中　ρ_s——颗粒的密度，kg/m^3。

根据牛顿第二运动定律，上面三个力的合力等于颗粒的质量与其加速度 a 的乘积，即
$$F_g - F_d - F_b = ma \tag{4-4}$$

如上所述，达到匀速运动后合力为零。
$$F_g - F_d - F_b = 0 \tag{4-4a}$$

因此，静止流体中颗粒的沉降过程可分为两个阶段，即加速段和等速段。

由于工业中处理的非均相混合物中颗粒大多很小，因此经历加速段的时间很短，在整个沉降过程中往往可忽略不计。

等速段中颗粒相对于流体的运动速度 $u = u_t$，u_t 称为沉降速度。由式（4-4a）可知，等速段的合力关系：

$$\frac{\pi}{6} d^3 \rho_s g = \frac{\pi}{6} d^3 \rho g + \zeta A \rho \frac{u_t^2}{2}$$

整理后可得到重力沉降速度 u_t 的关系式

$$u_t = \sqrt{\frac{4 d (\rho_s - \rho) g}{3 \zeta \rho}} \tag{4-5}$$

利用式（4-5）计算沉降速度时，首先需要确定阻力系数 ζ。通过量纲分析可知，ζ 是颗粒对流体作相对运动时的雷诺数 Re_t 的函数，即

$$\zeta = f(Re_t)$$

$$Re_t = \frac{d u_t \rho}{\mu}$$

式中 μ——流体的黏度，Pa·s。

ζ 与 Re_t 的关系通常由实验测定，如图 4-24 所示。

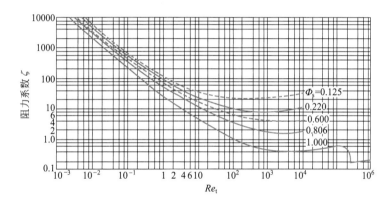

图 4-24　不同球形度下的 ζ 与 Re_t 的关系曲线

为了便于计算 ζ，可将球形颗粒的 ζ 曲线分为三个区域，即

层流区（$10^{-4} < Re_t \leqslant 2$）　　　　　　$\zeta = \dfrac{24}{Re_t}$ $\tag{4-6}$

过渡区（$2 < Re_t < 10^3$）　　　　　　$\zeta = \dfrac{18.5}{Re_t^{0.6}}$ $\tag{4-7}$

湍流区（$10^3 \leqslant Re_t < 2 \times 10^5$）　　　$\zeta = 0.44$ $\tag{4-8}$

由式（4-6）～式（4-8）可知，在层流区内，流体黏性引起的摩擦阻力占主要地位，而随着 Re_t 的增加，流体经过颗粒的绕流问题则逐渐突出，因此在过渡区，由黏度引起的摩擦阻力和绕流引起的形体阻力二者都不可忽略；而在湍流区，流体黏度对沉降速度基本已无影响，形体阻力占主要地位。

将式（4-6）～式（4-8）分别代入式（4-5），可得到球形颗粒在各区中沉降速度的计算式，即

层流区　　　　　　　　$u_t = \dfrac{d^2 (\rho_s - \rho) g}{18 \mu}$ $\tag{4-9}$

过渡区　　　　　　$u_t = 0.27 \sqrt{\dfrac{d (\rho_s - \rho) g}{\rho} Re_t^{0.6}}$ $\tag{4-10}$

湍流区 $$u_t = 1.74\sqrt{\dfrac{d(\rho_s - \rho)g}{\rho}} \tag{4-11}$$

式(4-9)~式(4-11)分别称为斯托克斯公式、艾伦公式和牛顿公式。

计算颗粒的沉降速度时，常采用试差法，即先假设颗粒沉降属于某个区域，选择相对应的计算公式进行计算，然后再将计算结果用雷诺数 Re_t 进行校核，若与原假设区域一致，则计算的 u_t 有效，否则按计算出来的 Re_t 值另选区域，直至校核与假设相符为止。

【例 4-1】 某厂拟用重力沉降净化河水。河水水密度为 $1000 kg/m^3$，黏度为 $1.1 \times 10^{-3} Pa \cdot s$，其中颗粒可近似视为球形，粒径为 $0.1 mm$，密度为 $2600 kg/m^3$。求颗粒的沉降速度。

解 假设沉降处于层流区，由斯托克斯定律，得

$$u_t = \frac{d^2(\rho_s - \rho)}{18\mu}g = \frac{(10^{-4})^2 \times (2600 - 1000)}{18 \times 1.1 \times 10^{-3}} \times 9.81 = 7.93 \times 10^{-3} \ (m/s)$$

$$Re_t = \frac{du_t\rho}{\mu} = \frac{10^{-4} \times 7.93 \times 10^{-3} \times 1000}{1.1 \times 10^{-3}} = 0.721 < 2$$

因此，假设成立，$u_t = 7.93 \times 10^{-3} m/s$。

2. 实际沉降

上述计算沉降速度的方法，是在下列条件下建立的：颗粒沉降时彼此相距较远，互不干扰；忽略容器壁对颗粒沉降的阻滞作用。

若颗粒之间的距离很小，即使没有相互接触，一个颗粒沉降时亦会受到其他颗粒的影响，这种沉降称为干扰沉降。实际沉降多为干扰沉降，实际沉降速度小于自由沉降速度。各因素的影响如下：

（1）颗粒含量的影响　周围颗粒的存在和运动将相互影响，使颗粒的沉降速度较自由沉降时小。例如，由于大量颗粒下降，将置换下方流体并使之上升，从而使沉降速度减小。颗粒含量越大，这种影响越大，达到一定沉降要求所需的沉降时间越长。

（2）颗粒形状的影响　对于同种颗粒，球形颗粒的沉降速度要大于非球形颗粒的沉降速度。这是因为非球形颗粒的表面积相对较大，沉降时受到的阻力也较大。

（3）颗粒大小的影响　在其他条件相同时，粒径越大，沉降速度越大，越容易分离。如果颗粒大小不一，大颗粒将对小颗粒产生撞击，其结果是大颗粒的沉降速度减小，而对沉降起控制作用的小颗粒的沉降速度加快，甚至因撞击导致颗粒聚集而进一步加快沉降。

（4）流体性质的影响　流体密度与颗粒密度相差越大，沉降速度越大；流体黏度越大，沉降速度越小，因此，对于高温含尘气体的沉降，通常需先散热降温，以便获得更好的沉降效果。

（5）流体流动的影响　流体的流动会对颗粒的沉降产生干扰，为了减少干扰，进行沉降时要尽可能控制流体流动处于稳定的低速。因此，工业上的重力沉降设备，通常尺寸很大，其目的之一就是降低流速，消除流动干扰。

（6）器壁的影响　器壁的影响是双重的，一是摩擦干扰，使颗粒的沉降速度下降；二是吸附干扰，使颗粒的沉降距离缩短。

为简化计算，实际沉降可近似按自由沉降处理，由此引起的误差在工程上是可以接受的。只有当颗粒含量很大时，才需要考虑颗粒之间的相互干扰。

3. 降尘室的生产能力的计算

凭借重力以除去气体中的尘粒的沉降设备称为降尘室，如图 4-25 所示。含尘气体从入口

进入后，容积突然扩大，流速降低，粒子在重力作用下发生重力沉降。只要颗粒能够在气体通过降尘室的时间内降至室底，便可从气流中分离出来。生产中，为了提高气固分离的能力，在气道中可加设若干块折流挡板，延长气流在气道中的行程，增加气流在降尘室的停留时间，还可以促使颗粒在运动时与器壁和挡板的碰撞，而后落入器底或集尘斗内，从而提高分离效率。

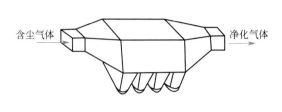

图 4-25　降尘室

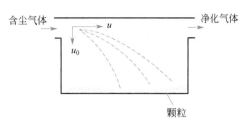

图 4-26　颗粒在降尘室内的运动情况

如图 4-26 所示，从颗粒在降尘室内的运动情况看，气体在降尘室内的停留时间为

$$\tau = \frac{l}{u} \tag{4-12}$$

式中　τ——气流在气道内的停留时间，s；

　　　l——降尘室的长度，m；

　　　u——气流在降尘室的水平速度，m/s。

颗粒在降尘室中所需的沉降时间（以降尘室顶部计算）

$$\tau' = \frac{h}{u_0} \tag{4-13}$$

式中　h——降尘室的高度，m；

　　　u_0——气流在降尘室的垂直速度，m/s。

沉降分离满足的基本条件为 $\tau \geqslant \tau'$

$$\frac{l}{u} \geqslant \frac{h}{u_0} \tag{4-14}$$

即停留时间应不小于沉降时间。

气流在降尘室的水平速度为

$$u = \frac{V_s}{hb} \tag{4-15}$$

式中　V_s——降尘室的生产能力，m³/s；

　　　b——降尘室的宽度，m。

将式(4-15)代入式(4-14)，并整理得

$$V_s \leqslant blu_0 \tag{4-16}$$

可见，降尘室的生产能力只与沉降面积 bl 和颗粒的沉降速度 u_0 有关，而与降尘室的高度 h 无关。因此，降尘室常做成扁平形状。

（二）离心沉降

当分散相与连续相密度差较小或颗粒细小时，在重力作用下沉降速度很低。利用离心力的作用使固体颗粒沉降速度加快以达到分离的目的，这样的操作称为离心沉降。

离心沉降不仅大大提高了沉降速度，设备尺寸也可缩小很多。

与颗粒在重力场中相似，颗粒在离心力场中也受到三个力的作用，即惯性离心力、向心力

（与重力场中的浮力相当，其方向为沿半径指向旋转中心）和阻力（与颗粒径向运动方向相反，沿半径指向中心）。

若为球形颗粒，其直径为 d，则上述三个力分别为

离心力
$$F_c = \frac{\pi}{6} d^3 \rho_s a \tag{4-17}$$

向心力
$$F_b = \frac{\pi}{6} d^3 \rho a \tag{4-18}$$

阻力
$$F_d = \frac{\pi}{4} d^2 \zeta \frac{\rho u_r^2}{2} \tag{4-19}$$

式中　d——球形颗粒的直径，m；

　　　a——颗粒的离心加速度，m/s^2；

　　　u_r——颗粒与流体在径向上的相对速度，m/s。

当合力为零时
$$F_c = F_b + F_d \tag{4-20}$$

离心沉降速度为

$$u_r = \sqrt{\frac{4d(\rho_s - \rho)a}{3\zeta\rho}} \tag{4-21}$$

将式(4-21)和式(4-5)比较后可以看出，颗粒的离心沉降速度与重力沉降速度的计算通式相似。因此计算重力沉降速度的式(4-9)~式(4-11)及所对应的流动区域仍可用于离心沉降，仅需将重力加速度 g 改为离心加速度 a，将 Re_t 中的 u_t 用 u_r 代替即可。

故离心沉降速度计算式为

层流区
$$u_r = \frac{d^2(\rho_s - \rho)a}{18\mu} \tag{4-22}$$

过渡区
$$u_r = 0.153 \left[\frac{d^{1.6}(\rho_s - \rho)a}{\rho^{0.4}\mu^{0.6}} \right]^{1/1.4} \tag{4-23}$$

湍流区
$$u_r = 1.74 \sqrt{\frac{d(\rho_s - \rho)a}{\rho}} \tag{4-24}$$

其中
$$Re_t = \frac{d u_r \rho}{\mu} \tag{4-25}$$

进一步比较可见，对于在相同流体介质中的颗粒，离心沉降速度与重力沉降速度之比仅取决于离心加速度与重力加速度之比，其比值称为离心分离因数。

$$K_c = \frac{a}{g} \tag{4-26}$$

离心分离因数是反映离心沉降设备工作性能的主要参数。对某些高速离心机，分离因数 K_c 值可高达数十万，旋风或旋液分离器的分离因数一般在 5~2500 之间，可见离心沉降设备的分离效果远较重力沉降设备为高。

【例 4-2】 采用离心沉降，拟旋转半径为 0.1m，旋转线速度为 3m/s，试计算直径为 $50\mu m$、密度为 $2650 kg/m^3$ 的球形石英颗粒在 20℃水中颗粒的离心沉降速度。

解　由于颗粒的 Re_t 与沉降区未知，计算沉降速度需试差。

假设沉降属于层流区，上述数据代入式(4-22)，得

$$u_r = \frac{d^2(\rho_s - \rho)a}{18\mu} = \frac{(50\times10^{-6})^2 \times (2650-998) \times 3^2/0.1}{18\times1.01\times10^{-3}} = 20.46\times10^{-3} \text{ (m/s)}$$

校核流型：

$$Re_t = \frac{du_r\rho}{\mu} = \frac{50\times10^{-6}\times20.46\times10^{-3}\times998}{1.01\times10^{-3}} = 1.01 < 2$$

假设层流区正确，$u_r = 20.46\times10^{-3}$ m/s 计算结果有效，即球形石英颗粒在 20℃水中离心沉降速度为 20.46×10^{-3} m/s。

二、过滤

过滤是分离悬浮液最常用和最有效的单元操作之一。它是利用重力、离心力或压力差使悬浮液通过多孔性过滤介质，其中固体颗粒被截留，滤液穿过介质流出以达到固液混合物的分离。与沉降分离相比，过滤操作可使悬浮液的分离更迅速、更彻底。

（一）基本概念

1. 过滤过程与过滤介质

如图 4-27 所示，在过滤操作中，待分离的悬浮液称为滤浆或料浆，被截留下来的固体集合称为滤渣或滤饼，透过固体隔层的液体称为滤液，所用多孔性物质称为过滤介质。

常用的过滤介质主要有以下几类：

① 织物介质　又称滤布，包括由天然或合成纤维或玻璃丝、金属丝制成的织物。织物介质薄，阻力小，清洗与更新方便，价格比较便宜，是工业上应用最广的过滤介质。

② 多孔固体介质　如素烧陶瓷、烧结金属（或玻璃）、塑料细粉粘成的多孔塑料。这类介质较厚，孔道细，阻力较大，能截留 $1\sim3\mu m$ 的微小颗粒。

③ 堆积介质　由各种固体颗粒（砂、木炭、石棉粉等）或非编织的纤维（玻璃棉等）堆积而成，层较厚。

④ 多孔膜　由高分子材料制成，膜很薄（几十微米到 $200\mu m$），孔很小，可以分离小到 $0.005\mu m$ 的颗粒。

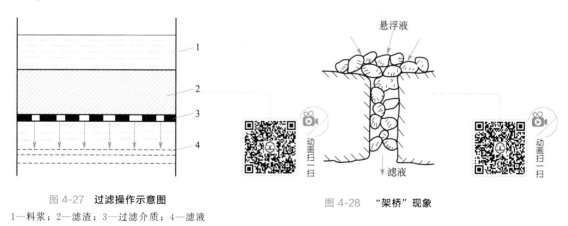

图 4-27　**过滤操作示意图**
1—料浆；2—滤渣；3—过滤介质；4—滤液

图 4-28　**"架桥"现象**

良好的过滤介质除能达到所需分离要求外，还应具有足够的机械强度、较小的流动阻力、耐腐蚀性及耐热性等。

2. 过滤方式

过滤方式有两种，滤饼过滤（又称表面过滤）和深层过滤。

① 滤饼过滤　滤饼过滤是利用滤饼本身作为过滤隔层的一种过滤方式。由于滤浆中固体

颗粒的大小往往很不一致，在过滤开始阶段，会有一部分细小颗粒从介质孔道中通过而使得滤液浑浊，但会有部分颗粒在介质孔道中发生"架桥"现象（如图 4-28 所示），随着颗粒的逐步堆积，形成了滤饼，同时滤液也慢慢变得澄清。因此，在过滤中，起主要过滤作用的是滤饼而不是过滤介质。

② 深层过滤　深层过滤时，固体颗粒不形成滤饼而是被截留在较厚的过滤介质空隙内，常用于处理量大而悬浮液中颗粒小、固体含量低（体积分数小于 0.001）且颗粒直径较小（小于 5μm）的情况。

3. 助滤剂

随着过滤操作的进行，饼层厚度和流动阻力都逐渐增加。不同特性的颗粒，流动阻力也不同。若悬浮液中的颗粒具有一定的刚性，当滤饼两侧压力差增大时，所形成的滤饼空隙率不会发生明显改变，这种滤饼称为不可压缩滤饼；而非刚性颗粒形成的滤饼在压力差作用下会压缩变形，称为可压缩滤饼。

为了减少可压缩滤饼的阻力，可使用助滤剂改变滤饼结构，增加滤饼的刚性，提高过滤速率。对助滤剂的基本要求为：① 具有较好的刚性，能与滤渣形成多孔床层，使滤饼具有良好的渗透性和较低的流动阻力；② 具有良好的化学稳定性，不与悬浮液反应，也不溶解于液相中。助滤剂一般不宜用于滤饼需要回收的过滤过程。常见的助滤剂有硅藻土、珍珠岩、炭粉、纤维素等。

4. 过滤的推动力

过滤过程的推动力可以是重力、离心力或压力差。在实际过滤操作过程中，以压力差和离心力为推动力的过滤操作比较常见。

依靠重力为推动力的过滤称为重力过滤。重力过滤的过滤速度慢，仅适用于小规模、大颗粒、含量少的悬浮液过滤。依靠离心力为推动力的过滤称为离心过滤。离心过滤速度快，但受到过滤介质强度及其孔径的制约，设备投资和动力消耗也比较大，多用于固相颗粒粒度大、浓度高、液体含量较少的悬浮液。

过滤的推动力是在滤饼上游和滤液出口之间造成压力差而进行的过滤称为压差过滤，可分为加压过滤和真空吸滤。如果压差是通过在介质上游加压形成的，则称为加压过滤；如果压差是在过滤介质的下游抽真空形成的，则称为减压过滤（或真空抽滤）。

5. 过滤操作周期

过滤操作分连续和间歇两种操作方式，但都存在一个操作周期问题。过滤过程的操作周期主要包括过滤、洗涤、卸渣、清理等步骤。对于板框过滤机等需装拆的过滤设备，还包括组装过程。显然核心为"过滤"这一步，其余均属辅助步骤，但又必不可少。比如，过滤后，滤饼空隙中残留一定量滤液，为了回收这部分滤液，或者避免滤饼被滤液所沾污，必须将这部分滤液从滤饼中分离出来，因此，就需要用水或其他溶剂对滤饼进行洗涤。过滤操作中，应尽量缩短过滤辅助时间，以提高生产效率。

（二）影响过滤速率的因素

过滤速率是指单位时间内通过单位过滤面积的滤液体积，m^3 滤液$/(m^2 \cdot s)$。它表明过滤设备的生产强度，即设备性能的优劣。影响过滤速率的因素众多，下面作一定性分析。

1. 悬浮液黏度的影响

黏度越小，过滤速率越快。因此对热料浆不应在冷却后再过滤，必要时还可将料浆先适当预热；由于料浆浓度越大，其黏度也越大，为了降低滤浆的黏度，某些情况下也可以将料浆加以稀释再进行过滤。

2. 过滤推动力的影响

重力过滤设备简单，但推动力小，过滤速率慢，一般仅用来处理固体含量少且容易过滤的悬浮液；加压过滤可获得较大的推动力，过滤速率快，并可根据需要控制压差大小。但压差越大，对设备的密封性和强度要求越高，即使设备强度允许，也还受到滤布强度、滤饼的压缩性等因素的限制，因此，加压操作的压力不能太大，以不超过 0.5MPa 为宜。真空过滤也能获得较大的过滤速率，但操作的真空度受到液体沸点等因素的限制，不能过高，一般在 85kPa 以下。离心过滤的过滤速率快，但设备复杂，投资费用和动力消耗都较大，多用于颗粒粒度相对较大、液体含量较少的悬浮液的分离。一般说来，对不可压缩滤饼，增大推动力可提高过滤速率，但对可压缩滤饼，加压却不能有效地提高过滤的速率。

3. 滤饼的影响

滤饼是过滤阻力的重要贡献者，构成滤饼的颗粒的形状、大小、滤饼紧密度和厚度等都对过滤阻力有较大影响。显然，颗粒越细，滤饼越紧密、越厚，其阻力越大。当滤饼厚度增大到一定程度，过滤速率会变得很慢，操作再进行下去是不经济的，这时只有将滤饼卸去，进行下一个周期的操作。操作中，设法维持较薄的滤饼厚度对提高过滤速率是十分重要的。

4. 过滤介质的影响

过滤介质的孔隙越小，厚度越厚，则产生的阻力越大，过滤速率越小。由于过滤介质的主要作用是促进滤饼形成，因此，要根据悬浮液中颗粒的大小来选择合适的过滤介质。

任务四　板框压滤机的操作

一、操作方法

1. 开车前的检查和准备

① 在滤框两侧先铺好滤布，将滤布上的孔对准滤框角上的进料孔，滤布如有折叠，操作时容易产生泄漏。

② 板框装好后，压紧活动机头上的螺旋。

③ 检查滤浆进口阀及洗涤水进口阀是否关闭。

④ 检查确认电气、仪表正常，油压系统的油压正常，润滑系统油位正常。

⑤ 确认挤压、滤布洗涤、滤饼洗涤系统正常；在控制盘上检查确认指示灯正常。

⑥ 开启空气压缩机，将压缩空气送入贮浆罐，注意压缩空气压力表的读数，待压力达到规定值，准备开始过滤。

⑦ 若采用螺杆泵输送滤浆，开车前的准备工作还需参见螺杆泵运行注意事项。

2. 过滤操作

① 开启过滤压力调节阀，注意观察过滤压力表读数，过滤压力达到规定数值后，调节维持过滤压力的稳定（若采用螺杆泵输送滤浆，利用螺杆泵的出口旁路阀门的开度来调节过滤压力）。

② 开启滤液贮槽出口阀，接着开启过滤机滤浆进口阀，将滤浆送入压滤机，过滤开始。

③ 观察滤液，若滤液为清液时，表明过滤正常。发现滤液有浑浊或带有滤渣，说明过滤过程中出现问题，应停止过滤，检查滤布及安装情况，滤板、滤框是否变形，有无裂纹，管路

有无泄漏等。

④ 定时记录过滤压力，检查板与框的接触面是否有滤液泄漏。

⑤ 当出口处滤液量变得很小时，说明板框中已充满滤渣，过滤阻力增大使过滤速度减慢，这时可以关闭滤浆进口阀，停止过滤。

⑥ 开启洗水出口阀，再开启过滤机洗涤水进口阀向过滤机内送入洗涤水，在相同压力下洗涤滤渣，直至洗涤符合要求。

3. 停车

关闭过滤压力表前的调节阀及洗水进口阀，松开活动机头上的螺旋，将滤板滤框拉开，卸出滤饼，并将滤板和滤框清洗干净，以备下一循环使用。

4. 紧急停车

当可能出现人身安全事故或设备事故时必须进行紧急停车。

在控制室内 DSC 上有紧急停车按钮，只要将其按下，包括板框式压滤机在内的所有设备将进行紧急停车。

5. 注意事项与日常维护

① 经常检查滤饼情况，通过滤饼判断板框式压滤机运行状况。

② 压滤机停止使用时，应冲洗干净，转动机构应保持整洁，无油污油垢。

③ 滤布每次清洗时应清洗干净，避免滤渣堵塞滤孔。

④ 注意仪表、键盘、按钮等的防潮、防热、防尘工作。

⑤ 停车时要仔细检查，发现问题及时处理，以便下车开车时顺利进行。

二、安全生产

从操作方式看来，连续过滤较间歇过滤安全。连续式过滤机循环周期短，能自动洗涤和自动卸料，其过滤速度较间歇式过滤机高，且操作人员脱离与有毒物料接触，因而比较安全。

间歇式过滤机由于卸料、装合过滤机、加料等各项辅助操作的经常重复，所以较连续式过滤周期长，且人工操作，劳动强度大、直接接触毒物，因此不安全。如间歇式操作的吸滤机、板框式压滤机等。

加压过滤机，当过滤中能散发有害的或有爆炸性的气体时，不能采用敞开式过滤机操作，而要采用密闭式过滤机，并以压缩空气或惰性气体保持压力。在取滤渣时，应先放压力，否则会发生事故。

对于离心过滤机，应注意其选材和焊接质量，并应限制其转鼓直径与转速，以防止转鼓承受高压而引起爆炸。因此，在有爆炸危险的生产中，最好不使用离心机而采用转鼓式、带式等真空过滤机。

✎ 训练与自测

一、技能训练

1. 操作板框压滤机。

2. 操作离心机。

3. 操作旋风分离器、袋滤器。

二、问题思考

1. 在化工生产中常见的非均相物系有哪几类？请举例说明。

2.举例说明非均相物系分离在化工生产中有哪些应用。

3.非均相物系的分离方法有哪些类型？各是如何实现两相分离的？

4.试分析离心沉降与重力沉降的异同点。

5.如何提高离心设备的分离能力？

6.如何计算理想状态下自由沉降速度？同时说明实际生产过程中沉降速度的影响因素。

7.怎样理解降尘室的生产能力与降尘室的高度无关？

8.影响过滤速率的因素有哪些？

9.简述板框压滤的操作要点。

10.如何根据生产任务合理选择非均相物系的分离方法？

三、工艺计算

1.试计算直径为 $50\mu m$ 的球形颗粒（其密度为 $2650kg/m^3$），在 20℃水中和 20℃常压空气中的自由沉降速度。

2.求密度为 $2150kg/m^3$ 的烟灰球粒在 20℃空气作层流沉降的最大直径。

3.直径为 $10\mu m$ 的石英颗粒随 20℃的水作旋转运动，在旋转半径 $r=0.05m$ 处的切向速度为 $12m/s$，求该处的离心沉降速度和离心分离因数。

项目五

蒸　发

 学习目标

知识目标　掌握蒸发操作的基本原理、单效蒸发流程与工艺计算、蒸发器的生产能力与生产强度及其影响因素；理解溶液沸点升高及其确定方法、多效蒸发的流程及效数限制；了解蒸发操作的特点及其工业应用；各种典型蒸发器的结构特点、性能及应用范围；蒸发操作的经济性及节能措施。

技能目标　能根据生产任务对典型蒸发器（如中央循环管式蒸发器等）实施基本操作，能运用蒸发基本理论与工程技术观点分析和解决蒸发操作中常见故障；能根据工艺过程需要正确查阅和使用常用的工程计算图表、手册等，并进行必要的工艺计算，如蒸发水量计算、加热蒸汽用量计算、传热面积计算等。

素质目标　培养团结协作精神，知识应用和创新意识，节能与环保的职业素质，安全生产和严格遵守操作规程的职业操守。

项目案例

某厂欲将10t/h、60℃、10％的NaOH水溶液浓缩至20％，试确定该蒸发任务的生产方案（蒸发器的选型、加热剂的选择及其工艺参数的确定、操作规程等），并进行节能、环保、安全的实际生产操作，完成该蒸发任务。

任务一　了解蒸发过程及其应用

一、蒸发在化工生产中的应用

将含有非挥发性物质的稀溶液加热至沸腾，使部分溶剂汽化并被移除，溶液浓缩得到浓溶液或制取溶剂的过程称为蒸发。蒸发是化工、轻工、冶金、医药和食品加工等工业生产中常用的一种单元操作。例如：在化工生产中，用电解法制得烧碱溶液的浓度一般只在10％左右，要得到42％左右的符合工艺要求的浓碱液需通过蒸发操作。在制糖工业中，从甘蔗中提取出来的蔗汁经过澄清处理后，必须经过蒸发工段浓缩成糖浆后，才能适应煮糖结晶的要求。

就工艺目的而言，蒸发在工业上的应用有以下三个方面。

① 将稀溶液浓缩直接得到液体产品，例如果汁浓缩；或者先通过蒸发过程使溶液浓缩，再利用结晶、干燥等单元操作将浓缩液进一步加工处理获取固体产品。

② 获取溶液中的溶剂作为产品，例如海水蒸发制取淡水。

③ 同时制取浓缩液和回收溶剂，例如制药中浸取液的蒸发。

蒸发是一种分离过程，可使溶液中的溶质与溶剂得到部分分离，但溶剂与溶质分离是靠热源传递热量使溶剂沸腾汽化，溶剂的汽化速率取决于传热速率。

使蒸发连续进行，必须做到两个方面：① 不断地向溶液提供热能，以维持溶剂的汽化；② 及时移走产生的蒸汽，否则，蒸汽与溶液将逐渐趋于平衡，使汽化不能继续进行。

二、蒸发操作的特点

1. 溶液沸点升高

被蒸发物料应是由挥发性的溶剂和不挥发性的溶质组成的溶液，在整个蒸发操作过程中，只有溶剂量减少，溶质的质量是不变的。由于在相同温度下，溶液的蒸气压比纯溶剂的蒸气压要小，所以在相同的压力下，溶液沸点比纯溶剂的沸点要高，且一般随浓度的增加而升高。在考虑传热速率，确定传热推动力时，必须关注到溶液沸点升高带来的影响。

2. 物料及工艺特性

在浓缩过程中，由于被蒸发溶液种类和性质的不同，多数的设备和操作方式也随之有很大差异。例如有些热敏性物质在高温下易分解变质；有些物料有较大的腐蚀性；有些物料在浓缩过程中会析出结晶或结垢使传热过程恶化等。因此，应根据物料的特性和工艺要求，选择适宜的蒸发方法和设备。

3. 泡沫夹带

二次蒸汽中常夹带大量液沫，冷凝前必须设法除去，否则不但损失溶质，而且要污染冷凝设备。

另外，操作中要将大量溶剂汽化，需要消耗大量的热能，因此，蒸发操作的节能问题将比一般传热过程更为突出。

三、蒸发操作的分类

1. 按溶剂的汽化温度不同分类

溶剂的汽化可分别在低于沸点和沸点时进行，当低于沸点时进行，称为自然蒸发。如海水制盐用太阳晒，此时溶剂的汽化只能在溶液的表面进行，蒸发速率缓慢，生产效率较低，故该法在其他工业生产中较少采用。若溶剂的汽化在沸点温度下进行，则称为沸腾蒸发，溶剂不仅在溶液的表面汽化，而且在溶液内部的各个部分同时汽化，蒸发速率大大提高。工业生产中普遍采用沸腾蒸发。

2. 按二次蒸汽利用情况分类

根据二次蒸汽是否用作另一个蒸发器的加热蒸汽，可将蒸发分为单效蒸发和多效蒸发。若蒸发出来的二次蒸汽被直接冷凝而不再利用，称为单效蒸发；将几个蒸发器按一定的方式组合起来，利用前一个蒸发器的二次蒸汽作为后一个蒸发器的加热蒸汽进行操作，称为多效蒸发。采用多效蒸发是减小加热蒸汽消耗量，节约热能的主要途径。

3. 按操作压力分类

根据操作压力的不同，可将蒸发分为常压蒸发、加压蒸发和减压蒸发（真空蒸发）。

常压操作的特点是可采用敞口设备，二次蒸汽可直接排放于大气中，但会造成对环境的污染，适用于临时性或小批量的生产。

加压操作则可提高二次蒸汽的温度，从而提高其利用价值，但要求加热蒸汽的压力相对较高。在多效蒸发中，前面几效通常采用加压操作。

减压操作由于溶液沸点降低，从而具有以下优点：①在加热蒸汽压力一定时，蒸发器的传热温度差增大；②可利用低压蒸汽或废蒸汽作为加热蒸汽；③可防止热敏性物料变质或分解；④系统的热损相应减小。但是，由于溶液沸点降低，黏度增大，导致传热系数减小，同时造成真空需要消耗动力和增加设备。该法适用于处理热敏性物料。

4. 按操作方式分类

根据操作过程是否连续，蒸发可分为间歇蒸发和连续蒸发。间歇蒸发的特点是：蒸发过程中，溶液的浓度和沸点随时间改变，所以是非稳态操作，适合于小规模多品种的场合。连续蒸发为稳态操作，适合于大规模的生产过程。

四、蒸发流程

(一) 单效蒸发及其流程

如图 5-1 所示是一套典型的单效真空蒸发操作装置——硝酸铵水溶液蒸发流程。左面的设备是用来进行蒸发操作的主体设备——蒸发器，它的下部是由若干加热管组成的加热室，生蒸汽在管间（壳方）被冷凝，它所释放出来的冷凝潜热通过管壁传给被加热的溶液，使溶液沸腾汽化。在沸腾汽化过程中，将不可避免地要夹带一部分液体，为此，在蒸发器的上部设置了一个称为分离室的分离空间，并在其出口处装有除沫装置，以便将夹带的液体分离开，蒸汽则进入冷凝器内，被冷却水冷凝后排出。由于溶剂的汽化，加热室管内的溶液浓度得到提高，浓缩以后的浓缩液称为完成液，从蒸发器的底部出料口排出。

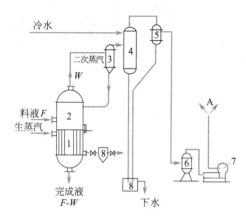

图 5-1　单效真空蒸发流程
1—加热室；2—分离室；3—二次分离器；
4—混合冷凝器；5—汽液分离器；6—缓冲罐；
7—真空泵；8—冷凝水排除器

(二) 多效蒸发及其流程

1. 多效蒸发原理

蒸发的操作费用主要是汽化溶剂（水）所消耗的蒸汽动力费。每汽化 1kg 的水所消耗的加热蒸汽量称为单位蒸汽消耗量（即 D/W），它表示加热蒸汽的利用程度，其值越小，经济性越好。

在单效蒸发中，从溶液中蒸发出 1kg 水，通常需要消耗 1kg 以上的加热蒸汽，单位蒸汽消耗量大于 1，只适合在小批量生产或间歇生产的场合下使用。对于大规模的工业生产过程，为了减少加热蒸汽消耗量，可采用多效蒸发的方法。

多效蒸发时要求后效的操作压力和溶液的沸点均较前效为低，因此可引入前效的二次蒸汽作为后效的加热介质，即后效的加热室成为前效二次蒸汽的冷凝器，仅第一效需要消耗生蒸汽，从而大大降低了能量的消耗，这就是多效蒸发的操作原理。

表 5-1 列出了从单效到五效的单位蒸汽消耗量的大致情况。

表 5-1　单位蒸汽消耗量概况

效数	单效	双效	三效	四效	五效
D/W	1.1	0.57	0.4	0.3	0.27

从表中可以看出，随着效数的增加，单位蒸汽消耗量减少，因此所能节省的加热蒸汽费用增多，但效数增多，设备费用也相应增加。目前工业生产中使用的多效蒸发装置一般为3～5效。

2. 多效蒸发的流程

根据蒸汽流向与物料流向的相对关系，可将多效蒸发操作分为以下四种流程。

（1）并流加料流程　这是工业上最常见的加料方法，如图 5-2 所示。并流加料又称顺流加料，即溶液与加热蒸汽的流向相同，都是由第一效顺序流至末效。并流加料流程的优点是：溶液借助于各效压力依次降低的特点，靠相邻两效的压差，溶液自动地从前效流入后效，无需用泵进行输送；因后一效的蒸发压力低于前一效，其沸点也较前一效低，故溶液进入后一效时便会发生自蒸发（或闪蒸），多蒸发出一些水蒸气；此流程操作简便，容易控制。其缺点是：后一效的溶液浓度较大，而温度又较低，黏度显著增加，因而传热系数小很多，使整个蒸发系统的生产能力降低。因此，并流加料流程只适用于黏度不大的料液的蒸发。

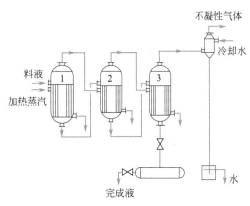

图 5-2　并流加料流程

（2）逆流加料流程　如图 5-3 所示，加热蒸汽从第一效顺序流至末效，而原料液则由末效加入，然后用泵依次输送至前效，完成液最后从第一效底部排出。

逆流加料流程的优点是：随着溶液浓度的逐效增加，其温度也随之升高。因此各效溶液的黏度较为接近，使各效的传热系数基本保持不变。其缺点是效与效之间必须用泵来输送溶液，增加了电能消耗；各效进料温度（末效除外）都较沸点为低，故与并流法比较，所产生的二次蒸汽量减少。

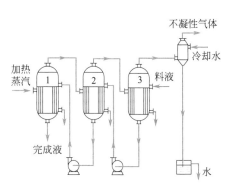

图 5-3　逆流加料流程

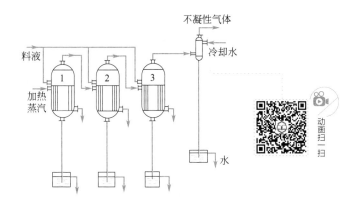

图 5-4　平流加料流程

（3）平流加料流程　如图 5-4 所示，该流程中每一效都送入原料液，放出完成液，加热蒸汽的流向从第一效至末效逐效依次流动。其特点是溶液不在效间流动，适用于蒸发过程中有结晶析出的情况或要求得到不同浓度溶液的场合。

(4)错流加料流程 此法的特点是在各效间兼有并流和逆流加料法。例如在三效蒸发设备中,溶液流向可为3—1—2或2—3—1。此法的目的是利用并流和逆流加料法的优点,克服或减轻二者的缺点,但其操作比较复杂。

任务二 认知蒸发设备

蒸发属于传热过程,其设备与一般的传热设备并无本质上的区别。但是,在蒸发过程中,需要不断移除产生的二次蒸汽,而二次蒸汽不可避免地会夹带一些溶液,因此,它除了需要进行传热的加热室外,还要有一个进行汽液分离的蒸发室(这两部分组成蒸发设备的主体——蒸发器)。另外,还应有使液沫进一步分离的除沫器、除去二次蒸汽的冷凝器以及真空蒸发中采用的真空泵等辅助设备。

一、蒸发器的形式与结构

蒸发器由加热室和分离室两部分组成。根据加热室的结构形式和溶液在加热室中的运动情况不同,可分为自然循环型蒸发器、强制循环型蒸发器、膜式蒸发器、浸没燃烧蒸发器及板式蒸发器等。

(一)自然循环型蒸发器

循环型蒸发器的特点是溶液在蒸发器内循环流动。根据造成循环的原因不同,又分为自然循环型蒸发器和强制循环型蒸发器。前者是由于溶液受热程度不同,产生密度差而引起循环的;后者则是利用外加动力迫使溶液进行循环。常用的自然循环型蒸发器有下列几种。

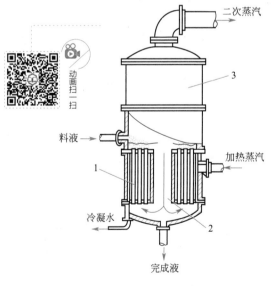

图 5-5 中央循环管式蒸发器
1—加热室;2—中央循环管;3—蒸发室

1.中央循环管式蒸发器

(1)结构 如图5-5所示,这种蒸发器在工业上应用最广泛,加热室如同列管式换热器一样,由1~2m长的竖式管束组成,称为沸腾管,中间有一个直径较大的管子,称为中央循环管,它的截面积约等于其余加热管总面积的40%~60%,由于它的截面积较大,管内的液体量比单根小管中要多;而单根小管的传热效果比中央循环管好,使小管内的液体温度比大管中高,造成两种管内液体存在密度差,再加上二次蒸汽上升时的抽吸作用,使得溶液从沸腾管上升,从中央循环管下降,构成一个自然对流的循环过程。

(2)工作原理 加热室内沸腾溶液夹带着一些液滴,进入蒸发室,在重力作用下,液滴落回到加热室,蒸汽从顶部排出;经浓缩后的溶液则从下部排出。

(3)特点 这种蒸发器具有结构紧凑、制造方便、传热较好及操作可靠等优点,应用广泛，有"标准式蒸发器"之称，但由于结构上的限制，循环速度不大。溶液在加热室中不断循环，其浓度很接近完成液的浓度，因而溶液的沸点上升大，这也是循环式蒸发器的共同缺点。此外，设备的清洗和维修也不够方便，适用于大量稀溶液及不易结晶、腐蚀性小溶液的蒸发。

2. 悬筐式蒸发器

（1）结构　如图 5-6 所示，针对中央循环管式蒸发器的溶液流动速度慢以及清洗、维修不便的缺点，悬筐式蒸发器作了改进。其加热室像个篮筐，悬挂在蒸发器壳体的下部，溶液循环原理与中央循环管式蒸发器相同。加热室外壁与壳体内壁间形成环形通道，环形循环通道的截面积为加热管总截面积的 100%～150%。

（2）工作原理　加热蒸汽总管由壳体上部进入加热室管间，管内为溶液。溶液在加热管内上升，由环形通道下降，形成自然循环，因加热室内的溶液温度较环形循环通道中的溶液温度高得多，故其循环速度较中央循环管式蒸发器要高，一般为 1～1.5m/s。

（3）特点　悬筐式蒸发器的优点是传热系数较大，热损失较小；由于悬挂的加热室可由蒸发器上方取出，故其清洗和检修都比较方便。其缺点是结构复杂，单位传热面金属消耗量大。

3. 外加热式蒸发器

其结构如图 5-7 所示，其加热室置于蒸发室的外侧。加热室与蒸发室分开的优点是：便于清洗和更换；可以降低蒸发器总高度；循环管不受蒸汽加热，与加热管中流体的密度差增加，使溶液的循环速度加大，有利于提高传热系数；还可设两个加热室轮换使用。其缺点为单位传热面积的金属耗量大，热损失也较大。

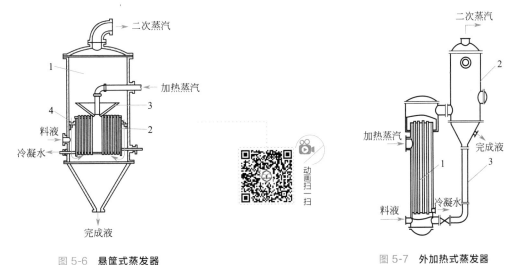

图 5-6　**悬筐式蒸发器**
1—蒸发室；2—加热室；3—除沫器；4—环形循环通道

图 5-7　**外加热式蒸发器**
1—加热室；2—蒸发室；3—循环管

4. 列文式蒸发器

上述几种自然循环蒸发器，其循环速度均在 1.5m/s 以下，一般不适用于蒸发黏度较大、易结晶或结垢严重的溶液，否则操作周期就很短。为了提高自然循环速度以延长操作周期和减少清洗次数，可采用图 5-8 所示的列文式蒸发器。

（1）结构　它是自然循环蒸发器中比较先进的一种形式，主要部件为加热室、沸腾室、循环管和蒸发室。主要结构特点是加热室的上部增设沸腾室，这样，使加热管内的溶液所受的压力增大，溶液在加热管内达不到沸腾状态。随着溶液的循环上升，溶液所受的压力逐步减小，通过工艺条件的控制，使溶液在脱离加热管时开始沸腾，这样，溶液的沸腾层移到了加热室外

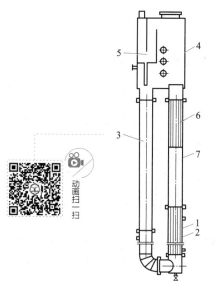

图 5-8　列文式蒸发器
1—加热室；2—加热管；3—循环管；
4—蒸发室；5—除沫器；
6—挡板；7—沸腾室

动画扫一扫

进行，从而减少了溶液在加热管壁上因沸腾浓缩而析出结晶或结垢的机会。由于列文式蒸发器具有这种特点，所以又称为管外沸腾式蒸发器。

（2）特点　列文式蒸发器的循环管截面积比一般自然循环蒸发器的截面积要大，通常为加热管总截面积的 2～3.5 倍，使得溶液循环时阻力减小；且加热管和循环管都相当长，通常可达 7～8m，增加了溶液循环的推动力，循环速度可达 2～3m/s，主要缺点是设备相当庞大，金属消耗量大，需要高大的厂房；同时，为了保证较高的溶液循环速度，要求有较大的温度差，因而要使用压力较高的加热蒸汽。

（二）强制循环型蒸发器

上述几种蒸发器内溶液均依靠加热管（沸腾管）与循环管内物料的密度差形成自然循环流动，循环速度难以进一步提高，因而在外热式基础上出现了强制循环型蒸发器，其结构如图 5-9 所示。

（1）结构　在循环管下部设置一个循环泵，通过外加机械能迫使溶液以较高的速度（1.5～5.0m/s）沿一定方向循环流动。循环速度的大小可通过调节循环泵的流量来控制。

（2）工作原理　溶液由泵自下而上地送入加热室内，在流动过程中因受热而沸腾，沸腾的汽液混合物以较高的速度进入蒸发室内，室内的除沫器（挡板）促使其进行汽液分离，蒸汽自上部排出，液体沿循环管下降被泵再次送入加热室而循环。

（3）特点　其优点是传热系数较自然循环蒸发器大得多，因此传热速率和生产能力较高。在相同的生产任务下，蒸发器的传热面积比较小，适于处理黏度大、易析出结晶和结垢的溶液。其缺点是需要消耗动力和增加循环泵，每平方米加热面积大约需要 0.4～0.8kW 的动力消耗。

（三）膜式蒸发器

膜式蒸发器的基本特点是溶液沿加热管呈膜状流动（上升或下降），一次通过加热室即可浓缩到所要求的浓度，又称单程型蒸发器。优点是传热效率高，蒸发速度快，溶液受热时间短，特别适用于热敏性物料的蒸发。

按溶液在加热管内流动方向以及成膜原因的不同，膜式蒸发器可以分为以下几种类型。

1. 升膜式蒸发器

（1）结构　如图 5-10 所示，加热室由垂直长管组成，管径为 25～50mm，管长和管径之比为 100～150。

（2）工作原理　料液由底部进入加热管，受热沸腾后迅速汽化；生成的蒸汽在管内高速上

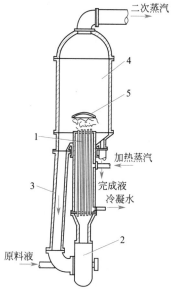

图 5-9　强制循环型蒸发器
1—加热管；2—循环泵；3—循环管；
4—蒸发室；5—除沫器

升，料液受到高速上升蒸汽的带动，沿管壁成膜状上升，并继续蒸发；汽液在顶部分离室内分离，二次蒸汽从顶部逸出，完成液则由底部排出。

（3）特点　适用于蒸发量较大、有热敏性和易产生泡沫的溶液，而不适用于有结晶析出或易结垢的物料。

2. 降膜式蒸发器

如图 5-11 所示，它与升膜式蒸发器的结构基本相同，其区别在于原料液由加热管的顶部加入，溶液在自身重力作用下沿管内壁成膜状下降并进行蒸发，浓缩后的液体从加热室的底部进入分离器内，并从底部排出，二次蒸汽由分离室顶部逸出。每根加热管的顶部装有降膜式分布器（见图 5-12），以保证每根管子的内壁都能为料液所润湿，并不断有液体缓缓流过。降膜式蒸发器同样适用于蒸发热敏性物料，不适用易结晶、结垢或黏度很大的物料。

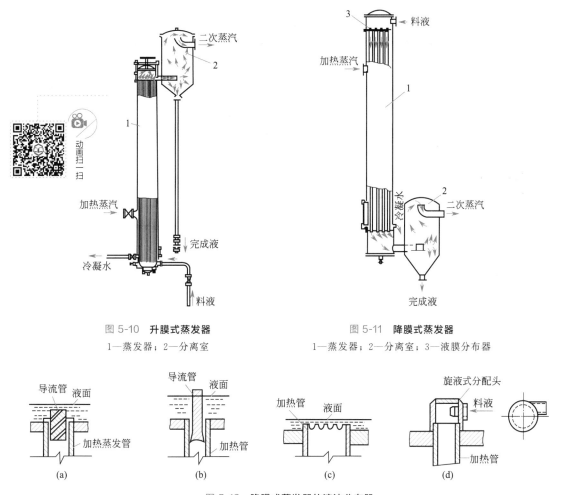

图 5-10　**升膜式蒸发器**
1—蒸发器；2—分离室

图 5-11　**降膜式蒸发器**
1—蒸发器；2—分离室；3—液膜分布器

图 5-12　**降膜式蒸发器的液沫分布器**

3. 升-降膜式蒸发器

将升膜和降膜蒸发器装在一个壳体中，即构成升-降膜式蒸发器，如图 5-13 所示。预热后的原料液先经升膜加热管上升，然后由降膜加热管下降，再在分离室中和二次蒸汽分离后即得完成液。这种蒸发器多用于蒸发过程中溶液黏度变化大、水分蒸发量不大和厂房高度受到限制的场合。

4. 刮板薄膜式蒸发器

（1）结构　它是一种利用外加动力成膜的单程型蒸发器，其结构如图 5-14 所示。蒸发器有一个带加热夹套的壳体，壳体内装有旋转刮板，旋转刮板有固定和转子式两种，前者与壳体内壁的间隙为 0.75～1.5mm，后者与器壁的间隙随转子转数不同而异。

（2）工作原理　溶液在蒸发器上部沿切向进入，利用旋转刮板的刮带和重力的作用，使液体在壳体内壁上形成旋转下降的液膜，并在下降过程中不断被蒸发浓缩，在底部得到完成液。

（3）特点　突出优点在于对物料的适应性强，对容易结晶、结垢的物料以及高黏度的热敏性物料都能适用。其缺点是结构比较复杂，动力消耗大，因受夹套加热面积的限制（一般为 3～4m^2，最大也不超过 20m^2），只能用在处理量较小的场合。

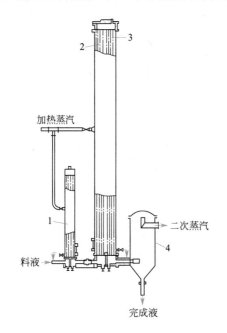

图 5-13　升-降膜式蒸发器

1—预热器；2—升膜加热室；3—降膜加热室；4—分离室

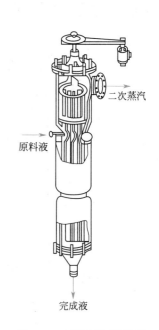

图 5-14　刮板薄膜式蒸发器

（四）浸没燃烧蒸发器

其结构如图 5-15 所示。它是将燃料（通常是煤气或重油）与空气在燃烧室混合燃烧后产生的高温烟气直接喷入被蒸发的溶液中，高温烟气与溶液直接接触，使得溶液迅速沸腾汽化。蒸发出的水分与烟气一起由蒸发器的顶部直接排出。

此类蒸发器的优点是结构简单，传热效率高，特别适用于处理易结晶、结垢或有腐蚀性的物料的蒸发，但不适用于不可被烟气污染的物料的处理，而且它的二次蒸汽也很难利用。

（五）板式蒸发器

板式蒸发器是近年发展起来的一种新型高效节能蒸发设备，如图 5-16 所示。和传统的管式蒸发器比较，它具有以下几个特点：①传热效率高，K 值一般为 3500～5800kW/(m^2·K)，比管壳式蒸发器高 2～4 倍，因而在同等条件下所需传热面积小；②结构紧凑，体积小，特别适用于老厂改造、技改等充分利用原有设备，克服空间局限的场合；③质量轻，传热板薄，耗用金属量少，仅为列管式加热器的 $\frac{1}{4}$～$\frac{1}{3}$；④加热物料在加热器中停留时间短，内部死角少，适用于热敏性物料的加热；⑤操作灵活，设备余量大，可根据需要增加或减少板片的数量以改变其加热面积或工作条件；⑥可使用较低温度热源，回收低温热源中的热量，冷热物料之间的传热温差可减少到 4～5℃。鉴于它具有汽耗低、产能高等特点，将成为蒸发器未来发展的一个方向。

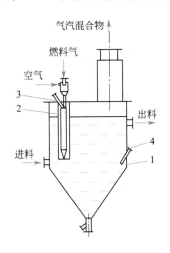

图 5-15　浸没燃烧蒸发器

1—外壳；2—燃烧室；3—点火口；4—测温管

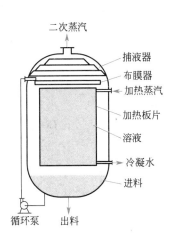

图 5-16　板式降膜蒸发器结构示意

二、蒸发器的辅助设备

1. 除沫器

蒸发操作时，二次蒸汽中夹带大量的液体，虽然在分离室中进行了分离，但是为了防止溶质损失或污染冷凝液体，还需设法减少夹带的液沫，因此在蒸汽出口附近设置除沫装置。

除沫器的形式很多，图 5-17 所示的为经常采用的形式，(a)～(d) 可直接安装在蒸发器的

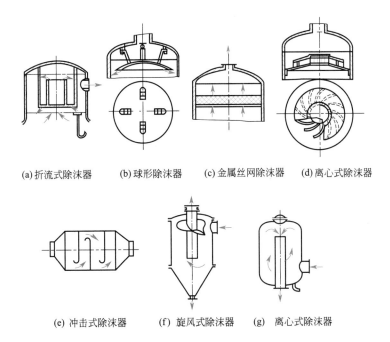

(a)折流式除沫器　(b)球形除沫器　(c)金属丝网除沫器　(d)离心式除沫器

(e) 冲击式除沫器　(f) 旋风式除沫器　(g) 离心式除沫器

图 5-17　除沫器的主要形式

顶部，(e)~(g) 安装在蒸发器的外部。它们大都是使夹带液沫的二次蒸汽的速度和方向多次发生改变，利用液滴较大的惯性力以及液体对固体表面的润湿能力使之沾附于固体表面并与蒸汽分开。

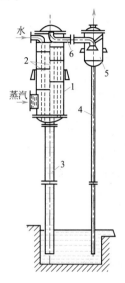

图 5-18　逆流高位冷凝器
1—外壳；2—淋水板；3,4—气压管；
5—分离罐；6—不凝性气体管

2. 冷凝器和真空装置

要使蒸发操作连续进行，除了必须不断地提供溶剂汽化所需要的热量外，还必须及时排除二次蒸汽。因此，冷凝器是蒸发操作中不可缺少的辅助设备之一，其作用是将二次蒸汽冷凝成液态水后排出。冷凝器有间壁式和直接接触式两类。除了二次蒸汽是有价值的产品需要回收或会严重污染冷却水的情况下，应采用间壁式冷凝器外，大多采用汽液直接接触的混合式冷凝器来冷凝二次蒸汽。

常见的逆流高位冷凝器的结构如图 5-18 所示。冷却水由顶部加入，依次经过各淋水板的小孔或溢流堰流下，与底部进入、逆流上升的二次蒸汽直接接触，使二次蒸汽不断冷凝。水和冷凝液沿气压管（俗称"大气腿"）流至地沟后排走。空气和其他不凝性气体则由顶部抽出，在分离器中将夹带的液沫分离后进入真空装置。在这种冷凝器中，汽、液两相各自分别排出，故称干式；其气压管需要有足够的高度（大于 10m）才能使冷凝液自动流向地沟，故称高位式。除此之外，还有湿式、低位式冷凝器等。

当蒸发器采用减压操作时，无论采用哪一种冷凝器，均需在冷凝器后设置真空装置，不断排除二次蒸汽中的不凝性气体，从而维持蒸发操作所需的真空度。常用的真空装置有喷射泵、往复式真空泵以及水环式真空泵等。

3. 冷凝水排除器

加热蒸汽冷凝后生成的冷凝水必须要及时排除，否则冷凝水积聚于蒸发器加热室的管外，将占据一部分传热面积，降低传热效果。排除的方法是在冷凝水排出管路上安装冷凝水排除器（又称疏水器）。它的作用是在排除冷凝水的同时，阻止蒸汽的排出，以保证蒸汽的充分利用。

三、蒸发器的选用

蒸发器的形式很多。在选用时，除了要求结构简单、易于制造、清洗和维修方便外，还应结合物料的工艺特性，包括物料的黏性、热敏性、腐蚀性、结晶和结垢性等要求，选择适宜的形式。

（1）溶液的黏度　蒸发过程中溶液黏度变化的范围，是选型首要考虑的因素。有些料液浓度增大时，黏度也随着增大，而使流速降低，传热系数也随之减小，生产能力下降。故对黏度较高或经加热后黏度会增大的料液，不宜选用自然循环型，而应选用强制循环型。如刮板式或降膜式浓缩器。

（2）溶液的热敏性　长时间受热易分解、易聚合以及易结垢的溶液蒸发时，应采用滞料量少、停留时间短的蒸发器。食品工业中常用低温蒸发，或在较高温度下的瞬时受热蒸发来解决热敏性物料蒸发过程的特殊要求。一般选用各种薄膜式或真空度较高的蒸发浓缩器。

（3）有晶体析出的溶液　大量结晶沉积则会妨碍加热面的热传导，严重时会堵塞加热管。要使有结晶的溶液正常蒸发，则要选择带搅拌的或强制循环蒸发器，用外力使结晶保持悬浮状态。

（4）易发泡的溶液　易发泡的溶液在蒸发时会生成大量泡沫，充满了整个分离室后即随二次蒸汽排出，一方面造成溶液的损失，增加产品的损耗，另一方面污染其他设备，严重时会造成操作不能进行。蒸发这种溶液宜采用外热式蒸发器、强制循环蒸发器或升膜式蒸发器。若将中央循环管蒸发器和悬筐蒸发器的分离室设计大一些，也可用于这种溶液的蒸发。

（5）有腐蚀性的溶液　蒸发腐蚀性溶液时，加热管应采用特殊材质制成，或内壁衬以耐腐蚀材料。若溶液不怕污染，也可采用浸没燃烧蒸发器。

（6）易结垢的溶液　无论蒸发何种溶液，蒸发器长久使用后，传热面上总会有污垢生成。垢层的导热系数小，因此对易结垢的溶液，应考虑选择便于清洗和溶液循环速度大的蒸发器。

（7）溶液的处理量　溶液的处理量也是选型应考虑的因素。要求传热面大于 10m^2 时，不宜选用刮板搅拌薄膜蒸发器；要求传热面在 20m^2 以上时，宜采用多效蒸发操作。

表 5-2 列举了常见蒸发器的主要性能，供选型时参考。

表 5-2　常见蒸发器的主要性能

蒸发器形式	造价	传热系数		溶液在管内流速/(m/s)	停留时间	完成液浓度能否恒定	浓缩比	处理量	能否适应物料工艺特性					
		稀溶液	高黏度						稀溶液	高黏度	易起泡	易结垢	热敏性	析出结晶
标准式	最廉	良好	低	0.1～0.5	长	能	良好	一般	适	适	适	尚适	尚适	稍适
悬筐式	较高	较好	低	1～1.5	长	能	良好	一般	适	适	适	适	尚适	适
外热式	廉	高	高	0.4～1.5	较长	能	良好	较大	适	尚适	较好	尚适	尚适	稍适
列文式	高	高	良好	1.5～2.5	较长	能	良好	较大	适	尚适	较好	尚适	尚适	稍适
强制循环	高	高	高	2.0～3.5	较长	能	较高	大	适	好	好	适	尚适	适
升膜式	廉	高	良好	0.4～1.0	短	较难	高	大	适	尚适	尚适	尚适	良好	不适
降膜式	廉	良好	高	0.4～1.0	短	尚能	高	大	较适	好	适	不适	良好	不适
刮板式	最高	高	高	－	短	尚能	高	小	较适	好	较适	适	适	良好

任务三　获取蒸发知识

由于工业上被蒸发的溶液大多为水溶液，故以单效、间接加热、连续定态操作的水溶液蒸发为例介绍蒸发过程的工艺计算，包括蒸发器的物料衡算、热量衡算和传热面积计算；其基本原理和设备对非水溶液的蒸发，原则上也适用或可作参考。

一、蒸发水量

在蒸发操作中，单位时间内从溶液中蒸发出来的水分量可以通过物料衡算求得。对图 5-19 所示的单效蒸发，根据在蒸发过程中溶液中溶质的量不变（因为溶质不挥发），有：

$$Fx_0 = (F-W)x_1 \qquad (5-1)$$

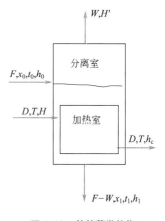

图 5-19　单效蒸发的物料衡算和能量衡算

式中 F——进料量，kg/h；

  W——蒸发水量，kg/h；

  x_0——原料液中溶质的质量分数；

  x_1——完成液中溶质的质量分数。

由式（5-1）可得水的蒸发量和完成液的浓度：

$$W = F\left(1 - \frac{x_0}{x_1}\right) \tag{5-1a}$$

$$x_1 = \frac{Fx_0}{F - W} \tag{5-2}$$

【例 5-1】 在浓缩烧碱生产操作中，采用一单效连续蒸发器将 10t/h、含量为 11.6% 的 NaOH 溶液浓缩至 18.3%（均为质量分数），试求每小时需要蒸发的水分量。

解 已知 $F = 10\text{t/h} = 10000\text{kg/h}$，$x_0 = 0.116$，$x_1 = 0.183$

按式(5-1a)，得：

$$W = 10000 \times \left(1 - \frac{11.6\%}{18.3\%}\right) = 3660 \ (\text{kg/h})$$

二、加热蒸汽消耗量

加热蒸汽消耗量可通过热量衡算求得。参见图 5-19，对蒸发器进行热量衡算得：

$$DH + Fh_0 = WH' + (F - W)h_1 + Dh_c + Q_L \tag{5-3}$$

或

$$Q = D(H - h_c) = WH' + (F - W)h_1 - Fh_0 + Q_L \tag{5-3a}$$

式中 D——加热蒸汽消耗量，kg/h；

  H——加热蒸汽的焓，kJ/kg；

  h_0——原料液的焓，kJ/kg；

  H'——二次蒸汽的焓，kJ/kg；

  h_1——完成液的焓，kJ/kg；

  h_c——冷凝水的焓，kJ/kg；

  Q_L——蒸发器的热损，kJ/h；

  Q——加热蒸汽放出的热量，kJ/h。

考虑溶液浓缩热不大，将 H' 取 t_1 下饱和蒸汽的焓，则式(5-3a) 可以写成

$$D = \frac{Fc_0(t_1 - t_0) + Wr' + Q_L}{r} \tag{5-4}$$

式中 r——加热蒸汽的汽化潜热，kJ/kg；

  r'——二次蒸汽在 t_1 下的汽化潜热，kJ/kg；

  c_0——原料液的比热容，kJ/(kg·K)。

由式(5-4) 可知，加热蒸汽放出的热量用于：①原料液由 t_0 升温到 t_1；②使水在 t_1 下汽化生成二次蒸汽；③热损。

若原料液在沸点下进入蒸发器，即 $t_0 = t_1$，忽略热损，则由式(5-4) 可写为：

$$D = \frac{Wr'}{r} \tag{5-5}$$

或
$$e = \frac{D}{W} = \frac{r'}{r}$$
(5-5a)

由于水的汽化潜热随压力变化不大，可视 $r' \approx r$，则 $e \approx 1$。可知：对于单效蒸发，理论上每蒸发 1kg 水约需消耗 1kg 加热蒸汽量，但实际上，由于热损等因素，e 值约为 1.1 或更大。

【例 5-2】 在一连续操作的单效真空蒸发器中，将 1000kg/h 的 NaOH 水溶液由 0.1 浓缩至 0.2（均为质量分数）。操作条件下，溶液的沸点为 90℃。已知原料液的比热容为 3.8kJ/(kg·K)，加热蒸汽压力为 0.2MPa，蒸发器的热损失按热流体放出热量的 5% 计算，忽略溶液的稀释热。试求：(1) 蒸发水量；(2) 原料液分别在 20℃、90℃ 和 120℃ 进入蒸发器时的加热蒸汽消耗量及单位蒸汽消耗量。

解 (1) 蒸发水量 由式(5-1a) 可得

$$W = F\left(1 - \frac{x_0}{x_1}\right) = 1000 \times \left(1 - \frac{0.1}{0.2}\right) = 500 \text{ (kg/h)}$$

(2) 加热蒸汽消耗量 查得 90℃ 的饱和蒸汽和 0.2MPa（即 200kPa）的饱和蒸汽的汽化潜热分别为 2283.1kJ/kg 和 2204.6kJ/kg。

依题意，结合式(5-4) 可得：

$$D = \frac{Fc_0(t_1 - t_0) + Wr'}{0.95r}$$

① 20℃ 进料时，蒸汽消耗量为：

$$D = \frac{1000 \times 3.8 \times (90-20) + 500 \times 2283.1}{0.95 \times 2204.6} = 672 \text{ (kg/h)}$$

$$e = \frac{D}{W} = \frac{672}{500} = 1.34$$

② 90℃ 进料时，加热蒸汽消耗量为：

$$D = \frac{500 \times 2283.1}{0.95 \times 2204.6} = 545 \text{ (kg/h)}$$

$$e = \frac{D}{W} = \frac{545}{500} = 1.09$$

③ 120℃ 进料时，加热蒸汽消耗量为：

$$D = \frac{1000 \times 3.8 \times (90-120) + 500 \times 2283.1}{0.95 \times 2204.6} = 491 \text{ (kg/h)}$$

$$e = \frac{D}{W} = \frac{491}{500} = 0.98$$

计算结果表明，进料温度越高，加热蒸汽消耗量越小，e 值越小。

三、蒸发器的生产强度

1. 蒸发器的生产能力

蒸发器的生产能力用单位时间内蒸发的水分量来表示，其单位为 kg/h。而生产能力的大小仅取决于蒸发器的传热速率 Q，由式(5-4) 有

$$Q = KS\Delta t_m = Fc_0(t_1 - t_0) + Wr' + Q_L$$
(5-6)

2. 蒸发器的生产强度

在评价蒸发器的性能优劣时，往往不用蒸发器的生产能力，通常用蒸发器的生产强度来衡

量。蒸发器的生产强度简称蒸发强度，是指单位时间单位传热面积上所蒸发的水分量，用符号 U 表示，单位为 $kg/(m^2 \cdot h)$，即

$$U = \frac{W}{S} \tag{5-7}$$

若原料液为沸点进料，且忽略蒸发器各种热损失，则由式(5-6)可得：

$$U = \frac{W}{S} = \frac{K \Delta t_m}{r'} \tag{5-8}$$

3. 提高生产强度的途径

(1) 提高传热温度差   蒸发的传热温度差 Δt_m 主要取决于加热蒸汽和冷凝器中二次蒸汽的压力。因此工程上采取以下措施来实现：

① 提高加热蒸汽压力   加热蒸汽的压力越高，其饱和温度也越高，但是加热蒸汽压力常受工厂的供汽条件所限，一般为 300~500kPa，有时可达到 600~800kPa。

② 采用真空操作   真空操作会使溶液的沸点降低，可以提高 Δt_m 和生产强度，还可防止或减少热敏性物料的分解。但应指出，真空操作时，势必要增加真空泵的功率消耗和操作费用的提高；还会使溶液黏度增大，造成沸腾传热系数下降。因此，一般冷凝器中的操作压力为 10~20kPa。

(2) 提高总传热系数   总传热系数 K 值主要取决于溶液的性质、沸腾状态、操作条件和蒸发器的结构等。因此，合理设计蒸发器以实现良好的溶液循环流动，及时排除加热室中不凝性气体，定期清洗蒸发器（加热室内管），均是提高和保持蒸发器在高强度下操作的重要措施。

四、蒸发器的节能措施

1. 多效蒸发

如前所述，在大规模工业生产操作中，需蒸发大量水分时，势必要消耗大量的加热蒸汽。为提高加热蒸汽的经济性，广泛采用多效蒸发。

2. 额外蒸汽的引出

在多效蒸发操作中，有时将二次蒸汽引出一部分作为其他加热设备的热源，这部分蒸汽称为额外蒸汽。其流程如图 5-20 所示，这可使整个系统总能量消耗下降，加热蒸汽的经济性进一步提高。同时，由于进入冷凝器的二次蒸汽量减少，也降低了冷凝器的热负荷。

3. 冷凝水显热的利用

蒸发过程中，每一个蒸发器的加热室都会排出大量的冷凝水。为了充分利用这些冷凝水的热能，可将其用来预热原料液或加热其他物料；也可以通过减压闪蒸的方法，产生部分蒸汽再利用其潜热。冷凝水的闪蒸或称蒸发，是将温度较高的液体减压使其处于过热状态，从而利用自身的热量使其蒸发的操作，如图 5-21 所示，将上一效的冷凝水通过闪蒸减压至下一效加热室的压力，其中部分冷凝水将闪蒸成蒸汽，将它和上一效的二次蒸汽一起作为下一效的加热蒸汽。

4. 热泵蒸发

将蒸发器蒸出的二次蒸汽用压缩机压缩，提高它的压力，倘若压力又达加热蒸汽压力时，则可送回入口，循环使用，加热蒸汽只作为启动或补充泄漏、损失等用，因此节省了大量生蒸汽，流程如图 5-22 所示。

5. 多级多效闪蒸

利用闪蒸的原理，现已开发出一种新的、经济性和多效蒸发相当的蒸发方法，其流程如

图 5-23 所示, 稀溶液经加热器加热至一定温度后进入减压的闪蒸室, 闪蒸出部分水而溶液被浓缩; 闪蒸产生的蒸汽用来预热进加热器的稀溶液以回收其热量, 本身变为冷凝液后排出。多级闪蒸可以利用低压蒸汽作为热源, 设备简单紧凑, 不需要高大的厂房, 其最大的优点是蒸发过程在闪蒸室中进行, 解决了物料在加热管管壁结垢的问题, 其经济性也较高, 因而近年来应用渐广。它的主要缺点是动力消耗较大, 需要较大的传热面积, 也不适用于沸点上升较大物料的蒸发。

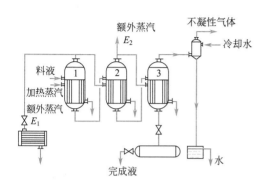

图 5-20　引出额外蒸汽的蒸发流程

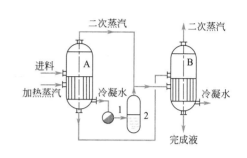

图 5-21　冷凝水的闪蒸

1—冷凝水排出器; 2—冷凝水闪蒸器; A, B—蒸发器

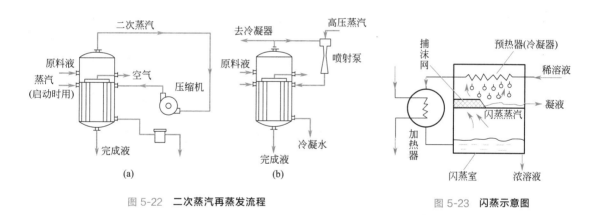

图 5-22　二次蒸汽再蒸发流程

图 5-23　闪蒸示意图

任务四　蒸发器的操作

一、操作方法

蒸发系统的日常运行操作包括系统开车、设备操作运行及停车等方面。

（1）系统开车　首先应严格按照操作规程, 进行开车前准备。先认真检查加热室是否有水, 避免在通入蒸汽时剧热或水击引起蒸发器的整体剧振; 检查泵、仪表、蒸汽与冷凝汽管路、加料管路等是否完好。开车时, 根据物料、蒸发设备及所附带的自控装置的不同, 按照事先设定好的程序, 通过控制室依次按规定的开度、规定的顺序开启加料阀、蒸汽阀, 并依次查看各效分离罐的液位显示。当液位达到规定值时再开启相关输送泵; 设置有关仪表设定值, 同时置其为自动状态；对需要抽真空的装置进行抽真空；监测各效温度，检查其蒸发情况；通过有关仪表观测产品浓度，然后增大有关蒸汽阀门开度以提高蒸汽流量；当蒸汽流量达到期望值时，调节加料流量以控制浓缩液浓度，一般来说，减少加料流量则产品浓度增大，而增大加料流量，浓度降低。

在开车过程中由于非正常操作常会出现许多故障，最常见的是蒸汽供给不稳定。这可能是因为管路冷或冷凝液管路内有空气所致，应注意检查阀、泵的密封及出口，当达到正常操作温度时，就不会出现这种问题；也可能是由于空气漏入二效、三效蒸发器所致，当一效分离罐工艺蒸汽压力升高超过一定数值时，这种泄漏就会自行消失。

（2）设备操作运行 设备运行中，必须精心操作，严格控制。注意监测蒸发器各部分的运行情况及规定指标。通常情况下，操作人员应按规定的时间间隔检查调整蒸发器的运行情况，并如实做好操作记录。当装置处于稳定运行状态下，不要轻易变动性能参数，否则会使装置处于不平衡状态，并需花费一定时间调整以达平缓，这样就造成生产的损失或者出现更坏的影响。

控制蒸发装置的液位是关键，目的是使装置运行平稳，从一效到另一效的流量更趋合理、恒定。有效地控制液位也能避免泵的"汽蚀"现象，保证泵的使用寿命。

为确保故障条件下连续运转，所有的泵都应配有备用泵，并在启动泵之前，检查泵的工作情况，严格按照要求进行操作。

按规定时间检查控制室仪表和现场仪表读数，如超出规定，应迅速查找原因。

如果蒸发料液为腐蚀性溶液，应注意检查视镜玻璃，防止腐蚀。一旦视镜玻璃腐蚀严重，当液面传感器发生故障时，会造成危险。

（3）停车 停车有完全停车、短期停车和紧急停车之分。当蒸发器装置将长时间不启动或因维修需要排空的情况下，应完全停车。对装置进行小型维修只需短时间停车时，应使装置处于备用状态。如果发生重大事故，则应采取紧急停车。对于事故停车，很难预知可能发生的情况，一般应遵循如下几点：

① 当事故发生时，首先用最快的方式切断蒸汽（或关闭控制室气动阀，或现场关闭手动截止阀），以避免料液温度继续升高。

② 考虑停止料液供给是否安全，如果安全，应用最快方式停止进料。

③ 再考虑破坏真空会发生什么情况，如果判断出不会发生不利情况，应该打开靠近末效真空器的开关以打破真空状态，停止蒸发操作。

④ 要小心处理热料液，避免造成伤亡事故。

二、安全生产

（1）严格控制各效蒸发器的液面，使其处于工艺要求的适宜位置。

（2）在蒸发容易析出结晶的物料时，易发生管路、加热室、阀门等的结垢堵塞现象。因此需定期用水冲洗保持畅通，或者采用真空抽拉等措施补救。

（3）经常调校仪表，使其灵敏可靠。如果发现仪表失灵要及时查找原因并处理。

（4）经常对设备、管路进行严格检查、探伤，特别是视镜玻璃要经常检查、适时更换，以防因腐蚀造成事故。

（5）检修设备前，要泄压泄料，并用水冲洗降温，去除设备内残存腐蚀性液体。

（6）操作、检修人员应穿戴好防护衣物，避免热液、热蒸汽造成人身伤害。

（7）拆装法兰螺丝时应对角拆卸或紧固，而且按步骤执行，特别是拆卸时，确认已经无液体时再卸下,以免液体喷出,并且注意管口下面不能有人。

(8)检修蒸发器要将物料排放干净,并用热水清洗处理,再用冷水进行冒顶洗出处理。同时要检查有关阀门是否能关死,否则加盲板,以防检修过程中物料窜出伤人。蒸发器放水后,打开人孔让空气置换并降温至 36℃以下,此时检修人员方可穿戴好衣物进入检修,外面需有人监护,便于发生意外时及时抢救。

 训练与自测

一、技能训练

操作蒸发器。

二、问题思考

1.蒸发操作有哪些特点?

2.真空蒸发有哪些优缺点?

3.各种结构蒸发器的特点是什么?并说明各自的改进方向。

4.常用的多效蒸发操作有哪几种流程?各有什么特点?

5.蒸发器也是一种换热器,但它与一般的换热器在选用设备和热源方面有何差异?

6.蒸发器的生产能力和生产强度有何区别?提高其生产强度有哪些途径?如何优化蒸发操作?

7.蒸发操作的能耗巨大,在生产中其节能降耗也尤为重要,请谈谈你关于蒸发节能的可行措施?

三、工艺计算

1.利用一单效蒸发器将某溶液从 5%浓缩至 25%(均为质量分数,下同),每小时处理的原料量为 2000kg。(1)试求每小时应蒸发的溶剂量;(2)如实际蒸发出的溶剂 1800kg/h,求浓缩后溶液的浓度。

2.在单效蒸发器中,将浓度为 23.08%、流量为 3×10^3 kg/h 的 NaOH 水溶液经蒸发浓缩至 48.32%,加热蒸气压力为 60kPa,溶液的沸点为 403K,无水 NaOH 的比热容为 1.3kJ/(kg·K)。热损失略去不计。试计算:(1)单位时间内的水分蒸发量;(2)分别计算 293K、403K 时单位时间内所需加热蒸汽消耗量。

3.要求将 1500kg/h 的 $CaCl_2$ 水溶液从浓度为 0.10 浓缩至 0.25,进料温度为 25℃,操作条件下溶液的沸点为 110℃,所用加热蒸汽为 400kPa,热损取蒸发器热负荷的 5%。试求加热蒸汽消耗量。

学习目标

知识目标　掌握干燥的原理、典型干燥设备的结构特点、工作原理及适用场合；理解湿空气的性质及湿度图、固体物料中湿分的性质、干燥速率及其影响因素；了解干燥过程的传热与传质机理、物料及热量衡算、节能措施。

技能目标　能实施干燥操作；能对操作故障进行初步分析和排除；能正确查阅和使用一些常用的工程计算图表、手册、资料等，并能进行必要的工艺计算和设备的选型。

素质目标　培养工程技术观念；增强运用理论解决实际问题的能力；增强节能、环保意识和严格按操作规程实施安全生产的职业操守。

项目案例

某厂欲将 10t/h、60℃、湿基含水量 32% 的聚氯乙烯树脂干燥至湿基含水量 0.2%，试确定该干燥任务的生产方案（干燥器的选型、干燥介质、加热剂的选择及其工艺参数的确定、操作规程等），并进行节能、环保、安全的实际生产操作，完成该干燥任务。

任务一　了解干燥过程及其应用

一、干燥在化工生产中的应用

化工生产中的固体产品（或半成品）为便于贮藏、运输、加工或应用，须除去其中的湿分（水或其他液体）。例如，药物或食品中若含水过多，久藏必将变质；塑料颗粒含水量若超过规定值，如聚氯乙烯含水超过 0.2%，则会在后续成型加工中产生气泡，影响塑料制品的品质。干燥操作现已广泛应用于化工、石油、医药、纺织、电子、机械制品等行业，在国民经济中占有很重要的地位。

一般而言，干燥在工业生产中的作用主要有以下几个方面：

① 便于贮藏和运输　如化肥的干燥使含水量降到规定值，以减低其因吸湿而结块的现象，

以便于贮藏和运输。

② 满足后序工艺要求　如木材在制作木模、木器前的干燥可以防止制品变形，陶瓷坯料在煅烧前的干燥可以防止成品龟裂，原料矿在沸腾氧化前进行干燥以降低能耗和提高反应速率等。

③ 提高产品质量和有效成分　如食品加工中的奶粉、饼干，药品制造中的很多药剂，其生产过程中的最后一道工序都是干燥，其干燥的好坏直接影响到产品的性能、形态和质量等。

二、固体物料的去湿方法

化工生产中常用的去湿方法主要有以下三类：

① 机械去湿法　即通过过滤、沉降、压榨、离心分离等机械方法除去湿分；

② 物理去湿法　即利用干燥剂（如生石灰、浓硫酸、无水氯化钙等）或吸附剂（如硅胶、分子筛等）来吸收或吸附物料中的少量湿分；

③ 热能去湿法　又称干燥法，即利用热能使湿物料中的水分汽化而除去湿分。

这些去湿方法中，机械法能耗少、费用低，但湿分除去不彻底，如离心分离后的物料含水量在 5%～10%，往往不能满足工艺要求。物理法受吸湿剂平衡浓度的限制，只适用于微量水分的脱除。干燥法湿分由液相变为气相，除湿较为彻底，但能耗大。因此为了节省能耗，一般先采用机械法除去湿物料中的大部分湿分，然后再利用干燥法除湿以制成符合规定的产品。

三、干燥操作的分类

通常，干燥操作按下列方法分类。

（1）按操作压力分　有常压干燥和真空干燥两类。真空操作适于处理热敏性产品（如维生素、抗生素等）和易燃、易爆、易氧化及有毒的物料，或要求成品中含湿量低的场合。

（2）按操作方式分　有间歇式和连续式操作两类。连续操作具有生产稳定、生产能力大、产品质量均匀、热效率高以及劳动条件好等优点，主要用于大型工业化生产，工业干燥多属此类。间歇操作适用于处理小批量、多品种或要求干燥时间较长的物料。

（3）按传热方式分

① 传导干燥　即热能通过传热壁面以传导方式加热物料，所产生的蒸汽被干燥介质带走，或被真空泵抽走，因此又称间接加热干燥。传导干燥热能利用率高，但物料温度不易控制，易过热而变质。

② 对流干燥　即干燥介质直接与湿料接触，热能以对流方式传给物料，所产生的蒸汽被干燥介质带走，因此又称直接加热干燥。干燥介质的温度易于调节，物料不易过热，但干燥介质离开干燥器时，将相当大的一部分热能带走，热能的利用率低。

③ 辐射干燥　即辐射器产生辐射能以电磁波形式到达物料表面，被湿物料吸收并转变为热能，从而使湿分汽化。辐射干燥比上述两种干燥方式的生产强度都要大几十倍，干燥产品均匀而洁净，但能耗高，适用于表面积大而薄的物料，如塑料、布匹、木材、涂料制品等。

④ 介电加热干燥　即利用高频电场的交互作用将置于其内的物料加热并使湿分汽化。电场频率低于 300MHz 的称为高频加热；频率在 300MHz～300GHz 之间的超高频加热称为微波加热。此法加热速度快，加热均匀，热能利用率高；但投资大，操作费用较高。

化工生产中常采用连续操作的对流干燥，以不饱和热空气为干燥介质，湿物料中的湿分也多为水分。本项目即以空气-水系统为讨论对象。显然，除空气外，还可用烟道气等惰性气体为干燥介质，湿分也可以是其他化学溶剂，但其干燥原理与空气-水系统完全相同。

四、对流干燥流程

如图 6-1 所示，在对流干燥过程中，作为干燥介质的热气流温度 t 高于物料表面温度 θ_i，热能以对流方式从干燥介质传给物料表面，再由表面传给物料内部，这是一个传热过程；同时，固体表面水分汽化，其蒸气压 p_i 大于干燥介质水汽分压 p_v，水汽通过物料表面的气膜扩散至热气流主体，湿物料内部水分则扩散至物料表面，这是一个水汽传质过程。因此对流干燥是传质、传热同时进行的过程，热气流既是载热体也是载湿体，干燥过程对其而言是一个降温增湿过程。

典型的对流干燥流程如图 6-2 所示，空气经预热器加热至适当温度，进入干燥器。在干燥器内，热气流与湿物料直接接触，热气流温度降低，湿含量增加，以废气的形式自干燥器另一端排出，湿物料湿分降低而得到干燥产品。

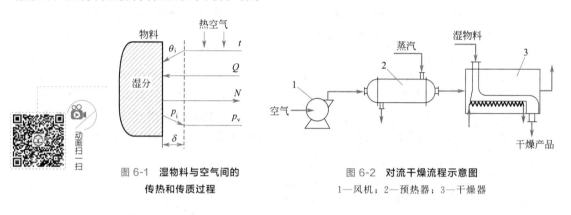

图 6-1　湿物料与空气间的
传热和传质过程

图 6-2　对流干燥流程示意图
1—风机；2—预热器；3—干燥器

任务二　认知干燥设备

一、对干燥设备的基本要求

在化工生产中，由于被干燥物料形状（块状、粒状、溶液、浆状及膏糊状等）和性质（耐热性、含水量、分散性、黏性等）的多样性，生产规模或生产能力的差异性，干燥产品要求（如含水量、形状、强度及粒度等）的不同，干燥器的形式和干燥操作的组织也是多种多样的。为确保优化生产、提高效益，对这些干燥器有如下基本要求：

① 能保证干燥产品的质量要求，如含水量、形状、粒度、强度等；

② 要求干燥速率快，干燥时间短，则干燥设备尺寸小、能耗低；

③ 热效率要高　在对流干燥中，提高热效率的主要途径是减少废气带走的热量，为此干燥器的结构应有利于气-固的接触，以提高热能的利用率；

④ 操作控制方便，劳动条件良好，附属设备简单。

二、常用的工业干燥器

工业上应用的干燥器有数百种之多，按干燥器构造可分为厢式干燥器、气流干燥器、流化床干燥器、喷雾干燥器、转筒干燥器等，下面就对以上几种常用干燥器进行简单介绍。

1. 厢式干燥器（盘式干燥器）

厢式干燥器是古老的干燥设备，主要是以热空气通过湿物料的表面而达到干燥的目的，为典型的常压间歇式干燥设备。小型的称为烘箱，大型的称为烘房。按其结构可分为：水平气流厢式干燥器、穿流气流厢式干燥器、真空厢式干燥器、隧道（洞道）式干燥器、网带式干燥器等。

图 6-3 为水平气流厢式干燥器的结构示意图。它主要由外壁为砖坯或包以绝热材料的钢板所构成的厢形干燥室和放在小车支架上的物料盘等组成。操作时，将需要干燥的湿物料放在物料盘中，用小车一起推入厢内。空气加热至一定程度后，由风机送入干燥器，沿图中箭头指示方向进入下部几层物料盘，将其热量传递给湿物料，并带走湿物料所汽化的水汽，废气一部分排出，另一部分则经上部加热器加热后循环使用。湿物料经干燥达到质量要求后，打开厢门，取出干燥产品。

厢式干燥器结构简单，适应性强，干燥程度可通过改变干燥时间和干燥介质的状态来调节；但厢式干燥器具有物料不能翻动、干燥不均匀、装卸劳动强度大、操作条件差等缺点。一般用于小规模、物料允许在干燥器内停留时间长而不影响产品质量的物料干燥，也适用于多种粒状、片状、膏状、不允许粉碎和较贵重的物料干燥。

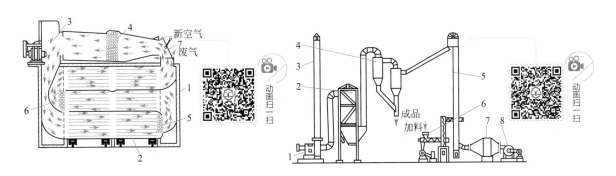

图 6-3　厢式干燥器

1—干燥室；2—小车；3—风机；
4～6—加热器；7—蝶形阀

图 6-4　气流干燥流程示意图

1—抽风机；2—袋滤器；3—排气管；4—旋风分离器；
5—干燥管；6—螺旋加料器；7—加热器；8—鼓风机

2. 气流干燥器

当湿物料为粉粒体，经离心脱水后可在气流干燥器中以悬浮的状态进行干燥。气流干燥器流程如图 6-4 所示。热空气由鼓风机经加热器加热后送入气流管下部，湿物料由加料器加入，悬浮在高速气流中，并与热空气并流向上流动，水分被汽化除去。干物料随气流进入旋风分离器，与湿空气分离后被收集。

气流干燥器具有结构简单、占地面积小、干燥时间短、操作稳定、处理能力大、便于实现自动化控制等优点，特别适合于热敏性物料的干燥。其缺点是气流阻力大，动力消耗大，设备太高，产品易磨碎，旋风分离器负荷大。当要求干燥产物的含水量很低，因干燥时间太短不能达到干燥要求时，应改用其他低气速干燥器继续干燥。

3. 流化床干燥器

降低气速，使物料处于流化阶段，获得足够的停留时间，将含水量降至规定值。图 6-5 为单层圆筒流化床干燥器，控制操作气速在一定范围，湿物料悬浮于气流中，且不被带走，料层呈现流化沸腾状态，物料上下翻滚，与热空气充分接触，实现热质传递而达到干燥目的。干燥产品经床侧出料管卸出，废气从床层顶部排出并经旋风分离器分离出夹带的少量细微粉粒。

流化床干燥器结构简单，造价较低，干燥速率快，热效率较高，物料停留时间可以任意调节，气、固分离比较容易，因而在工业上应用广泛，已发展成为粉粒状物料干燥的主要手段。但流化床干燥器不适用于因湿含量高而严重结块，或在干燥过程中粘接成块的物料，会造成塌床，破坏正常流化。

4. 喷雾干燥器

黏性溶液、悬浮液以及糊状物等可用泵输送的物料，以分散成粒、滴进行干燥最为有利。所用设备为喷雾干燥器，如图 6-6 所示。空气经预热器预热后通入干燥室的顶部，料液由送料泵压送至雾化器，经喷嘴喷成雾状而分散于热气流中，雾滴在向下运动的过程中得到干燥，干晶落入室底，由引风机吸至旋风分离器回收产品。

喷雾干燥器的优点是：干燥速率快，一般只需 3～5s，适用于热敏性物料，可以从料浆直接得到粉末产品；能够避免粉尘飞扬，改善了劳动条件；操作稳定，便于实现连续化和自动化生产。其缺点是设备庞大，能量消耗大，热效率较低。喷雾干燥器特别适合于干燥热敏性物料，如牛奶、蛋制品、血浆、洗衣粉、抗生素、酵母和染料等，已广泛应用于食品、医药、燃料、塑料及化学肥料等行业。

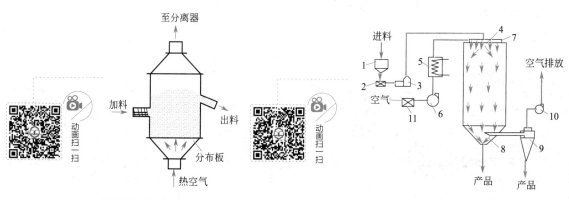

图 6-5 单层圆筒流化床干燥器

图 6-6 喷雾干燥器

1—料罐；2—过滤器；3—泵；4—雾化器；
5—预热器；6—鼓风机；7—空气分布器；
8—干燥室；9—旋风分离器；
10—排风机；11—过滤器

5. 转筒干燥器

团块物料及颗粒较大难以流化的物料可在转筒干燥器中获得一定程度的分散，从而使湿物料达到干燥要求。图 6-7 所示的是用热空气直接加热的逆流操作转筒干燥器，俗称转窑。干燥器的主体为一倾斜角度为 0.5°～6° 的横卧旋转圆筒，物料从转筒高端进入，与低端进入的热空气逆流接触。物料随转筒的旋转慢慢翻滚下移，使物料与热空气充分接触，至低端时物料干燥完毕排出。

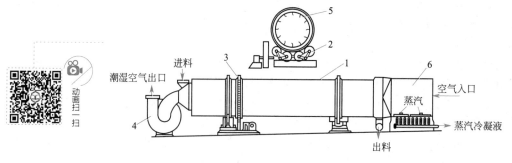

图 6-7 转筒干燥器

1—转筒；2—托轮；3—齿轮（齿圈）；4—风机；5—抄板；6—蒸汽加热器

转筒干燥器的生产能力大，气体阻力小，操作方便，操作弹性大，可用于干燥粒状和块状物料。其缺点是钢材耗用量大，设备笨重，基建费用高。物料在干燥器内停留时间长，且物料颗粒之间的停留时间差异较大，不适合对湿度有严格要求的物料。

三、干燥器的选用

在化工生产中，为完成一定的干燥任务，需要选择适宜的干燥器形式，通常考虑以下各项因素：

① 物料的形态　选择干燥器的最初方式是以原料为基础的，如液体原料的干燥一般选用喷雾干燥器、滚筒干燥器等。

② 物料的热敏性　物料对热的敏感性决定了干燥过程中物料的温度上限，但物料承受温度的能力还与干燥时间的长短有关。对于某些热敏性物料，如果干燥时间很短，即使在较高温度下进行干燥，产品也不会因此而变质。气流干燥器和喷雾干燥器就比较适合于热敏性物料的干燥。

③ 物料的黏附性　物料的黏附性关系到干燥器内物料的流动以及传热与传质的进行。应充分了解物料从湿状态到干燥状态黏附性的变化，以便选择合适的干燥器。

④ 物料的干燥性　对于吸湿性物料或临界含水量很高的物料，应选择干燥时间长的干燥器，如间接加热转筒干燥器；而对临界含水量很低的物料干燥，应选择干燥时间很短的干燥器，例如气流干燥器等。

⑤ 操作压力　大多数干燥器在接近大气压时操作，微弱的正压可避免外界向内部泄漏；当不允许向外界泄漏时则采用微负压操作；而真空操作费用昂贵，仅仅当物料必须在低温、无氧以及在中温或高温产生异味和在溶剂回收、起火、有致毒危险的情况下才推荐采用。

⑥ 干燥产品的形状、质量及价格　干燥食品、药品等不能受污染的物料，所用干燥介质必须纯净，或采用间接加热方式干燥。有些产品在干燥过程中有表面硬化或收缩现象，应考虑干燥速率较慢的干燥器。

⑦ 经济性　在满足干燥的基本要求前提下，尽量选择热效率高的干燥器；而对某一给定的干燥系统，从节能的角度可以考虑气体再循环或封闭循环操作、多级干燥、排气的充分燃烧等。

⑧ 环境因素　若排出的废气中含有污染环境的粉尘或有毒物质，应选择合适的干燥器减少废气排放量或对排出废气加以处理，如用旋风分离器、袋式过滤器和静电除尘器等收尘装置处理。

⑨ 其他因素　设备的制造、维修及操作设备的劳动强度；此外还必须考虑噪声问题。

干燥器的最终选择通常是在产品质量、设备价格、操作费用及安全等方面对其提出一个综合评价方案。在不肯定的情况下应作一些初步的试验以查明设计和操作数据及对特殊操作的适应性。干燥器的选择示例见表 6-1。

表 6-1　干燥器的选择示例

湿物料的状态	物料的实例	处理量	适用的干燥器
液体或泥浆状	洗涤剂、树脂溶液、盐溶液、牛奶等	大批量	喷雾干燥器
		小批量	滚筒干燥器
泥糊状	染料、颜料、硅胶、淀粉、黏土、碳酸钙等的滤饼或沉淀物	大批量	气流干燥器带式干燥器
		小批量	真空转筒干燥器

湿物料的状态	物料的实例	处理量	适用的干燥器
粒状 (0.02~20μm)	聚氯乙烯等合成树脂、合成肥料、磷肥、活性炭	大批量	气流干燥器 转筒干燥器 沸腾干燥器
		小批量	转筒干燥器 厢式干燥器
块状 (20~100mm)	煤、焦炭、矿石等	大批量	转筒干燥器
		小批量	厢式干燥器
片状	烟叶、薯片	大批量	带式干燥器 转筒干燥器
		小批量	穿流厢式干燥器
短纤维	醋酸纤维、硝酸纤维	大批量	带式干燥器
		小批量	穿流厢式干燥器
较大的物料和制品	陶瓷器、胶合板、皮革等	大批量	隧道干燥器
		小批量	高频干燥器

任务三　获取干燥知识

一、湿空气的性质

在干燥操作中，采用不饱和湿空气作为干燥介质，故首先讨论湿空气的性质。

1. 湿空气的绝对湿度 H

湿空气的绝对湿度是指湿空气中单位质量绝干空气所带有的水蒸气的质量，简称湿度或湿含量，以 H 表示，其单位为 kg 水/kg 干空气，即

$$H = \frac{湿空气中水蒸气的质量}{湿空气中绝干空气的质量} = \frac{M_v n_v}{M_g n_g} = \frac{18 n_v}{29 n_g} \tag{6-1}$$

式中　M_v、M_g——湿空气中水蒸气和绝干空气的物质的量（$M_v = 18$kg/kmol，$M_g = 29$kg/kmol）；

　　　n_v、n_g——湿空气中水蒸气和绝干空气的千摩尔数。

常压下湿空气可视为理想气体，由道尔顿分压定律，式(6-1)可表示为：

$$H = \frac{18}{29} \times \frac{p_v}{p - p_v} = 0.622 \frac{p_v}{p - p_v} \tag{6-2}$$

式中　p——湿空气的总压，Pa；

　　　p_v——湿空气中水蒸气的分压，Pa。

由式(6-2)可知，湿度是总压和水汽分压的函数。当总压一定时，则湿度仅由水汽分压决定。

当湿空气中水蒸气分压与同温度下的饱和蒸气压相等时，则表明湿空气呈饱和状态，此时的湿度称为饱和湿度，用 H_s 表示。

$$H_s = 0.622 \frac{p_s}{p - p_s} \tag{6-3}$$

式中 p_s——在湿空气的温度下，纯水的饱和蒸气压，Pa。

2. 湿空气的相对湿度

空气的相对湿度是指在一定温度和总压下，湿空气中的水汽分压与同温下饱和蒸气压的百分数，用符号 φ 表示，即

$$\varphi = \frac{p_v}{p_s} \times 100\% \tag{6-4}$$

由上式可知：当 $p_v = 0$ 时，$\varphi = 0$，表明该空气为绝干空气，吸水能力最大；当 $p_v = p_s$ 时，$\varphi = 100\%$，表示湿空气为饱和湿空气，没有吸水能力。可见，相对湿度表明了空气吸湿能力，φ 值越大，该湿空气越接近饱和，其吸湿能力越差；反之，φ 值越小，该湿空气的吸湿能力越强。

由式(6-2) 和式(6-4) 可得：

$$H = 0.622 \frac{\varphi p_s}{p - \varphi p_s} \tag{6-5}$$

式(6-5) 表明，当总压一定时，湿空气的湿度 H 由空气的相对湿度 φ 和空气的温度 t 共同决定。

3. 湿空气的比体积

1kg 干空气及其所带 Hkg 水汽的总体积称为湿空气的比体积或湿容积，用符号 v_H 表示，单位为 m^3/kg（干空气）。常压下

$$v_H = \left(\frac{1}{29} + \frac{H}{18}\right) \times 22.4 \times \frac{t+273}{273} = (0.773 + 1.244H) \times \frac{t+273}{273} \tag{6-6}$$

式中 t——温度，℃。

由式(6-6) 可知，湿空气的比体积与湿空气温度及湿度有关，温度越高，湿度越大，比体积越大。

4. 湿空气的比热容

常压下，将 1kg 干空气和所含有的 Hkg 水汽的温度升高 1K 所需要的热量，称为湿空气的比热容，简称湿热，用符号 c_H 表示，单位为 kJ/(kg 干气·K)，即

$$c_H = c_g + Hc_v = 1.01 + 1.88H \tag{6-7}$$

式中 c_g——干空气的比热容，工程计算中，常取 $c_g = 1.01$kJ/(kg·K)；

c_v——水汽的比热容，工程计算中，常取 $c_v = 1.88$kJ/(kg·K)。

由式(6-7) 可知，湿空气的比热容仅与湿度有关。

5. 湿空气的比焓

1kg 干空气及其所含有的 Hkg 水汽共同具有的焓，称为湿空气的比焓，简称为湿焓，用符号 I_H 表示，单位为 kJ/kg 干气。

若以 I_g、I_v 分别表示干气和水汽的比焓，根据湿空气的焓的定义，其计算式为：

$$I_H = I_g + I_v H \tag{6-8}$$

在工程计算中，常以干气及水（液态）在 0℃时的焓等于零为基准，且水在 0℃时的汽化潜热 $r_0 = 2490$kJ/(kg·K)，则：

$$I_g = c_g t = 1.01t$$
$$I_v = c_v t + r_0 = 1.88t + 2490$$

代入上式，整理得：

$$I_H = (1.01 + 1.88H)t + 2490H = c_H t + 2490H \tag{6-9}$$

由式(6-9) 可知，湿空气的焓与其温度和湿度有关，温度越高，湿度越大，焓值越大。

6. 空气的干球温度和湿球温度

干球温度是空气的真实温度，即用普通温度计所测出的湿空气的温度，简称温度，用 t 表示，单位为℃或 K。

图 6-8 干湿球温度

湿球温度是将温度计的感温球用纱布包裹，纱布用水保持湿润（见图 6-8），这样的温度计称为湿球温度计，它在空气中所达到的平衡或稳定的温度称为空气的湿球温度，用符号 t_w 表示，单位为℃或 K。

湿球温度 t_w 实质上是湿空气与湿纱布之间传质和传热达到稳定时湿纱布中水的温度，由湿球温度的测量原理可知，空气的湿球温度 t_w 总是低于 t。t_w 与 t 差距愈小，表明空气中的水分含量愈接近饱和。

湿球温度的工程意义在于：在干燥过程中恒速干燥阶段时湿球温度即是湿物料表面的温度。

7. 露点

不饱和湿空气在总压和湿度不变的情况下冷却降温至饱和状态时的温度称为该湿空气的露点，用符号 t_d 表示，单位为℃或 K。处于露点温度的湿空气，其相对湿度 φ 为 100%，即湿空气中的水汽分压 p_v 等于饱和蒸气压 p_s，由式(6-3) 可得：

$$p_s = \frac{Hp}{0.622 + H} \tag{6-10}$$

由式(6-10) 可知，总压一定时，湿空气的露点只与其湿度有关。在确定露点温度时，只需将湿空气的总压 p 和湿度 H 代入式(6-10)，求得 p_s，然后通过饱和水蒸气表查出对应的温度，即为露点温度 t_d。

湿空气在露点温度时的湿度为饱和湿度，其数值等于未冷却前原空气的湿度，若将已达到露点的湿空气继续冷却，则会有水珠凝结析出，湿空气中的湿含量开始减少。冷却停止后，每千克干气析出的水分量等于湿空气原来的湿度与终温下的饱和湿度之差。

8. 绝热饱和温度

图 6-9 所示为一绝热饱和器，设有温度为 t、湿度为 H 的不饱和空气在绝热饱和器内与大量的水密切接触，水用泵循环，若设备保温良好，则热量只是在气、液两相之间传递，而对周围环境是绝热的。水分不断向空气中汽化，所需的潜热取自空气中的显热，这样即空气温度下降失去显热，而湿度增加得到水汽的潜热，空气的焓值可视为不变（忽略水汽的显热），为等焓过程。当空气被水汽饱和时，空气的温度不再下降，且等于循环水的温度，此时该空气的温度称为绝热饱和温度，用符号 t_{as} 表示。

绝热饱和温度 t_{as}、湿球温度 t_w 是两个完全不同的概念，但是两者都是湿空气 t 和 H 的函数。特别是对于空气-水蒸气系统，两者在数值上近似地相等，而湿球温度比较容易测定。

从以上的讨论可知，表示空气性质的三个温度，即干球温度 t、湿球温度 t_w（或绝热饱和温度 t_{as}）和露点 t_d 之间，存在如下关系：对于不饱和的湿空气，有 $t > t_w = t_{as} > t_d$，而对于已达到饱和的湿空气，则有 $t = t_w = t_{as} = t_d$。

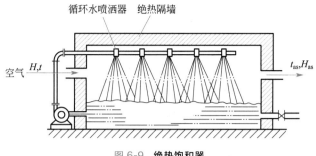

图 6-9 绝热饱和器

【例 6-1】 已知湿空气的总压为 101.3kPa，相对湿度为 50%，干球温度为 20℃。试求：①湿度 H；②水蒸气分压 p_v；③露点 t_d；④焓 I_H；⑤如将 500kg/h 干空气预热至 117℃，求所需热量 Q；⑥每小时送入预热器的湿空气体积 V。

解　$p = 101.325$kPa，$t = 20$℃，由饱和水蒸气表查得，水在 20℃时的饱和蒸气压为 $p_s = 2.34$kPa。

① 湿度 H

$$H = 0.622 \frac{\varphi p_s}{p - \varphi p_s}$$

$$= 0.622 \times \frac{0.50 \times 2.34}{101.3 - 0.50 \times 2.34} = 0.00727 (\text{kg 水/kg 干空气})$$

② 水蒸气分压 p_v

$$p_v = \varphi p_s = 0.50 \times 2.34 = 1.17 (\text{kPa})$$

③ 露点 t_d

露点是空气在湿度 H 或水蒸气分压 p_v 不变的情况下，冷却达到饱和时的温度。所以可由 $p_V = 1.17$kPa 查饱和水蒸气表，得到对应的饱和温度 $t_d = 9$℃。

④ 焓 I_H

$$I_H = (1.01 + 1.88H)t + 2490H$$

$$= (1.01 + 1.88 \times 0.00727) \times 20 + 2490 \times 0.00727$$

$$= 38.6 \ (\text{kJ/kg 干空气})$$

⑤ 热量 Q

$$Q = 500 \times (1.01 + 1.88 \times 0.00727) \times (117 - 20)$$

$$= 49647 \ (\text{kJ/h})$$

$$= 13.8 \ (\text{kW})$$

⑥ 湿空气体积 V

$$V = 500 v_H = 500 \times (0.773 + 1.244H) \times \frac{t + 273}{273}$$

$$= 500 \times (0.773 + 1.244 \times 0.00727) \frac{20 + 273}{273} = 419.7 (\text{m}^3/\text{h})$$

二、湿空气的湿度图

图 6-10 为常压下湿空气的 H-I 图，为使各关系曲线分散开，采用两坐标夹角为 135°的坐

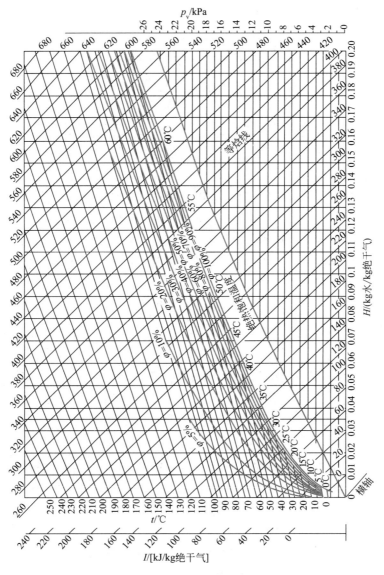

图 6-10　**湿空气的湿度图**

标图，以提高读数的准确性。图 6-10 是按总压为常压制得的，若系统总压偏离常压较远，则不能应用此图。

1. 湿空气的 H-I 图的线群

①　等湿线（即等 H 线）　一组与纵轴平行的直线，在同一根等 H 线上不同的点都具有相同的湿度值，其值在水平轴上读出。

②　等焓线（即等 I 线）　一组与斜轴平行的直线。在同一条等 I 线上不同的点所代表的湿空气的状态不同，但都具有相同的焓值，其值可以在纵轴上读出。

③　等温线（即等 t 线）　由式 $I=1.01t+(1.88t+2490)H$，当空气的干球温度 t 不变时，I 与 H 成直线关系，因此在 I-H 图中对应不同的 t，可作出许多条等 t 线。

④　等相对湿度线（即等 φ 线）　一组从原点出发的曲线。根据式(6-5)可知，当总压 p 一定时，对于任意规定的 φ 值，p_s 与 H 一一对应，而 p_s 同时也对应一个温度 t，将上述各点 (H,t) 连接起来，就构成等相对湿度 φ 线。根据上述方法，可绘出一系列的等 φ 线群。

⑤ 水汽分压线 该线表示水汽分压 p_v 与湿度 H 间的关系，按式(6-2)算出若干组 p_v 与 H 的对应关系，并标绘于 H-I 图上，得到分压线。

2. H-I 图的应用

根据湿空气任意两个独立参数，如 $t-t_w$、$t-t_d$、$t-\varphi$，等，我们就可以在 I-H 图上定出一个交点，此点即为湿空气的状态点，由此点可查得其他各项参数。若用两个彼此不是独立的参数，则不能确定状态点，因它们都在同一条等 I 线或等 H 线上。

干球温度 t、露点 t_d 和湿球温度 t_w（或绝热饱和温度 t_{as}）都是由等 t 线确定的。露点是在湿空气湿度 H 不变的条件下冷却至饱和时的温度，因此，通过等 H 线与 $\varphi=100\%$ 的饱和湿度线交点所对应的等 t 线温度即为露点。对水蒸气-空气系统，湿球温度 t_w 与绝热饱和温度 t_{as} 近似相等，因此由通过空气状态点等 I 线与 $\varphi=100\%$ 的饱和湿度线交点的等 t 线温度即为 t_w 或 t_{as}。

【例 6-2】 已知湿空气的总压 101.3kPa，干球温度为 50℃，湿球温度为 35℃，试求此时湿空气的湿度 H、相对湿度 φ、焓 I_H、露点 t_d 及分压 p_v。

解 由 $t_w=35℃$ 的等 t 线与 $\varphi=100\%$ 的等 φ 线的交点 B，作等 I_H 线与 $t=50℃$ 的等 t 线相交，交点 A 为空气的状态点，见图 6-11。

由 A 点可直接读得：$H=0.03$kg(水汽)/kg(干空气)，$\varphi=38\%$，$I_H=130$KJ/kg(干空气)。

由 A 点沿等 H 线交于 $\varphi=100\%$ 的等 φ 线上 C 点，C 点处的温度为湿空气的露点，$t_d=32℃$；由 A 点沿等湿线交水蒸气分压线于 D 点，即可读得 D 点的分压值 $p_v=4.7$kPa。

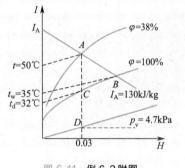

图 6-11 **例 6-2 附图**

三、干燥过程的工艺计算

（一）物料含水量的表示方法

在干燥过程中，物料的含水量通常用湿基含水量或干基含水量表示。

1. 湿基含水量

即以湿物料为计算基准时物料中水分的质量分数，用符号 w 表示。

$$湿基含水量\ w=\frac{湿物料中水分的质量}{湿物料的总质量}\times100\% \tag{6-11}$$

2. 干基含水量

不含水分的物料通常称为绝干物料或称干料。以绝对干物料为基准时湿物料中的含水量称为干基含水量，亦即湿物料中水分质量与绝干物料的质量之比，用符号 X 表示，即

$$干基含水量\ X=\frac{湿物料中水分的质量}{湿物料中绝干物料的质量} \tag{6-12}$$

在工业生产中，通常用湿基含水量来表示物料含水量。但因湿物料的总量在干燥过程中因失去水分而逐渐减少，而绝对干料的质量不变，故用干基含水量计算较为方便。两种含水量之间的换算关系如下：

$$X=\frac{w}{1-w}\quad 或\quad w=\frac{X}{1+X} \tag{6-13}$$

（二）物料中所含水分的性质

1. 结合水分与非结合水分

按物料与水分结合力状况，可分为结合水分与非结合水分。

① 结合水分　包括物料细胞壁内的水分、物料内毛细管中的水分及以结晶水的形态存在于固体物料之中的水分等。这种水分与物料结合力强，其蒸气压低于同温度下纯水的饱和蒸气压，致使干燥过程的传质推动力降低，故除去结合水分较困难。

② 非结合水分　包括机械地附着于固体表面的水分，如物料表面的吸附水分、较大孔隙中的水分等。物料中非结合水分与物料的结合力弱，其蒸气压与同温度下纯水的饱和蒸气压相同，因此，干燥过程中除去非结合水分较容易。

2. 平衡水分和自由水分

按物料在一定干燥条件下其所含水分能否用干燥方法除去，可分为平衡水分和自由水分。

当湿物料与一定状态的湿空气接触时，若湿物料表面所产生的水汽分压大于空气中的水汽分压，水分由湿物料向空气转移，干燥可以顺利进行；反之则水分由空气向物料转移，称作"返潮"；若等于时，则湿空气和湿物料两者处于动态平衡状态，湿物料中水分含量为一定值，该含水量就称为该物料在此空气状态下的平衡含水量，又称平衡水分，用 X^* 表示，单位为 kg 水/kg 干料。湿物料中所含的水分大于平衡水分的那一部分，称为自由水分（或游离水分）。

湿物料的平衡水分可由实验测得。图 6-12 为实验测得的几种物料在 25℃ 时的平衡水分 X^* 与湿空气相对湿度 φ 之间的关系——干燥平衡曲线。由图可知，在相同的空气相对湿度下，不同的湿物料其平衡水分不同；同一种湿物料平衡水分随着空气的相对湿度减小而降低，当空气的相对湿度减小为零时，各种物料的平衡水分均为零。即要想获得一个干物料，就必须有一个绝对干燥的空气（$\varphi=0$）与湿物料进行长时间的充分接触，实际生产中是很难做到的。

四种水分之间的定量关系如图 6-13 所示。结合水分、非结合水分的含量与空气的状态无关，是由物料自身的性质决定的；而平衡水分与自由水分的含量，与空气状态有关，是由物料性质及空气状态共同决定的。图中 B 点为平衡曲线与 $\varphi=100\%$ 垂线的交点，B 点以下的水分是结合水分，而大于 B 点的水分是非结合水分。平衡曲线上的 A 点表示，在空气的相对湿度 $\varphi=70\%$ 时物料的平衡水分，而大于 A 点的水分是自由水分。

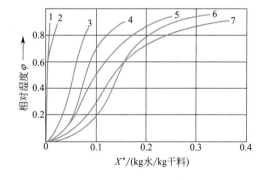

图 6-12　某些物料的平衡曲线（25℃）

1—石棉纤维板；2—聚氯乙烯粉（50℃）；3—木炭；
4—牛皮纸；5—黄麻；6—小麦；7—土豆

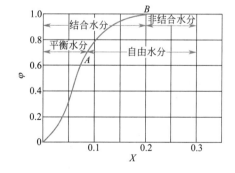

图 6-13　固体物料中的水分性质

（三）干燥过程的物料衡算

物料衡算要解决的问题是：①从物料中除去水分的量，即水分蒸发量；②空气消耗量；

③干燥产品的产量。对于干燥器的物料衡算而言，通常已知条件为单位时间（或每批量）物料的质量、物料在干燥前后的含水量、湿空气进入干燥器的状态（主要指温度、湿度等）。

1. 水分蒸发量

在干燥过程中，湿物料的含水量不断减少，但绝对干料量却不会改变。以 1s 为基准，围绕图 6-14 所示的连续干燥器作水分的物料衡算。

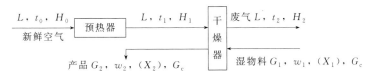

图 6-14 **各流股进出逆流干燥器的示意图**

若不计干燥过程中物料损失量，即

$$G_c = G_1(1-w_1) = G_2(1-w_2)$$

进、出干燥器的物料衡算：

$$G_1 = G_2 + W$$

$$W = G_1 - G_2 = G_1 \frac{w_1 - w_2}{1 - w_2} = G_2 \frac{w_1 - w_2}{1 - w_1} \tag{6-14}$$

进、出干燥器水分的物料衡算：

$$L H_1 + G_c X_1 = L H_2 + G_c X_2$$

故水分蒸发量还可用下式计算：

$$W = L(H_2 - H_1) = G_c(X_1 - X_2) \tag{6-15}$$

式中 G_1、G_2——湿物料进、出干燥器时的流量，kg 湿物料/s；

w_1、w_2——干燥前后湿物料的最初和最终湿基含水量（质量分数）；

W——单位时间水分蒸发量，kg/s；

L——单位时间内消耗的绝干空气量，kg/s；

G_c——单位时间内绝干物料的质量，kg/s；

H_1、H_2——空气进、出口干燥器的湿度，kg 水/kg 绝干空气；

X_1、X_2——湿物料进、出口干燥器的干基含水量，kg 水/kg 绝干物料。

2. 干空气消耗量

整理式(6-15) 得：

$$L = \frac{W}{H_2 - H_1} = \frac{G_c(X_1 - X_2)}{H_2 - H_1} \tag{6-16}$$

蒸发 1kg 水所需消耗的干空气量，称为单位空气消耗量 l，单位为 kg 干空气/kg 水分，即

$$l = \frac{L}{W} = \frac{1}{H_2 - H_1} \tag{6-17}$$

因空气经预热前、后的湿度不变，故 $H_0 = H_1$，则式(6-16) 和式(6-17) 可改写为

$$L = \frac{W}{H_2 - H_0} \tag{6-18}$$

$$l = \frac{L}{W} = \frac{1}{H_2 - H_0} \tag{6-19}$$

式中 H_0、H_1、H_2——湿空气在预热器进口、干燥器进出口时的湿度，kg 水汽/kg(绝干气)。

由式(6-19) 可知，单位空气消耗量仅与 H_2、H_0 有关，与路径无关。H_0 愈大，l 亦愈

大。而 H_0 是由空气的初温 t_0 及相对湿度 φ_0 所决定的，所以在其他条件相同的情况下，空气消耗量 l 将随 t_0 及相对湿度 φ_0 的增加而增大。对同一干燥过程，夏季的空气消耗量比冬季的为大，故选择输送空气的风机等装置，须按全年最热月份的空气消耗量而定。

风机输送的是干空气和水蒸气的混合物，鼓风机所需风量根据湿空气的体积流量 V 而定，湿空气的体积流量可由干气的质量流量 L 与比体积的乘积来确定，即

$$V=Lv_{H}=L(0.773+1.244H)\times\frac{t+273}{273}\times\frac{1.013\times10^5}{p} \tag{6-20}$$

式中，空气的湿度 H、温度 t 和压力 p 与风机所安装的位置有关。

【例 6-3】　用空气干燥某含水量为 40%（湿基）的物料，每小时处理湿物料量为 1000kg，干燥后产品含水量为 5%（湿基）。空气的初温为 20℃，相对湿度为 60%，经加热至 120℃后进入干燥器，离开干燥器时的温度为 40℃，相对湿度为 80%。试计算：①水分蒸发量；②绝干空气消耗量和单位空气消耗量；③如鼓风机安装在进口处，风机的风量；④干燥产品的产量。

解　① 水分蒸发量
$$G_1=1000\text{kg/h}, \ w_1=0.4, \ w_2=0.05$$
水分蒸发量为：
$$W=G_1\frac{w_1-w_2}{1-w_2}=1000\times\frac{0.4-0.05}{1-0.05}=368.42(\text{kg/h})$$

② 又知 $\varphi_0=0.6$，$\varphi_2=0.8$。查饱和水蒸气表得：20℃时，$p_{s0}=2.334\text{kPa}$；40℃时，$p_{s2}=7.375\text{kPa}$。

则 $H_0=0.622\frac{\varphi_0 p_{s0}}{p-\varphi_0 p_{s0}}=0.622\times\frac{0.60\times2.334}{100-0.60\times2.334}=0.009(\text{kg 水/kg 绝干气})$

$H_2=0.622\frac{\varphi_2 p_{s2}}{p-\varphi_2 p_{s2}}=0.622\times\frac{0.80\times7.375}{100-0.80\times7.375}=0.039(\text{kg 水/kg 绝干气})$

$L=\frac{W}{H_2-H_0}=\frac{368.42}{0.039-0.009}=12280.67(\text{kg 绝干气/h})$

$l=\frac{1}{H_2-H_0}=\frac{1}{0.039-0.009}=33.33(\text{kg 绝干气/kg 水})$

③ 鼓风机的风量

因风机装在预热器进口处，输送的是新鲜空气，其温度 $t_0=20℃$，$H_0=0.009\text{kg 水/kg 绝干气}$，则湿空气的体积流量为

$$V=Lv_{H}=L(0.773+1.244H)\times\frac{t+273}{273}$$

$$=12280.67\times(0.773+1.244\times0.009)\times\frac{20+273}{273}$$

$$=10335.98(\text{m}^3/\text{h})$$

④ 干燥产品的产量
$$G_2=G_1-W=1000-368.42=631.58(\text{kg/h})$$

（四）干燥过程的热量衡算

通过干燥系统的热量衡算，可以求得：①预热器消耗的热量；②向干燥器补充的热量；

③干燥过程消耗的总热量。这些内容可作为计算预热器传热面积、加热介质用量、干燥器尺寸以及干燥系统热效应等的依据。

1. 热量衡算的基本方程

图 6-15 为连续干燥过程的热量衡算示意图。各符号意义如下：

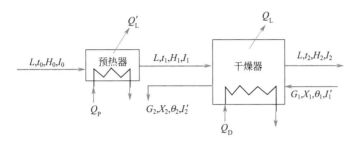

图 6-15　连续干燥过程的热量衡算示意图

I_0、I_1、I_2——新鲜湿空气进入预热器、离开预热器和离开干燥器时的焓，kJ/kg 绝干气；

Q_P——单位时间内预热器消耗的热量，kW；

θ_1，θ_2——湿物料进入和离开干燥器时的温度，℃；

I_1'，I_2'——湿物料进入和离开干燥器时的焓，kJ/kg(绝干料)；

Q_D——单位时间内向干燥器补充的热量，kW；

Q_L、Q_L'——干燥器和预热器的热损失速率，kW。

对预热器和干燥器进行总热量衡算

$$LI_0 + Q_P + Q_D + G_c I_1' = LI_2 + G_c I_2' + Q_L + Q_{L'} \tag{6-21}$$

干燥系统消耗的总热量 Q 为 Q_P 与 Q_D 之和，即

$$Q = Q_P + Q_D = L(I_2 - I_0) + G_c(I_2' - I_1') + Q_L + Q_{L'} \tag{6-21a}$$

为了便于分析和应用，假设：新鲜空气中水汽的焓等于离开干燥器废气中水汽的焓；湿物料进出干燥器时的比热容取平均值 c_m，式(6-21a) 变为：

$$Q = Q_P + Q_D = 1.01L(t_2 - t_0) + W(2490 + 1.88t_2) + G_c c_m(\theta_2 - \theta_1) + Q_L + Q_L' \tag{6-22}$$

c_m 可由绝干物料比热容 c_s 及纯水的比热容 c_w 求得：

$$c_m = c_s + Xc_w$$

式中　c_s——绝干物料的比热容，kJ/(kg·℃)（绝干料）；

　　　c_w——水的比热容，可取为 4.187kJ/(kg·℃)。

式(6-22) 与式(6-21a) 是等价的，但上式的物理意义明确，它表明干燥系统的总热量消耗于：①加热空气由 t_0 升至 t_2；②蒸发水分；③加热湿物料由 θ_1 升至 θ_2；④损失于周围环境中。通过热量衡算，可确定干燥过程所需热量及各项热量分配情况。干燥器的热量衡算是计算干燥器尺寸及干燥效率的基础。

2. 干燥系统的热效率

通常将干燥系统的热效率定义为

$$\eta = \frac{\text{蒸发水分所需的热量}}{\text{向干燥系统输入的总热量}} \times 100\% \tag{6-23}$$

蒸发水分所需的热量为：$Q_v = W(2490 + 1.88t_2) - 4.187\theta_1 W$，若忽略湿物料中水分带入系统中的焓，上式简化为 $Q_v \approx W(2490 + 1.88t_2)$。

$$\eta = \frac{W(2490 + 1.88t_2)}{Q} \times 100\% \tag{6-24}$$

干燥系统的热效率愈高，表示热利用率愈好。若空气离开干燥器的温度较低，而湿度较高，则水分汽化量大，可提高干燥操作的热效率。另外，应注意干燥设备和管路的保温隔热，以减少热损失。

四、干燥速率

（一）干燥速率

干燥速率为单位时间内在单位干燥面积上汽化的水分量，用 U 表示，单位为 kg 水/(m² · s)。

（二）干燥速率曲线

1. 干燥速率曲线的获得

某物料在恒定干燥条件下干燥，可用实验方法测定干燥速率及干燥速率曲线。干燥实验采用大量空气干燥少量湿物料，因此，空气进出干燥器的状态、流速以及与湿物料的接触方式均可视为恒定，即认为实验是在恒定干燥条件下进行的。

根据实验时的干燥时间和物料含水量之间的关系绘制得到的曲线称为干燥曲线，如图 6-16 所示。将图 6-16 数据转化为干燥速率 U，与物料含水量 X 标绘成图 6-17 所示的干燥速率曲线。该曲线能非常清楚地表示出物料的干燥特性，表明在一定干燥条件下干燥速率 U 与物料含水量的关系。

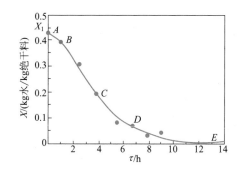

图 6-16　恒定干燥条件下某物料的干燥曲线

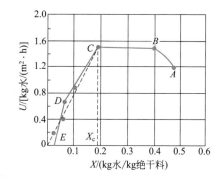

图 6-17　恒定干燥条件下的干燥速率曲线

2. 干燥速率曲线分析

AB 段：AB 为湿物料不稳定的加热过程，物料含水量由初始含水量降至与 B 点相应的含水量，而温度则由初始温度升高至与空气的湿球温度相等的温度。一般该过程的时间很短，在分析干燥过程中常可忽略。

BC 段：在 BC 段内干燥速率保持恒定，称为恒速干燥阶段。湿物料表面温度为空气的湿球温度 t_w。

C 点：由恒速阶段转为降速阶段的点称为临界点，所对应湿物料的含水量称为临界含水量，用 X_c 表示。

CDE 段：随着物料含水量的减少，干燥速率下降，CDE 段称为降速干燥阶段。

E 点：E 点的干燥速率为零，X^* 即为操作条件下的平衡含水量。

3. 干燥过程

在恒速干燥和降速干燥阶段，物料干燥的机理不同，过程的影响因素也不同，下面分别进行讨论。

（1）**恒速干燥阶段的特点**　在恒速干燥阶段中，物料表面充分润湿，其表面状况与湿球温度计纱布表面状况相似，因此当物料在恒定干燥条件下进行干燥时，物料表面的温度 t 等于该空气的湿球温度 t_w，物料表面的湿含量 H_w 也为定值。湿物料内部的水分向其表面传递的速率大于等于水分自物料表面汽化的速率，故恒速阶段干燥速率大小取决于表面水分的汽化速率，因此又称为表面汽化控制阶段。其大小只与空气的性质有关，而与湿物料的种类、性质无关。

（2）**降速干燥阶段的特点**　随着干燥过程的进行，物料含水量降至临界含水量 X_c 以下，物料内部水分传递到表面的速率已经小于表面水分的汽化速率，物料表面不再保持充分润湿，而出现"干区"，润湿表面不断减少，因而干燥速率不断下降。当物料全部表面都成为"干区"后，传热是由空气穿过干料到汽化表面，汽化的水分又从湿表面穿过干料到空气中，固体内部的热、质传递途径加长，阻力加大，干燥速率进一步下降，直至平衡水分 X^*。因此，降速干燥阶段的干燥速率由水分从物料内部移动到表面的速度所控制，故又称内部迁移控制阶段，主要决定于物料本身的结构、形状和大小等性质，而与空气的性质无关。在此过程，空气传给湿物料的热量大于水分汽化所需要的热量，故物料表面的温度升高。

4. 临界含水量 X_c

实际上，在工业生产中，物料不会被干燥到平衡含水量，而是在临界含水量和平衡含水量之间，这需视产品要求和经济核算而定。若临界含水量 X_c 愈大，便会愈早转入降速阶段，使得相同干燥条件下所需干燥时间愈长。由于恒速阶段和降速阶段其干燥机理与影响因素各不相同，过程的控制因素也不相同，强化措施也不一样。因此确定 X_c 对设计计算及强化干燥过程均有重要意义。临界含水量由湿物料的性质、厚度及干燥条件决定，无孔吸水性物料的 X_c 比多孔物料大；物料分散越细，堆积厚度越薄，X_c 值也就越低。

（三）影响干燥速率的因素

对于一个选定的干燥设备，影响干燥速率的因素主要有湿物料性质和干燥介质性质，下面分别介绍。

1. 湿物料性质

湿物料的结构与组成、形状和大小、物料层的厚薄、温度及含水量等都影响干燥速率。物料的温度越高，则干燥速率越大。物料的最初、最终以及临界含水量决定干燥恒速和降速段所需时间的长短。块状物料尺寸越大，结构越致密，干燥越难。纤维类物料疏松多孔，吸水性小，易于干燥。

2. 干燥介质性质

干燥介质（空气）的温度越高，湿度越低，则恒速干燥阶段的干燥速率越大。湿度主要由外界空气状态决定，湿度降低有限，主要靠提高温度来增大干燥速率。但温度过高会引起物料表层甚至内部的质变，干燥速率也因内部水分来不及扩散而增大甚微。有些干燥设备采用分段中间加热方式可以避免过高的介质温度。增大空气流量可增加干燥过程推动力，从而提高干燥速率，但同时会造成热效率降低，且还会使动力消耗增加，生产中要综合考虑干燥介质的温度和湿度，合理选择。

五、干燥操作的节能

由于干燥过程是将液态水汽化而除去湿分，需供给大量的汽化潜热，所以干燥是能量消耗最大的单元操作之一。因此，必须设法提高干燥设备的能量利用率，以节约能源。目前，工业上常采取回收废气中部分热量、改变干燥操作条件等措施来节约能源。

1. 降低出口废气温度

一般来说，对流式干燥器的能耗主要由水分蒸发和废气带走两部分组成，因此，降低干燥器出口废气温度，既可提高干燥器热效率又可增加生产能力。但出口废气温度受两个因素限制：一是要保证产品湿含量（若出口废气温度过低，则干燥传热推动力变小，干燥效果变差，产品湿度增加，可能达不到要求的产品含水量）；二是废气进入旋风分离器或布袋过滤器时，要保证其温度高于露点 $20 \sim 60\,℃$，以防止已干燥产品发生"返潮"。

2. 利用废气余热

主要有两种方法：①将部分废气循环回干燥器，从而提高干燥器的热效率。但废气循环量增大会使入口空气湿含量增加，干燥速率随之降低，使湿物料干燥时间增加而带来干燥装置设备费用的增加。因此，存在一个最佳废气循环量，一般的废气循环量为 $20\% \sim 30\%$。②采用间壁换热设备，利用废气中的余热来预热湿空气。这样一来，空气湿度并没有增加，干燥时间也不会增长，但节省了加热蒸汽的消耗量。

3. 采用两级干燥法

采用两级干燥主要是为了提高产品质量和节能，适用于热敏性物料和易团聚的物质。牛奶干燥系统就是一个典型的实例，它是由喷雾干燥和振动流化床两级干燥组成的。

常见的有输送带式干燥和旋转快速干燥、桨叶式干燥和旋转快速干燥、桨叶式干燥和微粉干燥、双螺旋输送干燥和盘式干燥等的两级干燥的组合。

4. 利用内换热器

在干燥器内设置内换热器，利用内换热器提供干燥所需的一部分热量，从而减少了干燥空气的流量。这种内换热器一般用于回转圆筒干燥器的蒸汽加热管、流化床干燥器内的蒸汽管式换热器等。

5. 采用过热蒸汽干燥

与空气相比，蒸汽具有较高的热容和较高的热导率，可使干燥器更为紧凑。如何有效利用干燥器排出的废蒸汽，是这项技术成功的关键。一般将废蒸汽用作工厂其他过程的工作蒸汽，或经再压缩或加热后重复利用。

采用过热蒸汽干燥，可有效利用干燥器排出的废蒸汽，节约能源；减少产品氧化变质的隐患，可改善产品质量；干燥速率快，设备紧凑。但目前还存在一些不足：产品温度较高，工业使用经验有限等。

任务四　喷雾干燥器的操作

干燥设备的操作由于设备差异、干燥物料以及干燥介质的不同而有很大差别，下面仅以喷雾干燥器为例说明干燥器的操作步骤、维护保养以及常见故障与处理方法。

一、操作方法与日常维护

（一）操作步骤

1. 启动前准备工作

检查供料泵、雾化器、送风机是否运转正常；检查蒸汽、溶液阀门是否灵活好用，各管路是否畅通；清理塔内积料；排除加热器和管路中积水，并进行预热，然后向塔内送热风；清洗雾化器，达到流道通畅。

2. 操作运行

启动供料泵向雾化器输送溶液时，观察压力大小和输送量，以保证雾化器的需要。经常检查、调节雾化器喷嘴的位置和转速，确保雾化颗粒大小合格。经常查看和调节干燥塔负压数值，一般控制在 $100 \sim 300 \mathrm{Pa}$。定时巡回检查各转动设备的轴承温度和润滑状况，检查其运转是否平稳，有无摩擦和撞击声。检查各种管路与阀门是否渗漏，各转动设备的密封是否泄漏，做到及时调整。

（二）维护保养

① 雾化器停止使用时，应清洗干净，输送溶液管路和阀门不用时也应放净溶液，防止凝固堵塞。

② 经常清理塔内粘挂物。

③ 保持供料泵、风机、雾化器及出料机等转动设备的零部件齐全，并定时检修各设备。

④ 进入塔内的热风温度不可过高，防止塔壁表皮碎裂。

二、安全生产

工业干燥过程大都需要利用外加热源，而大部分被干燥的物料又具有可燃性，故干燥过程一般存在着爆炸和火灾等安全隐患。干燥过程的安全技术措施主要有：

① 维持系统可燃性物料浓度在可燃浓度范围以下；

② 保证系统氧浓度在安全浓度极限范围内；

③ 消除所有可能的着火源；

④ 泄漏法将爆炸物泄漏等。

工业干燥过程中，应从设计、施工、生产、劳动组织等各个环节对干燥系统采取必要的安全技术措施和加强安全管理，以确保安全生产。

训练与自测

一、技能训练

1. 操作气流干燥器。

2. 操作厢式干燥器。

二、问题思考

1. 通常物料除湿的方法有哪些？各适用于什么场合？

2. 常用的干燥方法有哪几种？对流干燥过程的实质是什么？干燥过程得以进行的必要条件是什么？

3. 真空干燥有何特点？一般适用于什么场合？

4. 对干燥设备的基本要求是什么？常用对流干燥器有哪些？各有什么特点？

5. 沸腾床、气流床干燥器有何区别？

6. 洗衣粉液体料浆造粒，最适宜采用哪一种干燥器？并介绍此种干燥器的特点。

7. 湿空气的性质有哪些？湿空气、饱和湿空气、干气的概念及相互关系如何？

8. 通常露点温度、湿球温度、干球温度、饱和绝热空气的关系如何？何时四者相等？

9.在一个通常的干燥工艺中,为什么湿空气通常要经预热后再送入干燥器?

10.对一定的水分蒸发量及空气离开干燥时的湿度,应按夏天还是按冬天的大气条件来选择干燥系统的风机?为什么?

11.湿物料中水分是如何划分的?平衡水分和自由水分、结合水分和非结合水分体现了物料的什么性质?

12.如您在使用喷雾干燥喷雾时发现得不到干粉,回壁有湿粉,可能是什么原因造成的?

13.干燥过程分为哪几个阶段?各受什么控制?

14.提高干燥效率可采取哪些有效措施?

15.采用废气循环的目的是什么?废气循环对干燥操作会带来什么影响?

三、工艺计算

1.已知湿空气的总压为100kPa,温度为45℃,相对湿度为50%,试求:(1)湿空气中水汽的分压;(2)湿度;(3)湿空气的比体积。

2.已知空气的干球温度为60℃,湿球温度为30℃,试计算空气的湿含量 H、相对湿度 φ、焓 I 和露点温度。

3.空气的总压为101.33kPa,干球温度为30℃,相对湿度为70%。试求:①空气的湿度 H;②空气的饱和湿度;③空气的露点和湿球温度;④空气的焓 I;⑤空气中水汽分压 p_w。

4.已知湿空气的总压为100kPa,温度为40℃,相对湿度为50%,试求:(1)水汽分压、湿度、焓和露点;(2)将500kg/h的湿空气加热至80℃时所需的热量;(3)加热后的体积流量。

5.用一干燥器干燥某物料,已知湿物料处理量为1000kg/h,含水量由40%干燥至5%(均为湿基)。试计算干燥水分量和干燥收率为94%时的产品量。

6.湿物料从湿含量50%干燥至25%时,从1kg原湿物料中除去的湿分量,为湿物料从湿含量2%干燥至1%(以上均为湿基)时的多少倍?

7.某干燥器处理的湿物料量为1200kg/h,湿、干物料中湿基含水量各为50%、10%,求汽化水分量、产品量?

8.在常压干燥器中,将某物料从含水量5%干燥到0.5%(湿基)。干燥器的生产能力为7200kg干料/h。已知物料进口温度为25℃,出口温度为65℃。干燥介质为空气,其初温为20℃,经预热加热至120℃,湿度为0.007kg水/kg干空气进入干燥器,出干燥器温度为80℃。干物料的比热容为1.8kJ/(kg·℃),若不计热损失,试求干空气的消耗量及空气离开干燥器时的湿度。

9.一个常压(100kPa)干燥器干燥湿物料,已知湿物料的处理量为2200 kg/h,含水量由40%降至5%(湿基)。湿空气的初温为30℃,相对湿度为40%,经预热后温度升至90℃后送入干燥器,出口废气的相对湿度为70%,温度为55℃。试求:(1)干气消耗量;(2)风机安装在预热器入口时的风量(m³/h)。

10.在一连续干燥器中,每小时处理湿物料1000kg,经干燥后物料的含水量由10%降至2%(均为湿基),以 $t_0=20℃$ 空气为干燥介质,初始湿度 H_0 为0.008kg水/kg干空气,离开干燥器时的湿度 H_2 为0.05kg水/kg干空气。假设干燥过程无物料损失,试求:(1)水分蒸发量;(2)空气消耗量和单位空气消耗量;(3)干燥产品量;(4)若鼓风机装在新鲜空气进口处,风机的风量(m³/h)。

项目七
蒸　馏

 学习目标

知识目标　了解精馏操作的分类，精馏装置的结构、特点和流体力学性能；了解溶液的气-液相平衡关系；掌握精馏的工艺计算方法，掌握回流比及其确定方法。

技能目标　熟悉精馏塔的操作、控制与调节方法；能分析精馏操作过程中的影响因素，运用所学知识解决实际生产问题；能正确查阅和使用一些常用的工程计算图表、手册、资料等，且能进行必要的工艺计算。

素质目标　树立良好的工程观念，理论能密切联系实际；培养严谨治学、勇于创新的科学态度；培养安全生产、严格遵守操作规程的职业意识和行为规范；培养团结协作、积极进取的团队精神。

项目案例

某厂欲将 101.3kPa、20℃、含乙醇 30％ 的水溶液进行提浓，要求生产能力为 4000 kg/h，馏出液为 94％ 乙醇，残液中乙醇含量不高于 3％ （以上为质量分数），试确定该提浓任务的生产方案（精馏塔的选型、加热剂、冷却剂的选择及其工艺参数的确定、操作规程等），并进行节能、环保、安全的实际生产操作，完成该提浓任务。

任务一　了解蒸馏过程及其应用

一、蒸馏在化工生产中的应用

在化工生产过程中，多数原料和半成品是液体均相混合物或能制成液体均相混合物的混合气体等，要想得到较高纯度的物质，就需要进行分离和精制。例如将石油分离为汽油、煤油、柴油及重油等；又如从粮食、薯类的发酵液中制酒精；将液态空气分离得到氧和氮等。这些混合液有一个共同特征——互溶、均质。人们将具有互溶、均质的液体混合物称为均相溶液。蒸馏是利用液体混合物中各组分挥发性的差异，将均相溶液分离为较纯组分的单元操作，并且是

最早实现工业化的典型单元操作。它具有如下特点：

① 通过蒸馏分离可以直接获得所需要的产品，而吸收、萃取等分离方法，由于有外加的溶剂，需进一步使所提取的组分与外加组分进行分离，因而蒸馏操作流程通常较为简单。

② 蒸馏过程适用于各种浓度混合物的分离，而吸收、萃取等操作，只有当被提取组分浓度较低时才比较经济。

③ 蒸馏分离的适用范围广，不仅可以分离液体混合物，还可用于气态或固态混合物的分离。例如，可将空气加压液化，再用精馏方法获得氧、氮等产品；再如，脂肪酸的混合物，可用加热使其熔化，并在减压下建立气液两相系统，用蒸馏方法进行分离。

④ 蒸馏操作是通过对混合液加热建立气液两相体系的，所得到的气相还需要再冷凝液化。因而，蒸馏操作耗能较大。蒸馏过程中的节能是值得考虑的一个问题。

二、蒸馏操作的分类

工业蒸馏过程有多种分类方法。

根据操作压力不同，蒸馏可分为常压蒸馏、减压蒸馏（真空蒸馏）和加压蒸馏。减压蒸馏主要用于分离沸点过高或热敏性物系，如苯酐的真空蒸馏；加压蒸馏主要用于分离常压下为气态的物系，如空气蒸馏分离。

根据蒸馏操作中组分数目不同，蒸馏可以分为双组分蒸馏和多组分蒸馏。

根据蒸馏原理不同，蒸馏可分为平衡蒸馏（闪蒸）、简单蒸馏、精馏和特殊精馏。前两者只对原料液进行一次部分汽化和液化，因此分离不彻底，用于分离对分离要求不高或易于分离的物系；后两者通过多次部分汽化和多次部分冷凝的操作，可以得到几乎纯净的组分。精馏广泛应用于化工生产的各种场合，特殊精馏则用于分离难以用普通精馏分离的物系（比如恒沸物）或特殊场合。

根据操作方式不同，蒸馏可以分连续操作和间歇操作两种。工业上以连续精馏的应用最为广泛，本项目主要讨论双组分连续精馏。

三、蒸馏流程

（一）平衡蒸馏与简单蒸馏

1. 简单蒸馏（微分蒸馏）

混合物在蒸馏釜中逐次地部分汽化，并不断地将生成的蒸气移去冷凝器中冷凝，可使组分部分地分离，这种方法称为简单蒸馏，又称微分蒸馏，其装置如图 7-1。操作时，将原料液送入一密闭的蒸馏釜中加热，使溶液沸腾，将所产生的蒸气通过颈管及蒸气引导管引入冷凝器2，冷凝后的馏出液送入贮槽 3 内。这种蒸馏方法由于不断地将蒸气移去，釜中的液相易挥发组分的浓度逐渐降低，馏出液的浓度也逐渐降低，故需分罐贮存不同组成范围的馏出液。当釜中液体浓度下降到规定要求时，便停止蒸馏，将残液排出。简单蒸馏是间歇操作，适用于分离相对挥发度相差较大，分离程度要求不高的互溶混合物的粗略分离，例如石油的粗馏。

2. 平衡蒸馏（闪蒸）

平衡蒸馏是指料液连续地加入加热釜加热至一定的温度后，经减压阀减压至预定压力送入分离器，由于压力的降低使过热液体在减压情况下大量自蒸发，这时部分液体汽化，气相中含易挥发组分多，气相沿分离器上升至塔顶冷凝器，全部冷凝成塔顶产品。未汽化的液相中难挥发组分浓度增加，此液相沿分离器下降至塔底引出，成为塔底产品。这种蒸馏方法可以连续进料，连续移出蒸气和液相，是一个连续的稳定过程，所以可以得到稳定浓度的气相和液相，但分离程度仍然不高。所形成的气液两相可认为达到平衡，所以叫平衡蒸馏。其装置见图 7-2。

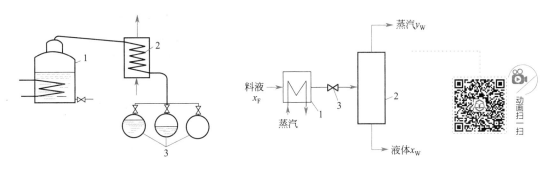

图 7-1　简单蒸馏装置　　　　　　　　　　图 7-2　闪蒸装置

1—蒸馏釜；2—冷凝器；3—贮槽　　　　　1—加热器；2—闪蒸罐；3—减压阀

（二）精馏原理和流程

1. 精馏过程原理

平衡蒸馏和简单蒸馏都是单级分离过程，即对混合物进行一次部分汽化，因此只能使混合物得到部分分离。精馏则是同时进行多次部分汽化和部分冷凝的过程，因此可使混合物得到几乎完全的分离。

精馏过程原理可用气液平衡相图说明：如图 7-3 所示，若将组成为 x_F、温度低于泡点的某混合液加热到泡点以上，使其部分汽化，并将气相和液相分开，则所得气相组成为 y_1，液相组成为 x_1，且 $y_1 > x_F > x_1$，此时气液相量可用杠杆规则确定。若将组成为 y_1 的气相混合物进行部分冷凝，则可得到组成为 y_2 的气相和组成为 x_2 的液相；又若将组成为 y_2 的气相部分冷凝，则可得到组成为 y_3 的气相和组成为 x_3 的液相，且 $y_3 > y_2 > y_1$，可见气体混合物经多次部分冷凝后，在气相中可获得高纯度的易挥发组分。同时，若将组成为 x_1 的液相经加热器加热，使其部分汽化，则可得到组成为 x_2' 的液相和组成为 y_2'（图中未标出）的气相，再将组成为 x_2' 的液相进行部分汽化，可得到组成为 x_3' 的液相和组成为 y_3' 的气相（图中未标出），

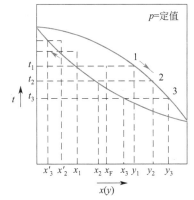

图 7-3　多次部分汽化和部分冷凝

且 $x_3' < x_2' < x_1$，可见液体混合物经过多次部分汽化，在液相中可获得高纯度的难挥发组分。

工业生产中的精馏操作是在精馏塔内进行的。精馏塔内通常有一些塔板或充填一定高度的填料。塔板上的液层或填料的湿表面都是气、液两相进行热量交换和质量交换的场所（即气相进行部分冷凝，液相进行部分汽化）。图 7-4 所示为筛板塔中任意第 n 层板上的操作情况。该塔板上开有许多小孔，由下一层塔板（即 $n+1$ 板）上升的蒸气通过 n 板上的小孔上升，而上一层板（即 $n-1$ 板）上的液体通过溢流管下降到第 n 板上，在该板上横向流动而进入下一层板。在第 n 板上气、液两相密切接触，进行热和质的交换。

假设进入第 n 板的气相组成和温度分别为 y_{n+1} 和 t_{n+1}，进入的液相组成和温度分别为

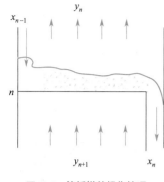

图 7-4   筛板塔的操作情况

x_{n-1} 和 t_{n-1}，且 $t_{n+1} > t_{n-1}$，x_{n-1} 大于与 y_{n+1} 呈平衡的液相组成 x_{n+1}。因此，当组成为 y_{n+1} 的气相与组成为 x_{n-1} 的液相在第 n 板上接触时，由于存在着温度差和浓度差，气相必然发生部分冷凝，使其中部分难挥发组分进入液相中；同时液相发生部分汽化，使其中部分易挥发组分进入气相中。总的结果是使离开第 n 板的气相中易挥发组分的组成较进入该板时增高，即 $y_n > y_{n+1}$，而离开该板的液相中易挥发组分的组成较进入该板时降低，即 $x_n < x_{n-1}$。气相温度降低、液相温度增高，而液相部分汽化所需的潜热恰由气相部分冷凝放出的潜热供给，因此不需要设置中间再沸器和冷凝器。若气液两相在塔板上充分接触，则离开该板的气液两相互呈平衡，即两相温度相等，气液相组成呈平衡关系，这种塔板称为理论板，如图 7-5 所示。

由此可见，气液相通过一层塔板，同时发生一次部分汽化和部分冷凝。当它们经过多层塔板后，即同时进行了多次部分汽化和部分冷凝，最后在塔顶气相中获得较纯的易挥发组分，在塔底液相中可获得较纯的难挥发组分，使混合液达到所要求的分离程度。

为实现上述的分离操作，除了需要包括若干层塔板的精馏塔外，还必须从塔底引入上升的蒸气流和从塔顶引入下降的液流（回流）。上升气流和液体回流是造成气液两相以实现精馏定态操作的必要条件。因此，通常在精馏塔塔底装有再沸器（精馏釜），使到达塔底的液流仅一部分作为塔底产品，其余部分被汽化，产生的气流沿塔板上升，并与下降的液流在塔板上接触进行传热和传质，使气相中易挥发组分含量逐板增高，直至塔顶达到分离要求。同时在塔顶装有冷凝器，上升气流在冷凝器中全部被冷凝成液体，部分凝液作为塔顶产品，余下部分返回塔内，称为回流。回流液在下降过程中逐板与上升气流接触进行传热和传质，使液相中难挥发组分含量逐板提高，直至塔底达到分离要求。一般，原料液从塔中适当位置加入塔内，并与塔内气、液流混合。

2. 精馏装置流程

根据精馏原理可知，单有精馏塔不能完成精馏操作，而必须同时有塔顶冷凝器和塔底再沸器。有时还配有原料液加热器、回流液泵等附属设备。再沸器的作用是提供一定流量的上升蒸气流，冷凝器的作用是提供塔顶液相产品及保证有适当的液相回流，精馏塔板的作用是提供气液接触进行传热传质的场所。

典型的连续精馏流程如图 7-6 所示。原料液经预热到指定温度后，送入精馏塔内。操作时，连续地从再沸器取出部分液体作为塔底产品（釜残液），部分液体汽化，产生上升蒸气，依次通过各层塔板。塔顶蒸气进入冷凝器中被全部冷凝，并将部分凝液借重力作用（也可用泵送）送回塔顶作为回流液体，其余部分经冷却器后被送出作为塔顶产品（馏出液）。

通常，将原料液进入的那层板称为加料板，加料板以上的塔段称为精馏段，加料板以下的塔段（包括加料板）称为提馏段。

精馏过程也可间歇操作，此时原料液一次性加入塔釜中，而不是连续地加入精馏塔中。因此间歇精馏只有精馏段而没有提馏段。同时，因间歇精馏时釜液浓度不断地变化，故一般产品组成也逐渐降低。当釜中液体组成降到规定值后，精馏操作即被停止。

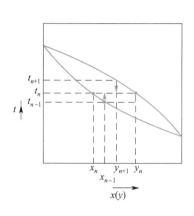

图 7-5　理论板上的蒸馏

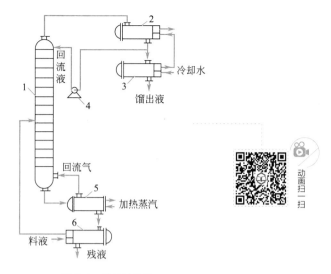

图 7-6　**连续精馏流程**

1—精馏塔；2—全凝器；3—冷却器；

4—回流液泵；5—再沸器；6—原料预热器

任务二　认知蒸馏设备

根据塔内气、液接触部件的结构形式不同，精馏塔可分为板式塔和填料塔两大类型，在本项目中主要讨论板式塔。

一、板式塔的结构

板式塔通常是由一个呈圆柱形的壳体及沿塔高按一定的间距水平设置的若干层塔板所组成的，如图 7-7 所示。在操作时，液体靠重力作用由顶部逐板流向塔底并排出，在各层塔板的板面上形成流动的液层；气体则在压力差推动下，由塔底向上经过均布在塔板上的开孔依次穿过各层塔板由塔顶排出。塔内以塔板作为气、液两相接触传热、传质的基本构件。

工业生产中的板式塔，常根据塔板间有无降液管沟通而分为有降液管及无降液管两大类，用得最多的是有降液管的板式塔，它主要由塔体、溢流装置和塔板构件等组成。

（1）塔体　通常为圆柱形，常用钢板焊接而成，有时也将其分成若干塔节，塔节间用法兰盘连接。

（2）溢流装置　包括出口堰、降液管、进口堰、受液盘等部件。

① 出口堰　为保证气、液两相在塔板上有充分接触的时间，塔板上必须储有一定量的液体。为此，在塔板的出口端设有溢流堰，称出口堰。塔板上的液层厚度或持液量由堰高

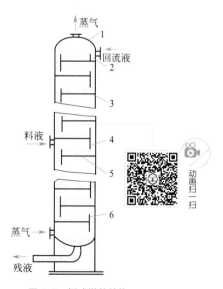

图 7-7　**板式塔的结构**

1—塔体；2—进口堰；

3—受液盘；4—降液管；

5—塔板；6—出口堰

决定。生产中最常用的是弓形堰，小塔中也有用圆形降液管升出板面一定高度作为出口堰的。

② 降液管　降液管是塔板间液流通道，也是溢流液中所夹带气体分离的场所。正常工作时，液体从上层塔板的降液管流出，横向流过塔板，翻越出口，进入该层塔板的降液管，流向下层塔板。降液管有圆形和弓形两种，弓形降液管具有较大的降液面积，气、液分离效果好，降液能力大，因此生产上广泛采用。

为了保证液流能顺畅地流入下层塔板，并防止沉淀物堆积和堵塞液流通道，降液管与下层塔板间应有一定的间距。为保持降液管的液封，防止气体由下层塔板进入降液管，此间距应小于出口堰高度。

③ 受液盘　降液管下方部分的塔板通常又称为受液盘，有凹型及平型两种，一般较大的塔采用凹型受液盘，平型就是塔板面本身。

④ 进口堰　在塔径较大的塔中，为了减少液体自降液管下方流出的水平冲击，常设置进口堰。可用扁钢或 $\phi 8 \sim 10mm$ 的圆钢直接点焊在降液管附近的塔板上而成。

为保证液流畅通，进口堰与降液管间的水平距离不应小于降液管与塔板的间距。

（3）塔板及其构件　塔板是板式塔内气、液接触的场所，操作时气、液在塔板上接触得好坏，对传热、传质效率影响很大。在长期的生产实践中，人们不断地研究和开发出新型塔板，以改善塔板上的气、液接触状况，提高板式塔的效率。目前工业生产中使用较为广泛的塔板类型有泡罩塔板、筛孔塔板、浮阀塔板等几种，但泡罩塔已越来越少。

二、板式塔的类型

（1）泡罩塔　泡罩塔是应用最早的塔型，其结构如图 7-8 所示。塔板上的主要元件为泡罩，泡罩尺寸一般为 80mm、100mm、150mm 三种，可根据塔径的大小来选择，泡罩的底部开有齿缝，泡罩安装在升气管上，从下一块塔板上升的气体经升气管从齿缝中吹出，升气管的顶部应高于泡罩齿缝的上沿，以防止液体从中漏下，由于有升气管，泡罩塔即使在很低的气速下操作，也不至于产生严重的漏液现象。不足是结构复杂、压降大、造价高，已逐渐被其他的塔型取代。

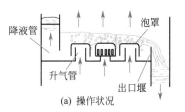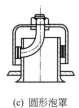

(a) 操作状况　　　(b) 板面布置　　　(c) 圆形泡罩

图 7-8　泡罩塔

（2）筛板塔　筛板塔出现略迟于泡罩塔，与泡罩塔的差别在于取消了泡罩与升气管，直接在板上开很多小直径的筛孔，如图 7-9 所示。操作时，气体高速通过小孔上升，板上的液体不能从小孔中落下，只能通过降液管流到下层板，上升蒸气或泡点的条件使板上液层成为强烈搅动的泡沫层。筛板用不锈钢板制成，孔的直径约 $\phi 3 \sim 8mm$。筛板塔结构简单、造价低、生产能力大、板效率高、压降低，随着对其性能的深入研究，已成为应用最广泛的一种。

（3）浮阀塔　浮阀塔是一种新型塔。其特点是在筛板塔的基础上，在每个筛孔处安装一个可以上下浮动的阀体，当筛孔气速高时，阀片被顶起而上升，气速低时，阀片因自重而下降。阀体可随上升气量的变化而自动调节开度，可使塔板上进入液层的气速不至于随气体负荷的变化而大幅度变化，同时气体从阀体下水平吹出，加强了气、液接触。浮阀的形式很多，其中 F-1 型研究和推广较早，如图 7-10 所示。F-1 型阀孔直径为 39mm，阀片有三条带钩的腿，插入阀孔后将其腿上的钩扳转 90°，可防止被气体吹走；此外，浮阀边缘冲压出三块向下微弯的"脚"。当气速低，浮阀降至塔板时，靠这三只"脚"使阀片与塔板间保持 2.5mm 左右的间隙；在浮阀再次升起时，浮阀不会被粘住，可平稳上升。浮阀塔的特点是生产能力大，操作弹性大，板效率高。

（4）喷射型塔　　泡罩塔、筛板塔以及浮阀塔中，气体是以鼓泡或泡沫状态和液体接触，当气体垂直向上穿过液层时，使分散形成的液滴或泡沫具有一定向上的初速度。若气速过高，会造成较为严重的液沫夹带，使塔板效率下降，因而生产能力受到一定的限制。为克服这一缺点，近年来开发出喷射型塔板，主要有舌形板、浮舌板、斜孔板等类型。

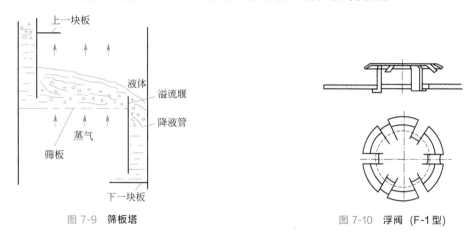

图 7-9　筛板塔　　　　　　　　　　　　　图 7-10　浮阀（F-1 型）

三、板式塔的流体力学性能

1. 塔板上气、液接触状况

（1）鼓泡接触状态　　当上升蒸气流量较低时，气体在液层中以鼓泡的形式自由浮升，塔板上存在大量的返混液，气液比较小，气、液相接触面积不大。此时，塔板上两相呈鼓泡接触状态 [图 7-11(a)]。塔板上清液多，气泡数量少，两相的接触面积为气泡表面。因气泡表面的湍动程度不大，所以鼓泡接触状态的传质阻力大。

（2）蜂窝接触状态　　随气速增加，气泡的形成速度大于气泡浮升速度，上升的气泡在液层中积累，气泡之间接触，形成气泡泡沫混合物。因为气速不大，气泡的动能还不足以使气泡表面破裂，是类似蜂窝状泡结构 [图 7-11(b)]。因气泡直径较大，很少搅动，在这种接触状态下，板上清液会基本消失，从而形成以气体为主的气液混合物，又由于气泡不易破裂，表面得不到更新，所以这种状态对于传质、传热不利。

（3）泡沫接触状态　　气速连续增加，气泡数量急剧增加，气泡不断发生碰撞和破裂，此时，板上液体大部分均以膜的形式存在于气泡之间，形成一些直径较小、搅动十分剧烈的动态泡沫 [图 7-11(c)]，两板间传质面为面积很大的液膜，而且此液膜处在高度湍动和不断更新之中，为两相传质创造了良好的流体力学条件，是一种较好的塔板工作状态。

（4）喷射接触状态　　当气速再连续增加时，动能很大的气体以射流形式穿过液层，将板上液体破碎成许多大小不等的液滴而抛向塔板上方空间。被喷射出的直径较大的液滴受重力作用，落下后又在塔板上汇集成很薄的液层并再次被破碎抛出。直径较小的液滴，被气体带走形成液沫夹带，此种接触状态被称为喷射接触状态 [图 7-11(d)]，由于液滴的外表面为两相传质面积，液滴的多次形成与合并使传质面不断更新，亦为两相间的传质创造了良好的流体力学条件，所以也是一种较好的工作状态。

泡沫接触状态与喷射接触状态均为优良的工作状态，但喷射状态是塔板操作的极限，液沫夹带较多，所以多数塔操作均控制在泡沫接触状态。

(a) 鼓泡状态　　　(b) 蜂窝状态　　　(c) 泡沫状态　　　(d) 喷射状态

图 7-11　**塔板上的气、液接触状态**

2. 塔板上的不正常现象

（1）漏液　当上升气流小到一定程度时，因其动能太小，不能阻止液体从塔板上小孔直接下流，导致液体从塔板上的开孔处下落，此种现象称为漏液。严重漏液会使塔板上建立不起液层，会导致分离效率的严重下降。

（2）液沫夹带和气泡夹带　当气速增大时，无论是鼓泡型还是喷射型操作，当气流穿过塔板上的液层时，会产生大量大小不一的液滴，这些液滴一部分会被气流裹挟至上层塔板。此种现象称为液沫夹带。产生液沫夹带有两种情况：一种是上升的气流将较小的液滴带走；另一种是由于气体通过开孔时的速度较大。前者与空塔气速有关，后者主要与板间距和板开孔上方的气速有关。由于它是一种与液相主流方向相反的液体流动，其结果是低浓度液相进入高浓度液相内，对传质不利，塔板提浓能力下降。气泡夹带则是指在一定结构的塔板上，与气流充分接触后的液体，在翻越溢流堰流入降液管时仍含有大量气泡，因液体流量过大使溢流管内液体的流量过快，导致液体在降液管内停留时间不够，使溢流管中液体所夹带的气泡来不及从管中脱出，气泡将随液流进入下一层塔板的现象。由于它是一种与气相主流方向相反的气体流动，其结果是气相由高浓度区进入低浓度区，对传质不利，塔板提浓能力下降。

（3）液泛现象　液沫夹带的结果将使塔板上和降液管内的实际液体流量增加，塔板上液层厚度随之增加，液层上方空间减少，相同气速下夹带量将进一步增加，导致板上液层厚度又进一步增加的恶性循环；当液体流量一定时，气速越大，夹带量越多，液层越厚，夹带越严重，也将导致板上液层厚度增加的恶性循环。由于板上液层不断增厚而不能自衡，最终将导致液体充满全塔，并随气流通道从塔顶溢出，此种现象称为夹带液泛。塔板上开始出现液层增厚恶性循环的气流孔速称为液泛气速。液体流量越大，液泛气速越低。

当塔内回流液量增加，液体流经降液管阻力损失增加，液流在降液管内流动受阻，将出现降液管内液面上升；回流液量增加，塔底加热量将增加，上升蒸气量增加，气流通过塔板的压降增加，塔板上、下空间压差增加（塔内压力上低、下高），液体经降液管向下流动困难，降液管内液面也将上升。

上述两方面的影响导致液体无法下流，板上开始积液，最终使全塔充满液体，此种现象称为溢流液泛（又称降液管液泛）。生产运行过程中，当气相流量不变而塔板压降持续上升时，预示液泛可能发生。液泛使整个塔内的液体不能正常下流，物料大量返混，严重影响塔的操作，在操作中需要特别注意和防止。

四、塔板负荷性能图

板式塔内气、液在塔板上充分接触，发生激烈的搅动，以实现热、质传递。

以筛板塔为例，如前所述，气、液在板上的接触状态大致有四种，生产实际运行的筛板塔中，两相接触主要是泡沫状态或喷射状态。显然，要造成这种良好的接触状态，气、液相负荷均需维持在一定的范围内。对于一定结构的板式塔，当处理物系确定后，其操作状况的好坏主要取决于塔内的气、液相负荷，而操作状况的好坏又决定塔的分离效率。

1. 塔板负荷性能图

为确保板式塔的正常操作——夹带量少、不发生液泛、漏液不严重，要求操作过程中严格控制气、液相流量在一定范围内。即生产运行中板式塔内的气、液相负荷只允许在一定范围内波动。这个范围常用负荷性能图表示。负荷性能图系由设计者根据塔板结构、物料性质及避免发生不正常操作现象等因素，运用一系列经验数据、经验公式计算而得。它为板式塔的操作提供了流体力学方面的依据。

2. 负荷上、下限

不同塔板的负荷性能图不同，一般只按平均数据作出精馏段、提馏段两个负荷性能图。图 7-12 所示为某塔精馏段塔板负荷性能图。图中有五条线。

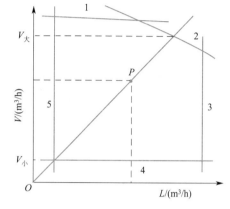

图 7-12　塔板负荷性能图

（1）极限液沫夹带线　图 7-12 中线 1，此线规定了气速上限，当气速超过此上限时，液沫夹带量将超过 0.1kg 液滴/1kg 干气体。

（2）溢流液泛线　图 7-12 中线 2，操作时气、液相负荷若超过此线所对应数值，将发生溢流液泛。

（3）液相负荷上限线　图 7-12 中线 3，为确保液相在降液管内有足够的停留时间，液流量不能超过此线所对应的数值。

（4）漏液线（又称气相下限线）　图 7-12 中线 4，为保证不发生严重漏液，气相负荷不能小于此线对应的数值。

（5）液相负荷下限线　图 7-12 中线 5，为确保塔板上有一定厚度的液层并均布于板上，液相负荷不能小于此线对应数值。

五条线所包围的区域即为塔板的适宜操作范围，生产运行中，应严格控制塔内气、液相负荷的波动不越出此范围。

3. 操作弹性

若塔精馏段内实际气相负荷为 $V_P(m^3/h)$，液相负荷为 $L_P(m^3/h)$，则图中 P 点称为此精馏段的操作点（设计点），OP 即为操作线。OP 线与线 2 交点的纵坐标值为 $V_大$，OP 线与线 4 交点的纵坐标值为 $V_小$，则 $V_大/V_小$ 称为此精馏段的操作弹性。

当其他条件相同时，负荷性能图上五条线所包围区域越大，说明操作弹性越大，因为此时该塔允许气、液负荷波动范围大，易操作，不易发生不正常操作现象。

任务三　获取蒸馏知识

一、蒸馏的气液相平衡

（一）双组分理想溶液的气液相平衡

蒸馏过程是物质（组分）在气液两相间，由一相转移到另一相的传质过程，气液两相达到平衡状态是传质过程的极限。气液平衡关系是分析蒸馏原理和解决精馏计算问题的基础。理想物系包括两个含义，即液相为理想溶液，气相为理想气体且服从理想气体状态方程和道尔顿分压定律。

对于双组分溶液，当两组分（A＋B）的性质相近，液相内相同分子间的作用力（α_{AA}、α_{BB}）与不同分子间的作用力（α_{AB}）相近，各组分分子体积大小相近，宏观上表现为：两组分混合时既无热效应又无体积效应，这种溶液称为理想溶液。

理想溶液遵循拉乌尔定律，即在一定温度下平衡时溶液上方蒸气中任一组分的分压，等于此纯组分在该温度下饱和蒸气压乘以其在溶液中的摩尔分数。

$$p_A = p_A^\circ x_A \tag{7-1}$$
$$p_B = p_B^\circ x_B = p_B^\circ (1 - x_A) \tag{7-2}$$

式中 p_A、p_B——溶液上方 A、B 两组分的蒸气压，kPa；

p_A°、p_B°——在溶液温度下纯组分 A、B 的饱和蒸气压，kPa；

x_A、x_B——液相中 A、B 两组分的摩尔分数。

理想物系气相服从道尔顿分压定律，即

$$p = p_A + p_B \tag{7-3}$$
$$p = p_A^\circ x_A + p_B^\circ (1 - x_A)$$

式中 p——气相总压，kPa。

于是
$$x_A = \frac{p - p_B^\circ}{p_A^\circ - p_B^\circ} \tag{7-4}$$

式(7-4) 称为理想溶液的气液相平衡方程，又称为泡点方程，该式表示平衡物系的温度和液相组成的关系。在一定压力下，液体混合物开始沸腾产生第一个气泡的温度，称为泡点温度（简称泡点）。

当物系的总压不太高（一般不高于 5atm）时，平衡的气相可视为理想气体，气相组成可表示为：

$$y_A = \frac{p_A}{p} = \frac{p_A^\circ x_A}{p} = \frac{p_A^\circ x_A}{p_A^\circ x_A + p_B^\circ (1 - x_A)} \tag{7-5}$$

式(7-5) 称为理想溶液的气液相平衡方程，又称为露点方程。该式表示平衡物系的温度与气相组成的关系。在一定的压力下，混合蒸气冷凝时出现第一个液滴时的温度，称为露点温度（简称露点）。气液平衡时，露点温度等于泡点温度。

在一定压力下，已知溶液沸点，可根据纯组分的饱和蒸气压直接计算出液相组成，通过式(7-5) 又可由液相组成求出气相组成。对于双组分体系，$x_B = 1 - x_A$，$y_B = 1 - y_A$。

【例 7-1】 求某双组分理想溶液在 101.3kPa 下的气液相平衡组成。已知溶液沸点为 90℃，A 组分的饱和蒸气压为 135.5kPa，B 组分的饱和蒸气压为 54.0kPa。

解   液相组成为

$$x_A = \frac{p - p_B^\circ}{p_A^\circ - p_B^\circ} = \frac{101.3 - 54.0}{135.5 - 54.0} = 0.58$$

$$x_B = 1 - x_A = 1 - 0.58 = 0.42$$

气相组成为 $$y_A = \frac{p_A^\circ x_A}{p} = \frac{135.5 \times 0.58}{101.3} = 0.78$$

$$y_B = 1 - y_A = 1 - 0.78 = 0.22$$

　　挥发度表示某种液体挥发的难易程度，对于纯组分通常用它的饱和蒸气压来表示。而溶液中各组分的蒸气压因组分间的相互影响要比纯态时为低，故溶液中各组分的挥发度则用它在一定温度下蒸气中的分压和与之平衡的液相中该组分的摩尔分数之比来表示。

　　组分 A 的挥发度：
$$v_A = \frac{p_A}{x_A}$$
(7-6)

　　组分 B 的挥发度：
$$v_B = \frac{p_B}{x_B}$$
(7-7)

式中　v_A、v_B——组分 A、B 的挥发度。

　　组分挥发度的大小需通过实验测定。对于理想溶液，符合拉乌尔定律，则
$$v_A = \frac{p_A}{x_A} = \frac{p_A^\circ x_A}{x_A} = p_A^\circ$$

同理
$$v_B = \frac{p_B}{x_B} = p_B^\circ$$

　　溶液中两组分的挥发度之比称为相对挥发度，用 α 表示，通常为易挥发组分的挥发度与难挥发组分的挥发度之比。
$$\alpha = \frac{v_A}{v_B} = \frac{p_A x_B}{p_B x_A} = \frac{y_A x_B}{y_B x_A}$$
(7-8)

　　对于二元物系，$x_A + x_B = 1$，$y_A + y_B = 1$，代入式(7-8)，并略去下标 A，得轻组分的两相组成关系如下：
$$y = \frac{\alpha x}{1 + (\alpha - 1)x}$$
(7-9)

　　式(7-9)就是用相对挥发度表示的相平衡关系，既可用于实际物系也可用于理想物系，称为相平衡方程。

　　从式(7-9)可知，当 $\alpha = 1$ 时，$y = x$，即组分在两相中的组成相同，物系不能用普通蒸馏方法分离，当 $\alpha > 1$ 时，$y > x$，即组分在气相中的浓度大于其在液相中的浓度，物系可以用普通蒸馏方法分离，而且，α 越大，y 比 x 大得越多，就越容易用蒸馏方法分离。因此，用相对挥发度可以判定一个物系能否用普通蒸馏方法分离以及分离的难易程度。

　　从上面的定义可以看出，相对挥发度是温度和压力的函数。但在工业操作中，蒸馏通常是在一定压力下进行的，在操作温度的变化范围内，相对挥发度变化不大。故在蒸馏计算中，常常把相对挥发度视为常数，其值取操作极限温度下相对挥发度的算术平均值或几何平均值。

（二）气液平衡相图

1. 温度-组成图（t-x-y 图）

　　在总压 p 为恒定值的条件下，苯-甲苯混合液的气（液）相组成与温度的关系可表达成图 7-13 所示的曲线。这是一张直角坐标图，横坐标表示液相（或气相）组成（摩尔分数 x、y），纵坐标表示温度 t，常称为理想溶液的 t-x-y 图。实际生产中的精馏操作总是在操作压力一定的设备内进行的，因此，总压一定的 t-x-y 图是分析精馏过程的基础。

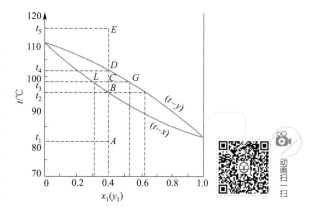

图 7-13　苯-甲苯混合液的 t-x-y 图

由图可知，溶液的沸点随组成而变。实际生产中的蒸馏过程，随着较多的易挥发组分不断汽化，溶液的组成在不断地变化，其沸点也在不断地变化。

t-x-y 图上有两条曲线，上方曲线为 t-y 线，表示露点 t 与气相组成 y 之间的关系，此曲线称为饱和蒸气线、露点线或气相线；下方曲线为 t-x 线，表示泡点 t 与液相组成 x 之间的关系，此曲线称为饱和液体线、泡点线或液相线。两条曲线将图分成三个区域，t-x 线下方表示尚未沸腾的液体，称为液相区；t-y 线上方表示为过热蒸气，称为过热蒸气区或气相区；两曲线包围的区域表示气液共存，称为气液共存区。

如图所示，组成为 x_1、温度为 t_1 的混合液被加热至 t_2 时有第一个气泡产生，溶液开始沸腾，t_2 即为该溶液的泡点。若将其继续加热，该溶液已部分汽化，当加热至 t_4 则全部汽化为饱和蒸气，其组成 $y_1 = x_1$，继续加热则变成过热蒸气。反之，若将温度为 t_5、组成为 y_1 的过热蒸气降温，则当温度降至 t_4 时蒸气开始冷凝产生第一个液滴，故 t_4 称为该混合气体的露点。

通常，t-x-y 关系的数据由实验测得。对于理想溶液也可以用纯组分的饱和蒸气压数据按拉乌尔定律和道尔顿分压定律进行计算。

【例 7-2】 已知苯-甲苯混合液在总压 $p = 101.3$kPa 下的 t-x-y 图，如图 7-13 所示。若已知混合液含苯 0.40（摩尔分数），温度为 80℃，试用此图求取：

① 混合液的泡点及其平衡蒸气的瞬间组成；

② 将该溶液加热至 98℃，此时溶液处于什么状态？各相的量与组成为多少？

③ 将溶液加热至何温度才能全部汽化？此时蒸气的瞬间组成又为多少？

④ 加热至 115℃ 时溶液处于何状态？其组成又为多少？

解　由图 7-13 可知，总压为 101.3kPa 时纯苯的沸点为 80.2℃，纯甲苯的沸点为 110.4℃，图中点 A 为该溶液的初始状态点。由点 A 作垂线可表示该溶液的加热和降温过程。由图可知：

① 溶液的泡点为 95.5℃，其平衡蒸气的瞬间组成 $y = 0.62$。

② 加热至 98℃ 时，已有部分溶液汽化，气液共存，其气相组成 $y = 0.53$（点 G），液相组成为 $x = 0.32$（点 L），由杠杆法则知，此时的气相量与液相量之比为：

$$\frac{G}{L} = \frac{0.4 - 0.32}{0.53 - 0.4} = \frac{0.08}{0.13} = 0.62$$

工程上常将处于平衡状态的气-液混合物中的气相分数和液相分数称为此混合液的气化率和液化率。在本题的具体条件下：

$$气化率 = \frac{0.4 - 0.32}{0.53 - 0.32} = \frac{0.08}{0.21} = 0.38$$

$$液化率 = \frac{0.53 - 0.4}{0.53 - 0.32} = \frac{0.13}{0.21} = 0.62$$

③ 加热至 102℃ 时，溶液全部汽化为饱和蒸气，其瞬间组成为 $y = 0.4$。

④ 加热至 115℃ 时已成为过热蒸气，其组成仍为 $y = 0.4$。

2. 气、液相平衡图（x-y 图）

蒸馏计算中广泛应用的不是 t-x-y 图，而是一定总压下的 x-y 图。图 7-14 所示为苯-甲苯混合液在总压一定时的 x-y 图。该图以 x 为横坐标，y 为纵坐标，曲线表示达到平衡时气、液组成间的关系，称为平衡曲线。曲线上任一点 D 表示组成为 x_1 的液相与组成为 y_1 的气相互成平衡。对角线为 $y = x$ 的直线。对于易挥发组分，达到气液平衡时，y 总是大于 x，其平衡线总是位于对角线的上方。而且，平衡线偏离对角线越远，表示该溶液越易分离。

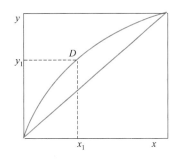

图 7-14　双组分理想溶液的 x-y 图

溶液的 x-y 平衡数据一般由实验测出载于有关手册中，也可通过 t-x-y 图查取。

必须指出，实验证明，总压对气液平衡数据的影响不大。当总压变化范围为 20%～30% 时，x-y 平衡曲线的变化不超过 2%。因此，工程计算时，若总压变化不大，可不考虑总压对平衡曲线的影响。而 t-x-y 图随总压的变化比较大，一般不能忽略不计。由此可知，精馏计算中使用 x-y 图比使用 t-x-y 图更为方便。

（三）双组分非理想溶液的气液相平衡

非理想溶液可分为两大类，即对拉乌尔定律具有正偏差的溶液和对拉乌尔定律具有负偏差的溶液。若混合溶液中相异分子间的吸引力较相同分子间的吸引力为小，分子容易汽化，因此，溶液上方各组分的蒸气分压亦较在理想溶液情况时为大，乙醇-水、丙醇-水等物系是对拉乌尔定律具有很大正偏差溶液的典型例子。若混合溶液中相异分子间的吸引力较相同分子间的吸引力为大，分子不易汽化，因此，溶液上方各组分的蒸气分压亦较在理想溶液情况时为小，硝酸-水、氯仿-丙酮等物系则是具有很大的负偏差的典型例子。

图 7-15 为乙醇-水溶液混合液的 t-x-y 图。由图可见，液相线和气相线在点 M 上重合，即点 M 所示的两相组分相等。常压下点 M 的组成为 $x_M = 0.894$（摩尔分数）称为恒沸组成。点 M 的温度为 78.15℃，称为恒沸点。该点的溶液称为恒沸液。因点 M 的温度比任何组成该溶液的沸点温度都低，故这种溶液又称最低恒沸点的溶液。图 7-16 是其 x-y 图，平衡线与对角线的交点与图 7-15 点 M 相对应，该点溶液的相对挥发度等于 1。

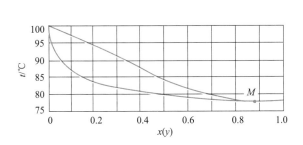

图 7-15　常压下乙醇-水溶液的 t-x-y 图

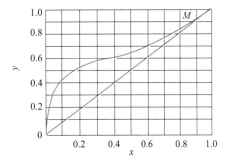

图 7-16　常压下乙醇-水溶液的 x-y 图

图 7-17 为硝酸-水混合液的 t-x-y 图，该图与上述图 7-15 的情况相似，不同的是恒沸点 M 处的温度（121.9℃）比任何组成下该溶液的沸点都高，故这种溶液又称为具有最高恒沸点的溶液。图中点 M 所对应的恒沸组成 $x_M = 0.383$（摩尔分数）。图 7-18 是其 y-x 图，平衡线与对角线的交点与图 7-17 中的点 M 相对应，该点溶液的相对挥发度等于 1。

非理想溶液不一定都有恒沸点，只有对拉乌尔定律偏差大的非理想溶液才具有恒沸点。非理想溶液恒沸点的数据，可从有关手册中查到。

二、精馏的工艺计算

工业生产上的蒸馏操作以精馏为主。在大多数情况下采用连续精馏操作。以二元混合物的连续精馏操作为例，加以讨论。二组分连续精馏过程的计算，包括全塔的物料衡算，精馏段和提馏段的物料衡算及两段的操作线方程、理论塔板数及实际塔板数的计算，塔的类型的确定及相关工艺尺寸的计算，冷凝器和再沸器的计算等。

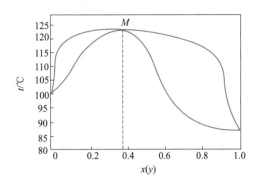

图 7-17　常压下硝酸-水溶液的 t-x-y 图　　　图 7-18　常压下硝酸-水溶液的 y-x 图

由于精馏过程比较复杂，影响因素很多，在讨论连续精馏过程的计算时，作适当的简化处理，提出如下基本假设。

（一）基本假设

1. 恒摩尔气流

在塔的精馏段内，从每一块塔板上上升蒸气的摩尔流量皆相等，提馏段也是如此，但两段的蒸气流量不一定相等。即

$$V_1 = V_2 = \cdots = V_n = V \tag{7-10}$$
$$V_1' = V_2' = \cdots = V_n' = V' \tag{7-11}$$

式中　V——精馏段的上升蒸气量，kmol/h；

　　　V'——提馏段的上升蒸气量，kmol/h。

2. 恒摩尔液流

在塔的精馏段内，从每一块塔板上下降的液体的摩尔流量皆相等，提馏段也是如此，但两段的液体流量不一定相等。即

$$L_1 = L_2 = \cdots = L_n = L \tag{7-12}$$
$$L_1' = L_2' = \cdots = L_n' = L' \tag{7-13}$$

式中　L——精馏段的回流液体量，kmol/h；

　　　L'——提馏段的回流液体量，kmol/h。

上述的两项假设被称为恒摩尔假设，是依据下列条件提出来的：各组分的摩尔汽化潜热相等；气液相接触时，因温度不同而交换的显热忽略不计；设备的保温良好，热损失可以忽略。实际生产证实，很多双组分溶液的连续精馏过程接近于恒摩尔流流动。

3. 理论板

前已述及，理论板是指离开这一块塔板的气液两相互成平衡的塔板。实际上由于塔板上气、液之间的接触面积和接触时间有限，气液两相难以达到平衡状态。也就是说实际塔板与理论塔板有差距，但理论塔板可以作为衡量实际塔板分离效率的标准。通常在设计中总是先求得理论板数，然后再求得实际板数。引入理论板的概念，对精馏过程的分析和计算是非常有用的。

4. 塔顶的冷凝器为全凝器

塔顶引出的蒸气在此处被全部冷凝，其冷凝液的一部分在泡点温度下回流入塔。因此：

$$x_D = y_1 = x_0$$

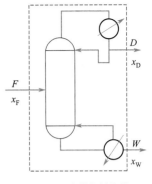

图 7-19 **全塔物料衡算**

式中　x_0——回流液中易挥发组分的摩尔分数；

　　　　x_D——塔顶产品（馏出液）中易挥发组分的摩尔分数；

　　　　y_1——塔顶引出蒸气中易挥发组分的摩尔分数。

5. 塔釜或再沸器采用间接蒸汽加热

（二）物料衡算

1. 全塔的物料衡算

为了求出塔顶产品、塔底产品的流量和组成与原料液和组成之间的关系，对全塔作物料衡算，如图 7-19 所示。

全塔总物料衡算式：

$$F = D + W \tag{7-14}$$

全塔易挥发组分的物料衡算式：

$$F x_F = D x_D + W x_W \tag{7-15}$$

式中　F、D、W——加料、塔顶产品（馏出液）、塔底产品（釜残液）的流量，kmol/h（或 kg/h）；

　　　　x_F、x_D、x_W——料液、馏出液、残液中易挥发组分的摩尔分数（或质量分数）。

其中 $\dfrac{D}{F}$ 和 $\dfrac{W}{F}$ 分别称为馏出液和釜残液的采出率，两者之和 $\dfrac{D}{F} + \dfrac{W}{F} = 1$。

$$\frac{D}{F} = \frac{x_F - x_W}{x_D - x_W} \tag{7-16}$$

① 当规定塔顶、塔底组成 x_D、x_W 时，可计算产品的采出率 $\dfrac{D}{F}$ 及 $\dfrac{W}{F}$，即产品的产率不能任意选择。

② 当规定塔顶产品的产率和组成 x_D 时，则塔底产品的产率及釜液组成不能再自由规定（当然也可规定塔底产品的产率和组成）。

在精馏计算中，分离程度除用塔顶、塔底产品的浓度表示外，有时还用回收率来表示。

馏出液中易挥发组分的回收率：

$$\eta_A = \frac{D x_D}{F x_F} \times 100\% \tag{7-17}$$

釜液中难挥发组分的回收率：

$$\eta_B = \frac{W(1 - x_W)}{F(1 - x_F)} \times 100\% \tag{7-18}$$

【例 7-3】　某连续精馏塔中分离乙醇－水溶液，已知料液含 30％乙醇，加料量为 4000kg/h。要求塔顶产品含乙醇 91％以上，塔底残液中含乙醇不得超过 0.5％（以上均为质量分率）。试求：①塔顶产量，塔底残液量（用摩尔流量表示）；②乙醇的回收率。

解　①乙醇的摩尔质量 46，水的摩尔质量为 18

进料组成

$$x_F = \frac{\dfrac{30}{46}}{\dfrac{30}{46} + \dfrac{70}{18}} = 0.144$$

馏出液组成
$$x_D = \cfrac{\cfrac{91}{46}}{\cfrac{91}{46} + \cfrac{9}{18}} = 0.798$$

残液组成
$$x_W = \cfrac{\cfrac{0.5}{46}}{\cfrac{0.5}{46} + \cfrac{99.5}{18}} = 0.002$$

原料液的平均摩尔质量 $M_F = 0.144 \times 46 + 0.856 \times 18 = 22.03$ (kg/kmol)

进料量 $F = 4000/22.03 = 181.57$(kmol/h)

全塔总物料衡算 $F = D + W = 181.57$(kmol/h) ⸻ (a)

全塔乙醇的物料衡算 $Fx_F = Dx_D + Wx_W$

$$181.57 \text{ kmol/h} \times 0.144 = 0.798D + 0.002W \quad\quad\quad\quad\quad\quad (b)$$

联立式(a)、式(b) 得

$$D = 32.39 \text{ kmol/h}$$

$$W = 149.18 \text{ kmol/h}$$

② 乙醇的回收率 $\eta = \cfrac{Dx_D}{Fx_F} = \cfrac{32.39 \times 0.798}{181.57 \times 0.144} = 98.85\%$

2. 精馏段的物料衡算及操作线方程

在连续精馏塔中，因原料不断进入塔中，故精馏段和提馏段的操作关系是不同的，应分别予以讨论。按图 7-20 虚线范围内（包括精馏段的第 $n+1$ 层板以上的塔段及冷凝器）作物料衡算。

总物料衡算式：

$$V = L + D \quad\quad\quad\quad\quad\quad (7\text{-}19)$$

易挥发组分物料衡算式：

$$Vy_{n+1} = Lx_n + Dx_D \quad\quad\quad\quad\quad\quad (7\text{-}20)$$

式中 x_n——精馏段第 n 层板下降液体中易挥发组分的摩尔分数；

y_{n+1}——精馏段第 $n+1$ 层板上升蒸气中易挥发组分的摩尔分数。

由式(7-19)、式(7-20) 整理得：

$$y_{n+1} = \frac{L}{L+D}x_n + \frac{D}{L+D}x_D \quad\quad\quad\quad\quad\quad (7\text{-}21)$$

或

$$y_{n+1} = \frac{R}{R+1}x_n + \frac{1}{R+1}x_D \quad\quad\quad\quad\quad\quad (7\text{-}22)$$

式中 $R = \dfrac{L}{D}$ 称为"回流比"。

式(7-21) 和式(7-22) 均称为精馏段操作线方程，表示在精馏塔的精馏段内，进入任一块塔板的气相组成与离开此塔板的液相组成之间的关系。该式在 x-y 直角坐标图上为一条直线，其斜率为 $R/(R+1)$，截距为 $x_D/(R+1)$，且经过点 $a(x_D, x_D)$，如图 7-21 线 ab 所示。

3. 提馏段的物料衡算及操作线方程

按图 7-22 虚线范围内(包括提馏段第 m 层板以下塔段及再沸器)作物料衡算。

总物料衡算式：

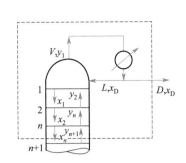

图 7-20　精馏段操作线方程推导示意图

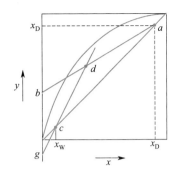

图 7-21　精、提馏段操作线

$$L' = V' + W \qquad (7\text{-}23)$$

易挥发组分物料衡算式：

$$L'x'_m = V'y'_{m+1} + Wx_W \qquad (7\text{-}24)$$

式中　x'_m——提馏段第 m 层板下降液体中易挥发组分的摩尔分数；

　　　y'_{m+1}——提馏段第 $m+1$ 层板上升蒸气中易挥发组分的摩尔分数。

由式(7-23)、式(7-24) 整理得

$$y'_{m+1} = \frac{L'}{L'-W}x'_m - \frac{W}{L'-W}x_W \qquad (7\text{-}25)$$

式(7-25) 为提馏段操作线方程，表示在精馏塔的提馏段内，进入任一块塔板的气相组成与离开此

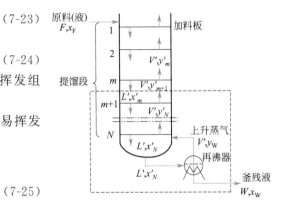

图 7-22　提馏段操作线方程推导示意图

塔板的液相组成之间的关系。该式在 $x\text{-}y$ 直角坐标图上也是一条直线，其斜率为 $L'/(L'-W)$，截距为 $-Wx_W/(L'-W)$，且经过点 $c(x_W，x_W)$，如图 7-21 线 dg 所示。

提馏段的液体流量 L' 不如精馏段的回流液流量 L 那样易于求得，因为 L' 除了与 L 有关外，还受进料量及进料热状况的影响。

（三）进料状况

1. 进料状态参数

设第 m 块板为加料板，对图 7-23 所示的虚线范围，进、出该板各股的摩尔流量、组成与热焓可由物料衡算与热量衡算，得：

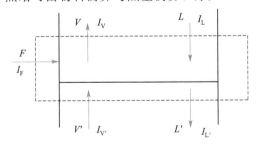

图 7-23　进料板上的物料衡算与热量衡算

总物料衡算

$$F + L + V' = L' + V$$

总热量衡算

$$FI_F + LI_L + V'I_{V'} = L'I_{L'} + VI_V + Q$$

设 $I_V = I_{V'}$，$I_L = I_{L'}$，$Q \approx 0$，则

$$\frac{I_V - I_F}{I_V - I_L} = \frac{L' - L}{F} \qquad (7\text{-}26)$$

令：

$$q = \frac{I_V - I_F}{I_V - I_L}$$

即

$$q = \frac{\text{将 1kmol 原料加热并汽化为饱和蒸气所需热量}}{\text{原料液的千摩尔汽化潜热}} \tag{7-27}$$

q 被称为进料的热状况参数。

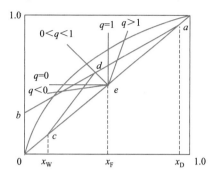

图 7-24　**不同加料热状态下的 q 线**

2. q 线方程（交点的轨迹方程）

由式(7-26)、式(7-27) 得

$$L' = L + qF \tag{7-28}$$

类似可得　　$V' = V - (1-q)F \tag{7-29}$

加料板是两段的交汇处，两段的操作线方程在此应该存在交点，联立两操作线方程可得其交点轨迹方程：

$$y = \frac{q}{q-1}x - \frac{x_F}{q-1} \tag{7-30}$$

此式称为操作线交点的轨迹方程（即 q 线方程）。q 线方程经过点 $e(x_F,\ x_F)$。进料状况不同，q 值便不同，q 线的斜率也就不同，故 q 线与精馏段操作线的交点随着进料状况不同而变动，提馏段操作线也随之而变动。见图 7-24。

3. q 值

进料热状况不同，q 值就不同，会直接影响精馏塔内两段上升蒸气和下降液体量之间的关系，如图 7-25 所示：

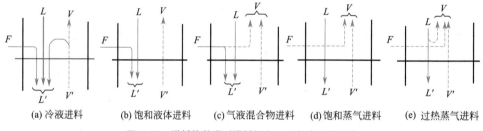

(a) 冷液进料　　(b) 饱和液体进料　　(c) 气液混合物进料　　(d) 饱和蒸气进料　　(e) 过热蒸气进料

图 7-25　**进料热状况对进料板上、下各流股的影响**

① 冷液体进料，$q > 1$；
② 饱和液体进料，$q = 1$；
③ 气液混合物进料，$q = 0 \sim 1$；
④ 饱和蒸气进料，$q = 0$；
⑤ 过热蒸气进料，$q < 0$。

【例 7-4】　已知连续精馏塔的操作线方程：精馏段 $y = 0.75x + 0.205$，提馏段 $y = 1.25x - 0.020$，试求泡点进料时，原料液、馏出液、釜液组成及回流比。

解　已知精馏段操作线方程 $y = 0.75x + 0.205$，则

$$\frac{R}{R+1} = 0.75,\ 得\ R = 3$$

$$\frac{x_D}{R+1} = 0.205,\ 得\ x_D = 0.82$$

已知提馏段操作线方程 $y = 1.25x - 0.020$，则

$$x_W = 1.25x_W - 0.020,\ 得\ x_W = 0.08$$

又泡点进料时，两操作线的交点的横坐标即为 x_F，则

$$0.75x_F + 0.205 = 1.25x_F - 0.020，得 x_F = 0.45$$

（四）理论塔板数的确定

板式精馏塔理论塔板数的计算是精馏计算的重要内容之一。通常，采用逐板计算法或图解法。求解理论塔板数时，必须利用气液平衡关系和操作线方程。

1. 逐板计算法

逐板计算法通常是从塔顶开始逐板进行计算，所依据的基本方程是：

$$y = \frac{\alpha x}{1+(\alpha-1)x} \qquad (a)$$

$$y_{n+1} = \frac{R}{R+1}x_n + \frac{x_D}{R+1} \qquad (b)$$

$$y'_{m+1} = \frac{L'}{L'-W}x'_m - \frac{W}{L'-W}x_W \qquad (c)$$

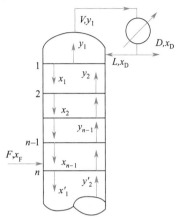

图 7-26　逐板计算法示意图

如图 7-26 所示，自塔顶第一块上升的蒸气组成等于塔顶产品组成，即 $y_1 = x_D =$ 已知值。

自第一块塔板下降的液体组成 x_1 与 y_1 互成平衡关系，可用方程(a)由 y_1 计算 x_1。

自第二块塔板上升蒸气组成 y_2 与 x_1 遵循操作线方程，可用方程(b)由 x_1 计算 y_2。

如此交替地使用方程（a）、方程（b）进行逐板计算，直至计算到 $x_n \le x_d$（x_d 为两操作线交点坐标值），则第 n 层理论板是加料板，精馏段所需理论塔板数为（$n-1$）。

此后，交替使用方程（a）、方程（c）仿照上述方法继续进行逐板计算，直至计算到 $x_m \le x_W$ 为止。第 m 块塔板即为再沸器，提馏段所需理论塔板数为（$m-1$）。

通常用 N_T 表示精馏塔的理论塔板数，由上述计算知：

$$N_T = n + m - 2 \qquad （不含再沸器） \qquad (7-31)$$

在计算过程中，每使用一次平衡关系，表示需要一层理论塔板。

逐板计算法虽然计算过程烦琐，但是计算结果准确。若采用计算机进行逐板计算，则十分方便。因此该法是计算理论板的基本方法。

【例 7-5】　在常压下将含苯 0.25（摩尔分数，下同）的苯-甲苯混合液连续精馏分离。要求馏出液中含苯 0.98，釜残液中含苯不超过 0.085。选用回流比为 5，进料为饱和液体，塔顶为全凝器，泡点回流。试用逐板计算法求所需理论板层数。已知操作条件下苯-甲苯混合液的平均相对挥发度 α 为 2.47。

解　（1）求苯-甲苯的气液相平衡方程

$$y = \frac{\alpha x}{1+(\alpha-1)x} = \frac{2.47x}{1+(2.47-1)x} \qquad (a)$$

（2）求操作线方程（均忽略下标）

精馏段操作线方程：

$$y = \frac{R}{R+1}x + \frac{x_D}{R+1} = \frac{5}{5+1}x + \frac{0.98}{5+1}$$

即 $$y = 0.8333x + 0.1633 \qquad \text{(b)}$$

提馏段操作线方程：

$$y = \frac{L'}{L' - W}x - \frac{W}{L' - W}x_W$$

以进料 100kmol/h 为基准进行物料衡算，得

$$F = D + W$$

$$Fx_F = Dx_D + Wx_W$$

代入已知数据得

$$100 = D + W$$

$$100 \times 0.25 = D \times 0.98 + W \times 0.085$$

解之得

$$D = 18.43\text{kmol/h} \qquad W = 81.57\text{kmol/h}$$

对于饱和液体进料，$q = 1$，原料液进入加料板后全部进入提馏段，即

$$L' = L + F = RD + F = 5 \times 18.43 + 100 = 192.15 \ (\text{kmol/h})$$

则提馏段操作线方程

$$y = \frac{192.15}{192.15 - 81.57}x - \frac{81.57 \times 0.085}{192.15 - 81.57}$$

即 $$y = 1.737x - 0.0626 \qquad \text{(c)}$$

（3）逐板计算法求理论板数

由于采用全凝器，泡点回流，故 $y_1 = x_D = 0.98$，代入相平衡方程（a）求出第 1 层板下降的液体组成 x_1，即

$$y_1 = \frac{2.47x_1}{1 + (2.47 - 1)x_1} = 0.98$$

解得 $$x_1 = 0.952$$

由精馏段操作线方程（b）得第 2 层板上升蒸气组成

$$y_2 = 0.8333x_1 + 0.1633 = 0.8333 \times 0.952 + 0.1633 = 0.9567$$

由式（a）求得第 2 层板下降的液体组成 x_2，即

$$y_2 = \frac{2.47x_2}{1 + (2.47 - 1)x_2} = 0.9567$$

解得 $$x_2 = 0.8994$$

由精馏段操作线方程（b）得第 3 层板上升蒸气组成

$$y_3 = 0.8333x_2 + 0.1633 = 0.8333 \times 0.8994 + 0.1633 = 0.9128$$

由式（a）求得第 3 层板下降的液体组成 x_3，即

$$y_3 = \frac{2.47x_3}{1 + (2.47 - 1)x_3} = 0.9128$$

解得 $$x_3 = 0.8091$$

重复上述步骤，交替使用方程（a）和方程（b）计算可得

$$y_4 = 0.8376 \qquad\qquad x_4 = 0.6762$$

$$y_5 = 0.7268 \qquad\qquad x_5 = 0.5186$$

$$y_6 = 0.5955 \qquad\qquad x_6 = 0.3734$$

$$y_7 = 0.4745 \qquad\qquad x_7 = 0.2677$$
$$y_8 = 0.3864 \qquad\qquad x_8 = 0.2032 < 0.25\ (x_F)$$

因为第 8 层板上液相组成小于进料液组成（$x_F = 0.25$），故让进料引入此板。第 9 层理论板上升的气相组成应用提馏段操作线方程（c）计算，得

$$y_9 = 1.737 x_8 - 0.0626 = 1.737 \times 0.2032 - 0.0626 = 0.2903$$

第 9 层板下降的液体组成仍由方程（a）求得，即

$$y_9 = \frac{2.47 x_9}{1 + (2.47 - 1) x_9} = 0.2903$$

解得 $\qquad\qquad\qquad\qquad x_9 = 0.1421$

第 10 层板上升蒸气组成仍由方程（c）求得

$$y_{10} = 1.737 \times 0.1421 - 0.0626 = 0.1842$$

第 10 层板下降的液体组成仍由方程（a）求得

$$y_{10} = \frac{2.47 x_{10}}{1 + (2.47 - 1) x_{10}} = 0.1842$$

解得 $\qquad\qquad\qquad\qquad x_{10} = 0.08376 < 0.085\ (x_W)$

故总理论板层数为 10 层（包括再沸器）。其中精馏段理论板数为 7 层，提馏段理论板为 3 层（包括再沸器），第 8 层理论板为加料板。

2. 图解法

用图解法求理论塔板数时，如图 7-27 所示，需要用到 $x\text{-}y$ 相图上的相平衡线和操作线。

（1）相平衡线　在直角坐标图上绘出混合物的 $x\text{-}y$ 相平衡线及对角线 $y = x$。

（2）操作线　在 $x\text{-}y$ 图上由 x_D、x_F、x_W 和 R、q 的值，定出精馏段操作线、q 线和提馏段操作线。

（3）理论塔板数　塔顶上升蒸气的组成 y_1 与馏出液的组成 x_D 相同，从而确定了 a

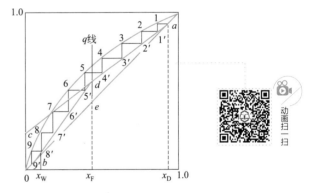

图 7-27　**图解法求理论塔板数**

点（x_D，x_D）。由理论板的概念知，由第一板上升的蒸气组成 y_1 应与第一块板下降的液体组成 x_1 成平衡，从点 a 作水平线与平衡线相交于点 1，其组成为（x_1，y_1）。过点 1（x_1，y_1）作垂线与精馏段操作线相交于点 $1'$，其组成为（x_1，y_2）。点 a、点 1 与点 $1'$ 构成了一个三角形梯级。在绘三角形梯级时，使用了一次平衡关系和一次操作线关系，而逐板法求理论塔板数时，每跨过一块塔板时，都使用了一次平衡关系和一次操作线关系，因此我们可以说每绘一个三角形梯级即代表了一块理论板。绘制梯级时，当 $x_n < x_d$（点 d 为两操作线交点）时，则跨入提馏段与平衡线之间绘梯级，直至 $x_m < x_W$ 为止。

所绘的三角形梯级数即为所求的理论塔板数（包括塔釜）。如图 7-27 所示，梯级总数为 9 块，表示共需 9 块理论板（包括塔釜），其中精馏段的理论塔板数为 4 块，提馏段的理论塔板数为 4 块（不包括塔釜）。

（五）适宜的加料位置

在图解理论塔板数时，当跨过两操作线交点时，更换操作线。而跨过两操作线交点时的梯级即代表适宜的加料位置，因为如此作图所作的理论塔板数为最小，见图 7-28（a）。

如图 7-28（b）所示，若梯级已跨过两操作线的交点，而仍继续在精馏段操作线和平衡线之间绘梯级，由于交点以后精馏段操作线与平衡线的距离较提馏段操作线与平衡线之间的距离近，故所需理论塔板数较多。反之，如还没有跨过交点，而过早地更换操作线，也同样会使理论塔板数增加，如图 7-28（c）。可见，当跨过两操作线交点后更换操作线作图，所定出的加料位置为适宜的位置。

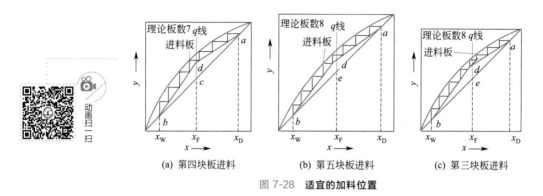

（a）第四块板进料　　　（b）第五块板进料　　　（c）第三块板进料

图 7-28　**适宜的加料位置**

（六）板效率与实际塔板数

1. 单板效率

单板效率表明一块实际塔板与一块理论塔板在提浓能力上的差异，用符号 E_T' 表示。第 n 层塔板的单板效率 E_T' 用气相组成变化表示，即

$$E_T' = \frac{y_n - y_{n+1}}{y_n^* - y_{n+1}} \tag{7-32}$$

式中　E_T'——第 n 层塔板的单板效率；

　　y_{n+1}——进入第 n 层塔板的气相组成，摩尔分数；

　　y_n——离开第 n 层塔板的气相组成，摩尔分数；

　　y_n^*——与第 n 层塔板上液相组成 x_n 互成平衡的气相组成，摩尔分数。

同理，也可按液相组成变化表示。

实际生产过程中，塔内不同位置处塔板上的气、液状态（包括物性和操作状态）是不同的，实际提浓能力与理论提浓能力的差异也不相同。因此，不同塔板的单板效率是不相同的。单板效率只能通过实验逐个测定出来。

2. 全塔效率

通常精馏塔中各层板的单板效率并不相等，为此常用"全塔效率"（又称总效率）来表示，即

$$E_T = \frac{N_T}{N} \tag{7-33}$$

式中　N_T——完成一定分离任务所需的理论塔板数；

　　N——完成一定分离任务所需的实际塔板数；

　　E_T——全塔效率。

塔板效率受多方面因素的影响，目前还不能作精确计算，只能通过实验测定来获取。工程计算中常用图 7-29 所示的关系曲线来近似求取 E_T。图中横坐标为塔顶与塔底平均温度下的液体黏度 μ_L 与相对挥发度 α 的乘积，纵坐标为全塔效率。

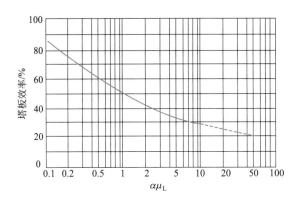

图 7-29　**精馏塔总板效率关系曲线**

（七）回流比

1. 回流比对理论塔板数的影响

回流是保证精馏塔连续稳定操作的必要条件。回流液的多少对整个精馏塔的操作有很大影响，因而选择适宜的回流比是非常重要的。对精馏段而言，进料状况和馏出液组成一定，即 q 线一定，$(x_D，x_D)$ 也是一定的。随着回流比的增加，精馏段操作线的截距 $\dfrac{x_D}{R+1}$ 变小，则其操作线偏离平衡线更远，或更接近于对角线，那么所需的理论塔板数变少，这就减少了设备费用。反之，回流比 R 减小，理论塔板数增加。但另一方面，回流比的增加，回流量 L 及上升蒸气量 V 均随之增大，塔顶冷凝器和塔底再沸器的负荷随之增大，这就增加了操作费用。反之，回流比 R 减小，则冷凝器、再沸器、冷却水用量和加热蒸汽消耗量都减少。R 过大和过小从经济观点来看都是不利的。因此应选择适宜的回流比，使精馏操作的效果最佳。回流比有两个极限值，全回流和最小回流比。

2. 全回流和最少理论塔板数

若塔顶蒸气经冷凝后，全部回流至塔内，这种方式称为"全回流"。此时，塔顶产量为 0。通常在这种情况下，既不向塔内进料，也不从塔内取出产品。即

$$D=F=W=0，R=L/D\to\infty$$

此时塔内也无精馏段和提馏段之分，两段的操作线方程合二为一，即 $y=x$。操作线与对角线相重合，操作线和平衡线的距离最远，此时所需的理论塔板数最少，见图 7-30。其最少理论塔板数的求取有图解法和芬斯克公式。

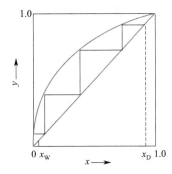

图 7-30　**全回流时理论塔板数**

（1）图解法　从 $(x_D，x_D)$ 点开始，在对角线和平衡线之间绘三角形梯级，直至 $(x_W，x_W)$ 为止。所绘的三角形梯级数即为所求的理论塔板数（包括塔釜）。

（2）芬斯克公式

$$N_{min}=\frac{\lg\dfrac{x_D}{1-x_D}\times\dfrac{1-x_W}{x_W}}{\lg\alpha}-1 \tag{7-34}$$

式(7-34) 称为芬斯克公式。

式中，α 为全塔的相对挥发度的平均值，$\alpha = (\alpha_{顶} + \alpha_{底})/2$。

3. 最小回流比

当回流从全回流逐渐减少时，精馏段操作线的截距 $\dfrac{x_D}{R+1}$ 随之逐渐增大。两操作线的位置逐渐向平衡线靠近，即达到相同分离程度时所需的理论塔板数也逐渐增多。当回流比减少到使两操作线的交点正好落在平衡线上时（或使操作线之一与平衡线相切），此时所需的理论塔板数为无限多，这种情况下的回流比称为"最小回流比"，见图 7-31(a)。

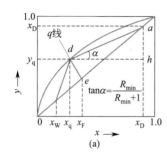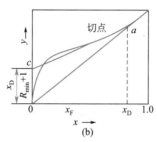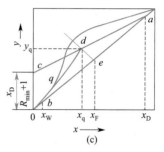

图 7-31　最小回流比的确定

$$\frac{R_{min}}{R_{min}+1} = \frac{x_D - y_q}{x_D - x_q}$$

整理得：

$$R_{min} = \frac{x_D - y_q}{y_q - x_q} \tag{7-35}$$

而对于非理想溶液，如图 7-31(b)、（c）所示，此时，过图中的 $a(x_D,\ x_D)$ 或 $b(x_W,\ x_W)$ 作相平衡曲线的切线交于另一操作线，相应的回流比为最小回流比。

4. 适宜回流比的选择

从回流比的讨论中可知，在全回流下操作时，虽然所需的理论塔板数最少，但是得不到产品；而在最小回流比下操作时，所需的理论塔板数为无限多。

适宜回流比的确定，一般是由经济衡算来确定的，即操作费用和设备折旧费用的总和为最小时的回流比为适宜的回流比。

精馏的操作费用主要取决于再沸器的加热蒸汽消耗量及冷凝器的冷却水消耗量，而这两个量均取决于塔内上升蒸气量 V 和 V'。而上升蒸气量又随着回流比的增加而增加，当回流比 R 增加时，加热蒸汽和冷却介质消耗量随之增多，操作费用增加，见图 7-32。设备的折旧费是指精馏塔、再沸器、冷凝器等设备的投资费以及设备折旧费。当 $R = R_{min}$，达到分离要求的理论塔板数为 $N = \infty$，相应的设备费用也为无限大，当 R 稍稍增大，N 即从无限大急剧减少，设备费用随之降低，当 R 再增大时，塔板数减少速度缓慢。另一方面，随着 R 的增加，上升蒸气量也随之增加，从而使塔径、再沸器、冷凝器尺寸相应增加，设备费用反而上升。将这两种费用综合起来考虑，总费用随 R 变化存在一个最低点，以最低点的 R 操作最经济。

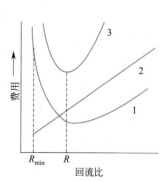

图 7-32　最适宜回流比的确定
1—设备费用线；2—操作费用线；3—总费用线

在精馏塔的设计中，一般并不进行详细的经济衡算，而是根据经验选取。通常取操作回流比为最小回流比的 1.2～2 倍，$R = 1.2～2R_{min}$。有时要视具体情况而定，对于难分离的混合物应选用较大的回流比；有时为了减少加热蒸汽的消耗量，可采用较小的回流比。

三、精馏操作的节能

近年来，人们对精馏过程节能问题进行了大量的研究，大致可归纳为两大类：一是通过改进工艺设备达到节能；二是通过合理操作与改进精馏塔的控制方案达到节能。

1. 预热进料

精馏塔的馏出液、侧线馏分和塔釜液在其相应组成的沸点下由塔内采出，作为产品或排出液，但在送往后道工序使用、产品储存或排弃处理之前常常需要冷却，利用这些液体所放热量对进料或其他工艺流体进行预热，是最简单的节能方法之一。

2. 塔釜液余热的利用

塔釜液的余热除了可以直接利用其显热预热进料外，还可将塔釜液的显热变为潜热来利用。例如，将塔釜液送入减压罐，利用蒸气喷射泵，把一部分塔釜液变为蒸气作为他用。

3. 塔顶蒸气的余热回收利用

塔顶蒸气的冷凝热从量上讲是比较大的，通常用以下几种方法回收。

（1）直接热利用　在高温精馏、加压精馏中，用蒸气发生器代替冷凝器把塔顶蒸气冷凝，可以得到低压蒸气，作为其他热源。

（2）余热制冷　采用吸收式制冷装置产生冷量，通常能产生高于 0℃ 的冷量。

（3）余热发电　用塔顶余热产生低压蒸气驱动透平机发电。

4. 热泵精馏

热泵精馏类似于热泵蒸发，就是将塔顶蒸气加压升温，再作为塔底再沸器的热源，回收其冷凝潜热。这种称为热泵精馏的操作虽然能节约能源，但是以消耗机械能来达到的，未能得到广泛采用。目前热泵精馏只用于沸点相近的组分的分离，其塔顶和塔底温差不大。

5. 设中间冷凝器和中间再沸器

在没有中间冷凝器和中间再沸器的塔中，塔所需的全部热量均从塔底再沸器输入，塔所需移去的所有冷凝热量均从塔顶冷凝器输出。但实际上塔的总热负荷不一定非得从塔底再沸器输入，从塔顶冷凝器输出，采用中间再沸器方式把再沸器加热量分配到塔底和塔中间段，采用中间冷凝器把冷凝器热负荷分配到塔顶和塔的中间段，这就是节能的措施。

此外，在精馏塔的操作中，还可以通过多效精馏和减小回流比等方式来达到节能的目的，这里就不再叙述了。

四、其他蒸馏方式

实际生产中遇到下列一些情况仍采用一般精馏方法来分离双组分混合液是不合适的，生产所需投资费用和操作费用均很高。

① 两组分的相对挥发度很小，用一般精馏方法所需理论塔板数多，操作回流比很大，生产所需投资费用和操作费用均很高；

② 常压下具有恒沸物的双组分体系（如乙醇-水溶液，用一般精馏方法所获产品最高浓度只能达摩尔分数 0.894）；

③ 物料在高温下易分解，故再沸釜的温度不能太高。

工业上广泛采用恒沸精馏、萃取精馏、水蒸气精馏等特殊精馏的方法，以完成上述各种特殊情况下的双组分混合液分离。

1. 恒沸精馏

恒沸精馏的基本依据是：向双组分（A＋B）混合液中加入第三组分 C（称为挟带剂或恒沸剂），此组分与原溶液中的一个或两个组分形成新的恒沸物（AC、BC 或 ABC），体系变成恒沸物-纯组分溶液，而新的恒沸物与纯 A（或 B）的相对挥发度大，很易用一般精馏方法分离。

用乙醇-水溶液制取无水乙醇是一个典型的恒沸精馏过程。此过程以苯作为挟带剂，苯、乙醇和水形成三元恒沸物，其恒沸组成为（摩尔分数）：苯 0.539、乙醇 0.228、水 0.233，常压下的沸点为 64.9℃。其生产流程如图 7-33 所示。

将工业乙醇（其组成接近于乙醇-水恒沸物，即含乙醇摩尔分数约 0.894）加入恒沸精馏塔，挟带剂苯由上部加入，塔底排出所需要的产品无水乙醇。塔顶馏出的三元恒沸物蒸气经冷凝后，导入分层器，静置后分为两层，轻相主要含苯，可回流入塔；重相主要含水，也有少量的苯，送脱苯塔被加热腾汽化，苯以三元恒沸物形式被蒸出，经冷凝后导入分层器。脱苯塔的底部产品为稀乙醇，可送入乙醇塔中提浓，返回恒沸精馏塔作为料液。乙醇塔底部排出废水。

作为挟带剂的苯在系统中循环，可用于此生产过程的挟带剂除苯之外，还可以用戊烷、三氯乙烯（均为与水互不相溶的溶剂）。

选择合适的挟带剂是能否实现恒沸精馏及降低其生产成本的关键。工业生产对挟带剂的主要要求是：

① 与被分离组分形成恒沸物，其沸点应与另一被分离组分有较大差别，一般要求大于 10℃；

② 希望能与料液中含量少的组分形成恒沸物，而且挟带的量越多越好，这样可以减少挟带剂用量，热量消耗低；

③ 确保恒沸物冷凝后能分为轻重两相，便于挟带剂的回收，为此，挟带剂与被挟带组分的相互溶解度越小越好；

④ 应满足一般的工业要求，热稳定，不腐蚀，无毒，不易燃烧、爆炸，货源易得，价格低廉等。

恒沸精馏也可用于相对挥发度小而难分离溶液的分离。如以丙酮为挟带剂分离苯-环己烷溶液，以异丙醚为挟带剂分离水-醋酸溶液。

2. 萃取精馏

萃取精馏的依据是向双组分混合液中加入第三组分 E（称为萃取剂）以增加其相对挥发度。萃取剂是一种挥发性很小的溶剂，与原溶液中 A、B 两组分间的分子作用力不同，能有选择性地溶解 A 或 B，从而改变其蒸气压，原溶液有恒沸物的也被破坏。

图 7-34 所示为环己烷（A）-苯（B）的萃取精馏流程，以糠醛（E）为萃取剂，由于糠醛与苯分子的作用力大，使溶液中苯的蒸气分压降低，苯从易挥发组分转化为难挥发组分，环己烷成为易挥发组分。所以，在萃取精馏塔中，由于萃取剂 E 的加入，塔顶可获得较纯的 A，塔底则得到（B＋E）。由于 B、E 的相对挥发度大，将其送入溶剂分离塔中很易分离，B 为塔顶产品，塔底则回收 E，并将其再返回主塔循环使用。

工业生产对萃取剂的主要要求是：

① 选择性强，能使原溶液组分间的相对挥发度显著增加；

② 溶解度大，能与任何浓度下的原溶液互溶，以避免分层，否则就会产生恒沸物而起不了萃取精馏的作用；

③ 沸点要高，应比原溶液中任一组分的沸点都高，以免混入塔顶产品中，但沸点也不能太高，否则回收困难；

④ 应满足一般的工业要求，热稳定，不腐蚀，不易着火、爆炸，来源广，价格低等。

萃取精馏与恒沸精馏的共同点是：向溶液加入第三组分以增加被分离组分的相对挥发度。二者的主要区别在于：①恒沸精馏的挟带剂必须与被分离组分形成恒沸物，而萃取精馏对萃取剂则无此限制，因此，萃取剂的选择范围较广；②恒沸精馏的挟带剂被汽化由塔顶引出，此项热量消耗较大，因此，其经济性不及萃取精馏；③萃取精馏不能简单地采用间歇操作，因为萃取剂必须不断地由塔上部加入，恒沸精馏则从大规模连续生产至实验室的小型间歇精馏均能方便地操作。

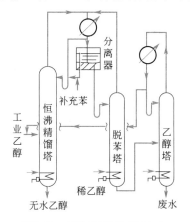

图 7-33　**恒沸精馏制取无水乙醇**

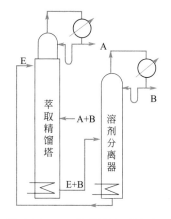

图 7-34　**环己烷-苯的萃取精馏流程**

3. 水蒸气精馏

将水蒸气送入精馏塔的加热釜直接加热溶液，使溶液中组分的沸点降低，从而能在较低温度下沸腾汽化进行精馏，此种操作称为水蒸气精馏。条件是原溶液中的组分不溶于水或基本不溶于水。

加入水蒸气能降低溶液沸点的原理是：互不相溶的液体混合物，其蒸气压为各纯组分饱和蒸气分压之和。如温度 t℃下，纯水的蒸气压为 p_W^0，纯苯的蒸气压为 p_A^0，水与苯互不相溶，所以此温度下苯-水混合液面上与之平衡的气相总压为 $p = p_W^0 + p_A^0$。显然，此混合液的平衡总压比任一纯组分的蒸气压都要高，因而其沸点就比任一纯组分低。实测表明，当总压为 101.3kPa 时，水的沸点为 100℃，苯的沸点为 80.1℃，而苯-水混合液的沸点为 69.5℃。

水蒸气精馏的基本方法是：加热蒸气直接通入加热釜，当水蒸气与被分离混合液的蒸气压之和等于加热釜内总压时，溶液沸腾汽化。上升气流中除原溶液的组分外还有大量水汽。由于原溶液中组分不溶于水，此蒸气从塔顶冷凝器冷凝后，所得馏出液将分为两层，然后用澄清或离心分离方法将水除去，即可获取较纯的塔顶产品。

水蒸气精馏主要用于热敏物料的分离及常压下沸点较高溶液中杂质的去除，例如硝化苯、松节油、苯胺类及脂肪酸类物料的分离等。

任务四　精馏塔的操作

一、精馏操作的分析

1. 进料组成和流量的影响

工业生产中，精馏处理的物料由前一工序引来，当上一工序的生产过程波动时，进精馏塔

的物料组成也将发生变化，给精馏操作带来影响。如图 7-35 所示，当进料组成由 x_F 下降至

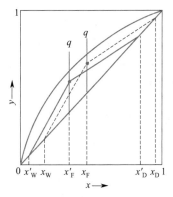

图 7-35　进料组成变化
对精馏结果的影响

x'_F 时，因塔板数不变，若保持回流比不变，则塔顶产品组成将由 x_D 下降至 x'_D，塔底产品组成则由 x_W 下降至 x'_W。若要维持馏出液组成不变，可通过适当增加回流比、加大釜液采出量或调整进料位置等操作措施来实现。在工业生产中，常设 3 个加料口，以适应进料热状态和组成的变化。

当进料流量发生变化时，也将给精馏操作造成影响。进料量变化会使塔内的气、液相负荷发生变化，从而引起塔内气液相接触效果。进料量发生变化时，还应严格维持全塔的总物料平衡与易挥发组分的平衡。

若总物料不平衡，例如，当进料量大于出料量时，会引起淹塔；反之，当进料量小于出料量时，则会引起塔釜蒸干。这些都将严重破坏精馏塔的正常操作。在满足总物料平衡的条件下，还应同时满足各个组分的物料平衡。例如，当进料量减少时，如不及时调低塔顶馏出液的采出率，则由于易挥发组分的物料不平衡，将使塔顶不能获得纯度很高的合格产品。

2. 操作温度的影响

精馏是气液相间的质、热传递过程，与相平衡密切相关，而对于双组分两相体系，操作温度、操作压力与两相组成中只能有两个可以独立变化，因此，当要求获得指定组成的蒸馏产品时，操作温度与操作压力也就确定了。因此工业精馏常通过控制温度和压力来控制蒸馏过程。

(1) 灵敏板的作用　在总压一定的条件下，精馏塔内各块板上的物料组成与温度一一对应。当板上的物料组成发生变化，其温度也就随之一起变化。当精馏过程受到外界干扰（或承受调节作用）时，塔内不同塔板处的物料组成将发生变化，其相应的温度亦将改变。其中，塔内某些塔板处的温度对外界干扰的反应特别明显，即当操作条件发生变化时，这些塔板上的温度将发生显著变化，这种塔板称为灵敏板，一般取温度变化最大的那块板为灵敏板。

精馏生产中由于物料不平衡或是塔的分离能力不够等原因造成的产品不合格现象，都可及早通过灵敏板温度变化情况得到预测，从而可及早发出信号使调节系统能及时加以调节，以保证精馏产品的合格。

(2) 精馏塔的温控方法　精馏塔通过灵敏板进行温度控制的方法大致有以下几种：

① 精馏段温控　灵敏板取在精馏段的某层塔板处，称为精馏段温控，适用于对塔顶产品质量要求高或是气相进料的场合。调节手段是根据灵敏板温度，适当调节回流比。例如，灵敏板温度升高时，则反映为塔顶产品组成 x_D 下降，故此时发出信号适当增大回流比，使 x_D 上升至合格值时，灵敏板温度降至规定值。

② 提馏段温控　灵敏板取在提馏段的某层塔板处，称为提馏段温控，适用于对塔底产品要求高的场合或是液相进料时。其采用的调节手段是根据灵敏板温度，适当调节再沸器加热量。例如，当灵敏板温度下降时，则反映为釜底液相组成 x_W 变大，釜底产品不合格，故发出信号适当增大再沸器的加热量，使釜温上升，以便保持 x_W 的规定值。

③ 温差控制　当原料液中各组成的沸点相近，而对产品的纯度要求又较高时，不宜采用一般的温控方法，而应采用温差控制方法。温差控制是根据两板的温度变化总是比单一板上的温度变化范围要相对大得多的原理来设计的，采用此法易于保证产品纯度，又利于仪表的选择和使用。

3. 操作压力的影响

压力也是影响精馏操作的重要因素。精馏塔的操作压力是由设计者根据工艺要求、经济效

益等综合论证后确定的，生产运行中不能随意变动。操作压力波动时，会有以下影响：

① 将引起温度和组成间对应关系的变化，使操作温度发生变化，压力升高，操作温度升高。

② 压力升高，气相中难挥发组分减少，易挥发组分浓度增加，液相中易挥发组分浓度也增加；汽化困难，液相量增加，气相量减少，塔内气、液相负荷发生了变化。其总的结果是，塔顶馏出液中易挥发组分浓度增加，但产量减少，釜液中易挥发组分浓度增加，釜液量也增加。严重时会破坏塔内的物料平衡，影响精馏的正常进行。

③ 操作压力增加，组分间的相对挥发度降低，塔板分离能力下降，分离效率下降。

④ 操作压力增加，两相密度增加，塔的处理能力增加。

可见，塔的操作压力变化将改变整个塔的操作状况，增加操作的难度和难以预测性。因此，生产运行中应尽量维持操作压力基本恒定。

二、操作方法

1. 精馏塔的开停车

在实际生产中，由于精馏塔的塔型和工艺要求不同，精馏塔操作方法也有所差异，通常采用以下步骤进行开停车：

① 精馏操作前应检查仪表、仪器、阀门等是否齐全、正确、灵活，做好启动前的准备。

② 预进料时，应打开放空阀，充氮置换系统中的空气，以防在进料时出现事故，当压力达到规定的指标后停止，再打开进料阀，打入指定液位高度的料液后停止。

③ 再沸器投入使用时，应打开塔顶冷凝器的冷却水，对再沸器通蒸气加热。

④ 在全回流情况下继续加热，直到塔温、塔压均达到规定指标。

⑤ 进料与出产品时应打开进料阀进料，同时从塔顶和塔釜采出产品，调节到指定的回流比。

⑥ 调节与控制塔内气、液相负荷大小，以保持塔设备良好的热、质传递，获得合格的产品；但气、液相负荷是无法直接控制的，生产中主要通过控制温度、压力、进料量和回流比来实现；运行中，注意各参数的变化，及时调整。

⑦ 停车时，应先停进料，再停再沸器，停产品采出，降温降压后再停冷却水。

2. 精馏塔的操作要点

（1）控制温度 要保持精馏塔的平稳操作，对物料进料温度，塔顶、塔釜及回流液温度都应严加控制。进料温度变化时，有可能改变进料状态，破坏全塔的热平衡，使塔内气、液分布及热负荷发生改变，从而影响塔的平稳操作和产品质量。如进料温度不变，回流量、回流温度、各处馏出物数量的变化也会破坏塔内热平衡，引起各处温度条件的变化。最灵敏反映热平衡变化的是塔顶温度。塔顶温度主要受塔顶回流液的影响，一般用调节冷却剂的用量和温度的办法来控制塔顶温度。而对于塔釜温度，可通过调节塔底再沸器的低压蒸汽用量来确保塔釜温度的稳定。

（2）控制压力 影响塔压变化的主要有冷却剂的温度、流量；塔顶采出量及不凝气体的积聚等。例如，塔顶冷凝器超负荷或冷凝效率低，使冷凝温度升高，引起压力上升时，应加大冷却水量或降低水温，使回流液温度降低。

（3）控制回流比 一般精馏塔回流比的大小由全塔物料衡算决定。随着塔内温度等条件变化，适当改变回流量可维持塔顶温度平衡，从而调节产品质量。精馏塔适宜的回流比为最小回流比的 1.1～2.0 倍。

（4）选定适宜的蒸气量和蒸气速度 在稳定操作时，上升蒸气量及蒸气速度是一定的。如果蒸气速度过低，上升蒸气不能均衡地通过塔板，会使塔板效率降低。若蒸气速度过高，会产生雾沫夹带现象，同样会降低塔板效率。

（5）稳定精馏塔液位　塔底液面的变化反映出物料平衡的变化，反映出温度、流量、压力等操作参数的稳定情况。当塔底液面过高时，应增加塔底抽出量，降低操作压力或降低进料量。当塔底液面过低时，应降低塔底温度，减少塔底抽出量。

三、安全生产

1. 常压操作

（1）正确选择热源　蒸馏操作一般不采用明火作为热源，采用水蒸气或过热蒸气等较为安全。

（2）注意密闭和防腐　为了防止易燃液体或蒸气泄漏，引起火灾爆炸，应保持系统的密闭性。对于蒸馏具有腐蚀性的液体，应防止塔壁、塔板等被腐蚀，以免泄漏。

（3）防止冷却水进入塔内　对于高温蒸馏系统，一定要防止塔顶冷凝器的冷却水突然漏入蒸馏塔内，否则水会汽化导致塔压增加而发生冲料，甚至引起火灾爆炸。

（4）防止堵塔　防止因液体所含高沸物或聚合物凝结造成堵塞，使塔压升高引起爆炸。

（5）防止塔顶冷却水中断　塔顶冷凝器中的冷却水不能中断，否则，未凝易燃蒸气逸出可能引起爆炸。

2. 减压操作

（1）保证系统密闭　在减压操作中，系统的密闭性十分重要，蒸馏过程中，一旦吸入空气，很容易引起燃烧爆炸事故。因此，真空泵一定要安装单向阀，防止突然停泵造成空气倒吸进入塔内。

（2）保证开车安全　减压操作开车时，应先开真空泵，然后开塔顶冷却水，最后开再沸蒸气，否则，液体会被吸入真空泵，可能引起冲料，引起爆炸。

（3）保证停车安全　减压操作停车时，应先冷却，然后通入氮气吹扫置换，再停真空泵。若先停真空泵，空气将吸入高温蒸馏塔，引起燃烧爆炸。

3. 加压操作

（1）保证系统密闭　加压操作中，气体或蒸气容易向外泄漏，引起火灾、中毒和爆炸等事故。设备必须保证很好的密闭性。

（2）严格控制压力和温度　由于加压蒸馏处理的液体沸点都比较高，危险性很大，因此，为了防止冲料等事故发生，必须严格控制蒸馏的压力和温度，并应安装安全阀。

训练与自测

一、技能训练

操作精馏塔并测定全塔效率。

二、问题思考

1. 蒸馏的目的及操作的依据是什么？

2. 叙述精馏的原理。

3. 精馏过程为什么必须要有回流？

4. 精馏塔的液泛、漏液现象如何避免？

5. 什么是精馏塔负荷性能图？其对生产的指导意义是什么？

6. 精馏塔的操作线关系与平衡关系有何不同，有何实际意义及作用？

7. 某精馏塔正常稳定操作，若想增加进料量，而保持产品质量不变，宜采取哪些措施？

8. 进料热状况发生变化，对精馏产生什么影响？

9. 最适宜回流比的确定需要考虑哪些因素？

10. 回流比的增加对精馏操作有何影响？生产中如何实现回流比的增加？

11. 塔顶温度升高时，会带来什么样的结果？如何处理？

12. 在连续精馏塔的操作中，由于前一工序原因使加料组成 x_F 降低，可采取哪些措施保证塔顶产品的质量（即保持馏出液组成 x_D 不降）？与此同时釜残液的组成 x_W 将如何变化？

13. 有一连续操作的精馏塔分离某混合液。假设其他条件保持不变，塔板效率不变，若改变下列因素，馏出液及釜液组成将有何变化？①回流比下降；②原料中易挥发组分浓度上升。

14. 精馏生产中，常开设三个加料口，为什么？

15. 精馏过程中有哪些节能方式？

16. 精馏操作的开车停车步骤如何？需注意哪些安全问题？

17. 精馏操作中可能出现的故障有哪些？如何处理？

三、工艺计算

1. 现有乙醇质量分数为 0.25 的乙醇-水溶液，试求：①乙醇的摩尔分数；②乙醇-水溶液的平均摩尔质量。

2. 用精馏方法分离含丙烯 0.40（质量分数，下同）的丙烯-丙烷混合液，进料量为 2000kg/h。塔底产品中丙烯含量为 0.20，流量 1000kg/h。试求塔顶产品的产量及组成？

3. 某二元物系，原料液浓度 $x_F = 0.42$，连续精馏分离得塔顶产品浓度 $x_D = 0.95$。已知塔顶产品中易挥发组分回收率 $\eta = 0.92$，求塔底产品浓度 x_W。以上浓度皆指易挥发组分的摩尔分数。

4. 在连续精馏塔中分离二硫化碳-四氯化碳混合液。已知原料液流量为 5000kg/h，二硫化碳的质量分数为 0.3（下同）。若要求釜液组成不大于 0.05，塔顶二硫化碳回收率为 88%，试求馏出液的流量和组成，分别以摩尔流量和摩尔分数表示。

5. 将含易挥发组分 0.25（摩尔分数，下同）的某混合液连续精馏分离。要求馏出液中含易挥发组分 0.95，残液中含易挥发组分 0.04。塔顶每小时送入全凝器 1000kmol 蒸气，而每小时从冷凝器流入精馏塔的回流量为 670kmol。试计算残液量和回流比。

6. 精馏分离丙酮-正丁醇混合液。料液、馏出液含丙酮分别为 0.30、0.95（均为质量分数），加料量为 1000kg/h，馏出液量为 300kg/h，进料为饱和液体，回流比为 2。求精馏段操作线方程和提馏段操作线方程。

7. 在常压操作的连续精馏塔中，分离含甲醇 0.4、水 0.6（以上均为摩尔分数）的溶液，要求塔顶产品含甲醇 0.95 以上，塔底含甲醇 0.035 以下，物料流量 15kmol/s，采用回流比为 3，试求以下各种进料状况下的 q 值以及精馏段和提馏段的气、液相流量：①进料温度为 40℃；②饱和液体进料；③饱和蒸气进料。

8. 氯仿（$CHCl_3$）和四氯化碳（CCl_4）的混合物在一连续精馏塔中分离。馏出液中氯仿的浓度为 0.95（摩尔分数），馏出液流量为 50kmol/h，平均相对挥发度 $\alpha = 1.6$，回流比 $R = 2$。求：①塔顶第二块塔板上升的气相组成；②精馏段各板上升蒸气量 V 及下降液体量 L（以 kmol/h 表示）。

9. 某连续精馏操作分离（A＋B）混合物，已知：$x_F = 0.24$，$x_D = 0.95$，$x_W = 0.03$，$L = 670$kmol/h，$V = 850$kmol/h。若原料于泡点进料，物料的相对挥发度为 2.47，求：①两个

操作线方程；②用逐板计算法求出精馏段自塔顶往下数第二块理论塔板下流液体的组成。

10. 在常压下连续精馏分离含苯 0.50 的苯-甲苯混合液。要求馏出液中含苯 0.96，残液中含苯不高于 0.05（以上均为摩尔分数）。饱和液体进料，回流比为 3，物系的平均相对挥发度为 2.5。试用逐板计算法求所需的理论板层数与加料板位置。若总板效率为 0.50，求需要的实际板数。

11. 有苯和甲苯混合物，含苯 0.40，流量为 1000kmol/h，在一常压精馏塔内进行分离，要求塔顶馏出液中含苯 90% 以上（以上均为摩尔分数），苯回收率不低于 90%，泡点进料，泡点回流，取回流比为最小回流比的 1.5 倍。已知相对挥发度 $\alpha = 2.5$，试求：①塔顶产品量 D；②塔底残液量 W 及组成 x_W；③实际回流比 R。

12. 在常压下，欲在连续精馏塔中分离含甲醇 0.40 的水溶液，以得到含甲醇 0.95（均为摩尔分数）的馏出液。若进料为饱和液体，试求最小回流比。若取回流比为最小回流比的 1.5 倍，求实际回流比 R。

13. 一连续精馏塔的操作条件为：操作压力为 101.3kPa，每小时 4000kg 的原料液中含乙醇 30% 的水溶液，于 293K 时送入塔内，馏出液为 94% 乙醇，于泡点回流；残液中乙醇含量不高于 3%（以上为质量分数）。实际回流比为最小回流比的 1.8，板效率为 70%，试计算：

① 每小时的馏出液量及残液量；

② 最小回流比与实际回流比；

③ 理论塔板数与实际塔板数。

项目八

吸　收

 学习目标

知识目标　掌握吸收的基本概念、基本理论及工艺计算、吸收塔的操作；理解吸收机理、解吸与吸收的异同、吸收操作的控制和调节；了解吸收装置的结构和特点、填料的特性及其应用。

技能目标　能根据生产任务对吸收塔进行操作，并对操作中的相关参数进行控制；能根据生产任务确定吸收剂的用量，计算填料层高度；能根据影响吸收操作的因素，选择合适的吸收操作条件；能正确查阅和使用与吸收相关的资料、手册和计算图表。

素质目标　树立工程观念和安全环保意识；培养理论联系实际的思维方式；培养遵守操作规程，认真细致的工作态度。

项目案例

某厂欲将101.3kPa、20℃下氨-空气混合气中的氨回收，该混合气量为2800Nm³/h（标准状况），含氨5%（体积分率），要求吸收率不低于98%，试确定该回收任务的生产方案（吸收塔的选型、吸收剂的选择及其工艺参数的确定、操作规程等），并进行节能、环保、安全的实际生产操作，完成该回收任务。

任务一　了解吸收过程及其应用

在化工生产中，有许多原料、中间产品等都是气体混合物，为了从气体混合物中分离出其中一个或多个组分，将气体混合物与选择的某种液体接触，气体中的一个或几个组分便溶解于该液体中形成溶液，不能溶解的组分则保留在气相中，然后分别将气、液两相移出而达到分离的目的。这种分离气体混合物的操作称吸收。它是利用混合气中各组分在液体中的溶解度不同而将气体混合物分离的重要单元操作。

一、工业生产中的吸收操作过程

工业生产中的吸收操作在吸收塔内进行，如图8-1所示为煤气中回收粗苯的吸收流程简图。

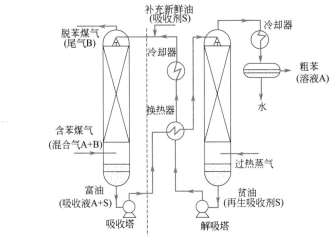

动画扫一扫

图 8-1   煤气中回收粗苯的吸收流程简图

图中虚线左边为吸收部分，含苯煤气由底部进入吸收塔，洗油从顶部喷淋而下与气体呈逆流流动。在煤气和洗油的逆流接触中，苯类物质蒸气大量溶于洗油中，从塔顶引出的煤气中仅含少量的苯，溶有较多苯类物质的洗油（称为富油）则由塔底排出。为了回收富油中的苯并使洗油能循环使用，在另一个被称为解吸塔的设备中进行与吸收相反的操作——解吸，图中虚线右边即为解吸部分。从吸收塔底排出的富油首先经换热器被加热后，由解吸塔顶引入，在与解吸塔底部通入的过热蒸气逆流接触过程中，粗苯由液相释放出来，并被水蒸气带出塔顶，再经冷凝分层后即可获得粗苯产品。脱除了大部分苯的洗油（称为贫油）由塔底引出，经冷却后再送回吸收塔顶循环使用。

在吸收操作中，吸收塔顶喷淋所用的液体称为吸收剂或溶剂，以 S 表示；混合气体中，能够溶解于液体的组分称吸收质或溶质，以 A 表示；不能溶解的组分称惰性气，以 B 表示；吸收塔顶排出的气体称为吸收尾气，其主要成分是惰性气 B，还含有残余的溶质 A；吸收塔底引出的溶液称为吸收液，其成分是溶剂 S 和溶质 A。

二、吸收在化工生产中的应用

吸收操作广泛地用于气体混合物的分离，其在工业上的具体应用主要有：
① 原料气的净化　如用稀氨水脱除合成氨原料气中的硫化氢，用丙酮脱除裂解气中的乙炔等。
② 有用组分的回收　如从焦炉煤气中用洗油回收粗苯，从合成氨厂的放空气中用水回收氨。
③ 某些产品的制取　如用水吸收氯化氢以制取盐酸，用水吸收二氧化氮制取硝酸等。
④ 废气的治理　如磷肥生产中，放出含氟的废气具有强烈的腐蚀性，用水制成氟硅酸；又如用碱吸收硝酸厂尾气中含氮的氧化物制成硝酸钠等。

三、吸收操作的分类

根据吸收过程的特点，吸收操作可分为以下几类。
1. 按吸收过程中被吸收组分的数目分为单组分吸收和多组分吸收
若混合气体中只有一个组分进入液相，其余组分皆可认为不溶解于吸收剂，这样的吸收过程称为单组分吸收；如果混合气有两个或更多组分进入液相，则称多组分吸收。如用水吸收合成氨原料气中的 CO_2 属于单组分吸收，用洗油回收焦炉煤气中的粗苯属于多组分吸收。

2. 按吸收过程中有无显著的热效应分为等温吸收和非等温吸收

气体溶解于液体之中，常伴随着热效应，当发生化学反应时，还会有反应热，其结果是使液相温度逐渐升高，这样的过程称为非等温吸收；但若热效应很小，或被吸收的组分在气相中浓度很低而吸收剂的用量相对很大时，温度升高并不显著，可认为是等温吸收。

3. 按吸收过程中有无显著的化学反应分为物理吸收和化学吸收

在吸收过程中，若吸收剂与吸收质之间不发生显著的化学反应，可以当作单纯的气体溶解于液体的物理过程，则称为物理吸收；若吸收剂与吸收质之间发生显著的化学反应，则称为化学吸收。

4. 按混合气中溶质浓度的高低分为低浓度吸收和高浓度吸收

多数工业吸收操作是将气体中少量溶质组分加以回收或除去，为确保吸收质的高纯度分离，吸收剂的用量比较大，进塔混合气中吸收质浓度低，吸收液浓度也低。当进塔混合气中溶质浓度小于 10％时，通常称为低浓度吸收；否则就是高浓度吸收。

本项目只重点讨论低浓度、单组分、等温、物理吸收过程。

四、吸收剂的选择

吸收过程是混合气中的溶质在吸收剂中的溶解过程，吸收剂性能的优劣往往成为决定吸收操作效果是否良好的关键。在选择吸收剂时，应注意以下几个问题：

① 溶解度　吸收剂对于溶质组分应具有较大的溶解度，这样可以提高吸收速率并减少吸收剂的用量。

② 选择性　吸收剂要在对溶质组分有良好吸收能力的同时，对混合气体中的其他组分基本上不吸收或吸收甚微，否则不能实现有效的分离。

③ 挥发度　操作温度下吸收剂的蒸气压要低，以减少吸收和再生过程中吸收剂的挥发损失。

④ 再生　当吸收液不作为产品时，吸收剂要易于再生，以降低操作费用。要求溶解度对温度的变化比较敏感，即不仅在低温下溶解度要大，平衡分压要小；而且随着温度升高，溶解度应迅速下降，平衡分压应迅速上升，则被吸收的气体容易解吸，吸收剂再生方便。

⑤ 黏性　操作温度下吸收剂的黏度要低，这样可以改善吸收塔内的流动状况，提高吸收速率，减少吸收剂输送时的动力消耗。

⑥ 其他　所用的吸收剂还应无毒、无腐蚀性、不易燃、不发泡、冰点低、价廉易得、化学性能稳定。

任务二　认知吸收设备

吸收既可以在填料塔中进行，也可以在板式塔中进行。

一、填料塔的构造

填料塔的结构如图 8-2 所示。填料塔的塔身是一直立式圆筒，底部装有填料支承板。填料是填料塔的核心部分，它提供了气、液接触的界面，以乱堆或整砌的方式放置在支承板上。填料的上方安装填料压板，以防被上升气流吹动。液体从塔顶经液体分布器喷淋到填料上，并沿填料表面流下。气体从塔底送入，经气体分布装置（小直径塔一般不设气体分布装置）分

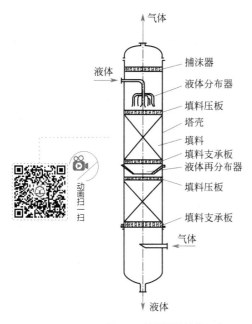

图 8-2 填料塔的结构示意

气体

捕沫器
液体分布器
填料压板
塔壳
填料
填料支承板
液体再分布器
填料压板
填料支承板

气体

液体

动画扫一扫

布后，与液体呈逆流连续通过填料层的空隙，在填料表面上，气液两相直接接触进行传质。填料塔属于连续接触式气液传质设备，两相组成沿塔高连续变化，在正常操作状态下，气相为连续相，液相为分散相。

当液体沿填料层向下流动时，有逐渐向塔壁集中的趋势，使得塔壁附近的液流量逐渐增大，这种现象称为壁流。壁流效应造成气液两相在填料层中分布不均，从而使传质效率下降。因此，当填料层较高时，需要进行分段，中间设置再分布装置。液体再分布装置包括液体收集器和液体再分布器两部分，上层填料流下的液体经液体收集器收集后，送到液体再分布器，经重新分布后喷淋到下层填料上方。

填料塔不仅结构简单，而且有阻力小和便于用耐腐蚀材料制造等优点，尤其对于直径较小的塔、处理有腐蚀性的物料或要求压力较小的真空蒸馏系统，填料塔都表现出明显的优越性。另外，对于某些液气比很大的蒸馏或吸收操作，也适合用填料塔。

近年来，国内外对填料塔的研究与开发进展很快。由于不断开发性能优良的填料以及填料塔在节能方面的突出优势，大型的填料塔目前在工业上已越来越多。

二、填料的类型

填料的种类很多，大致可分为实体填料和网体填料两大类。实体填料包括环形填料、鞍形填料以及栅板填料、波纹填料等由陶瓷、金属和塑料等材质制成的填料。网体填料主要是由金属丝网制成的各种填料。下面介绍几种常见的填料。

1. 拉西环填料

拉西环填料于 1914 年由拉西发明，为外径与高度相等的圆环，如图 8-3(a) 所示。拉西环填料的气液分布较差，传质效率低，阻力大，气体通量小，目前工业上已较少应用。

2. 鲍尔环填料

如图 8-3(b) 所示，鲍尔环是对拉西环的改进，在拉西环的侧壁上开出两排长方形的窗孔，被切开的环壁的一侧仍与壁面相连，另一侧向环内弯曲，形成内伸的舌叶，诸舌叶的侧边在环中心相搭。鲍尔环由于环壁开孔，大大提高了环内空间及环内表面的利用率，气流阻力小，液体分布均匀。与拉西环相比，鲍尔环的气体通量可增加 50% 以上，传质效率提高 30% 左右。鲍尔环是一种应用较广的填料。

3. 阶梯环填料

如图 8-3(c) 所示，阶梯环是对鲍尔环的改进，在环壁上开有长方形孔，环内有两层交错 45°的十字形翅片。与鲍尔环相比，阶梯环高度通常只有直径的一半，并在一端增加了一个锥形翻边，使填料之间由线接触为主变成以点接触为主，这样不但增加了填料间的空隙，同时成为液体沿填料表面流动的汇集分散点，可以促进液膜的表面更新，有利于传质效率的提高。阶梯环的综合性能优于鲍尔环，成为目前所使用的环形填料中最为优良的一种。

(a) 拉西环填料　(b) 鲍尔环填料　(c) 阶梯环填料　(d) 弧鞍填料

(e) 矩鞍填料　(f) 金属环矩鞍填料　(g) 多面球形填料　(h) TRI球形填料

(i) 共轭环填料　(j) 海尔环填料　(k) 纳特环填料

(l) 木格栅填料　(m) 格里奇格栅填料

(n) 金属丝网波纹填料　(o) 金属板波纹填料　(p) 脉冲填料

图 8-3　几种常见填料

4. 弧鞍与矩鞍填料

弧鞍和矩鞍填料属鞍形填料，如图 8-3(d) 所示弧鞍填料。弧鞍填料的特点是表面全部敞开，不分内外，液体在表面两侧均匀流动，表面利用率高，流道呈弧形，流动阻力小。其缺点是易发生套叠，致使一部分填料表面被重合，使传质效率降低。弧鞍填料强度较差，容易破碎，工业生产中应用不多。矩鞍填料如图 8-3(e) 所示。将弧鞍填料两端的弧形面改为矩形面，且两面大小不等，即成为矩鞍填料。矩鞍填料堆积时不会套叠，液体分布较均匀。矩鞍填料一般采用瓷质材料制成，其性能优于拉西环。目前，国内绝大多数应用瓷拉西环的场合，均已被瓷矩鞍填料所取代。

5. 金属环矩鞍填料

金属环矩鞍填料如图 8-3(f) 所示。环矩鞍填料是兼顾环形和鞍形结构特点而设计出的一种新型填料。该填料一般以金属材质制成，故又称为金属环矩鞍填料。环矩鞍填料将环形填料和鞍形填料两者的优点集于一体，其综合性能优于鲍尔环和阶梯环，在散装填料中应用较多。

6. 球形填料

球形填料一般采用塑料注塑而成，其结构有多种，如图 8-3(g)、(h) 所示。球形填料的特点是球体为空心，可以允许气体、液体从其内部通过。由于球体结构的对称性，填料装填密度均匀，不易产生空穴和架桥，所以气液分散性能好。球形填料一般只适用于某些特定的场合，工程上应用较少。

7. 波纹填料

如图 8-3(n)、(o) 所示。波纹填料是由许多波纹薄板组成的圆盘状填料，波纹与塔轴的倾角有 30° 和 45° 两种，组装时相邻两波纹板反向靠叠。各盘填料垂直装于塔内，相邻的两盘填料间交错 90° 排列。

波纹填料按结构可分为网波纹填料和板波纹填料两大类，其材质又有金属、塑料和陶瓷等之分。

波纹填料的优点是结构紧凑，阻力小，传质效率高，处理能力大，比表面积大；缺点是不适于处理黏度大、易聚合或有悬浮物的物料，且装卸、清理困难，造价高。

除上述几种填料外，近年来不断有构型独特的新型填料开发出来，如共轭环填料、海尔环填料、纳特环填料等。

三、填料的特性及选用

(一) 填料的特性

填料的特性数据主要包括比表面积、空隙率、填料因子等。此外，填料还应具有重量轻、造价低、坚固耐用、不易堵塞、耐腐蚀、有一定的机械强度等特性。

1. 比表面积

单位体积填料的表面积称为比表面积，以 a 表示，其单位为 m^2/m^3。填料的比表面积愈大，所提供的气液传质面积愈大。因此，比表面积是评价填料性能优劣的一个重要指标。

2. 空隙率

单位体积填料中的空隙体积称为空隙率，以 ε 表示，其单位为 m^3/m^3。填料的空隙率越大，气体通过的能力越大且压降低。因此，空隙率是评价填料性能优劣的又一重要指标。

3. 填料因子

填料的比表面积与空隙率三次方的比值，即 a/ε^3，称为填料因子，以 Φ 表示，其单位为 $1/m$。填料因子分为干填料因子与湿填料因子，填料未被液体润湿时的 a/ε^3 值称为干填料因子，它反映填料的几何特性；填料被液体润湿后，填料表面覆盖了一层液膜，a 和 ε 均发生相应的变化，此时的 a/ε^3 值称为湿填料因子，它表示填料的流体力学性能。Φ 值越小，表明流动阻力越小，发生液泛时的气速提高，亦即流体力学性能好。

(二) 填料的选用

1. 填料用材的选择

当设备操作温度较低时，塑料在长期操作中不出现变形，在此情况下，如果体系对塑料无溶胀，可考虑使用塑料，因其价格低廉、性能良好。塑料填料的操作温度一般不超过 100℃，玻璃纤维增强的聚丙烯填料可达 120℃ 左右。除对浓硫酸、浓硝酸等强酸外，塑料有较好的耐腐蚀性，但塑料表面对水溶液的润湿性差。陶瓷填料一般用于尤其是高温下的腐蚀性介质，但对 HF 和高温下的 H_3PO_4 与碱不能使用。金属材料一般耐高温，但不耐腐蚀。不锈钢可耐一般的酸碱腐蚀（含 Cl^- 的酸除外），但价格昂贵。

2. 填料类型的选择

填料类型的选择首先取决于工艺要求，如所需理论级数、生产能力（气量）、容许压降、物料特性（液体黏度、气相和液相中是否有悬浮物或生产过程中的聚合等）等，然后结合填料特性，使所选填料能满足工艺要求，技术经济指标先进，易安装和维修。

由于整砌填料气液分布较均匀，放大效应小，技术指标优于乱堆填料，故近年来规则填料的应用日趋广泛，尤其是对于大型塔和要求压力降低的塔，但装卸清洗较困难。

对于生产能力（塔径）大或分离要求较高，对压力降有限制的塔，选用孔板波纹填料较宜，如用于苯乙烯-乙苯精馏塔、润滑油减压塔等。

对于一些要求持液量较高的吸收体系，一般用乱堆填料。在乱堆填料中，综合技术性能较优越的是金属鞍环填料、阶梯环填料，其次是鲍尔环填料，再次是矩鞍填料。

对于易结垢或易沉淀的物料，通常用大尺寸的栅板（格栅）填料，并在较高气速下操作。

四、填料塔的流体力学性能

填料塔的流体力学性能主要包括填料层的持液量、填料层的压降、液泛、填料表面的润湿及返混等。

1. 填料层的持液量

填料层的持液量是指在一定操作条件下，在单位体积填料层内所积存的液体体积，以（m^3 液体）/（m^3 填料）表示。

填料层的持液量可由实验测出，也可由经验公式计算。一般来说，适当的持液量对填料塔操作的稳定性和传质是有益的，但持液量过大，将减少填料层的空隙和气相流通截面，使压降增大，处理能力下降。

2. 填料层的压降

在逆流操作的填料塔中，从塔顶喷淋下来的液体，依靠重力在填料表面成膜状向下流动，上升气体与下降液膜的摩擦阻力形成了填料层的压降。填料层压降与液体喷淋量及气速有关，在一定的气速下，液体喷淋量越大，压降越大；在一定的液体喷淋量下，气速越大，压降也越大。将不同液体喷淋量下单位填料层的压降 $\Delta p/Z$ 与空塔气速 u 的关系标绘在双对数坐标纸上，可得到如图 8-4 所示的曲线簇。

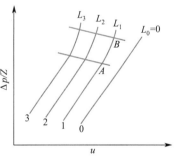

图 8-4 填料层的 $\Delta p/Z$-u 关系

在图 8-4 中，直线 0 表示无液体喷淋($L=0$) 时，干填料的 $\Delta p/Z$-u 关系，称为干填料压降线。曲线 1、2、3 表示不同液体喷淋量下，填料层的 $\Delta p/Z$-u 关系，称为填料操作压降线。

从图中可看出，在一定的喷淋量下，压降随空塔气速的变化曲线大致可分为三段：当气速低于 A 点时，气体流动对液膜的曳力很小，液体流动不受气流的影响，填料表面上覆盖的液膜厚度基本不变，因而填料层的持液量不变，该区域称为恒持液量区。此时 $\Delta p/Z$-u 为一直线，位于干填料压降线的左侧，且基本上与干填料压降线平行。当气速超过 A 点时，气体对液膜的曳力较大，对液膜流动产生阻滞作用，使液膜增厚，填料层的持液量随气速的增加而增大，此现象称为拦液。开始发生拦液现象时的空塔气速称为载点气速，曲线上的转折点 A 称为载点。若气速继续增大，到达图中 B 点时，由于液体不能顺利向下流动，使填料层的持液量不断增大，填料层内几乎充满液体，气速增加很小便会引起压降的剧增，此现象称为液泛，开始发生液泛现象时的气速称为泛点气速，以 u_f 表示，曲线上的点 B 称为泛点。从载点到泛点的区域称为载液区，泛点以上的区域称为液泛区。

应予指出，在同样的气液负荷下，不同填料的 $\Delta p/Z\text{-}u$ 关系曲线有所差异，但其基本形状相近。对于某些填料，载点与泛点并不明显，故上述三个区域间无截然的界限。

3. 液泛

在泛点气速下，持液量的增多使液相由分散相变为连续相，而气相则由连续相变为分散相，此时气体呈气泡形式通过液层，气流出现脉动，液体被大量带出塔顶，塔的操作极不稳定，甚至会被破坏，此种情况称为淹塔或液泛。影响液泛的因素很多，如填料的特性、流体的物性及操作的液气比等。

4. 液体喷淋密度和填料表面的润湿

填料塔中气液两相间的传质主要是在填料表面流动的液膜上进行的。要形成液膜，填料表面必须被液体充分润湿，而填料表面的润湿状况取决于塔内的液体喷淋密度及填料材质的表面润湿性能。

液体喷淋密度是指单位塔截面积上，单位时间内喷淋的液体体积，以 U 表示，单位为 $m^3/(m^2 \cdot h)$。为保证填料层的充分润湿，喷淋密度大于某一极限值，该极限值称为最小喷淋密度，以 U_{min} 表示。最小喷淋密度通常采用下式计算，即

$$U_{min} = (L_W)_{min} a \tag{8-1}$$

式中 U_{min}——最小喷淋密度，$m^3/(m^2 \cdot h)$；

$(L_W)_{min}$——最小润湿速率，$m^3/(m \cdot h)$；

a——填料的比表面积，m^2/m^3。

最小润湿速率是指在塔的截面上，单位长度的填料周边的最小液体体积流量。其值可由经验公式计算，也可采用经验值。对于直径不超过 75mm 的散装填料，可取最小润湿速率 $(L_W)_{min}$ 为 $0.08m^3/(m \cdot h)$；对于直径大于 75mm 的散装填料，取 $(L_W)_{min} = 0.12m^3/(m \cdot h)$。

填料表面润湿性能与填料的材质有关，就常用的陶瓷、金属、塑料三种材质而言，以陶瓷填料的润湿性能最好，塑料填料的润湿性能最差。

实际操作时采用的液体喷淋密度应大于最小喷淋密度。若喷淋密度过小，可采用增大回流比或采用液体再循环的方法加大液体流量，以保证填料表面的充分润湿；也可采用减小塔径予以补偿；对于金属、塑料材质的填料，可采用表面处理方法，改善其表面的润湿性能。

5. 返混

在填料塔内，气液两相的逆流并不呈理想的活塞流状态，而是存在着不同程度的返混。造成返混现象的原因很多，如：填料层内的气液分布不均；气体和液体在填料层内的沟流；液体喷淋密度过大时所造成的气体局部向下运动；塔内气液的湍流脉动使气液微团停留时间不一致等。填料塔内流体的返混使得传质平均推动力变小，传质效率降低。因此，按理想的活塞流设计的填料层高度，因返混的影响需适当加高，以保证预期的分离效果。

五、填料塔的附件

填料塔附件主要有填料支承装置、液体分布装置、液体收集再分布装置等。合理地选择和设计塔附件，对保证填料塔的正常操作及优良的传质性能十分重要。

1. 填料支承装置

填料支承装置的作用是支承塔内的填料，常用的填料支承装置有如图 8-5 所示的栅板型、孔管型、驼峰型等。支承装置的选择，主要的依据是塔径、填料种类及型号、塔体及填料的材质、气液流量等。

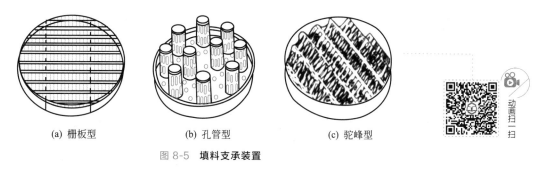

(a) 栅板型　　　　　(b) 孔管型　　　　　(c) 驼峰型

图 8-5　填料支承装置

2. 液体分布装置

液体分布装置能使液体均匀分布在填料的表面上。常用的液体分布装置有如下几种：

① 喷头式分布器　如图 8-6(a) 所示。液体由半球形喷头的小孔喷出，小孔直径为 3～10mm，作同心圆排列，喷洒角不超过 80°，直径为(1/3～1/5) D。这种分布器结构简单，只适用于直径小于 600mm 的塔中。因小孔容易堵塞，一般应用较少。

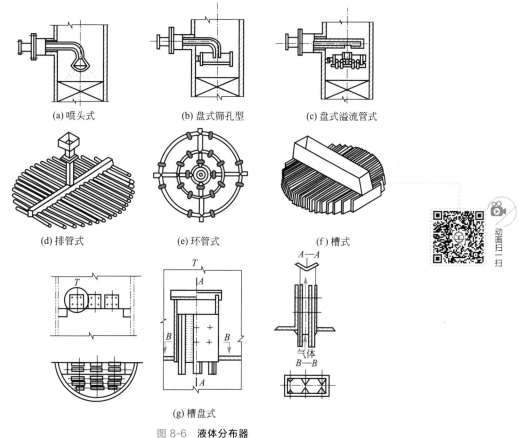

(a) 喷头式　　　(b) 盘式筛孔型　　　(c) 盘式溢流管式

(d) 排管式　　　(e) 环管式　　　(f) 槽式

$A—A$

气体
$B—B$

(g) 槽盘式

图 8-6　液体分布器

② 盘式分布器　有盘式筛孔型分布器、盘式溢流管式分布器等形式。如图 8-6(b)、(c)所示。液体加至分布盘上，经筛孔或溢流管流下。分布盘直径为塔径的 0.6～0.8，此种分布器用于 $D<800mm$ 的塔中。

③ 管式分布器　由不同结构形式的开孔管制成。其突出的特点是结构简单，供气体流过的自由截面大，阻力小。但小孔易堵塞，弹性一般较小。管式液体分布器使用十分广泛，多用

于中等以下液体负荷的填料塔中。在减压精馏及丝网波纹填料塔中，由于液体负荷较小，故常用之。管式分布器有排管式、环管式等不同形状，如图 8-6(d)、(e) 所示。根据液体负荷情况，可做成单排或双排。

④ 槽式液体分布器　通常是由分流槽（又称主槽或一级槽）、分布槽（又称副槽或二级槽）构成的。一级槽通过槽底开孔将液体初分成若干流股，分别加入其下方的液体分布槽。分布槽的槽底（或槽壁）上设有孔道（或导管），将液体均匀分布于填料层上。如图 8-6(f) 所示。

槽式液体分布器具有较大的操作弹性和极好的抗污堵性，特别适合于大气液负荷及含有固体悬浮物、黏度大的液体的分离场合。由于槽式分布器具有优良的分布性能和抗污堵性能，应用范围非常广泛。

槽盘式分布器是近年来开发的新型液体分布器，它将槽式及盘式分布器的优点有机地结合为一体，兼有集液、分液及分气三种作用，结构紧凑，操作弹性高达 10:1，气液分布均匀，阻力较小，特别适用于易发生夹带、易堵塞的场合。槽盘式液体分布器的结构如图 8-6(g) 所示。

3. 液体收集及再分布装置

液体沿填料层向下流动时，有偏向塔壁流动的现象，这种现象称为壁流。壁流将导致填料层内气液分布不均，使传质效率下降。为减小壁流现象，可间隔一定高度在填料层内设置液体再分布装置。

最简单的液体再分布装置为截锥式再分布器。如图 8-7(a) 所示。截锥式再分布器结构简单，安装方便，但它只起到将壁流向中心汇集的作用，无液体再分布的功能，一般用于直径小于 0.6m 的塔中。

在通常情况下，一般将液体收集器及液体分布器同时使用，构成液体收集及再分布装置。液体收集器的作用是将上层填料流下的液体收集，然后送至液体分布器进行液体再分布。常用的液体收集器为斜板式液体收集器，如图 8-7(b) 所示。

前已述及，槽盘式液体分布器兼有集液和分液的功能，故槽盘式液体分布器是优良的液体收集及再分布装置。

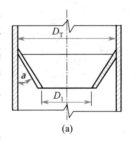
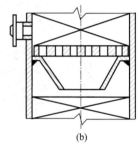

图 8-7　液体再分布器

任务三　获取吸收知识

一、吸收的气液相平衡

（一）相组成表示法

在吸收操作中气体的总量和液体的总量都将随操作的进行而改变，但是惰性气体 B 和吸收剂 S 的总量始终保持不变。因此在吸收计算中，相组成用摩尔比表示就比较方便。

混合物中两组分的物质的量之比，用 X 或 Y 表示。A 对 B 的摩尔比：

$$X_A = \frac{n_A}{n_B} \text{或} Y_A = \frac{n_A}{n_B}$$

（8-2）

摩尔比与摩尔分数的换算关系为：

$$X_A = \frac{x_A}{1-x_A} \text{ 或 } Y_A = \frac{y_A}{1-y_A} \tag{8-3}$$

【例 8-1】 150kg 纯酒精与 100kg 水混合而成的溶液。求其中酒精的质量分数、摩尔分数及摩尔比。

解 酒精的质量分数为

$$x_{WA} = \frac{m_A}{m_A + m_B} = \frac{150}{150 + 100} = 0.6$$

酒精的摩尔质量 $M_A = 46\text{kg/kmol}$，水的摩尔质量 $M_B = 18\text{kg/kmol}$，则酒精的摩尔分数为

$$x_A = \frac{\dfrac{x_{WA}}{M_A}}{\dfrac{x_{WA}}{M_A} + \dfrac{x_{WB}}{M_B}} = \frac{\dfrac{0.6}{46}}{\dfrac{0.6}{46} + \dfrac{1-0.6}{18}} = 0.37$$

酒精对水的摩尔比为

$$X_A = \frac{x_A}{1-x_A} = \frac{0.37}{1-0.37} = 0.587$$

【例 8-2】 某混合气中含有氨和空气。其总压为 200kPa，氨的体积分数为 0.2。试求氨的分压、质量分数、摩尔分数和摩尔比。

解 由于总压不高，氨在混合气中的摩尔分数 y_A 在数值上等于其体积分数，即 $y_A = 0.2$，由道尔顿分压定律得氨的分压为

$$p_A = p y_A = 200 \times 0.2 = 40 (\text{kPa})$$

氨的摩尔质量 $M_A = 17\text{kg/kmol}$，空气的摩尔质量 $M_B = 29\text{kg/kmol}$。氨的质量分数为

$$y_{WA} = \frac{y_A M_A}{y_A M_A + y_B M_B} = \frac{17 \times 0.2}{17 \times 0.2 + 29 \times (1-0.2)} = 0.128$$

氨对空气的摩尔比为

$$Y_A = \frac{y_A}{1-y_A} = \frac{0.2}{1-0.2} = 0.25$$

（二）相平衡关系

1. 气体在液体中的溶解度

在一定的温度和压力下，使一定量的吸收剂与混合气体经过足够长时间接触，气、液两相将达到平衡状态。此时，任何时刻进入液相中的溶质分子数与从液相逸出的溶质分子数恰好相等，气液两相的浓度不再变化，这种状态称为相际动平衡，简称相平衡或平衡。平衡状态下气相中的溶质分压称为平衡分压或饱和分压，而液相中溶质的浓度称气体在液体中的溶解度或平衡浓度。

气体在液体中的溶解度可通过实验测定。由实验结果绘成的曲线称为溶解度曲线，某些气体在液体中的溶解度曲线可从有关书籍、手册中查得。图 8-8、图 8-9 分别表示总压不很高时

NH_3、SO_2 在水中的溶解度与其在气相中的分压之间的关系。

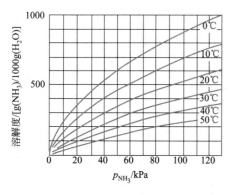

图 8-8　NH₃ 在水中的溶解度

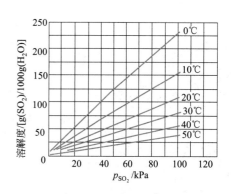

图 8-9　SO₂ 在水中的溶解度

从上图可以看出：溶解度的大小随物系、温度和压力而变。不同物质在同一溶剂中的溶解度不同，如氨在水中的溶解度比空气大得多；温度升高，相同液相浓度下吸收质的平衡分压增高，说明溶质易由液相进入气相，溶解度减小；压力升高，溶解度增大。

气体在液体中的溶解度，表明在一定条件下气体溶质溶解于液体溶剂中可能达到的极限程度。从溶解度曲线可得知：加压和降温可提高溶质在液相中的溶解度，对吸收操作有利；反之，升温和减压则对解吸收操作有利。

2. 亨利定律

当总压不很高（通常不超过 500kPa），温度一定的条件下，气、液两相达到平衡状态时，稀溶液上方的溶质分压与该溶质在液相中的摩尔分数成正比，即

$$p^* = Ex \text{ 或 } x^* = \frac{p}{E} \tag{8-4}$$

式中　p^*、p——溶质的平衡分压、实际分压，Pa；

　　　x、x^*——溶质在液相中的实际浓度、平衡浓度（摩尔分数）；

　　　　　E——比例常数，称亨利系数，Pa。

式(8-4) 称为亨利定律。此式表明了气、液两相达到平衡状态时，气相浓度与液相浓度的关系，即相平衡关系。亨利系数 E 值的大小可由实验测定，亦可从有关手册中查得。附录十八列出某些气体水溶液的亨利系数，可供参考。

对于一定的气体溶质和溶剂，亨利系数随温度而变化。一般说来，温度升高则 E 增大，这体现了气体的溶解度随温度升高而减小的变化趋势。在同一溶剂中，难溶气体的 E 值很大，而易溶气体的 E 值则很小。

若溶质在气、液相中的组成分别以摩尔分数 y、x 表示，则亨利定律可写成如下的形式，即

$$y^* = mx \tag{8-5}$$

式中　x——液相中溶质的摩尔分数；

　　　y^*——与液相成平衡的气相中溶质的摩尔分数；

　　　m——相平衡常数。

对于一定的物系，相平衡常数 m 是温度和压力的函数，其数值可由实验测得。由 m 值同样可以比较不同气体溶解度的大小，m 值越大，表明该气体的溶解度越小；反之，则溶解度越大。

若系统总压为 $p_\text{总}$，由道尔顿分压定律可知

$$p = p_\text{总}\, y$$

同理

$$p^* = p_\text{总}\, y^*$$

将上式代入式(8-4) 可得

$$p_\text{总}\, y^* = Ex$$

将此式与式(8-5) 比较可得

$$m = \frac{E}{p_\text{总}} \tag{8-6}$$

若溶质在气、液相中的组成分别以摩尔比 Y、X 表示，则由式(8-3) 得

$$x = \frac{X}{1+X} \tag{8-7}$$

$$y = \frac{Y}{1+Y} \tag{8-8}$$

将式(8-7) 和式(8-8) 代入式(8-5) 可得

$$\frac{Y^*}{1+Y^*} = m\,\frac{X}{1+X}$$

整理得
$$Y^* = \frac{mX}{1+(1-m)X} \tag{8-9}$$

式中　Y^*——气液相平衡时溶质在气相中的摩尔比；

$\quad\quad X$——溶质在液相中的摩尔比；

$\quad\quad m$——相平衡常数，无量纲。

式(8-9) 是用摩尔比表示亨利定律的一种形式。此式在 $Y\text{-}X$ 直角坐标系中的图形是通过原点的一条曲线，如图 8-10 所示。此曲线称为气液相平衡线或吸收平衡线。

当溶液组成很低时，$(1-m)\,X \ll 1$，则式(8-9) 可简化为

$$Y^* = mX \tag{8-10}$$

式(8-10) 是亨利定律的又一种表达形式，表明当液相中溶质组成足够低时，平衡关系在 $Y\text{-}X$ 图中可近似地表示成一条通过原点的直线，其斜率为 m，如图 8-11 所示。

应予指出，亨利定律的各种表达式所描述的都是互成平衡的气液两相组成之间的关系，它们既可用来根据液相组成计算与之平衡的气相组成，也可用来根据气相组成计算与之平衡的液相组成。

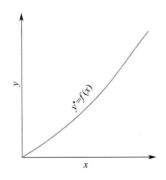

图 8-10　吸收平衡线

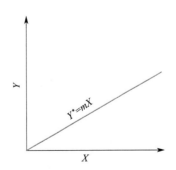

图 8-11　吸收平衡线（稀溶液）

【例 8-3】 在总压 101.3kPa 及 30℃下，氨在水中的溶解度为 1.72g(NH$_3$)/100g(H$_2$O)。若氨水的气液平衡关系符合亨利定律，相平衡常数为 0.764，试求气相中氨的摩尔比。

解　先求液相组成

$$x = \frac{\dfrac{1.72}{17}}{\dfrac{1.72}{17} + \dfrac{100}{18}} = 0.0179$$

由亨利定律，求气相中氨的摩尔比

$$y^* = mx = 0.764 \times 0.0179 = 0.0137$$

则

$$Y^* = \frac{y^*}{1 - y^*} = \frac{0.0137}{1 - 0.0137} = 0.014$$

（三）相平衡与吸收过程的应用

相平衡是在一定条件下吸收过程所能达到的极限状态，根据此条件下气液两相在平衡状态时吸收质的实际浓度和平衡浓度的大小可以判别过程方向、指明过程极限并计算过程的推动力。

1. 判别过程进行的方向和限度

设在一定的温度和压力下，使吸收质浓度为 Y 的混合气与吸收质浓度为 X 的液体接触（Y、X 均为吸收质的摩尔比，下同）时：

当 $Y > Y^*$ 或 $X < X^*$ 时，吸收质自气相进入液相，进行吸收过程；

当 $Y < Y^*$ 或 $X > X^*$ 时，吸收质自液相进入气相，进行解吸过程；

当 $Y = Y^*$ 或 $X = X^*$ 时，两相处于平衡，达到了极限状态。

X^*——与实际气相浓度 Y 成平衡的液相浓度；

Y^*——与实际液相浓度 X 成平衡的气相浓度。

2. 确定吸收推动力

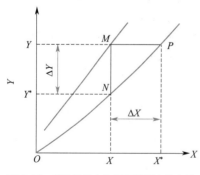

图 8-12　吸收推动力在相平衡图上的表示

在吸收操作中，如果气液两相的组成达到平衡，则吸收过程不能进行，只有气液两相处于不平衡状态时，才能进行吸收。通常以气液两相的实际状态与相应的平衡状态的偏离程度表示吸收推动力。如果气液两相处于平衡状态，则两相的实际状态与相应的平衡状态无偏离，吸收推动力为零；实际状态与相应的平衡状态偏离越大，吸收推动力越大，吸收越容易。

吸收推动力可用气相浓度差表示，即 $\Delta Y = Y - Y^*$；也可用液相浓度差表示，即 $\Delta X = X^* - X$；还可直观地表示在相平衡图上，如图 8-12 所示。

【例 8-4】 某逆流接触的填料塔塔底排出液中含溶质 $x = 0.0002$，进口气体中含溶质 2.5%（体积分数），操作压力为 1atm。气液平衡关系为 $Y^* = 50X$。该塔内进行的是吸收过程还是解吸过程？塔底推动力为多少？

解　先将气液两相浓度换算为摩尔比

塔底液体浓度：

$$X = \frac{x}{1-x} = \frac{0.0002}{1-0.0002} = 0.0002$$

塔底气体浓度：

$$Y = \frac{y}{1-y} = \frac{0.025}{1-0.025} = 0.02564$$

$$Y^* = 50X = 50 \times 0.0002 = 0.01$$

$$X^* = \frac{Y}{m} = \frac{0.02564}{50} = 5.128 \times 10^{-4}$$

则 $Y > Y^*$ 或 $X^* > X$，塔内进行的是吸收过程，塔底推动力为

$$\Delta X = X^* - X = 5.128 \times 10^{-4} - 0.0002 = 3.128 \times 10^{-4}$$

$$\Delta Y = Y - Y^* = 0.02564 - 0.01 = 0.01564$$

二、吸收的传质机理

吸收操作是溶质从气相转移向液相的过程，该过程属相际间的传质问题。对于相际间传质问题，重要的是研究传质速率及其影响因素，而研究传质速率，首先要说明物质在单相（气相或液相）中的传递规律。

（一）物质传递的基本方式

1. 分子扩散

物质以分子运动的方式通过静止流体或层流流体的转移称分子扩散。如向静止的水中滴一滴红墨水，墨水中有色物质分子就会以分子扩散方式均匀扩散在水中，使水变成淡淡的红色。分子扩散速率主要取决于扩散物质和静止流体的温度及其某些物理性质。

2. 涡流扩散

当物质在湍流流体中扩散时，主要是依靠流体质点的无规则运动。由于流体质点在湍流中产生旋涡，引起各部分流体间的剧烈混合，在有浓度差存在的条件下，物质便朝浓度降低的方向进行扩散。这种凭借流体质点的湍动和旋涡来传递物质的现象，称为涡流扩散。如滴红墨水于水中，同时加以搅动，可以看到水变红的速度要比不搅动快得多，这就是涡流扩散的效果。实际上，在湍流流体中，由于分子运动而产生的分子扩散与涡流扩散同时发挥传递作用。但由于构成流体的质点（分子集团或流体微团）是大量的，所以在湍流主体中质点传递的规模和速度是远大于单个分子的，因此涡流扩散的效果应占主要地位。涡流扩散不仅与物系性质有关，还与流体的湍动程度及质点所处的位置有关。涡流扩散速率比分子扩散速率大得多。

由于在涡流扩散时也存在分子扩散，因此研究流体中的物质传递时常常将分子扩散与涡流扩散两种传质作用结合起来予以考虑。湍流主体与相界面之间的涡流扩散与分子扩散这两种传质作用总称为对流扩散。对流扩散时，扩散物质不仅依靠本身的分子扩散作用，更主要的是依靠湍流流体的涡流扩散作用。对流扩散与传热过程中的对流传热相类似。

（二）吸收过程的机理

吸收过程的机理很复杂，人们已对其进行了长期深入的研究，先后提出了多种理论，其中

应用最广泛的是刘易斯和惠特曼提出的双膜理论。

双膜理论的基本论点如下：

① 在气液两相相接触处，存在一个稳定的分界面，称相界面。相界面的两侧分别存在一层很薄的流体膜——气膜和液膜，膜内流体作层流流动，吸收质以分子扩散方式通过这两层膜。

② 在两膜层以外的气、液两相分别称为气相主体与液相主体。在气液两相主体中，由于流体充分湍动混合，吸收质浓度均匀，没有浓度差，也没有传质阻力，浓度差全部集中在两个膜层中，即阻力集中在两膜层中。

③ 无论气、液两相主体中吸收质的浓度是否达到相平衡，界面处气相浓度与液相浓度是互成平衡的。

根据双膜理论，在吸收过程中，溶质从气相主体中以对流扩散的方式到达气膜边界，又以分子扩散的方式通过气膜至相界面，在界面上不受任何阻力从气相进入液相，然后在液相中以

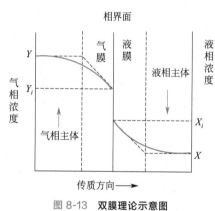

图 8-13　双膜理论示意图

分子扩散的方式通过液膜至液膜边界，最后又以对流扩散的方式转移到液相主体。这一过程非常类似于热冷两流体通过器壁的换热过程。将双膜理论的要点表达在一个坐标图上，即可得到描述气体吸收过程的物理模型——双膜模型图，如图 8-13 所示。

双膜理论把复杂的吸收过程简化为吸收质通过气、液两膜层的分子扩散过程。吸收过程的主要阻力集中于这两层膜中，膜层之外的阻力忽略不计，因此，降低膜层厚度对吸收有利。实践证明，在一些有固定相界面的吸收设备（如填料塔）中，当两相湍动不大时，适当增加两相流体的流速对吸收是有利的。

双膜理论对于那些具有固定传质界面的系统且两流体流速不高的吸收过程，具有重要的指导意义，为我们的设计计算提供了重要的依据。但是，对于具有自由相界面的系统，尤其是高度湍动的两流体间的传质，双膜理论表现出它的局限性。故继双膜理论之后，又相继提出了一些新的理论，如表面更新理论、溶质渗透理论、滞流边界层理论及界面动力状态理论等。这些理论能从某一角度解释吸收过程机理，但都不完善，这里不一一介绍。

三、吸收速率方程

1. 吸收速率方程式

单位时间内通过单位传质面积的吸收质的量称为吸收速率，用 N_A 表示，单位为 kmol/($m^2 \cdot s$)。表明吸收速率与吸收推动力之间的关系式即为吸收速率方程式。

在稳定吸收操作中，吸收设备内的任一部位上，相界面两侧的对流传质速率应是相等的，因此其中任何一侧的对流扩散速率都能代表该部位的吸收速率。根据双膜理论的论点，吸收速率方程式可用吸收质以分子扩散方式通过气、液膜的扩散速率方程来表示。

（1）吸收质从气相主体通过气膜传递到相界面时的吸收速率方程式

$$N_A = k_G(p - p_i) \tag{8-11}$$

或
$$N_A = k_Y(Y - Y_i) \tag{8-12}$$

式中　k_G、k_Y——气膜吸收分系数，分别为 kmol/($m^2 \cdot s \cdot kPa$)、kmol/($m^2 \cdot s$)；

p、p_i——吸收质在气相主体与界面处的分压，kPa；

Y、Y_i——吸收质在气相主体与界面处的摩尔比。

（2）吸收质从相界面处通过液膜传递到液相主体时的吸收速率方程式

$$N_A = k_L(c_i - c) \tag{8-13}$$

或 $$N_A = k_X(X_i - X) \tag{8-14}$$

式中 k_L、k_X——液膜吸收分系数，分别为 kmol/(m²·s·kmol/m³)、kmol/(m²·s)；

c、c_i——吸收质在液相主体与界面处的浓度，kmol/m³；

X、X_i——吸收质在液相主体与界面处的摩尔比。

（3）总吸收速率方程式　由于上述吸收速率方程式均涉及界面浓度，而界面浓度很难获取，故常用下列总吸收速率方程式表示。

$$N_A = K_Y(Y - Y^*) \tag{8-15}$$

或 $$N_A = K_X(X^* - X) \tag{8-16}$$

式中 K_Y、K_X——气相和液相总吸收系数，kmol/(m²·s)；

X^*、Y^*——与气相主体浓度 Y 和液相主体浓度 X 相平衡的浓度。

2. 传质阻力控制

吸收分系数与对流传热系数一样，可用特征数关联式计算或测定。由亨利定律和吸收速率方程式可以推导总吸收系数与吸收分系数之间的关系如下：

$$\frac{1}{K_Y} = \frac{1}{k_Y} + \frac{m}{k_X} \tag{8-17}$$

$$\frac{1}{K_X} = \frac{1}{mk_Y} + \frac{1}{k_X} \tag{8-18}$$

$\frac{1}{K_Y}$ 和 $\frac{1}{K_X}$ 分别为吸收过程的气相和液相总阻力。从以上两式可知，吸收过程的总阻力为气膜阻力和液膜阻力之和。

① 对溶解度大的易溶气体，相平衡常数 m 很小，在 k_X 和 k_Y 值数量级相近的情况下，则 $\frac{1}{k_Y} \gg \frac{m}{k_X}$，$\frac{m}{k_X}$ 很小，可以忽略，式(8-17) 变为

$$\frac{1}{K_Y} \approx \frac{1}{k_Y} \qquad 即 \qquad K_Y \approx k_Y \tag{8-19}$$

上式表明：易溶气体的液相阻力很小，吸收过程的总阻力集中在气膜内，气膜阻力控制着整个过程的吸收速率，称"气膜控制"或气相阻力控制。对此类吸收过程，要提高吸收速率，必须设法降低气相阻力才有效。例如用水吸收氨、氯化氢等气体属于此类情况。

② 对溶解度小的难溶气体，m 值很大，在 k_X 和 k_Y 值数量级相近情况下，则 $\frac{1}{k_X} \gg \frac{1}{mk_Y}$，$\frac{1}{mk_Y}$，很小，可以忽略，式(8-18) 变为

$$\frac{1}{K_X} \approx \frac{1}{k_X} \qquad 即 \qquad K_X \approx k_X \tag{8-20}$$

上式表明：难溶气体的气相阻力很小，吸收过程的总阻力集中在液膜内，液膜阻力控制着整个过程的吸收速率，称"液膜控制"或液相阻力控制。对此类吸收过程，要提高吸收速率，必须设法降低液相阻力才有效。例如用水吸收 CO_2、Cl_2 等气体属于此类情况。

③ 对溶解度适中的中等溶解度气体，气膜阻力和液膜阻力均不可忽略不计，此过程吸收总阻力集中在双膜内，这种双膜阻力控制吸收过程速率的情况称"双膜控制"。对此类吸收过程，要提高吸收速率，必须设法降低液相、气相阻力才有效。例如用水吸收 SO_2、丙酮等气体属于此类情况。

四、吸收塔的计算

吸收过程既可在板式塔中进行，也可在填料塔中进行。这里主要结合填料塔对吸收进行分析和讨论。

吸收的计算，主要是根据给定的吸收任务，确定吸收剂用量、塔底排出液浓度、填料塔的填料层高度以及塔径等。

(一) 全塔物料衡算

如图 8-14 为一稳定操作状态下，气、液两相逆流接触的吸收过程。气体自下而上流动；吸收剂则自下而上流动，图中各个符号的意义如下：

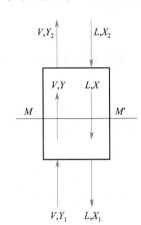

图 8-14　**吸收塔示意图**

V——惰性气的摩尔流量，kmol/h；

L——吸收剂的摩尔流量，kmol/h；

Y_1、Y_2——进、出塔气相中吸收质的摩尔比；

X_2、X_1——进、出塔液相中吸收质的摩尔比。

在吸收过程中，V 和 L 的量不变，气相中吸收质的浓度逐渐减少，而液相中吸收质的浓度逐渐增大。若无物料损失，对单位时间内进、出塔的吸收质的量进行物料衡算，可得下式

$$VY_1 + LX_2 = VY_2 + LX_1 \tag{8-21}$$

或

$$V(Y_1 - Y_2) = L(X_1 - X_2) \tag{8-22}$$

上式即为吸收塔的全塔物料衡算式。一般情况下，进塔混合气体的流量和组成是吸收任务所规定的，若吸收剂的流量与组成已被确定，则 V、Y_1、L 及 X_2 为已知数。此外，根据吸收任务所规定的溶质吸收率，便可求得气体出塔时的溶质含量。

吸收率为气相中被吸收的吸收质的量与气相中原有的吸收质的量之比，用 η 表示，即

$$\eta = \frac{G_A}{VY_1} = \frac{V(Y_1 - Y_2)}{VY_1} = 1 - \frac{Y_2}{Y_1} \tag{8-23}$$

或

$$Y_2 = (1 - \eta) Y_1 \tag{8-24}$$

通过全塔物料衡算式(8-21) 可以求得吸收液组成 X_1。于是，在吸收塔的底部与顶部两个截面上，气、液两相的组成 Y_1、X_1 与 Y_2、X_2 均成为已知数。

(二) 塔内任一截面与塔底、塔顶间的物料衡算

在定态逆流操作的吸收塔内，气体自下而上，其组成由 Y_1 逐渐降低至 Y_2；液相自上而下，其组成由 X_2 逐渐增浓至 X_1；而在塔内任意截面上的气、液组成 Y 与 X 之间的对应关系，可由塔内某一截面 MM' 与塔的一个端面之间对溶质作物料衡算而得。

MM' 与塔底的物料衡算式

$$VY_1 + LX = VY + LX_1 \tag{8-25}$$

$$Y = \frac{L}{V} X + Y_1 - \frac{L}{V} X_1 \tag{8-26}$$

MM' 与塔顶的物料衡算式

$$VY + LX_2 = VY_2 + LX \tag{8-27}$$

$$Y = \frac{L}{V}X + Y_2 - \frac{L}{V}X_2 \tag{8-28}$$

式(8-26)、式(8-28)是等效的，因此由式(8-21)可知

$$Y_1 - \frac{L}{V}X_1 = Y_2 - \frac{L}{V}X_2$$

即

$$\frac{L}{V} = \frac{Y_1 - Y_2}{X_1 - X_2} \tag{8-29}$$

式(8-26)、式(8-28)均表示吸收操作过程中，任一截面处的气相组成 Y 和液相组成 X 之间的关系，称吸收塔的操作线方程。在定态连续吸收时，式中 X_1、Y_1、X_2、Y_2 及 L/V 都是定值，所以式(8-26)、式(8-28)是直线方程式，直线的斜率为 L/V，且此直线应通过 B（X_1，Y_1）及 T（X_2，Y_2）两点，如图 8-15 所示，图中的直线 BT 即为逆流吸收塔的操作线。此操作线上任一点 A，代表塔内相应截面上的气相组成 Y 和液相组成 X 的对应关系。端点 B 代表塔底的气、液相组成 Y、X 的对应关系；端点 T 代表塔顶的气、液相组成 Y、X 的对应关系。

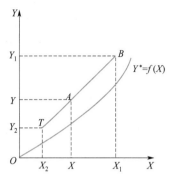

图 8-15　逆流吸收塔的操作线

【例 8-5】　填料吸收塔从空气-丙酮的混合气中回收丙酮，用水作吸收剂。已知混合气入塔时丙酮蒸气体积分数为 6%，所处理的混合气量为 $1400\text{m}^3/\text{h}$，操作温度为 293K，压力为 101.3kPa，要求丙酮的回收率为 98%，吸收剂的用量为 154kmol/h，吸收塔底出口液组成为多少？

解　先将组成换算成摩尔比。

入塔气　因摩尔分数在数值上等于气体的体积分数，故 $y_1 = 0.06$

$$Y_1 = \frac{y_1}{1 - y_1} = \frac{0.06}{1 - 0.06} = 0.0638$$

出塔气　　　　　$Y_2 = Y_1(1 - 98\%) = 0.0638 \times 0.02 = 0.00128$

入塔液　　　　　　　　　$X_2 = 0$

混合气中惰性气流量

$$V = \frac{PV_h(1 - y_1)}{RT} = \frac{101.3 \times 1400 \times (1 - 0.06)}{8.134 \times 293} = 54.73(\text{kmol/h})$$

溶液的出口组成由全塔物料衡算式得

$$X_1 = \frac{V(Y_1 - Y_2)}{L} + X_2 = \frac{54.73 \times (0.0638 - 0.00128)}{154} + 0 = 0.0222$$

故吸收塔底出口液组成为 0.0222。

（三）吸收剂用量的确定

在吸收塔计算中，需要处理的气体流量及气相的初、终浓度均由生产任务所规定。吸收剂的入塔浓度则由工艺条件决定或由设计者选定。但吸收剂的用量尚有待于选择。

由图 8-16 可知，在 V、Y_1、Y_2 及 X_2 已知的情况下，吸收操作线的一个端点 T 已经固定，另一个端点 B 则可在 $Y=Y_1$ 的水平线上移动。点 B 的横坐标将取决于操作线的斜率 L/V。

操作线的斜率 L/V 称为"液气比"，是溶剂与惰性气体物质的量的比值。它反映单位气体处理量的溶剂耗用量大小。

由于 V 值已经确定，故若减少吸收剂用量 L，操作线的斜率就要变小，点 B 便沿水平线 $Y=Y_1$ 向右移动，其结果是使出塔吸收液的组成 X_1 加大，吸收推动力相应减小，致使设备费用增大。若吸收剂用量减小到恰使点 B 移至水平线 $Y=Y_1$ 与平衡线的交点 B^* 时，$X_1=X_1^*$，即塔底流出的吸收液与刚进塔的混合气达到平衡。这是理论上吸收液所能达到的最高含量，但此时过程的推动力已变为零，因而需要无限大的相际传质面积。这在实际生产上是办不到的，只能用来表示一种极限状况。此种状况下吸收操作线（$B^* T$）的斜率称为最小液气比，以 $(L/V)_{\min}$ 表示，相应的吸收剂用量即为最小吸收剂用量，以 $L_{\min}$ 表示。

反之，若增大吸收剂用量，则点 B 将沿水平线向左移动，使操作线远离平衡线，过程推动力增大，设备费用减少。但超过一定限度后，效果便不明显，而溶剂的消耗、输送及回收等项操作费用急剧增大。

最小液气比可用图解法求出。如果平衡曲线符合图 8-16(a) 所示的一般情况，则要找到水平线 $Y=Y_1$ 与平衡线的交点 B^*，从而读出 X^* 的数值，然后用下式计算最小液气比，即

$$\left(\frac{L}{V}\right)_{\min}=\frac{Y_1-Y_2}{X_1^*-X_2} \tag{8-30}$$

或

$$L_{\min}=V\frac{Y_1-Y_2}{X_1^*-X_2} \tag{8-31}$$

若平衡曲线呈现如图 8-16(b) 中所示的形状，则应过点 T 作平衡线的切线，找到水平线 $Y=Y_1$ 与此切线的交点 B'，从而读出点 B' 的横坐标 X_1' 的数值，用 X_1' 代替式(8-30) 或式(8-31) 中的 X_1^*，便可求得最小液气比 $(L/V)_{\min}$ 或最小吸收剂用量 $L_{\min}$。

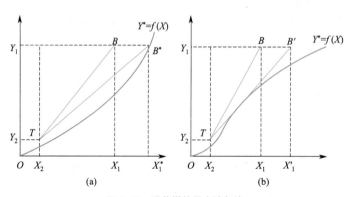

图 8-16　吸收塔的最小液气比

若平衡关系符合亨利定律，可用 $X^*=Y/m$ 表示，则可直接用下式算出最小液气比，即

$$\left(\frac{L}{V}\right)_{\min}=\frac{Y_1-Y_2}{\dfrac{Y_1}{m}-X_2} \tag{8-32}$$

$$L_{\min}=V\frac{Y_1-Y_2}{\dfrac{Y_1}{m}-X_2} \tag{8-33}$$

由以上分析可见,吸收剂用量的大小,从设备费与操作费两方面影响到生产过程的经济效果,应权衡利弊,选择适宜的液气比,使两种费用之和最小。根据生产实践经验,一般情况下取吸收剂用量为最小用量的 1.1～2.0 倍是比较适宜的,即

$$L=(1.1\sim2.0)L_{min} \tag{8-34}$$

必须指出,为了保证填料表面能被液体充分润湿,还应考虑到单位塔截面积上单位时间内流下的液体量不得小于某一最低允许值。如果按式(8-34)算出的吸收剂用量不能满足充分润湿填料的起码要求,则应采用更大的液气比。

【例 8-6】 用清水吸收混合气体中的可溶组分 A。吸收塔内的操作压力为 105.7 kPa,温度为 27℃,混合气体的处理量为 1280 m³/h,其中 A 的摩尔分数为 0.03,要求 A 的回收率为 95%。操作条件下的平衡关系可表示为:$Y=0.65X$。若取溶剂用量为最小用量的 1.4 倍,求每小时送入吸收塔顶的清水量 L 及吸收液组成 X_1。

解 ① 清水用量 L

先将组成换算成摩尔比

入塔气　　　　　　　$Y_1=\dfrac{y_1}{1-y_1}=\dfrac{0.03}{1-0.03}=0.03093$

出塔气　　　　$Y_2=Y_1(1-95\%)=0.03093\times0.05=0.00155$

入塔液　　　　　　　　　　$X_2=0$

混合气中惰性气流量

$$V=\frac{V_h}{22.4}\times\frac{T_0}{T}\times\frac{P}{P_0}(1-y_1)=\frac{1280}{22.4}\times\frac{273}{300}\times\frac{105.7}{101.33}(1-0.03)=52.62(\text{kmol/h})$$

将上述参数代入式(8-33),得到:

$$L_{min}=\frac{V(Y_1-Y_2)}{\dfrac{Y_1}{m}-X_2}=\frac{52.62\times(0.03093-0.00155)}{\dfrac{0.03093}{0.65}}=32.5(\text{kmol/h})$$

则　　　　　　　　　$L=1.4L_{min}=45.5(\text{kmol/h})$

② 吸收液组成 X_1

根据全塔的物料衡算可得:

$$X_1=\frac{V(Y_1-Y_2)}{L}+X_2=\frac{52.62\times(0.03093-0.00155)}{45.5}+0=0.03398$$

(四) 塔径的计算

吸收塔的塔径可根据圆形管道内的流量与流速关系式计算,即

$$V_s=\frac{\pi}{4}D^2u$$

或

$$D=\sqrt{\frac{4V_s}{\pi u}} \tag{8-35}$$

式中　D——塔径,m;

　　　V_s——操作条件下混合气体的体积流量,m³/s;

　　　u——空塔气速,按空塔截面计算的混合气体的线速度,m/s。

在吸收过程中,由于吸收质不断进入液相,故混合气体量由塔底至塔顶逐渐减小。在计算

塔径时，一般应以塔底的气量为依据。

（五）填料层高度的计算

1. 填料层高度的基本计算式

为了达到指定的分离要求，需在填料塔内装一定高度的填料层以提供足够的气、液接触面积。填料层高度可用下式计算：

$$Z = \frac{V_A}{\Omega} = \frac{A}{a\Omega}$$ (8-36)

式中　Z——填料层高度，m；

　　　V_A——填料层的体积，m^3；

　　　A——总吸收面积，m^2；

　　　Ω——塔截面积，m^2；

　　　a——有效比表面积，m^2/m^3。

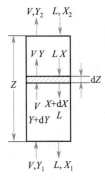

图 8-17　微元填料层的物料衡算

有效比表面积是指单位体积填料层所提供的有效接触面积，其数值比填料的比表面积小，应根据有关经验式校正，只有在缺乏数据的情况下，才近似取填料比表面积计算。

式(8-36)中的总吸收面积 A 与吸收速率方程式有关。逆流操作的填料塔内，气、液相组成沿塔高不断变化，塔内各截面上的吸收速率各不相同。前面介绍的所有吸收速率方程式，都只适用于吸收塔的任一横截面而不能直接用于全塔。因此，为解决填料层高度的计算问题，需从分析填料吸收塔中某一微元填料层高度 dZ 的传质情况入手，如图 8-17 所示。

在微元填料层中，单位时间内从气相转入液相的溶质 A 的物质的量为：

$$dG_A = V dY = L dX$$ (8-37)

式中　G_A——吸收负荷，即单位时间内吸收的溶质 A 的量，kmol/s。

在微元填料层中，因气、液组成变化很小，故可认为吸收速率 N_A 为定值，则

$$dG_A = N_A dA = N_A(a\Omega dZ)$$ (8-38)

式中　dA——微元填料层内的传质面积，m^2。

微元填料层中的吸收速率方程式可写为：

$$N_A = K_Y(Y - Y^*)$$ (8-39)

$$N_A = K_X(X^* - X)$$ (8-40)

将上两式分别代入式(8-38)，得到：

$$dG_A = K_Y(Y - Y^*)(a\Omega dZ)$$

$$dG_A = K_X(X^* - X)(a\Omega dZ)$$

再将上两式与式(8-37)联立，可得：

$$V dY = K_Y(Y - Y^*)(a\Omega dZ)$$

$$L dX = K_X(X^* - X)(a\Omega dZ)$$

整理上两式，分别得到：

$$\frac{dY}{Y - Y^*} = \frac{K_Y a\Omega}{V} dZ$$ (8-41)

$$\frac{dX}{X^* - X} = \frac{K_X a \Omega}{L} dZ \tag{8-42}$$

对于定态操作吸收塔，L、V、a 及 Ω 皆不随时间而变，且不随塔截面位置而变。对于低浓度吸收，K_Y、K_X 通常也可视作常数。于是，在全塔范围内分别积分式（8-41）及式（8-42）并整理，可得计算填料塔高度的基本关系式，即

$$Z = \frac{V}{K_Y a \Omega} \int_{Y_2}^{Y_1} \frac{dY}{Y - Y^*} \tag{8-43}$$

$$Z = \frac{L}{K_X a \Omega} \int_{X_2}^{X_1} \frac{dY}{X^* - X} \tag{8-44}$$

式中的 $K_Y a$ 及 $K_X a$ 分别称为气相总体积吸收系数及液相总体积吸收系数，其单位均为 $kmol/(m^3 \cdot s)$。体积吸收系数的物理意义是：当推动力为一个单位时，单位时间内单位体积填料层内吸收的溶质的量。体积吸收系数可通过实验测取，也可查阅有关资料，根据经验公式或关联式求取。

2. 传质单元高度与传质单元数

式（8-43）右端的数群 $\dfrac{V}{K_Y a \Omega}$ 是过程条件所决定的数组，具有高度的单位，称为"气相总传质单元高度"，以 H_{OG} 表示，即

$$H_{OG} = \frac{V}{K_Y a \Omega} \tag{8-45}$$

积分项 $\displaystyle\int_{Y_2}^{Y_1} \frac{dY}{Y - Y^*}$ 反映取得一定吸收效果的难易情况，积分号内的分子与分母具有相同的单位，积分值必然是一个无量纲的纯数，称为"气相总传质单元数"，以 N_{OG} 表示，即

$$N_{OG} = \int_{Y_2}^{Y_1} \frac{dY}{Y - Y^*} \tag{8-46}$$

于是式（8-43）可写成如下形式：

$$Z = H_{OG} N_{OG} \tag{8-47}$$

同理式（8-44）可写成如下形式：

$$Z = H_{OL} N_{OL} \tag{8-48}$$

$$H_{OL} = \frac{L}{K_X a \Omega} \tag{8-49}$$

$$N_{OL} = \int_{X_2}^{X_1} \frac{dX}{X^* - X} \tag{8-50}$$

式中　H_{OL}——液相总传质单元高度，m；

N_{OL}——液相总传质单元数，无量纲。

于是，可写出计算填料层高度的通式，即

填料层高度＝传质单元高度×传质单元数

3. 传质单元数的求法

求传质单元数有多种方法，这里只介绍两种方法。

（1）对数平均推动力法　在吸收操作所涉及的组成范围内，若平衡线和操作线均为直线时，则可仿照传热中求对数平均温度差的方法，根据吸收塔进口和出口处的推动力来计算全塔的平均推动力，即

$$\Delta Y_{m} = \frac{\Delta Y_1 - \Delta Y_2}{\ln \dfrac{\Delta Y_1}{\Delta Y_2}} = \frac{(Y_1 - Y_1^*) - (Y_2 - Y_2^*)}{\ln \dfrac{Y_1 - Y_1^*}{Y_2 - Y_2^*}} \tag{8-51}$$

$$\Delta X_{m} = \frac{\Delta X_1 - \Delta X_2}{\ln \dfrac{\Delta X_1}{\Delta X_2}} = \frac{(X_1^* - X_1) - (X_2^* - X_2)}{\ln \dfrac{X_1^* - X_1}{X_2^* - X_2}} \tag{8-52}$$

式中　ΔY_{m}、ΔX_{m}——表示气、液相平均推动力。

当 $\dfrac{\Delta Y_1}{\Delta Y_2} < 2$ 或 $\dfrac{\Delta X_1}{\Delta X_2} < 2$ 时，可用算术平均推动力代替对数平均推动力。

根据吸收速率方程式与吸收负荷间的关系，可以推得

气相传质单元数　　　　$N_{OG} = \displaystyle\int_{Y_2}^{Y_1} \frac{dY}{Y - Y^*} = \frac{Y_1 - Y_2}{\Delta Y_{m}} \tag{8-53}$

液相传质单元数　　　　$N_{OL} = \displaystyle\int_{X_2}^{X_1} \frac{dX}{X^* - X} = \frac{X_1 - X_2}{\Delta X_{m}} \tag{8-54}$

（2）吸收因数法　若吸收的气液相平衡关系服从亨利定律，且平衡线为一通过原点的直线，即可用 $Y^* = mX$ 表示时，传质单元数可直接积分求解。以气相总传质单元数为例：

$$N_{OG} = \int_{Y_2}^{Y_1} \frac{dY}{Y - Y^*} = \int_{Y_2}^{Y_1} \frac{dY}{Y - mX} \tag{8-55}$$

由操作线方程，可得　　　　$X = X_2 + \dfrac{V}{L}(Y - Y_2)$

代入式(8-55)可得：

$$N_{OG} = \int_{Y_2}^{Y_1} \frac{dY}{Y - m\left[X_2 + \dfrac{V}{L}(Y - Y_2)\right]}$$

$$= \int_{Y_2}^{Y_1} \frac{dY}{\left(1 - \dfrac{mV}{L}\right)Y + \left(\dfrac{mV}{L}Y_2 - mX_2\right)}$$

经积分整理可得：

$$N_{OG} = \frac{1}{1 - \dfrac{mV}{L}} \ln\left[(1 - \frac{mV}{L})\frac{Y_1 - mX_2}{Y_2 - mX_2} + \frac{mV}{L}\right] \tag{8-56}$$

式中　　$\dfrac{mV}{L}$——平衡线斜率与操作线斜率的比值，称为解吸因数，用 S 表示，无量纲。

同理，可导出液相总传质单元数 N_{OL} 的计算式如下，即

$$N_{OL} = \frac{1}{1 - \dfrac{L}{mV}} \ln\left[(1 - \frac{L}{mV})\frac{Y_1 - mX_2}{Y_1 - mX_1} + \frac{L}{mV}\right] \tag{8-57}$$

式中　　$\dfrac{L}{mV}$——操作线斜率与平衡线斜率的比值，即解吸因数 S 的倒数，称为吸收因数，用 A 表示，无量纲。

式(8-57)多用于解吸操作的计算。

【例 8-7】 在常压逆流吸收塔中，用清水吸收混合气体中溶质组分 A。进塔气体组成为 0.03（摩尔比，下同），吸收率为 99%；出塔液相组成为 0.013。操作压力为 101.3kPa，温度为 27℃，操作条件下的平衡关系为 $Y^* = 2X$（Y、X 均为摩尔比）。已知单位塔截面上惰气流量为 54kmol/($m^2 \cdot h$)，气相总体积吸收系数为 113.46kmol/($m^3 \cdot h$)，试求所需填料层高度。

解　气相进塔组成 $Y_1 = 0.03$

气相出塔组成　$Y_2 = Y_1(1-\eta) = 0.03 \times (1-0.99) = 0.0003$

液相出塔组成　$X_1 = 0.013$

液相进塔组成　$X_2 = 0$

$Y_1^* = 2X_1 = 2 \times 0.013 = 0.026$

$Y_2^* = 2X_2 = 0$

$\Delta Y_1 = Y_1 - Y_1^* = 0.03 - 0.026 = 0.004$

$\Delta Y_2 = Y_2 - Y_2^* = 0.0003$

$$\Delta Y_m = \frac{\Delta Y_1 - \Delta Y_2}{\ln \dfrac{\Delta Y_1}{\Delta Y_2}} = \frac{0.004 - 0.0003}{\ln \dfrac{0.004}{0.0003}} = 0.00143$$

$$N_{OG} = \frac{Y_1 - Y_2}{\Delta Y_m} = \frac{0.03 - 0.0003}{0.00143} = 20.77$$

$$H_{OG} = \frac{V}{K_Y a\Omega} = \frac{54}{113.46} = 0.476(m)$$

$$Z = H_{OG} N_{OG} = 0.476 \times 20.77 = 9.886(m)$$

五、其他吸收与解吸

1. 化学吸收

化学吸收是指吸收过程中吸收质与吸收剂有明显化学反应的吸收过程。对于化学吸收，溶质从气相主体到气液界面的传质机理与物理吸收完全相同，其复杂之处在于液相内的传质。溶质在由界面向液相主体扩散的过程中，将与吸收剂或液相中的其他活泼组成部分发生化学反应。因此，溶质的组成沿扩散途径的变化情况不仅与其自身的扩散速率有关，而且与液相中活泼组分的反相扩散速率、化学反应速率以及反应物的扩散速率有关。由于化学反应消耗了进入液相中的吸收质，使吸收质的有效溶解度显著增加而平衡分压降低，从而增大了吸收过程的推动力；同时，由于部分溶质在液膜内扩散途中就因化学反应而消耗，使过程阻力减少，吸收系数增大。所以，化学吸收速率比物理吸收速率要快。

当液相中活泼成分的浓度足够大，而且发生的是快速的不可逆化学反应时，则吸收质组分进入液相后立即与活泼组分反应而被消耗掉，则界面处吸收质分压为零，此时吸收过程速率由气膜中的扩散阻力所控制，可按气膜控制的物理吸收计算。硫酸吸收 NH_3 就属此种情况。

如果吸收质与活泼组分的反应速率比较慢，反应将主要在液相主体中进行，此时，吸收质在气、液两膜内的扩散阻力均无变化，仅在液相主体中因发生了化学反应而使溶质浓度降低，过程的总推动力较单纯物理吸收时大。碳酸钠水溶液吸收 CO_2 过程即属此种情况。

2. 多组分吸收

混合气中有两个或两个以上的组分被吸收剂所吸收称为多组分吸收。例如，用挥发性极低的液体烃吸收石油裂解气中的多种烃类组分，使之与甲烷、氢气分开；用洗油吸收焦炉气中的苯、甲苯、二甲苯等苯类物质的过程均是重要的多组分吸收。

多组分吸收过程中，由于其他组分的存在，使得吸收质在气、液两相中的平衡关系发生了变化。所以，多组分吸收的计算较单组分吸收过程复杂。但是，对于喷淋量很大的低浓度气体吸收，可以忽略吸收质之间的相互干扰，其平衡关系仍可认为服从亨利定律，因而可分别对各吸收质组分进行单独计算。例如，对混合气中吸收质组分 i，其平衡关系和操作线方程可分别表达为：

$$Y_i^* = m_i X_i$$

$$Y_i = \frac{L}{V}X_i + \left(Y_{i2} - \frac{L}{V}X_{i2}\right) \tag{8-58}$$

式中，Y_i 为组分 i 在气相中的摩尔分数；Y_i^* 为与液相成平衡的气相中 i 组分的摩尔分数；m_i 则为组分 i 的相平衡常数。

不同吸收质组分的相平衡常数不相同，在进、出吸收设备的气体中各组分的浓度也不相同。因此，每一吸收质组分均有自己的平衡线和操作线。这样，按不同吸收质组分 i 计算出的填料层高度是不相同的。为此，工程上提出了"关键组分"的概念。

所谓"关键组分"是指在多组分吸收操作中具有关键意义的，因而必须保证其吸收率达到预期要求的组分。如处理石油裂解气中的油吸收塔，其主要目的是回收裂解气中的乙烯，生产上一般要求乙烯的回收率达 $98\% \sim 99\%$，乙烯即为此过程的关键组分。

选定关键组分后，按关键组分规定的吸收要求，应用多组分吸收过程的计算方法求所需的理论塔板数或传质单元数。而对于其他组分，则按关键组分分离要求算得理论塔板数，用操作型计算方法求出其出塔组成及吸收率。

3. 非等温吸收

当吸收过程伴有明显的热效应时，此吸收过程称非等温吸收过程。实际上，吸收过程中由于气体的溶解，会产生溶解热；若发生化学反应时，还会放出反应热。这些热效应使塔内液相温度随其浓度的升高而升高，从而使平衡关系发生不利于吸收过程的变化。如气体的溶解度变小，吸收推动力变小。因而非等温吸收比等温吸收需要更大的液气比，或较高的填料层。所以，生产上为了提高经济效益，应尽量控制过程在近似等温的条件下进行。

对非等温吸收过程的计算，工程上常采用一种近似处理方法：假定过程中所释放的热量全部被液体吸收，忽略气相温度变化及热损失，据此推算出液相浓度和温度的对应关系，得到变温情况下的平衡关系曲线，再按等温吸收进行有关计算。

4. 高浓度气体吸收

当进塔混合气体中吸收质的浓度大于 10%，被吸收的吸收质较多时，此吸收过程称高浓度气体吸收。高浓度气体吸收有如下特点：

① 气液两相的摩尔流量沿塔高有较大的变化，不能再视为常量，但是，惰性气体流量和纯溶剂流量不变（假设溶剂不挥发）；

② 在高含量气体吸收过程中，被吸收的溶质较多，产生的溶解热也多，使吸收操作温度升高，故高含量气体吸收为非等温吸收过程；

③ 由于受气速的影响，吸收系数从塔底至塔顶是逐渐减少的，不再是常数。

5. 解吸

使溶解于液相中的气体释放出来的操作称为解吸。解吸是吸收的逆过程。在生产中，解吸过程有两个目的：

① 获得所需较纯的气体溶质；

② 使溶剂得以再生，返回吸收塔循环使用，经济上更合理。

在工业生产中，经常采用吸收-解吸联合操作。如前面介绍的用洗油脱除煤气中的粗苯就是采用吸收-解吸联合操作。解吸是吸收质从液相转移到气相的过程。因此，进行解吸过程的必要条件及推动力恰好与吸收过程相反，即气相中溶质的分压（或浓度）必须小于液相中溶质的平衡分压，其差值即为解吸过程的推动力。

常用的解吸方法有：

① 加热解吸　将溶液加热升温可提高溶液中溶质的平衡分压，减少溶质的溶解度，从而有利于溶质与溶剂的分离。

② 减压解吸　操作压力降低可使气相中溶质的分压相应地降低，溶质从吸收液中释放出来。

③ 从惰性气体中解吸　将溶液加热后送至解吸塔顶使之与塔底部通入的惰性气体（或水蒸气）进行逆流接触，由于入塔惰性气体中溶质的分压为零，溶质从液相转入气相。

④ 采用精馏方法　将溶液通过精馏的方法使溶质与溶剂分离。

在生产中，具体采用什么方法较好，须结合工艺特点，对具体情况作具体分析。此外，也可以将几种方法联合起来加以应用。

任务四　填料吸收塔的操作

一、吸收操作的分析

（一）实际生产中的吸收操作流程

填料塔内气液两相可以作逆流流动也可以作并流流动。在两相进、出口组成相同的情况下，逆流时的平均推动力必大于并流。且逆流操作时，塔底引出的溶液在出塔前与浓度最大的进塔气体接触，使出塔溶液浓度可达最大值；塔顶引出的气体出塔前与纯净的或浓度较低的吸收剂接触，可使出塔气体的浓度能达最低值。这说明逆流操作可提高吸收效率和降低吸收剂耗用量。就吸收过程本身而言，逆流优于并流。但逆流操作时，液体的下降受到上升气流的作用

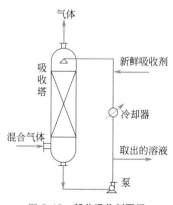

图 8-18　**部分吸收剂再循环的吸收流程**

力（常称曳力），此种曳力会阻碍液体的顺利下流，从而限制了填料塔所允许的液体流量和气体流量，设备的生产能力受到限制。

一般吸收操作均采用逆流，以使过程具有最大的推动力。特殊情况下，如吸收质极易溶于吸收剂，此时逆流操作的优点并不明显，为提高生产能力，可以考虑采用并流。

根据实际生产的具体要求，工业上常采用的吸收流程有如下几种。

1. 部分吸收剂再循环的吸收流程

如图 8-18 所示。操作时用泵从塔底将溶液抽出，一部分作为产品引出或作为废液排放，另一部分则经冷却器冷却后与新吸收剂一起再送入塔顶。

由于部分溶液循环使用，使入塔吸收剂中吸收质组分浓度升高，吸收过程推动力减小，同时还降低了吸收率。另外，部分溶液循环增加了动力消耗，但它可在不增加吸收剂用量的情况下增大了喷淋密度和气液两相接触面，而且可利用循环溶液移走塔内部分热量，降低操作温度，有利于吸收。

此种流程主要用于下列两种情况：吸收剂价格昂贵，要求耗用量少，无法保证填料的充分润湿；吸收过程放热，为保证过程的正常进行，需不断从塔内取走热量。

2. 多塔串联吸收流程

图 8-19 所示为三个逆流吸收填料塔所组成的串联吸收流程。操作时，用泵将前一个塔的塔底溶液抽送至后一个塔顶部，气体与液体逆流接触。实际生产中还可根据需要在塔间的液体或气体管路上设置冷却器。

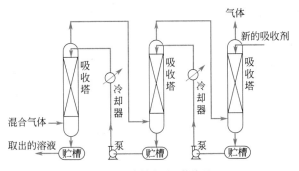

图 8-19　多塔串联吸收流程

串联吸收可将一个高塔分成几个矮塔，便于安装和维修。同时，可在两塔之间设置冷却装置，用于降低吸收液的温度。所以，当所需填料层太高，或塔底吸收液温度过高时可用此流程。如果处理的气量很大，或所需塔径太大时，也可考虑由几个小直径塔并联操作。

3. 吸收-解吸联合流程

实际工业生产中，吸收与解吸常联合进行，这样既可得到较纯净的吸收质也可回收吸收剂，以便循环使用。

前面介绍的图 8-1 所示即为吸收剂循环使用的一种最简单的吸收-解吸联合流程。这里不再重复。

(二) 吸收操作的影响因素

化工生产中，在吸收塔的结构形式、尺寸、吸收流程、吸收剂的性质等都已确定的情况下，影响吸收塔操作的主要因素有以下几方面。

1. 压力

增加吸收系统的压力，即增大了吸收质的分压，能提高吸收推动力，对吸收有利。但过高地增大系统压力，会使动力消耗增大，同时设备强度要求也提高，因而使设备的投资和操作费用加大。一般能在常压下进行的吸收操作不必在高压下进行。但对一些在吸收后需要加压的系统，可以在较高压力下进行吸收，既有利于吸收，又有利于增加吸收塔的生产能力。

2. 温度

一般的吸收均为放热过程。放热将使体系的温度上升，吸收平衡线上移，过程推动力减少。降低吸收剂的进口温度或及时移走吸收过程所放热量均能使吸收质在液相中溶解度增加，平衡线下移，过程推动力增加。

对于单塔的低浓度气体吸收过程，为降低尾气浓度，提高吸收率，工程上常加大喷淋量，使吸收操作温度不发生明显变化，放热对过程造成的影响可忽略。然而，实际生产中的吸收往往是多塔串联或吸收-解吸联合操作，吸收放热对体系的影响就不能忽略不计了。为保证吸收过程能按工艺要求顺利进行，工业吸收流程中常配合塔器附加一些移除吸收的措施及设备。最常见的有塔外部的冷却器和塔内部的冷却器。

（1）塔外部的冷却器　常见的塔外部冷却器有塔间冷却器和塔段间冷却器两种。

① 塔间冷却器　当吸收过程在一组串联的吸收塔中进行时，可用塔间冷却器，如图 8-20 所示。气体先进入第一吸收塔进行吸收，然后再进入第二吸收塔；吸收剂则从第二吸收塔加入，经过吸收提高了温度的吸收液从第二塔塔底引出后，用冷却器进行冷却，然后用泵再输送至第一吸收塔。这种冷却吸收液的方法比较简单，不用改变吸收塔的任何结构。但是，它不能均匀而及时地移走吸收过程中放出的热量，同一塔内体系的温度仍随过程的进行在不断地提高。

② 塔段间冷却器　图 8-21 所示为一板式塔的塔板间冷却器安装流程。此种冷却器一般为列管换热器，通常竖直安装，管程走吸收液，壳程走冷却剂。

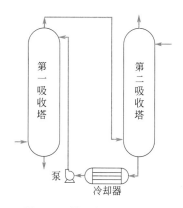

图 8-20　塔间冷却器流程布置

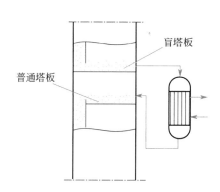

图 8-21　塔板间冷却器

塔段间冷却器能均匀地移除热量，但使吸收塔的高度因板间距的增大而增大，特别当冷却器的数目超过 3～4 个时，塔高增加很多，给操作和维修都带来麻烦。

（2）塔内部的冷却器　此种冷却器直接装在塔内，如图 8-22、图 8-23 所示。板式塔内常用可移动的 U 形管冷却器。此种冷却器直接安装在塔板上并浸没于液层中，适用于热效应大且介质有腐蚀性的情况，如用硫酸吸收乙烯，用氨水吸收 CO_2 以生产碳酸氢铵等工业生产中均可采用。但是，此种方法要求塔板上有很厚的液层，使塔高增加，传质条件恶化，压降上升，设备也变得很笨重。填料塔的塔内冷却器装在两层填料之间，其形式多为竖直的列管式冷却器，吸收液走管内，管间则走冷却剂。此种装置同样使塔高增加、设备笨重，设备的制造和维修都更复杂。

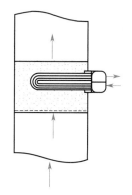

图 8-22　板式塔内的冷却器

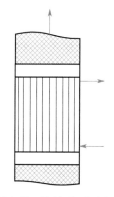

图 8-23　填料层间的冷却器

实际生产中，吸收操作温度控制的实质就是正确操作和使用上述各种冷却装置，以确保吸收过程在工艺要求的温度条件下进行。

3. 吸收剂的进口浓度

降低入塔吸收剂中溶质的浓度，可以增加吸收的推动力。因此，对有吸收剂再循环的吸收操作来说，吸收液的解吸应尽可能完全。当解吸塔操作不正常，可能会使吸收剂的进口浓度 X_2 增加，而过程推动力 ΔY_m 下降，出塔尾气浓度 Y_2 上升，吸收效果差。而当吸收剂的进口浓度 X_2 增加时，其他操作条件未变，出塔液的浓度 X_1 将上升，使解吸塔负荷增加，在未采取强化解吸操作措施时解吸效果更差，吸收剂的进口浓度 X_2 又将上升，这将导致整个系统的恶性循环。为了严格控制吸收剂的进口浓度，应及时改善解吸操作。

必须注意：

① 在吸收-解吸联合操作过程中，吸收剂进口浓度的选择是一个经济上的最优化问题。若所选择的吸收剂进口浓度过高，将使吸收过程的推动力减小，所需的吸收塔高度增加。当选择的吸收剂进口浓度过低时，对解吸的要求提高，解吸费用增加，只有通过多方案的计算和比较才能确定最佳值。

② 除上述经济方面的考虑外，还存在一个技术上允许的吸收剂最高进口浓度问题，因为当吸收剂进口浓度超过某一限度时，吸收操作将不可能达到规定的分离要求。

对于气液两相逆流操作的填料吸收塔，若工艺要求塔顶尾气浓度不高于 Y_2，因与 Y_2 成平衡的液相浓度为 X_2^*，则吸收剂进口浓度 X_2 宜小于 X_2^*，才有可能达到规定的分离要求。当 $X_2 = X_2^*$ 时，吸收塔顶的推动力为零，此时为达到分离要求所需的传质单元数 N_{OG} 或塔高 Z 将为无穷大，即 X_2^* 为吸收剂进口浓度 X_2 的上限。

4. 液气比

由前面的讨论可知，当 Y_1、Y_2、X_2 一定时，液气比 L/V 增大，将使 X_1 减小，过程的平均推动力增大，从而可使所需的塔高降低，但解吸所需的再生费用将大大增加。反之，液气比减少，再生费用减少，但塔高增加。另外，吸收剂的最小用量也受技术上的限制。设计者只有通过多方案的比较，才能确定最经济的液气比。然而，设计时人们往往是先根据分离要求计算最小液气比，然后乘以某一经验值的倍数以作为设计的操作液气比 [式(8-34)]。设计液气比是否为最适宜的操作液气比，还必须经过生产实践的检验；考虑连续生产过程中前后工序的相互制约，操作液气比也不可能维持为常量，常需及时调节、控制。

液气比的调节、控制主要应考虑如下几个方面的问题。

① 为确保填料层的充分润湿，喷淋密度不能太小。若喷淋密度过小，则填料表面不能被完全润湿，损失传质面积，可能会导致无法达到分离要求；若喷淋密度过大，则流体阻力增加，甚至引起液泛。应确定适宜的喷淋密度，以保证填料的充分润湿和良好的气液接触状态。

② 最小液气比的限制取决于预定的生产目的和分离要求，并不是说吸收塔不允许在更低的液气比下操作。对于指定的吸收塔而言，在液气比小于原设计的 $(L/V)_{min}$ 下操作，只是不能达到规定的分离要求而已。当放宽分离要求时，最小液气比也可放低。

③ 当入塔的气体条件（V、Y_1）发生变化时，为了达到预期的分离要求，操作时应及时调整液体喷淋量。

④ 当吸收与解吸操作联合进行时，吸收剂的入塔条件（L、t、X_2）将受解吸操作的影响，在此种联合操作系统中，加大吸收的喷淋量，虽然能增大吸收推动力，但应同进考虑解吸设备的生产能力。如果吸收剂循环量增大使解吸操作恶化，则吸收塔的液相进口浓度将上升，

增加吸收剂流量往往得不偿失；若解吸是在升温条件下进行的，解吸后吸收剂的冷却效果不好，还将使吸收操作温度上升，吸收效果下降。此时的操作重点是设法提高解吸后吸收剂的冷却效果，而不是盲目地加大循环量。

总之，液气比是吸收操作的重要操作控制参数，调节的前提是确保达到预期分离要求，经济效益最佳。为此，我们必须坚持以理论作指导，综合现场的生产实际情况，对全系统进行全面的分析，然后再采取最有效的调节措施。

二、操作方法

由于吸收任务、物系性质、分离指标及操作条件等均不一样，因此不同的吸收过程其操作方法是不一样的，但从总体上说，都包括开车准备（试漏及置换等）、冷态开车、正常运行和正常停车等。

① 系统气密试漏　对系统进行吹扫，吹灰结束，阀门、孔板、法兰等复位后，可以用空气充压、试压、试漏。若系统其他部分处在活化状态时，应分别在进、出口加插盲板切断联系，再试漏。试漏过程中不得超压。

② 系统氮气置换　引外界合格氮气进行系统置换，直至系统中取样分析 N_2 的含量 $\geqslant$ 99.5％为置换合格，取样分析点必须是管线最终端排放点。置换方法为充压、卸压，直至置换合格。

③ 系统开车　吸收开车应先进液再进气，以确保吸收塔中填料全部被润湿。在进气及进液过程中，应严格按照操作规程操作泵、压缩机、阀门及仪表等，并最终控制到规定的指标。

④ 正常维护　吸收正常进行时，必须检查运行情况，打液量、出口压力、油质、油位、运转声音、电机接地、冷却水量是否正常，注意检查泵和电机轴承温度；检查各设备内液位、组成等是否正常；检查整个系统有无溶液跑、冒、滴、漏现象等，若发现问题应及时处理。

⑤ 系统停车　与开车相反，应先停气再停液，若操作温度较高，必须温度降低到指定指标后才能停液。若是短期停车，溶液不必排出，注意关出口切断阀，保压待用；若是长期停车，应将溶液排入贮器中充氮气保护，卸压，用氮气置换合格，再充氮气加压水循环清洗，清洗干净后排尽交付检修。

三、安全生产

吸收操作时应注意以下两点：

① 保证系统密闭　由于吸收操作处理的是气体混合物，为防止气体逸出造成燃烧、爆炸和中毒等事故，设备必须保证很好的密闭性。

② 安全使用吸收剂　吸收操作中有很多吸收剂具有腐蚀性等危险特性，在使用时应按化学危险物质使用注意事项操作，避免造成伤害性事故。

训练与自测

一、技能训练

操作吸收塔并测定吸收传质系数。

二、问题思考

1.吸收分离的依据是什么？如何选择吸收剂？

2.工业生产中采用吸收操作的目的是什么？

3.若混合气体组成一定，采用逆流吸收，增加吸收剂用量，即使在无限高的塔内，吸收尾气中的吸收质浓度一定会降为零吗？最低极限值如何计算？

4.简述双膜理论的要点，分析双膜理论的局限性。

5.什么是气膜控制？什么是液膜控制？举例说明。

6.亨利系数和相平衡常数与温度、压力有何关系？如何根据它们的大小判断吸收操作的难易程度？

7.简述传质单元高度和传质单元数的物理意义。

8.从操作角度分析，吸收过程能否达到要求的主要影响因素有哪些？

9.为什么吸收操作常采用气液逆流？是否可以说任何情况下逆流均优于并流？

10.什么是最小液气比？什么是操作液气比？是否可以说，操作液气比小于最小液气比就不能操作？为什么？

11.温度对吸收操作有何影响？生产中调节和控制吸收操作温度的措施有哪些？

12.简述化学吸收、多组分吸收、高含量气体吸收的基本特征。

13.什么是拦液现象和液泛现象？

14.吸收操作过程中，若由于解吸工段解吸不完，将对吸收操作有什么影响？

15.吸收剂的进塔条件有哪三个要素？操作中调节这三素，分别对吸收结果有何影响？

16.填料及填料塔各主要部件的功能是什么？研究开发新型填料应考虑哪些因素？

17.如何判断过程进行的是吸收还是解吸？解吸的目的是什么？解吸的方法有几种？

18.一逆流操作的吸收塔，若气体出口浓度大于规定值，试分析其原因，提出改进措施。

三、工艺计算

1.空气和氨的混合气，总压为101.3kPa，其中氨的分压为9kPa。试求氨在该混合气中的摩尔分数、摩尔比及质量分数。

2.丙酮和水的混合液中丙酮的质量分数为0.5。试以摩尔分数和摩尔比表示丙酮浓度，并计算混合液的平均摩尔质量。

3.总压为101.3kPa的某混合气体中各组分的含量分别为H_2 22.3％，CH_4 42.9％，C_2H_4 25.5％，C_3H_8 8.3％（以上均为体积分数）。试求各组分的摩尔分数、摩尔比及混合气的摩尔质量。

4.在25℃及总压为101.3kPa的条件下，氨水溶液的相平衡关系为$p^* = 93.90x$ kPa。试求：（1）100g水中溶解1g氨时溶液上方氨气的平衡分压；（2）相平衡常数m。

5.某混合气体中含有2％（体积分数）CO_2，其余为空气。混合气的温度为30℃，总压力为506.6kPa。试求相平衡常数m，并计算每100g与该气体相平衡的水中溶有多少克CO_2。

6.在总压为101.3kPa、温度为30℃的条件下，含有15％SO_2（体积分数）的混合空气与含有0.2％（摩尔分数）SO_2的水溶液接触，试判断SO_2的传递方向。已知操作条件下相平衡常数$m = 47.9$。

7.在一逆流吸收塔中，用清水吸收混合气中的CO_2，气体中惰性组分的处理量为300m³（标准状况）/h，进塔气体中含CO_2 8％（体积分数），要求CO_2的吸收率为90％，操作条件下气液平衡关系为$Y = 1600X$，操作液气比为最小液气比的1.5倍。求：① 水的用量和出塔液体组成；② 写出操作线方程；③ 每小时该塔能吸收多少CO_2？

8.在某填料吸收塔中，用清水处理含SO_2的混合气体。进塔气体含SO_2 18％（质量分数），其余为惰性气体。混合气的分子量为28。吸收剂用量比最小用量大65％，要求每小时从混合气中吸收2000kg SO_2，操作条件下气液平衡关系为$Y = 26.7X$，试计算每小时吸收剂的用量。

9. 在吸收塔内用清水吸收废气中的丙酮。已知 $y_1 = 0.06$，$x_1 = 0.02$（均为摩尔分数），惰性气流量为 63kmol/h，清水流量为 178kmol/h，求丙酮的回收率。

10. 在逆流操作的填料吸收塔中，用清水吸收温度为 20℃、压力为 1atm 的某混合气中的 CO_2，混合气体处理量为 1000m³/h，CO_2 含量为 13 %（体积分数），其余为惰性气体，要求 CO_2 的吸收率为 90%，塔底的出口溶液浓度为 0.2g CO_2/1000gH_2O。求吸收剂用量。

11. 某厂高压下（p=10atm）用清水吸收混合气中的 H_2S，已知混合气中的进、出塔组成分别为 $y_1 = 0.03$，$y_2 = 0.002$（均为摩尔分数），操作条件下的亨利系数 $E = 5.52 \times 10^4$kPa，取 $L = 1.5L_{min}$，求操作液气比及液相出口浓度 X_1。

12. 某厂有 CO_2 水洗塔，塔内有 50mm×50mm×4.5mm 瓷拉西环（乱堆），用清水处理合成原料气，原料气中含 CO_2 29%（体积分数），其余为惰性气体，原料气量为 12000m³/h（标准状况），操作条件为 1722kPa，30℃，$E = 1.884 \times 10^5$kPa，要求水洗后 CO_2 不超过 1%。试计算 CO_2 的吸收率和水的消耗量。假定所得吸收液浓度为最大浓度的 70%。

13. 在 101.3kPa、20℃下用清水在填料塔内逆流吸收空气中所含的二氧化硫气体。单位塔截面上混合气的摩尔流量为 0.02kmol/(m²·s)，二氧化硫的体积分数为 0.03。操作条件下气液平衡常数 m 为 34.9，K_Ya 为 0.056kmol/(m³·s)。若吸收液中二氧化硫的组成为饱和组成的 75%，要求回收率为 98%。求填料层高度。

14. 已知某填料吸收塔直径为 1m，填料层高度为 4m。用清水逆流吸收某混合气体中的可溶组分，该组分进口组成为 8%，出口组成为 1%（均为摩尔分数）。混合气流率为 30kmol/h，操作液气比为 2，操作条件下气液平衡关系为 $Y = 2X$。试求：操作液气比为最小液气比的多少倍；气相总体积吸收系数 K_Ya。

项目九
萃　取

 学习目标

知识目标　了解萃取操作的经济性、工业应用、萃取设备及其选用原则、超临界萃取原理；理
解萃取过程原理、萃取剂选取的原则、影响萃取操作的因素、杠杆规则；掌握萃取
过程的强化措施、单级萃取过程在相图上的表示。

技能目标　能够用三角形相图表示萃取操作过程，分析萃取操作过程的影响因素，并能够进行
萃取剂的选择，液-液萃取操作条件的选择；了解萃取操作的开停车，常见事故及
其处理方法。

素质目标　培养工程技术观念；培养独立思考的能力、逻辑思维能力；培养应用所学知识解决
工程实际问题的能力。

项目案例

某厂欲将石蜡从润滑油中分离出来，试确定其分离方法及其所需设备，并进行节能、环保、安
全的实际生产操作，完成该分离任务。

任务一　了解萃取过程及其应用

一、萃取在化工生产中的应用

在任何一种溶剂中，不同的物质具有不同的溶解度，利用物质溶解度的不同，使混合物中
的组分得到完全或部分的分离过程，称为萃取。主要用于化工厂的废水处理，如用二烷基乙酰
胺脱除染料厂、焦化厂废水中的苯酚；萃取也用于湿法冶金中，如从锌冶炼烟尘的酸浸出液中
萃取铊、锗等，以及核燃料的制备；在制药、生物化工和精细化工工业中，也用到萃取，如中
草药的提取，香料工业中用正丙醇从亚硫酸纸浆废水中提取香兰素，食品工业中 TBP 从发酵
液中萃取柠檬酸等；随着石油工业的发展，萃取也已广泛应用于分离和提纯各种有机物质，如
用二甘油从石脑油裂解副产汽油或重油中萃取芳烃。

二、萃取操作及其特点

萃取过程包括液相到液相(如碘在水和四氯化碳中的溶解)、固体到液相(如以水为溶剂萃取甜菜中的糖分)、气相到液相三种传质过程。但是在科学研究和生产实践中,萃取通常仅指液-液萃取过程,而将固-液传质过程称为"浸取",气液传质过程称为"吸收"。本项目将讨论液-液萃取过程及设备。

液-液萃取也称溶剂萃取,简称萃取。它是选用一种适宜的溶剂加入待分离的混合液中,溶剂对混合液中欲分离出的组分应有显著的溶解能力,而对余下的组分应是完全不互溶的或部分互溶。在萃取操作中(如图 9-1 所示),所选用的溶剂称为萃取剂 S,混合液体中欲分离的组分称为溶质 A,混合液体中的原溶剂称为稀释剂 B。萃取操作中所得到的溶液称为萃取相 E,其成分主要是萃取剂和溶质。剩余的溶液称为萃余相 R,其成分主要是稀释剂,还含有残余的溶质等组分。为使萃取操作得以进行,一方面溶剂 S 对稀释剂 B、溶质 A 要具有不同的溶解度,另一方面 S 与 B 必须具有密度差,便于萃取相与萃余相的分离。当然,溶剂 S 具有化学性质稳定、回收容易等特点,则将为萃取操作带来更多的经济效益。

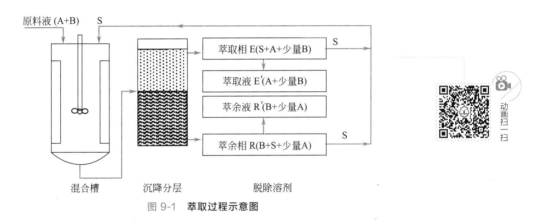

图 9-1　萃取过程示意图

萃取和精馏都是分离液体混合物的操作。对于一种液体混合物,究竟是采用蒸馏还是萃取加以分离,主要取决于技术上的可行性和经济上的合理性。一般地,在下列情况下采用萃取方法更为有利。

① 混合液中各组分的沸点很接近或形成恒沸混合物,用一般精馏方法不经济或不能分离。如芳烃与脂肪烃的分离。

② 原料液中需分离的组分是热敏性物质,蒸馏时易于分解、聚合或发生其他变化。如以醋酸丁酯为萃取剂经过多次萃取可以从用玉米发酵得到的含青霉素的发酵液中提得青霉素的浓溶液。

③ 原料液中需分离的组分浓度很低且难挥发,若采用蒸馏方法须将大量原溶剂汽化,能耗较大。

三、萃取流程

液液萃取操作按两相的接触方式分为分级接触式和连续接触式两大类,其基本原理、操作流程与吸收类似。萃取基本流程有下列几种。

1. 单级萃取流程

单级萃取是液液萃取中最简单的,也是最基本的操作方式,图 9-2 是单级萃取的流程示意

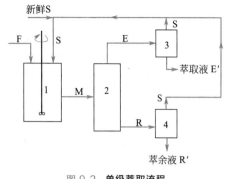

图 9-2　**单级萃取流程**
1—混合器；2—分层器；3—萃取相
分离器；4—萃余相分离器

图。原料液 F 和萃取剂 S 同时加入混合器内，充分搅拌，使两相混合，溶质 A 通过相界面由原料液向萃取剂中扩散。经过一定时间后，将混合液 M 送入澄清器，两相澄清分离。若此过程为一个理论级，则此两液相（萃余相 R 和萃取相 E）互呈平衡，萃取相与萃余相分别从澄清器放出。如萃取剂与稀释剂（原溶剂）部分互溶，通常，萃取相与萃余相需分别送入萃取剂回收设备以回收萃取剂，相应地得到萃取液与萃余液。单级萃取可以间歇操作，也可以连续操作。连续操作时，原料液与萃取剂同时单独以一定速率送入混合器，在混合器和澄清器中停留一定时间后，萃取相与萃余相分别从澄清器流出。

单级萃取的最大分离效果是一个理论级，所以只适用于溶质在萃取剂中的溶解度很大或溶质萃取率要求不高的场合。

2. 多级错流萃取流程

单级萃取所得到的萃余相中往往还含有较多的溶质，要萃取出更多的溶质，需要较大量的萃取剂。为了用较少萃取剂萃取出较多溶质，可用多级错流萃取，如图 9-3 所示。原料液与萃取剂接触萃取，出第一级萃余相，又与新鲜萃取剂接触萃取，依此类推，直到出第 n 级的萃余相达到指定的分离要求为止。

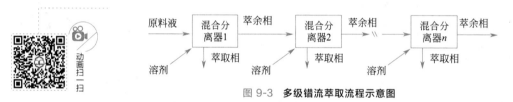

图 9-3　**多级错流萃取流程示意图**

这种流程能获得比较高的萃取率，但所需萃取剂用量较大，优点是操作比较简单。

3. 多级逆流萃取流程

多级逆流萃取的流程如图 9-4 所示，原料液从第一级进入，逐级流过系统，最终萃余相从第 n 级流出；新鲜萃取剂从第 n 级进入，与原料液逆流，逐级与料液接触，在每一级中两液相充分接触，进行传质。当两相达平衡后，两相分离，各进入其随后的级中，最终的萃取相从第一级流出。为了回收萃取剂，最终的萃取相与萃余相分别在溶剂回收装置中脱除萃取剂得到萃取液与萃余液。

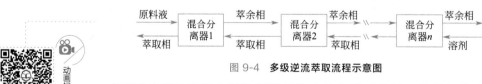

图 9-4　**多级逆流萃取流程示意图**

多级逆流萃取可以在萃取剂用量较小的条件下获得比较高的萃取率，工业上广泛采用。

四、萃取剂的选择

萃取剂的选择是萃取操作的关键，它直接影响萃取操作能否进行，对萃取产品的产量、质量和过程的经济性也有着重要的影响。因此，选择一个合适的萃取剂必须从以下几个方面作分析、比较。

1. 萃取剂的选择性和选择性系数

两相平衡时，萃取相 E 中 A、B 组成之比与萃余相 R 中 A、B 组成之比的比值称为选择性系数 β。选择性系数越大，分离效果越好，应选择 β 远大于 1 的萃取剂。

$$\beta=\frac{y_A/y_B}{x_A/x_B}=\frac{k_A}{k_B} \tag{9-1}$$

式中　x_A、x_B——溶质 A、原溶剂 B 在萃余相中的质量分数；

　　　y_A、y_B——溶质 A、原溶剂 B 在萃取相中的质量分数；

　　　k_A、k_B——溶质 A、原溶剂 B 的分配系数。

2. 萃取剂的化学稳定性

萃取剂应不易水解和热解，耐酸、碱、盐、氧化剂或还原剂，腐蚀性小。在原子能工业中，还应具有较高的抗辐射能力。

3. 萃取剂的物理性质

萃取剂的某些物理性质也对萃取操作产生一定的影响。

溶解度：萃取剂在料液中的溶解度要小。

密度：萃取剂必须在操作条件下能使萃取相与萃余相之间保持一定的密度差。密度差大，有利于分层，从而提高萃取设备的生产能力。

界面张力：萃取物系的界面张力较大时，有利于液滴的聚结和两相的分离；但界面张力过大，两相难以分散混合，需要较多的外加能量。由于液滴的凝结更重要，故一般选用使界面张力较大的萃取剂。

黏度：萃取剂的黏度低，有利于两相的混合与分层，流动与传质，对萃取有利。有的萃取剂黏度大，往往需加入其他溶剂来调节其黏度。

4. 萃取剂回收的难易

通常萃取相和萃余相中的萃取剂需回收后重复使用，以减少溶剂的消耗量。萃取过程中，溶剂回收是费用最多的环节，回收费用取决于回收萃取相的难易程度。有的溶剂虽然具有各种良好性能，但回收困难而不被采用。

5. 其他因素

如萃取剂的价格、来源、毒性、挥发性以及是否易燃、易爆等等，均为选择萃取剂时需要考虑的问题。在选择具体的萃取剂或几种溶剂组成的萃取剂时，应根据实际情况综合考虑上述因素。

任务二　认知萃取设备

一、萃取塔的形式与结构

萃取设备是溶剂萃取过程中实现两相接触与分离的装置。萃取设备的类型很多，按萃取设备的构造特点大体上可分为三类：一是单件组合式，以混合澄清器为典型；二是塔式，如填料塔、筛板塔和转盘塔等，两相间的混合依靠密度差或加入机械能量造成的振荡；三是离心式，依靠离心力造成两相间分散接触。

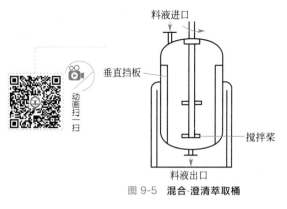

图 9-5   **混合-澄清萃取桶**

1. 混合-澄清萃取桶

混合-澄清萃取桶是混合-澄清器最简单的一种形式（如图 9-5），在混合器中，原料液与萃取剂借助搅拌装置的作用使其中一相破碎成液滴而分散于另一相中，以加大相际接触面积并提高传质速率。接近和达到萃取平衡后，停止搅拌，静置分相，然后分别放出两相即可。混合-澄清器可以单级使用，也可以多级串联使用。

2. 塔式萃取设备

（1）喷雾塔   喷雾塔是结构最简单的一种萃取设备，塔内无任何部件。如图 9-6（a）所示，轻、重两相分别从塔底和塔顶进入。其中一相经分散装置分散为液滴后沿轴向流动，流动中与另一相接触进行传质。分散相流至塔另一端后凝聚形成液层排出塔。喷雾塔操作简单，几十年来一直用于工业生产，由于其效率非常低，而多用于一些简单的操作过程，如洗涤、净化与中和。近年来，喷雾塔还用在液-液热交换过程中。

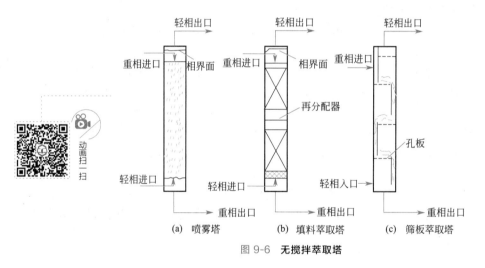

(a) 喷雾塔   (b) 填料萃取塔   (c) 筛板萃取塔

图 9-6   **无搅拌萃取塔**

（2）填料萃取塔   填料萃取塔的结构与气-液传质过程所用填料塔的结构一样，如图 9-6（b）所示。塔内装有适宜的填料，轻、重两相分别由塔底和塔顶进入，由塔顶和塔底排出。连续相充满整个塔，分散相由分布器分散成液滴进入填料层，在与连续相逆流接触中进行萃取。在塔内，流经填料表面的分散相液滴不断破裂与再生。当离开填料时，分散相液滴又重新混合，促使表面不断更新。此外，还能抑制轴向返混。填料萃取塔的优点是结构简单、操作方便，适合于处理腐蚀性料液；缺点是传质效率低，一般用于所需理论级数较少（如 3 个萃取理论级）的场合。

（3）筛板萃取塔   筛板萃取塔是逐级接触式萃取设备，依靠两相的密度差，在重力的作用下，使得两相进行分散和逆向流动。若以轻相为分散相，则轻相从塔下部进入。轻相穿过筛板分散成细小的液滴进入筛板上的连续相——重相层。液滴在重相内浮升过程中进行液-液传质过程。穿过重相层的轻相液滴开始合并凝聚，聚集在上层筛板的下侧，实现轻、重两相的分离，并进行轻相的自身混合。当轻相再一次穿过筛板时，轻相再次分散，液滴表面得到更新。这样分散、凝聚交替进行，直至塔顶澄清、分层、排出。而连续相重相进入塔内，则横向流过塔板，在筛板上与分散相即轻相液滴接触和萃取后，由降液管流至下一层板。这样重复以上过程，直至与塔底轻相分离形成重液相层排出。筛板萃取塔适于所需理论级数较少、处理量较大，而且物系具有腐蚀性的场合。国内在芳烃抽提中应用筛板塔获得了良好的效果。

3. 离心萃取设备

当两液体的密度差很小（10kg/m³）或界面张力甚小而易乳化或黏度很大时，仅依靠重力的作用难以使两相间很好地混合或澄清，这时可以利用离心力的作用强化萃取过程。图 9-7 为离心萃取器作用原理图。离心萃取器结构紧凑，处理能力大，能有效地强化萃取过程，所以特别适用于化学稳定性差（如抗生素）、需要接触时间短、产品保留时间短，或易于乳化、分离困难等体系的萃取。缺点是结构复杂，造价高，能耗大，使其应用受到限制。

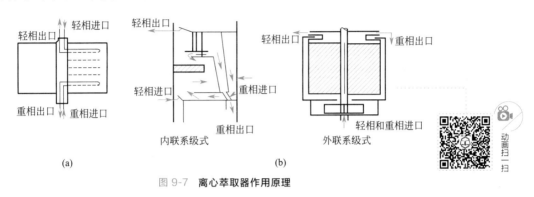

图 9-7　离心萃取器作用原理

二、萃取设备的选用

不同的萃取设备有各自的特点，设计时应根据萃取体系的物理化学性质、处理量、萃取要求及其他因素进行选择。

① 物系的稳定性和停留时间　要求停留时间短可选择离心萃取器，停留时间长可选用混合澄清器。

② 所需理论级数　所需理论级数多时，应选择传质效率高的萃取塔，如所需理论级数少，可采用结构与操作比较简单的设备。

③ 处理量　处理量大可选用混合澄清器、转盘塔和筛板塔，处理量小可选用填料塔等。

④ 物系的物性　易乳化、密度差小的物系宜选用离心萃取设备；有固体悬浮物的物系可选用转盘塔或混合澄清器；腐蚀性强的物系宜选用简单的填料塔；放射性物系可选用脉冲塔。

⑤ 其他　在选用萃取设备时，还应考虑其他一些因素，如能源供应情况，在电力紧张地区应尽可能选用依靠重力流动的设备；当厂房面积受到限制时，宜选用塔式设备，而当厂房高度受到限制时，则宜选用混合澄清器。还应考虑对设备的一次性投资或维护费用及对特定设备的实际生产经验等因素。

任务三　获取萃取知识

一、部分互溶物系的相平衡

根据萃取操作中各组分的互溶性，可将三元物系分为以下三种情况，即

① 溶质 A 可完全溶于 B 及 S，但 B 与 S 不互溶；

② 溶质 A 可完全溶于 B 及 S，但 B 与 S 部分互溶；

③ 溶质 A 可完全溶于 B，但 A 与 S 及 B 与 S 部分互溶。

习惯上，将①、②两种情况的物系称为第Ⅰ类物系，而将③情况的物系称为第Ⅱ类物系。工业萃取过程中萃取剂与稀释剂一般为部分互溶，涉及的是三元混合物的平衡关系，一般采用三角形坐标图来表示。

1. 组成表示方法

三角形坐标图通常有等边三角形坐标图、等腰直角三角形坐标图、非等腰直角三角形坐标图三种，如图 9-8 所示。A、B、S 作为三个顶点组成一个三角形，其三个顶点表示纯物质。一般上顶点表示溶质 A，左下顶点表示稀释剂 B，右下顶点表示溶剂 S。三角形的三条边表示二元混合物的组成。例如，AB 连线表示溶质 A 与稀释剂 B 的二元组成。在三角形内的任一点代表某个三元混合物的组成。例如，M 点即表示由 A、B、S 三个组分组成的混合物系。其组成可按下法确定：过物系点 M 分别作对边的平行线 ED、HG、KF，则由点 E、G、K 可直接读得 A、B、S 的组成分别为：$x_A = 0.4$、$x_B = 0.3$、$x_S = 0.3$；也可由点 D、H、F 读得 A、B、S 的组成。

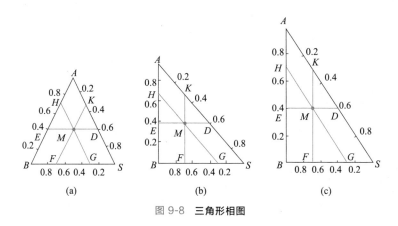

图 9-8   **三角形相图**

2. 液液平衡关系的表示法

如图 9-9 所示，三元混合物两个部分互溶液体的平衡相图有溶解度曲线 $DRPEG$，曲线将三角形相图分为两个区域：曲线以内的区域为两相区，以外的区域为单相区。位于两相区内的混合物分成两个互相平衡的液相，称为共轭相，联结两共轭液相相点的直线称为连接线，如图中的 RE 线。萃取操作只能在两相区内进行。平衡连接线一般相互不平行而且向某一方向倾斜，它们的长度随着 M 向顶点 A 的靠拢而愈来愈短。当连接线长度缩短成一点时（P 点），此点称为临界混溶点或褶点，再增加溶质就进入了单一液相区。从图中可以看出，临界混溶点的位置并不处于溶解度曲线的最高点。

一定温度下，三元物系的溶解度曲线和连接线是根据实验数据而标绘的，常见物系的实验数据载于有关书籍和手册中。

3. 辅助曲线与杠杆规则

（1）辅助曲线   由实验测定的连接线是有限的，为得到其他组成的液-液平衡数据，可利用辅助曲线，其做法如图 9-10 所示。通过已知点 R_1，R_2，… 分别作边 BS 的平行线，再通过相应连接线的另一端点 E_1，E_2，… 分别作边 AB 的平行线，各平行线分别交于 F，G，… 点，连接这些交点所得平滑曲线即为辅助曲线。已知共轭相中任一相的组成，可利用辅助线得出另一相的组成。

（2）物料衡算与杠杆规则 描述两个混合物 R 和 E 形成新的混合物 M 时，或者一个混合物 M 分离为 R 和 E 两个混合物时，其质量之间的关系时常需要用到杠杆规则。如图 9-11 所示，M 点称为 R 点与 E 点的和点，R 点与 E 点称为差点。M 点与差点 E、R 之间的关系可用杠杆规则描述，即根据杠杆规则，若已知两个差点，则可确定和点；若已知和点和一个差点，则可确定另一个差点。即

$$\frac{E}{M} = \frac{\overline{MR}}{\overline{ER}}$$

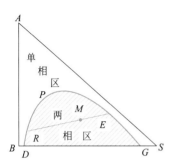
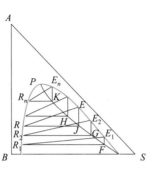
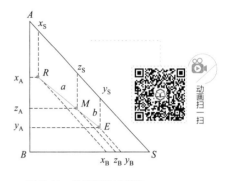

图 9-9　**三角形相图溶解度曲线**　　图 9-10　**辅助曲线的做法**　　图 9-11　**杠杆原理示意图**

4. 分配系数和分配曲线

组分 A 在互成平衡的两相中的组成关系除可用溶解度曲线表示外，还可用分配系数表示：

$$K_A = \frac{y_A}{x_A} \tag{9-2}$$

式中　x_A——溶质 A 在萃余相中的质量分数；

　　　y_A——溶质 A 在萃取相中的质量分数。

分配系数表达了某一组分在两个平衡液相中的分配关系，k_A 值与联结线的斜率有关。分配系数一般不是常数，其值随组成和温度而变。k_A 值越大，表示萃取分离效果越好。类似于气液相平衡，可将组分 A 在液液相平衡的组成 y_A、x_A 之间的关系在直角坐标中表示，该曲线称为分配曲线。

5. 温度对相平衡关系的影响

物系温度升高，溶质在溶剂中的溶解度加大，反之减小，因而，温度明显地影响溶解度曲线的形状、联结线的斜率和两相区面积，从而也影响分配曲线形状。图 9-12 和图 9-13 所示分别为温度对Ⅰ类和Ⅱ类物系溶解度曲线和联结线的影响。可见，温度升高，分层区面积减小，不利于萃取分离。

对于某些物系，温度的改变不仅可以引起分层区面积和联结线斜率的变化，甚至可导致物系类型的转变，如图 9-13 所示，当温度为 T_1 时为第Ⅱ类物系，而当温度升至 T_2 时则变为第Ⅰ类物系。

二、萃取的工艺计算

1. 单级萃取

单级萃取操作可以连续，也可以间歇。为了简便起见，萃取相中溶质组分的组成用 y 表示，萃余相中溶质组分的组成用 x 表示。下面以第Ⅱ类物系为例介绍计算步骤。

① 由已知相平衡数据在三角相图中做出溶解度曲线及辅助曲线，如图 9-14（a）所示。

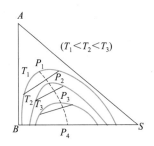

图 9-12　温度对互溶度的影响（Ⅰ类物系）

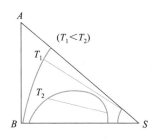

图 9-13　温度对互溶度的影响（Ⅱ类物系）

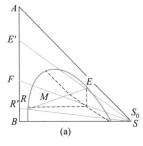
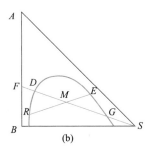

图 9-14　单级接触萃取图解

② 已知原料液 F 的组成 x_F 在三角相图的 AB 边上确定点 F。根据萃取剂的组成确定点 S（若萃取剂是纯溶剂，则点 S 为三角形的顶点）。连接点 F、S，则代表原料液与萃取剂的三元混合液的组成点 M 必在 FS 线上。

③ 由已知的萃余相的组成 x_R，在相图上确定点 R，再由点 R 利用辅助曲线求出点 E，读出萃取相 E 的组成 x_E，连接点 R、E，RE 线与 FS 线的交点即为三元混合液的组成点 M。

④ 由物料衡算和杠杆规则求出 F、E、S 的量。

由总物料衡算：$F+S=E+R=M$

按照杠杆规则得：$\dfrac{S}{F}=\dfrac{\overline{MF}}{\overline{MS}}$ 即 $S=F\,\dfrac{\overline{MF}}{\overline{MS}}$；$E=M\,\dfrac{\overline{RM}}{\overline{RE}}$，$R=M-E$

若从萃取相 E 和萃余相 R 脱除全部萃取剂 S，则得到萃取液 E' 和萃余液 R'。其组成点分别为 SE、SR 的延长线与 AB 边的交点 E' 和 R'，其组成可由相图中读出。E' 和 R' 的量也可由杠杆规则求得：

$$E'=F\,\frac{\overline{FR'}}{\overline{E'R'}},R'=F-E'$$

对于单级萃取，一定的原料液量存在两个极限萃取剂用量，在此两极限用量下，原料液与萃取剂的混合液组成点恰好落在溶解度曲线上，如图 9-14(b) 中的点 D 和点 G 所示。由于此时混合液只有一个相，无法实现两相分离的目的，所以点 D 和点 G 的萃取剂用量分别被称为最小萃取剂用量 S_{min} 和最大溶剂用量 S_{max}，其值可用杠杆规则计算如下，即

$$S_{min}=F\,\frac{DF}{DS} \tag{9-3}$$

$$S_{max}=F\,\frac{GF}{GS} \tag{9-4}$$

萃取操作时，实际萃取剂用量 S 应满足下述条件：

$$S_{min}<S<S_{max}$$

2. 多级错流萃取

已知多级理论级数 N，估算通过该设备进行萃取操作后所能达到的分离程度，是多级错流萃取操作中要解决的主要问题。上述问题的处理和单级萃取相似，只是将前一级的萃余相作为下一级的原料液，是单级萃取方法的多次重复应用。

3. 多级逆流萃取

在多级逆流萃取操作中，通常已知理论级数 N 和操作条件，为确定所能达到的分离程度，往往需要图解试差。根据给定原料液和溶剂的量和组成，在三角形相图中首先确定 F、S 及其和点 M。假设最终萃余相组成是 x_N，由 x_N 可确定 R_N 点，并确定极点 D，用图解法求出理论级数。当和实际设备理论级数相符时，假设成立，计算的各级组成即为分离结果。反之，应重新假设 x_N，重复上述计算，直到满足判据要求，即计算的理论级数和实际理论级数相符。

一般在原料液、溶剂和分离要求一定时，多级逆流萃取比错流萃取所需的理论级数少，可使投资减少；当理论级数相同时，多级逆流萃取所用的溶剂用量较小。因此生产上多采用多级逆流萃取操作。

三、超临界流体萃取技术

超临界流体萃取技术是指已接近或超过临界点的低温、高压、高密度气体作为溶剂，从液体或固体中萃取所需组分，然后采用等压变温或等温变压等方法，将溶质与溶剂分离的单元操作。超临界萃取主要由萃取阶段和分离阶段两部分组成，有等温变压流程、等压变温流程、等压吸附流程等多种组合。常用的超临界流体有：二氧化碳、乙烯、乙烷、丙烯、丙烷和氨、三氟甲烷、三氟氯甲烷正戊烷、甲苯等（见表9-1）。目前，超临界二氧化碳是使用得最多的萃取剂。

表 9-1　**常用的超临界流体**

流体	临界温度/℃	临界压力/MPa	流体	临界温度/℃	临界压力/MPa
乙烯	9.25	5.04	乙烷	32.25	4.88
三氟甲烷	26.15	4.86	一氧化二氮	36.5	7.24
三氟氯甲烷	28.8	3.87	丙烯	91.8	4.60
二氧化碳	31.04	7.38	丙烷	96.6	4.25

1. 超临界萃取的特点

超临界萃取在溶解能力、传质性能以及溶剂回收方面具有如下突出的优点：

① 超临界流体的密度与溶解能力接近于液体，而又保持了气体的传递特性，故传质速率高，可更快达到萃取平衡；

② 操作条件接近临界点，压力、温度的微小变化都可改变超临界流体的密度与溶解能力，易于调控；

③ 溶质与溶剂的分离容易，萃取效率高，由于完全没有溶剂的残留，污染小，不需要溶剂回收，费用低；

④ 超临界萃取具有萃取和精馏的双重特性，可分离难分离物质；

⑤ 超临界流体一般具有化学性质稳定、无毒无腐蚀性、萃取操作温度不高等特点，能避免天然产物中有效成分的分解，因此特别适用于医药、食品等工业。

但是，超临界流体萃取技术也有其缺点：

① 高压下萃取，相平衡较复杂，物性数据缺乏；

② 高压装置与高压操作，投资费用高，安全要求也高；

③ 超临界流体中溶质浓度相对还是较低，故需大量溶剂循环；

④ 超临界流体萃取过程固体物料居多，连续化生产较困难。

2. 二氧化碳超临界流体萃取概述

目前，国内外正在致力于发展一种新型的二氧化碳利用技术——二氧化碳超临界萃取技术。运用该技术可生产高附加值的产品，可提取过去用化学方法无法提取的物质，且廉价、无毒、安全、高效，适用于化工、医药、食品等工业。

超临界二氧化碳的特点：

① CO_2 的临界温度为 31.1℃，临界压力为 7.2MPa，临界条件容易达到；

② CO_2 化学性质不活泼，无色无味无毒，安全性好；

③ 价格便宜，纯度高，容易获得。

3. 二氧化碳超临界萃取的应用实例

超临界萃取在石油残渣中油品的回收、咖啡豆中脱除咖啡因、啤酒花中有效成分的提取过程中已成功地应用于大规模生产。超临界 CO_2 在工业上的应用如下。

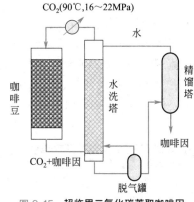

图 9-15 **超临界二氧化碳萃取咖啡因**

① 超临界 CO_2 分离提取天然产物中的有效成分。如用于咖啡豆中脱除咖啡因（如图 9-15），此过程分为三个阶段：第一阶段，用干燥的超临界二氧化碳萃取经焙炒过的咖啡豆中的香味成分，再经过减压后置于一个特定的区域；第二阶段，将减压后的二氧化碳压缩并使其带有定量水分，然后通入装有咖啡豆的槽中，萃取出咖啡因，再经减压操作将咖啡因与二氧化碳分离；第三阶段，用超临界二氧化碳流体将放置于特定区域中的香味成分送回萃取槽，将香味成分放回咖啡豆中。此三阶段显示出超临界二氧化碳具有高渗透力，可深入咖啡豆内部组织，也显示出改变二氧化碳的物理和化学性质以及压力和温度可影响溶解能力与对溶质的选择性。

超临界二氧化碳还可以用于名贵香花中提取精油，啤酒花及胡椒等物料中提取香味成分或香精，大豆中提取豆油等。

② 稀水溶液中有机物的分离。

③ 在生化工程中的应用。如用于萃取氨基酸、去除链霉素生产中的甲醇等有机溶剂以及从单细胞蛋白游离物中提取脂类等。

④ 活性炭的再生。

任务四　萃取塔的操作

一、操作方法

1. 开车操作

萃取塔开车时，应将连续相注满塔中，再开启分散相进口阀门。分散相又必须经凝聚后才能自塔内排除。因此，当重相为连续相时，液面应在重相入口高度处，关闭重相进口阀，开启分散相，使分散相不断在塔顶分层段内凝聚，当两相界面维持在重相入口与轻相出口之间时，再开启分散相出口阀和连续相出口阀。当重相为分散相时，则分散相在塔底的分散段内不断凝聚，两相界面将维持在塔底分层段内的某一位置上。同理，在两相界面维持一定高度时，才能开启分散相出口阀。

2. 停车操作

对重相为连续相的，停车时先关闭重相的进出口阀，再关闭轻相的进出口阀，使两相在塔内静止分层后，慢慢打开重相的进口阀，让轻相流出。当相界面上升至轻相全部从塔顶排出时，关闭重相进口阀，使重相全部从塔底排出。

对轻相为连续相的，停车时先关闭重相的进出口阀，再关闭轻相的进出口阀，使两相在塔内静止分层后，打开塔顶旁路阀，接通大气，然后慢慢打开重相出口阀，让重相流出。当相界面下移至塔底旁路阀高处时，关闭重相出口阀，打开旁路阀，让轻相流出。

二、安全生产

萃取过程常常有易燃的稀释剂或萃取剂的使用。除去溶剂贮存和回收的适当设计外，还需要有效的界面控制。因为萃取过程包含相混合、相分离以及泵输送等操作，消除静电的措施变得极为重要。

溶质和溶剂的回收一般采用蒸馏或蒸发操作，所以萃取全过程包含这些操作所具有的危险。

训练与自测

一、技能训练
操作萃取塔。

二、问题思考

1. 萃取操作所依据的原理是什么？

2. 萃取操作在工业生产中有哪些应用？

3. 三角形坐标图中相组成如何表示？试找出组成为 $x_A = 0.6$、$x_S = 0$ 及 $x_B = 0.2$、$x_S = 0.6$ 点的位置。

4. 杠杆定律包括哪些内容？在萃取计算中有哪些用途？

5. 何谓溶解度曲线及辅助曲线？

6. 用纯溶剂 S 对某混合液 A＋B 进行单级萃取，操作条件的溶解度曲线和辅助曲线如附图所示。请图示分析单独改变下列条件时，萃余液的组成如何变化。

（1）萃取剂用量 S 增加；（2）原料组成 x_F 增加。

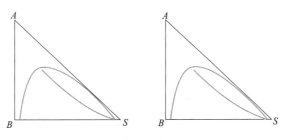

思考题 6 附图

7. 说明如何从三角形相图的溶解度曲线得到分配曲线，分配系数的物理意义。

8. 选择萃取设备的主要依据是什么？

9. 选择溶剂时应考虑哪些因素？

10. 萃取剂用量的确定有哪些考虑？

11. 萃取装置检修安全要点有哪些？

（2）釜式结晶器　冷却结晶过程所需的冷量由夹套或外部换热器供给，如图 10-1 及图 10-2 所示，采用搅拌是为了提高传热和传质速率并使釜内溶液温度和浓度均匀，同时可使晶体悬浮，有利于晶体各晶面成长。图 10-1 所示的结晶器既可间歇操作，也可连续操作。若制作大颗粒结晶，宜采用间歇操作，而制备小颗粒结晶时，采用连续操作为好。图 10-2 为外循环式结晶器，它的优点是：冷却换热器面积大，传热速率大，有利于溶液过饱和度的控制。缺点是循环泵易破碎晶体。

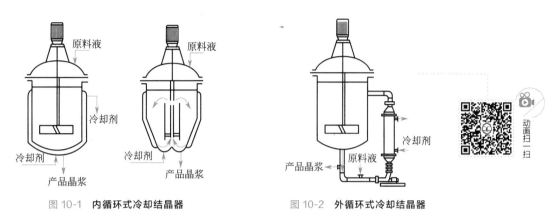

图 10-1　**内循环式冷却结晶器**　　　　图 10-2　**外循环式冷却结晶器**

2. 蒸发结晶设备

蒸发结晶与冷却结晶不同之处在于，前者需将溶液加热到沸点，并浓缩达过饱和而产生结晶。蒸发结晶有两种方法：一种是将溶液预热，然后在真空（减压）下闪蒸（有极少数是在常压下闪蒸）；另一种是结晶装置本身附有蒸发器。

我国古代就利用太阳能在沿海大面积盐田上晒盐，这也是一种原始而且十分经济的蒸发结晶。现代的蒸发结晶器（包括以蒸发为主，又有盐类析出的装置，如隔膜电解液的蒸发装置），都是指严格控制过饱和度与成品结晶粒度的各种装置。它是在蒸发装置的基础上发展起来的，又在结晶原理上前进了一大步。

（1）蒸发式 Krystal-Oslo 生长型结晶器　图 10-3 是典型蒸发式 Krystal-Oslo 生长型结晶器。

加料溶液由 G 进入，经循环泵进入加热器，生蒸汽（或者前级的二次蒸汽）在管间通入，过饱和于是产生，控制在介稳区以内。溶液在蒸发室内排出的蒸汽（A 点）由顶部导出。如果是单级生产，分离的蒸汽直接去大气冷凝器，然后有必要时通过真空发生装置（如真空泵或者蒸汽喷射器及冷凝器组）；如果是多效的蒸发流程，排出蒸汽则通入下一级加热器或者末效的排气、冷凝装置。

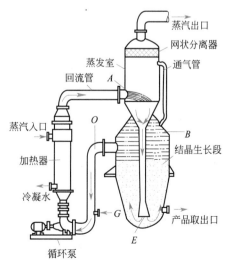

溶液在蒸发室分离蒸汽之后，由中央下行管送到结晶生长段的底部（E 点），然后再向上方流经晶体流化床层，过饱和得以消失，晶床中的晶粒得以生长。当粒子生长到要求的大小后，从产品取出口排出，排出晶浆经稠厚器离心分离，母液送回结晶器。固体直接作为商品，或者干燥后出售。

图 10-3　**蒸发式 Krystal-Oslo 生长型结晶器**

Krystal 蒸发结晶器大多数是采用分级的流化床，粒子长大后沉降速度超过悬浮速度而下沉，因此底部聚积着大粒的结晶，晶浆的浓度也比上面的高，空隙率减小，实际悬浮速度也必然增加，因此正适合分级粒度的需要。这也正好是新鲜的过饱和溶液先接触的原因所在，在密集的晶群中迅速消失过饱和度，流经上部由 O 点排出，作为母液排出系统，或者在多效蒸发系统中进入下一级蒸发。

生长型蒸发结晶器的结构比一般蒸发器复杂得多，投资也必然高。因此，原则上在前级没有达到析出结晶的浓度时，就无必要按照这种结晶器设计。只有肯定有结晶析出时才采用 Krystal 型生长结晶器，这一点要给予注意。

Krystal 蒸发结晶器除以分级式操作外，也可以采用晶浆循环式操作。为了达到晶浆循环的目的，一般办法是保持较高的晶浆积累浓度，最后循环泵进口处吸入的也是较浓的晶浆，经循环泵送入蒸发器再进入蒸发室循环；另一种办法是加大循环速度，同时保持较高的晶浆浓度。晶浆循环操作法的生产能力要高于分级结晶操作法，只是循环泵的转动部件及加热管有晶浆的磨损。同时要注意选择泵型，防止晶粒破碎，产生大量的细晶，以及长大的晶粒又被破碎。

（2）DTB 型蒸发式结晶器　DTB 是 draft tube baffle crystallizer 的缩写，即遮挡板与导流管的意思，简称"遮导式"结晶器，如图 10-4 所示。

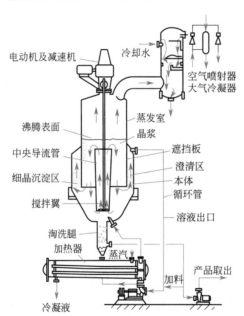

电动机及减速机　冷却水　空气喷射器　大气冷凝器

沸腾表面　蒸发室　晶浆
中央导流管　遮挡板
细晶沉淀区　澄清区
搅拌翼　本体
循环管
溶液出口
淘洗腿　蒸汽
加热器　加料　产品取出
冷凝液

图 10-4　DTB 型蒸发式结晶器简图

它可以与蒸发加热器联用，也可以把加热器分开，结晶器作为真空闪蒸制冷型结晶器使用。这种结晶器是目前采用最多的类型。它的特点是结晶循环泵设在内部，阻力小，驱动功率省。为了提高循环螺旋桨的效率，需要有一个导热液管。遮挡板的钟罩形构造是为了把强烈循环的结晶生长区与溢流液穿过的细晶沉淀区隔开，互不干扰。

过饱和是产生在蒸汽蒸发室。液体循环方向是经过导流管快速上升至蒸发液面，然后使过饱和液沿环形面积流向下部，属于快升慢降型循环，在强烈循环区内晶浆的浓度是一致的，所以过饱和度的消失比较容易，而且过饱和溶液始终与加料溶液并流。由于搅拌桨的水力阻力小，循环量较大，所以这是一种过饱和度最低的结晶器。器底设有一个分级腿，取出的产品晶浆要先穿过它，在此腿内用另外一股加料溶液进入，作为分级液流，把细微晶体重新漂浮进入结晶生长区，合格的大颗粒冲不下来，落在分级腿的底部，同时对产品也进行一次洗涤，最后由晶浆泵排出器外分离，这样可以保证产品结晶的质量和粒径均匀，不夹杂细晶。一部分细晶随着溢流溶液排出器外，用新鲜加料液或者用蒸汽溶解后返回。

3. 直接冷却结晶设备

当溶液与冷却剂不互溶时，就可以利用溶液直接接触，这样，就省去了与溶液接触的换热器，防止了过饱和度超过时造成的结垢现象，典型的如喷雾式结晶器。

喷雾式结晶器也称湿壁蒸发结晶器，结构简图如图 10-5 所示。

这种结晶器的操作过程是将浓缩的热溶液与大量的冷空气相混合，产生冷却及蒸发的效应，从而使溶液达到过饱和，结晶得以析出。很多工厂有用浓缩热溶液进行真空闪蒸直接得到绝热蒸发的效果使结晶析出的例子。它是以 25～40m/s 高速度由一台鼓风机直接送入冷空气，溶液由中心部分吸入并被雾化，以达到上述目的。这是雾滴高度浓缩直接变为干燥结晶，附着在前方的硬质玻璃管上；或者变成两相混合的晶浆由末端排出，稠厚，离心过滤。设备很紧凑，也很简单，不过结晶粒度往往比较细小，这是此类结晶器的缺点。

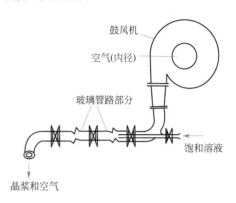

图 10-5 **喷雾式结晶器**

再进一步，就演变为机械式高速旋转的雾滴化设备，液滴再经过一段距离自由下落，由对流的冷空气进行冷却，这就是"喷雾造粒"，广泛用于硝铵和尿素肥料的造粒塔。

二、结晶器的选用

结晶器的选择一般要全面考虑许多因素，例如所处理物系的性质，晶体产品的粒度及粒度分布范围，生产能力的大小，设备费和操作费等，所以选择结晶器是一个复杂的工作，没有简单的规则可循，在很大程度上要凭实际经验。

结晶设备选择的一般原则：

① 溶解度随温度变化大的物系应采用冷却式结晶器，反之应采用蒸发式结晶器。

② 热敏性物系应采用真空式结晶器。

③ 处理能力大时应采用连续结晶器，反之采用间歇式结晶器。

④ 对于有腐蚀性的物系，设备的材质应考虑其耐腐蚀性能。

⑤ 对于粒度有严格要求的物系，一般应选用分级型结晶器。

⑥ 对于具有特殊溶解性能的物系，应根据具体情况选用其他专用的结晶器。

费用和占地大小也是需要考虑的重要因素。一般说来，连续操作的结晶器要比分批操作的经济些，尤其产率大时是这样。蒸发式和真空式结晶器需要相当大的顶部空间，但在同样产量下，它们的占地面积要比冷却槽式结晶器小得多。

有些较简单的冷却式结晶器，尤其是敞槽式的，造价比较便宜，但冷却式机械结晶器（例如长槽搅拌式）的造价却相当高，它们的维修费用也相当可观。另一方面，机械结晶器不需要昂贵的产生真空的设备。冷却式结晶器的另一缺点是它们的传热表面与溶液接触的一面往往有晶体聚结成晶疤，与冷却水接触的一面又容易有水垢沉淀，其结果是既降低冷却效率又增加除疤除垢的麻烦。这类问题在蒸发式结晶器中也会遇到。至于真空式结晶器，它们没有换热表面，所以没有这类问题，但它们不适用于沸点升高得很多的溶液。

任务三   获取结晶知识

一、固液体系相平衡

1. 溶解度

在一定温度下，将固体溶质不断加入到某溶剂中，溶质就会不断溶解，当加到某一数量后，溶质不再溶解，此时，固液两相的量及组成均不随时间的变化而变化，这种现象称为溶解

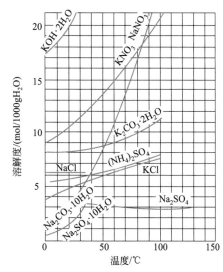

图 10-6   某些无机盐在水中的溶解度曲线

相平衡。此时的溶液称为饱和溶液，其组成称为此温度条件下该物质的平衡溶解度（简称溶解度）；若溶液组成超过了溶解度，称为过饱和溶液。显然，只有过饱和溶液对结晶才有意义。结晶产量取决于溶质的溶解度及其随操作条件的变化情况。

物质在指定溶剂中的溶解度与温度及压力有关，但主要与温度有关，随压力的变化很小，常可忽略不计。溶解度随温度变化而变化的关系称为溶解度曲线，如图 10-6 所示，多数物质的溶解度曲线是连续的，且物质的溶解度随温度升高而明显增加，如 $NaNO_3$、KNO_3 等。但也有一些水合盐（含有结晶水的物质）的溶解度曲线有明显的转折点（变态点），它表示其组成有所改变，如 $Na_2SO_4 \cdot 10H_2O$ 转变为 Na_2SO_4（变态点温度为 32.4℃）。另外还有一些物质，其溶解度随温度升高反而减小，例如 Na_2SO_4。至于 $NaCl$，温度对其溶解度的影响很小。

对于溶解度随温度变化敏感的物系，可选用变温方法结晶分离；对于溶解度随温度变化缓慢的物系，可用蒸发结晶的方法（移除一部分溶剂）分离。

2. 过饱和度

组成等于溶解度的溶液称为饱和溶液；组成低于溶解度的溶液称为不饱和溶液；组成大于溶解度的溶液称为过饱和溶液；同一温度下，过饱和溶液与饱和溶液间的组成之差称为溶液的过饱和度。

过饱和溶液是溶液的一种不稳定状态，在条件改变的情况下，比如在振动、投入颗粒、摩擦等条件下，过饱和溶液中的"多余"溶质，便会从溶液中析出来，直到溶液变成饱和溶液为止。显然，过饱和是结晶的前提，过饱和度是结晶过程的推动力。

但在适当的条件下，过饱和溶液可稳定存在。比如高纯度溶液，未被杂质或灰尘所污染；盛装溶液的容器平滑干净；溶液降温速度缓慢；无搅拌、振荡、超声波等。

溶液过饱和度与结晶的关系如图 10-7 所示，AB 线称为溶解度曲线，曲线上任意一点，均表示溶液的一种饱和状态，理论上状态点处在 AB 线左上方的溶液均可以结晶，然而实践表明并非如此，溶液必须具有一定的过饱和度，才能析出晶体。CD 线称为超溶解度曲线，表示溶液达到过饱和，其溶质能自发地结晶析出的曲线，它与溶解度曲线大致平行。对于指定物系，其溶解度曲线是唯一的，但超溶解度曲线并不唯一，其位置受到许多因素的影响，例如容器的

洁净及平滑程度、有无搅拌及搅拌强度的大小、有无晶种及晶种的大小与多少、冷却速率快慢等。干扰越小，CD 线距 AB 线越远，形成的过饱和程度越大。

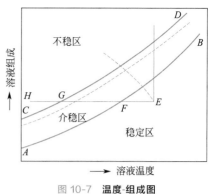

图 10-7　**温度-组成图**

超溶解度曲线和溶解度曲线将温度-组成图分割为三个区域，AB 线以下的区域称为稳定区，处在此区域的溶液尚未达到饱和，因此不发生结晶；CD 线以上为不稳定区，处在此区域中，溶液能自发地发生结晶；AB 和 CD 线之间的区域称为介稳区，处在此区域中，溶液虽处于过饱和状态，但不会自发地发生结晶，如果投入晶种（用于诱发结晶的微小晶体），则发生结晶。可见，介稳区决定了诱导结晶组成和温度条件。

超溶解度曲线、介稳区及不稳区对结晶操作具有重要的实际意义。例如，在结晶过程中，若将溶液控制在介稳区，因过饱和度较低，有利于形成量少而粒大的结晶产品，可通过改变加入晶种的大小及数量控制；若将溶液控制在不稳区，因过饱和度较高，易产生大量的晶核，有利于获得晶粒细小及量多的结晶产品。

二、结晶过程

结晶过程主要包括晶核的形成和晶体的成长两个过程。

1. 晶核的形成

晶核的形成过程可能是，在成核之初，溶液中快速运动的溶质微粒（原子、离子或分子）相互碰撞结合成线体单元，当线体单元增长到一定程度后成为晶胚，晶胚进一步长大即成为稳定的晶核。在这一过程中，线体单元、晶胚都是不稳定的，有可能继续长大，亦可能重新分解。

根据成核机理的不同，晶核形成可分为初级均相成核、初级非均相成核和二次成核等三种。初级均相成核是指溶液在较高过饱和度下自发生成晶核的过程。初级非均相成核是溶液在外来物的诱导下生成晶核的过程，它可以在较低的过饱和度下发生。二次成核是含有晶体的溶液在晶体相互碰撞或晶体与搅拌桨（或器壁）碰撞时所产生的微小晶体的诱导下发生的。由于初级均相成核速率受溶液过饱和度的影响非常敏感，操作时对溶液过饱和度的控制要求过高而不宜采用；初级非均相成核因需引入诱导物而增加操作步骤，通常也较少采用，因此，工业结晶通常采用二次成核技术。

目前，人们普遍认为二次成核的机理是接触成核和流体剪切成核。接触成核是各种碰撞（晶体之间、晶体与搅拌桨叶之间、晶体与器壁之间、晶体与挡板之间）引发的成核；剪切成核指在运动剪力作用下成核，由于过饱和液体与正在成长的晶体之间的相对运动，在晶体表面产生的剪切力将附着于晶体之上的微粒子扫落，而成为新的晶核。

2. 晶体的成长

晶体成长系指过饱和溶液中的溶质质点在过饱和度推动下，向晶核或晶种运动并在其表面上有序排列，使晶核或晶种微粒不断长大的过程。晶体的成长可用液相扩散理论描述。按此理论，晶体的成长过程包括如下三个步骤：

① 扩散过程　溶质质点以扩散方式由液相主体穿过靠近晶体表面的层流液层（边界层）转移至晶体表面。

② 表面反应过程　到达晶体表面的溶质质点按一定排列方式嵌入晶面，使晶体长大并放

出结晶热。

③ 传热过程　放出的结晶热传导至液相主体中。

三、影响结晶操作的因素

1. 影响晶核形成的因素

成核速率的大小、数量，取决于溶液的过饱和度、温度、组成等因素，其中起重要作用的是溶液的组成和晶体的结构特点。

① 过饱和度的影响　成核速率随过饱和度的增加而增大，由于生产工艺要求控制结晶产品中的晶粒大小，不希望产生过量的晶核，因此过饱和度的增加有一定的限度。由于过饱和度与过冷度有关，因此，过冷度对晶核形成也有一定影响。

② 机械作用的影响　对均相成核来说，在过饱和溶液中发生轻微振动或搅拌，成核速率明显增加。对二级成核搅拌时碰撞的次数与冲击能的增加，成核速率也有很大的影响。此外，超声波、电场、磁场、放射性射线对成核速率均有影响。

③ 组成的影响　杂质的存在可能导致溶解度发生变化，因而导致溶液的过饱和度发生变化，也就是对溶液的极限过饱和度有影响，另一方面，杂质的存在可能形成不同的晶体形状。故杂质的存在对成核过程速度与晶核形状均可能产生影响，但对不同的物系，影响是不同的。

一般来说，对不加晶种的结晶过程：

① 若溶液过饱和度大，冷却速度快，强烈地搅拌，则晶核形成的速度快，数量多，但晶粒小。

② 若过饱和度小，使其静止不动和缓慢冷却，则晶核形成速度慢，得到的晶体颗粒较大。

③ 对于等量结晶产物，若晶核形成的速度大于晶体成长的速度，则产品的晶体颗粒大而少，若此两速度相近时，则产品的晶体颗粒大小参差不齐。

因此，控制晶核成核的条件对结晶产品的数量、大小和形状均有重要意义。

2. 影响晶体成长的因素

溶液的组成及性质、操作条件等对晶体成长均具有一定影响。

① 过饱和度的影响　过饱和度是晶体成长的根本动力，通常，过饱和度越大，晶体成长的速度越快。但是，过饱和度的大小还影响晶核形成的快慢，而晶核形成及晶体成长的快慢又影响结晶的粒度及粒度分布，因此，过饱和度是结晶操作中一个极其重要的控制参数。

② 温度的影响　温度对晶体成长速率的影响取决于几个方面。温度提高，粒子运动加快，液体黏度下降，有利于成长。但更重要的是溶解度及过冷度均取决于温度，而过饱和度或过冷度通常是随温度的提高而降低的。因此，晶体生长速率一方面由于粒子相互作用的过程加速，应随温度的提高而加快，另一方面则由于伴随着温度提高，过饱和度或过冷度降低而减慢。

③ 搅拌强度的影响　搅拌是影响结晶粒度分布的重要因素。增加搅拌强度，可以控制结晶在较低过饱和度下操作，从而减少了大量晶核析出的可能，但将使"介稳区"缩小，容易超越"介稳区"而产生细晶，同时也易使大粒晶体摩擦、撞击而破碎。

④ 冷却速度的影响　冷却是使溶液产生过饱和度的重要手段之一。冷却速度快，过饱和度增大就快。在结晶操作中，太大的过饱和度，容易超越"介稳区"极限，将析出大量晶核，影响结晶粒度。因此，结晶过程的冷却速度不宜太快。

⑤ 杂质的影响　物系中杂质的存在对晶体的生长往往有很大的影响，而成为结晶过程的重要问题之一。溶液中杂质对晶体成长速率的影响颇为复杂，有的能抑制晶体的成长；有的能促进成长；还有的能对同一种晶体的不同晶面产生选择性的影响，从而改变晶形；有的杂质能在极低的浓度下产生影响；有的却需在相当高的浓度下才能起作用。

杂质影响晶体生长速率的途径也各不相同，有的是通过改变溶液的结构或溶液的平衡饱和浓度；有的是通过改变晶体与溶液界面处液层的特性而影响溶质质点嵌入晶面；有的是通过本身吸附在晶面上而发生阻挡作用；如果晶格类似，则杂质能嵌入晶体内部而产生影响等。

杂质对晶体形状的影响，对于工业结晶操作有重要意义。在结晶溶液中，杂质的存在或有意识地加入某些物质，就会起到改变晶形的效果。

⑥ 晶种的影响　晶种加入可使晶核形成的速度加快，加入一定大小和数量的晶种，并使其均匀地悬浮于溶液中，溶液中溶质质点便会在晶种的各晶面上排列，使晶体长大。晶种粒子大，长出的结晶颗粒也大，所以，加入晶种是控制产品晶粒大小和均匀程度的重要手段，在结晶生产中是常用的。

任务四　结晶器的操作

在工业生产中，结晶操作分间歇和连续两种，其操作要求各有特点。

对于间歇操作，为了实现预期的结晶目的，通常采用添加晶种的结晶方法（由于不添加晶种难于控制产品质量，工业生产主要采用添加晶种的方法），并采取相应措施：控制多余晶核的生成；控制过饱和度处在介稳区；防止二次成核；控制结晶周期，以提高设备的生产能力；控制晶种加入量；减少结晶辅助时间等。

间歇结晶的特点是操作简单，易于控制，晶垢可以在每一操作周期中及时处理，因此，在中小规模的结晶生产过程中被广泛使用，但间歇操作具有生产效率低、劳动强度大等缺点。目前，为了使间歇生产周期更加合理，可以借助计算机辅助控制与操作手段安排最佳操作时间表，即按一定的操作程序控制结晶过程各环节的时间，以达到多快好省的目的，其中最重要的是控制造成和维持过饱和度的时间、晶核成长的时间。

对于连续结晶操作，操作要点主要是：控制晶体产品粒度及其分布符合质量要求；维护结晶器的稳定操作；提高生产强度；降低晶垢的生成率以延长结晶器运行周期等。为此，工业连续结晶常常采用"细晶消除"、"粒度分级排料"和"清母液溢流"等技术，通过这些技术，使不同粒度的晶体在结晶器中具有不同的停留时间，使母液与晶体具有不同的停留时间，从而达到控制产品粒度分布及良好运行状态的目的。

同间歇操作相比，连续结晶具有的优点是：生产能力高数十倍，占地面积小；操作参数稳定，不需要在不同时刻控制不同的参数；冷却法及蒸发法的经济效果好，操作费用低；劳动强度低，劳动量小；母液利用充分（大约只有 7％的母液需要重新加工，而间歇结晶有 20％～40％的母液需要重新加工）等。因此，当规模足够大时，工业结晶生产均采用连续操作方法。连续结晶的不足之处是：产品的平均粒度比间歇的小；对操作人员的技术水平和经验要求较高；晶垢的形成和积累影响操作周期。需要停机清理的周期通常在 200～2000h，而间歇结晶每次操作前均可以得到清理。

训练与自测

一、技能训练
操作结晶器。

二、问题思考

1.什么叫结晶？结晶过程有哪些类型？它们各适用于什么场合？

2.食盐水加热煮沸，时间长了有食盐结晶析出，为什么？

3.结晶器有哪几大类？试简要说明常见结晶器的结构特点。

4.结晶设备的选择原则是什么？

5.什么叫做溶解度和溶解度曲线？试说明溶解度曲线的变化对结晶操作的指导意义。

6.何谓介稳区？它对结晶操作有什么意义？

7.过饱和度与结晶有何关系？

8.结晶过程包括哪两个阶段？

9.影响结晶操作的因素有哪些？

项目十一

新型分离方法

 学习目标

知识目标　了解膜分离、吸附等新型分离方式的过程原理、特点及影响因素。

技能目标　了解膜分离、吸附的工业应用；掌握其工艺流程及操作方法；熟悉设备的结构及作用。

素质目标　树立工程技术观念，养成理论联系实际的思维方式；培养追求知识、勤于钻研、一丝不苟、严谨求实、勇于创新的科学态度。

项目案例

某厂欲将河水净化制纯净水，试确定其生产工艺及所需设备，并进行节能、环保、安全的实际生产操作，完成该净化任务。

任务一　认知膜分离技术

一、膜分离在化工生产中的应用

膜分离过程作为一门新型的高效分离、浓缩、提纯及净化技术，在近年来发展迅速，已在化工、生物、医药、食品、环境保护等领域得到广泛应用。如表 11-1 所示。

动画扫一扫

表 11-1　膜分离的工业应用

膜过程	缩写	工 业 应 用
反渗透	RO	海水或盐水脱盐,地表或地下水的处理,食品浓缩等
渗透	D	从废硫酸中分离硫酸镍,血液透析等
电渗析	ED	电化学工厂的废水处理,半导体工业用超纯水的制备等
微滤	MF	药物灭菌,饮料的澄清,抗生素的纯化,由液体中分离动物细菌等

续表

膜过程	缩写	工 业 应 用
超滤	UF	果汁的澄清,发酵液中疫苗和抗生菌的回收等
纳滤	NF	超纯水制备、果汁高度浓缩、多肽和氨基酸分离、抗生素浓缩与纯化、乳清蛋白浓缩、纳滤膜-生化反应器耦合等
渗透汽化	PVAP	乙醇-水共沸物的脱水,有机溶剂脱水,从水中除去有机物
气体分离	GS	从烃类物中分离 CO_2 或 H_2,合成气 H_2/CO 比的调节,从空气中分离 N_2 和 O_2
液膜分离	LM	从电化学工厂废液中回收镍,废水处理等
膜萃取	MP	主要运用于金属萃取;有机农药的萃取
膜蒸馏	MD	海水淡化;超纯水制备;废水处理;共沸混合物的分离
蒸汽渗透	VP	石油化工、医药、食品、环保等

膜分离是以选择性透过膜为分离介质,在膜两侧一定推动力的作用下,使原料中的某组分选择性地透过膜,从而使混合物得以分离,以达到提纯、浓缩等目的的分离过程。

膜分离所用的膜可以是固相、液相,也可以是气相,而大规模工业应用中多数为固体膜,本节主要介绍固体膜的分离过程。

过程的推动力可以是膜两侧的压力差、浓度差、电位差、温度差等。依据推动力不同,膜分离又分为多种过程,表11-2列出了几种主要膜分离过程的基本特性。反渗透、纳滤、超滤、微滤均为压力推动的膜过程,即在压力的作用下,溶剂及小分子通过膜,而盐、大分子、微粒等被截留,其截留程度取决于膜结构。

表 11-2　几种主要膜分离过程的基本特性

过程	分离目的	推动力	传递机理	透过组分	截留组分	膜类型
电渗析	溶液脱小离子、小离子溶质的浓缩、小离子的分级	电位差	反性离子经离子交换膜的迁移	小离子组分	同性离子、大离子和水	离子交换膜
反渗透	溶剂脱溶质、含小分子溶质溶液浓缩	压力差	溶剂和溶质的选择性扩散渗透	水、溶剂	溶质、盐(悬浮物、大分子、离子)	非对称性膜和复合膜
气体分离	气体混合物分离、富集或特殊组分脱除	压力差浓度差	气体的选择性扩散渗透	易渗透的气体	难渗透的气体	均质膜、多孔膜、非对称性膜
超滤	溶液脱大分子、大分子溶液脱小分子、大分子的分级	压力差	微粒及大分子尺度形状的筛分	水、溶剂、小分子溶解物	胶体大分子、细菌等	非对称性膜
微滤	溶液脱粒子、气体脱粒子	压力差	颗粒尺度的筛分	水、溶剂溶解物	悬浮物颗粒	多孔膜
纳滤	分子量较小的物质	压力差	筛分和溶解扩散	溶剂	小分子有机物	纳滤膜
渗透汽化	挥发性液体混合物分离	分压差浓度差	溶解-扩散	溶液中易透过组分	溶液中难透过组分(液体)	均质膜、多孔膜、非对称性膜

过程	分离目的	推动力	传递机理	透过组分	截留组分	膜类型
膜蒸馏	不同温度的水溶液分开	蒸汽压差	蒸汽分子通过膜孔从高温侧向低温侧扩散	挥发组分	其他组分	微孔疏水膜
膜萃取	分离料液相和溶剂相	膜分离与液-液萃取相结合	溶解—扩散过程和化学位差推动传质	溶剂相	料液相	微孔膜

二、膜分离操作的特点

与传统的分离操作相比，膜分离具有以下特点：

① 膜分离是一个高效分离过程，可以实现高纯度的分离；

② 大多数膜分离过程不发生相变化，因此能耗较低；

③ 膜分离通常在常温下进行，特别适合处理热敏性物料；

④ 膜分离设备本身没有运动的部件，可靠性高，操作、维护都十分方便。

三、膜的性能及分类

1. 膜的性能

分离膜是膜过程的核心部件，其性能直接影响分离效果、操作能耗以及设备的大小。分离膜的性能主要包括两个方面，即透过性能与分离性能。

（1）透过性能　能够使被分离的混合物有选择地透过是分离膜的最基本条件。表征膜透过性能的参数是透过速率，是指单位时间、单位膜面积透过组分的通过量，对于水溶液体系，又称透水率或水通量。

膜的透过速率与膜材料的化学特性和分离膜的形态结构有关，且随操作推动力的增加而增大，此参数直接决定分离设备的大小。

（2）分离性能　分离膜必须对被分离混合物中各组分具有选择透过的能力，即具有分离能力，这是膜分离过程得以实现的前提。不同膜分离过程中膜的分离性能有不同的表示方法，如截留率、截留分子量、分离因数等。

在超滤和纳滤中，通常用截留分子量表示其分离性能。截留分子量是指截留率为 60% 时所对应的分子量。截留分子量的高低，在一定程度上反映了膜孔径的大小，通常可用一系列不同分子量的标准物质进行测定。

膜的分离性能主要取决于膜材料的化学特性和分离膜的形态结构，同时也与膜分离过程的一些操作条件有关。该性能对分离效果、操作能耗都有决定性的影响。

2. 膜材料及分类

目前使用的固体分离膜大多数是高分子聚合物膜，近年来又开发了无机材料分离膜。高聚物膜通常是用纤维素类、聚砜类、聚酰胺类、聚酯类、含氟高聚物等材料制成的。无机分离膜包括陶瓷膜、玻璃膜、金属膜和分子筛炭膜等。对膜材料的要求是：具有良好的成膜性、热稳定性、化学稳定性及机械强度高、耐酸碱及微生物侵蚀、耐氯和其他氧化性物质、有高水通量及高盐截留率、抗胶体及悬浮物污染，价格便宜。

膜的种类与功能较多，分类方法也较多，但普遍采用的是按膜的形态结构分类，将分离膜分为对称膜和非对称膜两类。

对称膜又称为均质膜，是一种均匀的薄膜，膜两侧截面的结构及形态完全相同，包括致密的无孔膜和对称的多孔膜两种，如图 11-1(a) 所示。一般对称膜的厚度在 $10\sim200\mu m$ 之间，传质阻力由膜的总厚度决定，降低膜的厚度可以提高透过速率。

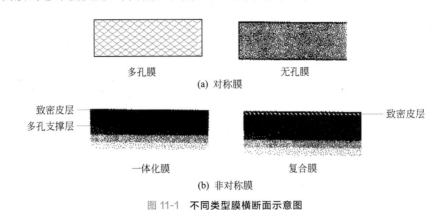

图 11-1　**不同类型膜横断面示意图**

非对称膜的横断面具有不对称结构，如图 11-1(b) 所示。一体化非对称膜是用同种材料制备、由厚度为 $0.1\sim0.5\mu m$ 的致密皮层和 $50\sim150\mu m$ 的多孔支撑层构成的，其支撑层结构具有一定强度，在较高的压力下也不会引起很大的形变。此外，也可在多孔支撑层上覆盖一层不同材料的致密皮层构成复合膜。显然，复合膜也是一种非对称膜。对于复合膜，可优选不同的膜材料制备致密皮层与多孔支撑层，使每一层独立地发挥最大作用。非对称膜的分离主要或完全由很薄的皮层决定，传质阻力小，其透过速率较对称膜高得多，因此非对称膜在工业上应用十分广泛。

四、膜分离装置与工艺

(一) 膜组件

膜组件是将一定膜面积的膜以某种形式组装在一起的器件，在其中实现混合物的分离。

1. 板框式膜组件

板框式膜组件采用平板膜，其结构与板框过滤机类似，用板框式膜组件进行海水淡化的装置如图 11-2 所示。在多孔支撑板两侧覆以平板膜，采用密封环和两个端板密封、压紧。海水从上部进入组件后，沿膜表面逐层流动，其中纯水透过膜到达膜的另一侧，经支撑板上的小孔汇集在边缘的导流管后排出，而未透过的浓缩咸水从下部排出。

2. 螺旋卷式膜组件

螺旋卷式膜组件也是采用平板膜，其结构与螺旋板式换热器类似，如图 11-3 所示。它是由中间为多孔支撑板、两侧是膜的"膜袋"装配而成的，膜袋的三个边粘封，另一边与一根多孔中心管连接。组装时在膜袋上铺一层网状材料（隔网），绕中心管卷成柱状再放入压力容器内。原料进入组件后，在隔网中的流道沿平行于中心管方向流动，而透过物进入膜袋后旋转着沿螺旋方向流动，最后汇集在中心收集管中再排出。螺旋卷式膜组件结构紧凑，装填密度可达 $830\sim1660m^2/m^3$。缺点是制作工艺复杂，膜清洗困难。

3. 管式膜组件

管式膜组件是把膜和支撑体均制成管状，使二者组合，或者将膜直接刮制在支撑管的内侧或外侧，将数根膜管（直径 10～20mm）组装在一起就构成了管式膜组件，与列管式换热器相类似。若膜刮在支撑管内侧，则为内压型，原料在管内流动，如图 11-4 所示；若膜刮在支撑管外侧，则为外压型，原料在管外流动。管式膜组件的结构简单，安装、操作方便，流动状态好，但装填密度较小，约为 $33～330m^2/m^3$。

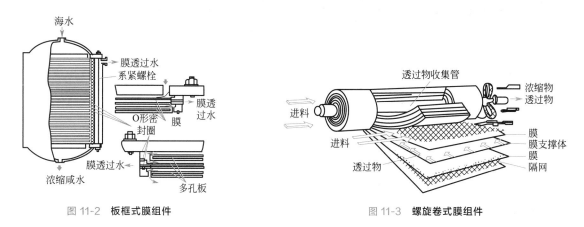

图 11-2　**板框式膜组件**　　　　图 11-3　**螺旋卷式膜组件**

4. 中空纤维膜组件

中空纤维膜组件将膜材料制成外径为 $80～400\mu m$、内径为 $40～100\mu m$ 的空心管，即为中空纤维膜。将大量的中空纤维一端封死，另一端用环氧树脂浇注成管板，装在圆筒形压力容器中，就构成了中空纤维膜组件，也形如列管式换热器，如图 11-5 所示。大多数膜组件采用外压式，即高压原料在中空纤维膜外侧流过，透过物则进入中空纤维膜内侧。中空纤维膜组件装填密度极大（$10000～30000m^2/m^3$），且不需外加支撑材料；但膜易堵塞，清洗不容易。

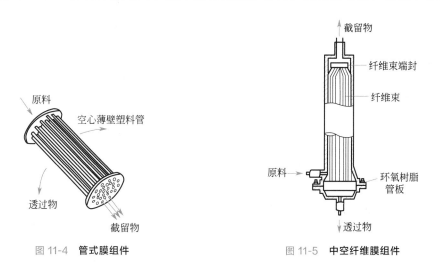

图 11-4　**管式膜组件**　　　　图 11-5　**中空纤维膜组件**

（二）膜分离的流程

在实际生产中，可以通过膜组件的不同配置方式来满足对溶液分离的不同质量要求，而且膜组件的合理排列组合对膜组件的使用寿命也有很大影响。如果排列组合不合理，则将造成某一段内膜组件的溶剂通量过大或过小，不能充分发挥作用，或使膜组件污染速度加快，膜组件频繁清洗和更换，造成经济损失。

根据料液的情况、分离要求以及所有膜器一次分离的分离效率高低等的不同，膜分离过程可以采用不同工艺流程，下面简要介绍几种反渗透过程工艺流程。

（1）一级一段连续式　如图 11-6 所示，料液一次通过膜组件即为浓缩液而排出。这种方式透过液的回收率不高，在工业中较少采用。

（2）一级一段循环式　如图 11-7 所示，为了提高透过液的回收率，将部分浓缩液返回进料贮槽与原有的进料液混合后，再次通过膜组件进行分离。这种方式可提高透过液的回收率，但因为浓缩液中溶质的浓度比原料液要高，使透过液的质量有所下降。

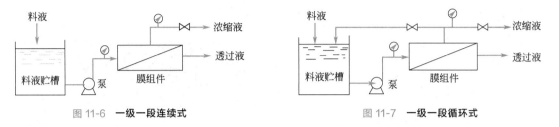

图 11-6　**一级一段连续式**　　　　　　图 11-7　**一级一段循环式**

（3）一级多段连续式　如图 11-8 所示，将第一段的浓缩液作为第二段的进料液，再把第二段的浓缩液作为下一段的进料液，而各段的透过液连续排出。这种方式的透过液回收率高，浓缩液的量较少，但其溶质浓度较高。

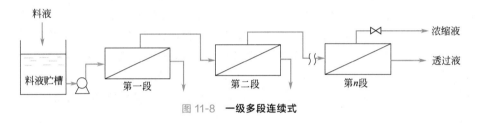

图 11-8　**一级多段连续式**

（三）膜分离的工艺

在膜分离工艺中，通常必须解决处理好浓差极化和膜污染问题。

1. 浓差极化及减弱措施

在反渗透和超滤过程中，由于膜的选择透过性，溶剂（如水）从高压侧透过膜到低压侧，溶质则大部分被膜截留，积累在膜高压侧表面，造成膜表面到主体溶液间的浓度梯度，促使溶质从膜表面通过边界层向主体溶液扩散，此种现象即为浓差极化，如图 11-9 所示。

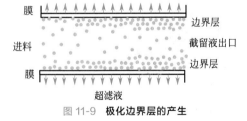

图 11-9　**极化边界层的产生**

由于浓差极化的存在，将可能导致下列不良影响：

① 由于膜表面渗透压的升高，将导致溶剂通量的下降；

② 溶质通过膜的通量上升；

③ 若溶质在膜表面的浓度超过其溶解度，可形成沉淀并堵塞膜孔和减少溶剂的通量；

④ 出现膜污染，导致膜分离性能的改变，严重时，膜透水性能大幅度下降，甚至完全消失。

浓差极化属可逆性污染，不能完全消除，但可通过改变压力、速度、温度和料液浓度之类的操作参数，进行减弱。

2. 膜污染与防止

膜污染是指料液中的溶质分子由于与膜存在物理化学相互作用或机械作用而引起的在膜表

面或膜孔内的吸附、沉积而造成的膜孔径的变小及堵塞，从而引起膜分离特性不可逆变化的现象。因此，在膜分离过程中，必须采取料液预处理、及时清洗等措施减少污染的影响。

(1) 料液的预处理　由于分离膜是一种高精密分离介质，它对进料有较高的要求，需对料液进行预处理。预处理的作用如下：

① 去除超量的浊度和悬浮固体、胶体物质。

② 调节并控制进料液的电导率、总含盐量、pH 和温度。

③ 抑制或控制化合物的形成，防止它们沉淀堵塞水的通道或在膜表面形成涂层。

④ 防止粒子物质和微生物对膜及组件的污染。

⑤ 去除乳化油和未乳化油以及类似的有机物质。

料液预处理的方法主要有以下几种：

① 一般采用絮凝、沉淀、过滤生物处理法去除进料液中的浊度和悬浮固体。

② 用氯、紫外线或臭氧杀菌，以防止微生物、细菌的侵蚀。

③ 加六偏磷酸钠或酸，防止钙、镁离子结垢。

④ 严格控制 pH 和余氯，以防止膜的水解。

⑤ 控制水温。

⑥ 注意控制进料流速和进水电导率，因为它们对脱盐率有影响。

(2) 膜的清洗　膜的清洗方法可分为物理方法与化学方法两种。以下以超滤膜的清洗为例加以说明。

物理方法是指利用物理力的作用，去除膜表面和膜孔中污染物的方法，分为水洗、气洗两种。

① 水洗　以清水为介质，以泵为动力，又分为正洗和反冲两种。正洗时，超滤器浓缩出口阀全开，采用低压湍流或脉冲清洗。一次清洗时间一般控制在 30min 以内，可适当提高水温至 40℃ 左右。透水通量较难恢复时，可采用较长时间浸泡的方法，往往可以取得很好的效果。反洗时，使水从超滤澄清端进入超滤装置，从浓缩端回到清洗槽。为了防止超滤膜机械损伤，反洗压力一般控制在 0.1MPa，清洗时间 30min。该方法一般适用于中空纤维超滤装置，清洗效果比较明显。

② 气洗　以气体为介质，通常用高流速气流反洗，可将膜表面形成的凝胶层消除。

当物理方法清洗不能使通量恢复时，常结合化学药剂清洗。

化学清洗是利用化学物质与污染物发生化学反应达到清洗目的的，化学清洗的方法主要有以下四种。

① 酸碱清洗　无机离子如 Ca^{2+}、Mg^{2+} 等在膜表面易形成沉淀层，可采取降低 pH 促进沉淀溶解，再加上 EDTA 钠盐等配合物的方法去除沉淀物；用稀 NaOH 溶液清洗超滤膜，可以有效地水解蛋白质、果胶等污染物，取得良好的清洗效果；采用调节 pH 与加热相结合的方法，可以提高水解速度，缩短清洗时间，因而在生物、食品工业得到了广泛的应用。

② 表面活性剂清洗　表面活性剂如 SDS、吐温 80、X-100（一种非离子型表面活性剂）等具有增溶作用，在许多场合有很好的清洗效果，可根据实际情况加以选择，但有些阴离子和非离子型的表面活性剂能同膜结合造成新的污染，在选用时需加以注意。试验中发现，单纯的表面活性剂效果并不理想，需要与其他清洗药剂相结合。

③ 氧化剂清洗　在氢氧化钠或表面活性剂不起作用时，可以用氯进行清洗，其用量为 200～400mg/L 活性氯（相当于 400～800mg/L NaClO），其最适合 pH 为 10～11。在工业酶制剂的超滤浓缩过程中，污染膜多采用次氯酸盐溶液清洗，经济实用。除此之外，双氧水、高

锰酸钾在部分场合也表现出较好的清洗作用。

④ 酶清洗 由醋酸纤维素等材料制成的有机膜，不能耐高温和极端 pH 值，因而在膜通量难以恢复时，可采用含酶的清洗剂清洗。但使用酶清洗剂不当会造成新的污染。国外报道采用固定化酶形式，把菌固定在载体上，效果很好。目前，常用的酶制剂有果胶酶和蛋白酶。

五、典型膜分离过程及应用

(一) 反渗透

能够让溶液中一种或几种组分通过而其他组分不能通过的选择性膜称为半透膜。当把溶剂和溶液（或两种不同浓度的溶液）分别置于半透膜的两侧时，纯溶剂将透过膜而自发地向溶液（或从低浓度溶液向高浓度溶液）一侧流动，这种现象称为渗透。当溶液的液位升高到所产生的压差恰好抵消溶剂向溶液方向流动的趋势，渗透过程达到平衡，此压力差称为该溶液的渗透压，以 $\Delta\pi$ 表示。若在溶液侧施加一个大于渗透压的压差 Δp 时，则溶剂将从溶液侧向溶剂侧反向流动，此过程称为反渗透，如图 11-10 所示。这样，可利用反渗透过程从溶液中获得纯溶剂。

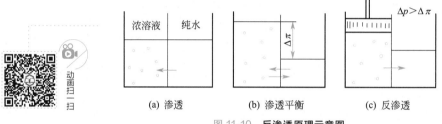

图 11-10　**反渗透原理示意图**

反渗透是一种节能技术，过程中无相变，一般不需加热，工艺过程简单，能耗低，操作和控制容易，应用范围广泛。其主要应用领域有海水和苦咸水的淡化，纯水和超纯水制备，工业用水处理，饮用水净化，医药、化工和食品等工业料液的处理和浓缩，以及废水处理等。

(二) 超滤与微滤

超滤与微滤都是在压力差作用下根据膜孔径的大小进行筛分的分离过程，其基本原理如图 11-11 所示。在一定压力差作用下，当含有高分子溶质 A 和低分子溶质 B 的混合溶液流过膜表

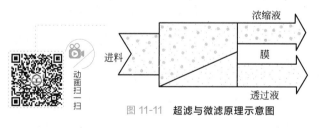

图 11-11　**超滤与微滤原理示意图**

面时，溶剂和小于膜孔的低分子溶质（如无机盐类）透过膜，作为透过液被收集起来，而大于膜孔的高分子溶质（如有机胶体等）则被截留，作为浓缩液被回收，从而达到溶液的净化、分离和浓缩的目的。通常，能截留分子量 500 以上、10^6 以下分子的膜分离过程称为超滤；截留更大分子（通常称为分散粒子）的膜分离过程称为微滤。

实际上，反渗透操作也是基于同样的原理，只不过截留的是分子更小的无机盐类，由于溶质的分子量小，渗透压较高，因此必须施加高压才能使溶剂通过，如前所述，反渗透操作压差为 2～10MPa。而对于高分子溶液而言，即使溶液的浓度较高，但渗透压较低，操作也可在较低的压力下进行。通常，超滤操作的压差为 0.3～1.0MPa，微滤操作的压差为 0.1～0.3MPa。

超滤主要适用于大分子溶液的分离与浓缩，广泛应用在食品、医药、工业废水处理、超纯水制备及生物技术工业，包括牛奶的浓缩、果汁的澄清、医药产品的除菌、电泳涂漆废水的处理、各种酶的提取等。微滤是发展最早、制备技术最成熟的膜形式之一，在所有膜分离过程中应用最普遍，它可以将细菌、微粒、亚微粒、胶团等不溶物除去。由于微滤孔径相对较大，单位膜面积透水率高，制备成本最低，广泛应用在食品和制药行业中饮料和制药产品的除菌和净化，半导体工业超纯水制备过程中颗粒的去除，生物技术领域发酵液中生物制品的浓缩与分离等。

(三) 纳滤

纳滤膜具有纳米级孔径，截留分子量为 $200\sim1000$，能使溶剂、有机小分子和无机盐通过。纳滤过程的关键是纳滤膜，目前多为聚酰胺材质。在纳滤系统中多使用中空纤维式或卷式膜组件。

纳滤目前主要运用于饮用水和工业用水的纯化，废水净化处理，工艺流体中有价值成分的浓缩等方面。如采用纳滤提取抗生素，其有两种方式：①用溶剂萃取抗生素后，萃取液用纳滤浓缩，可改善操作环境；②对未经萃取的抗生素发酵液进行纳滤浓缩，除去水和无机盐，再用萃取剂萃取，可减少萃取剂用量。

上述四种压力推动型膜分离过程的基本特性对照情况，如表 11-3 所示。

表 11-3   压力推动型膜分离过程的基本特性

	微滤	超滤	纳滤	反渗透
被拦截物	细菌、悬浮物	蛋白质、病毒	胶体	盐
膜孔径	$0.1\sim10\mu m$	$0.001\sim0.02\mu m$	$1\sim2nm$	$<1nm$
透过物	蛋白质、病毒、胶体、盐、水分子	胶体、盐、水分子	部分盐、水分子	水分子

(四) 应用实例

1. 超纯水及纯净水的生产

所谓超纯水和纯净水是指水中所含杂质包括悬浮固体、溶解固体、可溶性气体、挥发物质及微生物、细菌等达到一定质量标准的水。不同用途的纯水对这些杂质的含量有不同的要求。

反渗透技术已被普遍用于电子工业纯水及医药工业等无菌纯水的制备系统中。半导体工业所用的高纯水，以往主要采用化学凝集、过滤、离子交换树脂等制备方法，这些方法的最大缺点是流程复杂，再生离子交换树脂的酸碱用量较大，成本较高。现在采用反渗透法与离子交换法相结合过程生产的纯水，其流程简单，成本低廉，水质优良，纯水中杂质含量已接近理论纯水值。

超纯水生产的典型工艺流程如图 11-12 所示。原水首先通过过滤装置除去悬浮物及胶体，加入杀菌剂次氯酸钠防止微生物生长，然后经过反渗透和离子交换设备除去其中大部分杂质，最后经紫外线处理将纯水中微量的有机物氧化分解成离子，再由离子交换器脱除，反渗透膜的终端过滤后得到超纯水送入用水点。用水点使用过的水已混入杂质，需经废水回收系统处理后才能排入河里或送回超纯水制造系统循环使用。

2. 食品工业中的应用

反渗透技术在乳品加工中的应用是与超滤技术结合进行乳清蛋白的回收。其工艺流程如

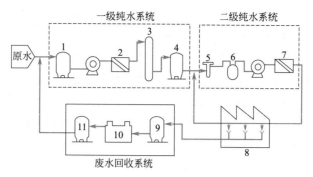

图 11-12 超纯水生产的典型工艺流程

1—过滤装置；2—反渗透膜装置；3—脱氯装置；4,9—离子交换装置；5—紫外线杀菌装置；
6—非再生型混床离子交换器；7—反渗透膜装置或超滤装置；8—用水点；10—紫外线氧化装置；11—活性炭过滤装置

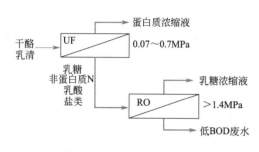

图 11-13 乳清蛋白回收流程

图 11-13 所示（图中的 BOD 为生化需氧量，是一种间接表示水被有机污染物污染程度的指标）。把原乳分离出干酪蛋白，剩余的是干酪乳清，它含有 7% 的固形物、0.7% 的蛋白质、5% 的乳糖以及少量灰分、乳酸等。先采用超滤技术分离出蛋白质浓缩液，再用反渗透设备将乳糖与其他杂质分离。这种方法与传统工艺相比，可以大量节约能量，乳清蛋白的质量明显提高，同时还能获得多种乳制品。

反渗透技术还应用于水果和蔬菜汁的浓缩、枫树糖液的预浓缩等过程。

3. 含油废水的处理

含油和脱脂废水的来源十分广泛，如石油炼制厂及油田含油废水、海洋船舶中的含油废水、金属表面处理前的含油废水等。

废水中的油通常以浮油、分散油和乳化油三种状态存在，其中乳化油可采用反渗透和超滤技术相结合的方法除去，流程见图 11-14。

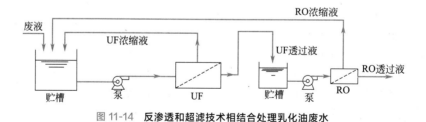

图 11-14 反渗透和超滤技术相结合处理乳化油废水

任务二 认知吸附技术

一、吸附在化工生产中的应用

吸附是利用某些固体能够从流体混合物中选择性地凝聚一定组分在其表面上的能力，使混合物中的组分彼此分离的单元操作过程。

目前吸附分离广泛应用于化工、医药、环保、冶金和食品等工业部门，如常温空气分离氧氮，酸性气体脱除，从废水中回收有用成分或除去有害成分，糖汁中杂质的去除，石化产品和化工产品的分离等液相分离。

二、吸附操作的特点

吸附是一种界面现象，其作用发生在两个相的界面上。例如活性炭与废水相接触，废水中的污染物会从水中转移到活性炭的表面上。固体物质表面对气体或液体分子的吸着现象称为吸附，其中具有一定吸附能力的固体材料称为吸附剂，被吸附的物质称为吸附质。与吸附相反，组分脱离固体吸附剂表面的现象称为脱附（或解吸）。与吸收-解吸过程相类似，吸附-脱附的循环操作构成一个完整的工业吸附过程。吸附过程所放出的热量称为吸附热。

吸附分离是利用混合物中各组分与吸附剂间结合力强弱的差别，即各组分在固相（吸附剂）与流体间分配不同的性质使混合物中难吸附与易吸附的组分分离。适宜的吸附剂对各组分的吸附可以有很高的选择性，故特别适用于用精馏等方法难以分离的混合物的分离，以及气体与液体中微量杂质的去除。此外，吸附操作条件比较容易实现。

根据吸附剂对吸附质之间吸附力的不同，可以分为物理吸附与化学吸附。

物理吸附是指当气体或液体分子与固体表面分子间的作用力为分子间力时产生的吸附，它是一种可逆过程。吸附质在吸附剂表面形成单层或多层分子吸附时，其吸附热比较低。

化学吸附是由吸附质与吸附剂表面原子间的化学键合作用造成的，因而，化学吸附的吸附热接近于化学反应的反应热，比物理吸附大得多，化学吸附往往是不可逆的。人们发现，同一种物质，在低温时，它在吸附剂上进行的是物理吸附；随着温度升高到一定程度，就开始产生化学变化，转为化学吸附。

在气体分离过程中绝大部分是物理吸附，只有少数情况如活性炭（或活性氧化铝）上载铜的吸附剂具有较强选择性吸附 CO 或 C_2H_4 的特性，具有物理吸附及化学吸附性质。

三、吸附剂

1. 吸附剂的性能要求

吸附在实际工业应用中，常常由于不同的混合气（液）体系及不同的净化度要求而采用不同的吸附剂。吸附剂的性能不仅取决于其化学组成，而且与其物理结构以及它先前使用的吸附和脱附剂有关。作为吸附剂一般有如下的性能要求：

① 有较大的比表面 吸附剂的比表面是指单位质量吸附剂所具有的吸附表面积，它是衡量吸附剂性能的重要参数。吸附剂的比表面主要是由颗粒内的孔道内表面构成的，比表面越大吸附容量越大。

② 对吸附质有高的吸附能力和高选择性 吸附剂对不同的吸附质具有选择吸附作用。不同的吸附剂由于结构、吸附机理不同，对吸附质的选择性有显著的差别。

③ 较高的强度和耐磨性 由于颗粒本身的质量及工艺过程中气（液）体的反复冲刷、压力的频繁变化，以及有时较高温差的变化，如果吸附剂没有足够的机械强度和耐磨性，则在实际运行过程中会产生破碎粉化现象，除破坏吸附床层的均匀性使分离效果下降外，生成的粉末还会堵塞管道和阀门，将使整个分离装置的生产能力大幅度下降。因此对工业用吸附剂，均要求具有良好的物理机械性能。

④ 颗粒大小均匀 吸附剂颗粒大小均匀，可使流体通过床层时分布均匀，避免产生流体

的返混现象，提高分离效果。同时吸附颗粒大小及形状将影响固定床的压力降。

⑤ 具有良好的化学稳定性、热稳定性以及价廉易得。

⑥ 容易再生。

2. 常用吸附剂

吸附剂是气体（液体）吸附分离过程得以实现的基础。目前工业上最常用的吸附剂主要有活性炭、硅胶、活性氧化铝、合成沸石（分子筛）等。

① 活性炭　活性炭是一种多孔含碳物质的颗粒粉末，由木炭、坚果壳、煤等含碳原料经炭化与活化制得，其吸附性能取决于原始成炭物质以及炭化活化等操作条件。活性炭具有多孔结构、很大的比表面和非极性表面，为疏水性和亲有机物的吸附剂。它可用于回收混合气体中的溶剂蒸气，各种油品和糖液的脱色，炼油、含酚废水处理以及城市污水的深度处理，气体的脱臭等。

② 硅胶　硅胶是一种坚硬的由无定形的 SiO_2 构成的多孔结构的固体颗粒，即是无定形水合二氧化硅，其表面羟基产生一定的极性，使硅胶对极性分子和不饱和烃具有明显的选择性。硅胶的制备过程是：硅酸钠溶液用硫酸处理，沉淀所得的胶状物经老化、水洗、干燥后，制得硅胶。依制造过程条件的不同，可以控制微孔尺寸、空隙率和比表面的大小。硅胶主要用于气体干燥、气体吸收、液体脱水、制备色谱和催化剂等。

③ 活性氧化铝　活性氧化铝为无定形的多孔结构物质，通常由氧化铝（以三水合物为主）加热、脱水和活化而得。活性氧化铝是一种极性吸附剂，对水有很强的吸附能力，主要用于气体与液体的干燥以及焦炉气或炼厂气的精制等。

④ 合成沸石和天然沸石分子筛　沸石是一种硅铝酸金属盐的晶体，其晶格中有许多大小相同的空穴，可包藏被吸附的分子；空穴之间又有许多直径相同的孔道相连。因此，分子筛能使比其孔道直径小的分子通过孔道，吸附到空穴内部，而比孔径大的物质分子则排斥在外面，从而使分子大小不同的混合物分离，起筛选分子的作用。

由于分子筛突出的吸附性能，它在吸附分离中的应用十分广泛，如环境保护中的水处理、脱除重金属离子、海水提钾、各种气体和液体的干燥、烃类气体或液体混合物的分离等。

四、吸附速率

1. 吸附平衡

在一定条件下，当气体或液体与固体吸附剂接触时，气体或液体中的吸附质将被吸附剂吸附。吸附剂对吸附质的吸附，包含吸附质分子碰撞到吸附剂表面被截留在吸附剂表面的过程（吸附）和吸附剂表面截留的吸附质分子脱离吸附质表面的过程（脱附）。经过足够长的时间，吸附质在两相中的含量不再改变，互呈平衡，称为吸附平衡，图 11-15 是空气中不同溶剂蒸气在活性炭上的吸附平衡曲线。实际上，当气体或液体与吸附剂接触时，若流体中吸附质浓度高于其平衡浓度，则吸附质被吸附；反之，若气体或液体中吸附质的浓度低于其平衡浓度，则已吸附在吸附剂上的吸附质将脱附。因此，吸附平衡关系决定了吸附过程的方向和限度，是吸附过程的基本依据。

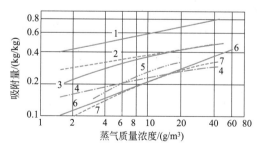

图 11-15　活性炭吸附空气中
溶剂蒸气的吸附平衡（20℃）

1—CCl_4；2—醋酸乙酯；3—苯；

4—乙醚；5—乙醇；6—氯甲烷；7—丙酮

2. 吸附速率

吸附速率系指单位时间内被吸附的吸附质的量（kg/s）。通常一个吸附过程包括以下 3 个步骤：

① 外扩散　即吸附质分子从流体主体以对流扩散方式传递到吸附剂固体表面的过程。由于流体与固体接触时，在紧贴固体表面附近有一滞流膜层，因此这一步的传递速率主要取决于吸附质以分子扩散方式通过这一滞流膜层的传递速率。

② 内扩散　即吸附质分子从吸附剂的外表面进入其微孔道，进而扩散到孔道的内部表面的过程。

③ 吸附　在吸附剂微孔道的内表面上，吸附质被吸附剂吸附。

对于物理吸附，通常吸附剂表面上的吸附速率很快，因此影响总速率的是外扩散与内扩散速率。有的情况下外扩散速率比内扩散慢得多，吸附速率由外扩散速率决定，称为外扩散控制。较多的情况是内扩散的速率比外扩散慢，过程称为内扩散控制。

3. 影响吸附的因素

影响吸附（吸附速率）的因素很多，主要有体系性质（吸附剂、吸附质及其混合物的物理化学性质）、吸附过程的操作条件（温度、压力、两相接触状况）以及两相组成等。

五、吸附的分离过程及工艺

（一）工业吸附过程

工业吸附过程包括两个步骤：吸附操作和吸附剂的脱附与再生操作。有时不用回收吸附质与吸附剂，则这一步改为更换新的吸附剂。在多数工业吸附装置中，都要考虑吸附剂的多次使用问题，因而吸附操作流程中，除吸附设备外，还须具有脱附与再生设备。

脱附的方法有多种，由吸附平衡性质可知，提高温度和降低吸附质的分压以改变平衡条件可使吸附质脱附。工业上根据不同的脱附方法，吸附分离过程有以下几种吸附循环。

① 变温吸附循环　变温吸附循环就是在较低温度下进行吸附，在较高温度下吸附剂的吸附能力降低从而使吸附的组分脱附出来，即利用温度变化来完成循环操作。

变温吸附循环在工业上用途十分广泛，如用于气体干燥、原料气净化、废气中脱除或回收低浓度溶剂以及应用于环保中的废气废液处理等。

② 变压吸附循环　变压吸附循环就是在较高压力下进行吸附，在较低压力下（降低系统压力或抽真空）使吸附质脱附出来，即利用压力的变化完成循环操作。变压吸附循环技术在气体分离和纯化领域中的应用范围日益扩大，如从合成氨弛放气回收氢气、从含一氧化碳混合气中提纯一氧化碳、合成氨变换气脱碳、天然气净化、空气分离制富氧、空气分离制纯氮、煤矿瓦斯气浓缩甲烷、从富含乙烯的液化气中浓缩乙烯、从二氧化碳液化气中提纯二氧化碳等。

③ 变浓度吸附循环　利用惰性溶剂冲洗或萃取抽提而使吸附质脱附，从而完成循环操作。这种方法仅仅适用于具有弱吸附性、易于脱附和没有多大价值的吸附质的脱附。

④ 置换吸附循环　用其他吸附质把原吸附质从吸附剂上置换下来，从而完成循环操作。如用 5A 分子筛从含支链和环状烃类混合物中分离直链石蜡（$C_{10} \sim C_{18}$），以氨气作为置换气体，而氨气可以很容易地通过闪蒸从石蜡中分离出来。

（二）吸附工艺简介

1. 气体的净化

工业废气中夹带的各种有机溶剂蒸气是造成大气污染的一个重要原因，目前常用活性炭和分子筛等进行吸附以净化排气和回收有用的溶剂。如图 11-16 所示，为溶剂回收吸附装置的工艺流程。装置中设有两个吸附塔，一个进行吸附操作，另一个进行再生。对有机溶剂蒸气吸附后的再生应注意防止二次污染，再生时先通入蒸气（常用水蒸气），加热活性炭使有机溶剂脱附，再生排出气冷凝后使溶剂和水分离，用室温的空气冷却。

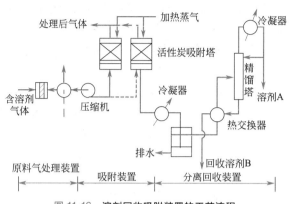

图 11-16　溶剂回收吸附装置的工艺流程

2. 液体的净化

有机物的脱水，废水中少量有机物的除去以及石油制品、食用油和溶液的脱色是常见的用吸附法净化液体产品的例子。如图 11-17 所示，为粒状活性炭三级处理炼油废水工艺流程。炼油废水经隔油、浮选、生化和砂滤后，由下而上流经吸附塔活性炭层，到集水井 4，由真空泵 6 送到循环水场，部分水作为活性炭输送用水。处理后挥发酚小于 0.01mg/L，氰化物小于 0.05mg/L，油含量小于 0.3mg/L，主要指标达到和接近地面水标准。

3. 气体混合物分离

从含氢原料气中除去 CH_4、CO_2、CO、烃类等气体可以采用变压吸附循环，用合成沸石与活性炭混合物作为吸附剂。图 11-18 所示为四塔变压吸附循环流程，其中 4 个塔完全相同，分别处于不同的操作状态（吸附、减压、脱附、加压），隔一定时间依次切换，循环操作。

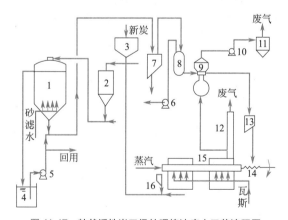

图 11-17　粒状活性炭三级处理炼油废水工艺流程图

1—吸附塔；2—冲洗罐；3—新炭投加斗；
4—集水井；5—水泵；6—真空泵；
7—脱水罐；8—贮料罐；9—沸腾干燥床；
10—引风机；11—旋风分离器；12—烟筒；
13—干燥罐；14—进料机；15—再生炉；16—急冷罐

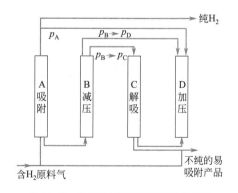

图 11-18　四塔变压吸附循环流程示意图

训练与自测

一、技能训练

进行超纯水的生产。

二、问题思考

1.什么是膜分离？按推动力和传递机理的不同，膜分离过程可分为哪些类型？

2.根据膜组件的形式不同，膜分离设备可分为哪几种？

3.什么叫浓差极化？它对膜分离过程有哪些影响？如何减弱浓差极化？

4.什么叫膜污染？如何防止膜污染？

5.简叙反渗透、超滤、微滤的分离机理。

6.举例说明膜分离操作在生产中的应用。

7.吸附分离的基本原理是什么？

8.吸附剂主要有哪些性能？

9.常用的吸附剂有哪几种？各有什么特点？

10.吸附分离有哪几种常用的吸附脱附循环操作？

11.吸附过程有哪几个传质步骤？

附　　录

一、管子规格

1. 无缝钢管规格简表（摘自 YB 231—70）

公称直径 DN/mm	实际外径 /mm	管壁厚度/mm P_g = 15	P_g = 25	P_g = 40	P_g = 64	P_g = 100	P_g = 160	P_g = 200
15	18	2.5	2.5	2.5	2.5	3	3	3
20	25	2.5	2.5	2.5	2.5	3	3	4
25	32	2.5	2.5	2.5	3	3.5	3.5	5
32	38	2.5	2.5	3	3	3.5	3.5	6
40	45	2.5	3	3	3.5	3.5	4.5	6
50	57	2.5	3	3.5	3.5	4.5	5	7
70	76	3	3.5	3.5	4.5	6	6	9
80	89	3.5	4	4	5	6	7	11
100	108	4	4	4	6	7	12	13
125	133	4	4	4.5	6	9	13	17
150	159	4.5	4.5	5	7	10	17	—
200	219	6	6	7	10	13	21	—
250	273	8	7	8	11	16	—	—
300	325	8	8	9	12	—	—	—
350	377	9	9	10	13	—	—	—
400	426	9	10	12	15	—	—	—

2. 水、煤气输送钢管（即有缝钢管）规格（摘自 YB 234—63）

公称直径 mm	外径/mm	壁厚/mm 普通级	加强级
8	13.50	2.25	2.75
10	17.00	2.25	2.75
15	21.25	2.75	3.25
20	26.75	2.75	3.60
25	33.50	3.25	4.00
32	42.25	3.25	4.00
40	48.00	3.50	4.25
50	60.00	3.50	4.50
70	75.00	3.75	4.50
80	88.50	4.00	4.75
100	114.00	4.00	6.00
125	140.00	4.50	5.50
150	165.00	4.50	5.50

3. 承插式铸铁管规格（摘自 YB 428—64）

低压管·工作压力≤0.44MPa					
公称直径/mm	内径/mm	壁厚/mm	公称直径/mm	内径/mm	壁厚/mm
75	75	9	300	302.4	10.2
100	100	9	400	403.6	11
125	125	9	450	453.8	11.5
150	151	9	500	504	12
200	201.2	9.4	600	604.8	13
250	252	9.8	800	806.4	14.8
普通管·工作压力≤0.735MPa					
75	75	9	500	500	14
100	100	9	600	600	15.4
125	125	9	700	700	16.5
150	150	9	800	800	18.0
200	200	10	900	900	19.5
250	250	10.8	1100	997	22
300	300	11.4	1100	1097	23.5
350	350	12	1200	1196	25
400	400	12.8	1350	1345	27.5
450	450	13.4	1500	1494	30

二、某些气体的重要物理性质

名　称	化学式	密度(0℃，101.3kPa)/(kg/m³)	比热容/[kJ/(kg·℃)]	黏度 μ/10^{-5}Pa·s	沸点(101.3kPa)/℃	汽化热/(kJ/kg)	临界点		热导率/[W/(m·℃)]
							温度/℃	压力/kPa	
空气	—	1.293	1.0091	1.73	−195	197	−140.7	3768.4	0.0244
氧	O_2	1.429	0.6532	2.03	−132.98	213	−118.82	5036.6	0.0240
氮	N_2	1.251	0.7451	1.70	−195.78	199.2	−147.13	3392.5	0.0228
氢	H_2	0.0899	10.13	0.842	−252.75	454.2	−239.9	1296.6	0.163
氦	He	0.1785	3.18	1.88	−268.95	19.5	−267.96	228.94	0.144
氩	Ar	1.7820	0.322	2.09	−185.87	163	−122.44	4862.4	0.0173
氯	Cl_2	3.217	0.355	1.29(16℃)	−33.8	305	+144.0	7708.9	0.0072
氨	NH_3	0.771	0.67	0.918	−33.4	1373	+132.4	11295	0.0215
一氧化碳	CO	1.250	0.754	1.66	−191.48	211	−140.2	3497.9	0.0226
二氧化碳	CO_2	1.976	0.653	1.37	−78.2	574	+31.1	7384.8	0.0137
硫化氢	H_2S	1.539	0.804	1.166	−60.2	548	+100.4	19136	0.0131
甲烷	CH_4	0.717	1.70	1.03	−161.58	511	−82.15	4619.3	0.0300
乙烷	C_2H_6	1.357	1.44	0.850	−88.5	486	+32.1	4948.5	0.0180
丙烷	C_3H_8	2.020	1.65	0.795(18℃)	−42.1	427	+95.6	4355.0	0.0148
正丁烷	C_4H_{10}	2.673	1.73	0.810	−0.5	386	+152	3798.8	0.0135
正戊烷	C_5H_{12}	—	1.57	0.874	−36.08	151	+197.1	3342.9	0.0128
乙烯	C_2H_4	1.261	1.222	0.935	+103.7	481	+9.7	5135.9	0.0164
丙烯	C_3H_6	1.914	2.436	0.835(20℃)	−47.7	440	+91.4	4599.0	—
乙炔	C_2H_2	1.171	1.352	0.935	−83.66(升华)	829	+35.7	6240.0	0.0184
氯甲烷	CH_3Cl	2.303	0.582	0.989	−24.1	406	+148	6685.8	0.0085
苯	C_6H_6	—	1.139	0.72	+80.2	394	+288.5	4832.0	0.0088
二氧化硫	SO_2	2.927	0.502	1.17	−10.8	394	+157.5	7879.1	0.0077
二氧化氮	NO_2	—	0.315	—	+21.2	712	+158.2	10130	0.0400

三、某些液体的重要物理性质

名　称	化学式	密度 (20℃) /(kg/m³)	沸点 (101.33 kPa) /℃	汽化热 /(kJ/kg)	比热容 (20℃) /[kJ /(kg·℃)]	黏度 (20℃) /mPa·s	热导率 (20℃) /[W /(m·℃)]	体积膨胀 系数 $\beta \times 10^4$ (20℃)/℃⁻¹	表面张力 $\sigma \times 10^3$ (20℃) /(N/m)
水	H_2O	998	100	2258	4.183	1.005	0.599	1.82	72.8
氯化钠盐水(25%)	—	1186 (25℃)	107	—	3.39	2.3	0.57 (30℃)	(4.4)	—
氯化钙盐水(25%)	—	1228	107	—	2.89	2.5	0.57	(3.4)	—
硫酸	H_2SO_4	1831	340 (分解)	—	1.47 (98%)	—	0.38	5.7	—
硝酸	HNO_3	1513	86	481.1	—	1.17 (10℃)	—	—	—
盐酸 (30%)	HCl	1149	—	—	2.55	2 (31.5%)	0.42	—	—
二硫化碳	CS_2	1262	46.3	352	1.005	0.38	0.16	12.1	32
戊烷	C_5H_{12}	626	36.07	357.4	2.24 (15.6℃)	0.229	0.113	15.9	16.2
己烷	C_6H_{14}	659	68.74	335.1	2.31 (15.6℃)	0.313	0.119	—	18.2
庚烷	C_7H_{16}	684	98.43	316.5	2.21 (15.6℃)	0.411	0.123	—	20.1
辛烷	C_8H_{18}	763	125.67	306.4	2.19 (15.6℃)	0.540	0.131	—	21.8
三氯甲烷	$CHCl_3$	1489	61.2	253.7	0.992	0.58	0.138 (30℃)	12.6	28.5 (10℃)
四氯化碳	CCl_4	1594	76.8	195	0.850	1.0	0.12	—	26.8
1,2-二氯乙烷	$C_2H_4Cl_2$	1253	83.6	324	1.260	0.83	0.14 (50℃)	—	30.8
苯	C_6H_6	879	80.10	393.9	1.704	0.737	0.148	12.4	28.6
甲苯	C_7H_8	867	110.63	363	1.70	0.675	0.138	10.9	27.9
邻二甲苯	C_8H_{10}	880	144.42	347	1.74	0.811	0.142	—	30.2
间二甲苯	C_8H_{10}	864	139.10	343	1.70	0.611	0.167	10.1	29.0
对二甲苯	C_8H_{10}	861	138.35	340	1.704	0.643	0.129	—	28.0
苯乙烯	C_8H_8	911 (15.6℃)	145.2	(352)	1.733	0.72	—	—	—
氯苯	C_6H_5Cl	1106	131.8	325	1.298	0.85	0.14 (30℃)	—	32
硝基苯	$C_6H_5NO_2$	1203	210.9	396	1.47	2.1	0.15	—	41
苯胺	$C_6H_5NH_2$	1022	184.4	448	2.07	4.3	0.17	8.5	42.9
酚	C_6H_5OH	1050 (50℃)	181.8 (熔点40.9)	511	—	3.4 (50℃)	—	—	—
萘	$C_{16}H_8$	1145 (固体)	217.9 (熔点80.2)	314	1.80 (100℃)	0.59 (100℃)	—	—	—
甲醇	CH_3OH	791	64.7	1101	2.48	0.6	0.212	12.2	22.6
乙醇	C_2H_5OH	789	78.3	846	2.39	1.15	0.172	11.6	22.8
乙醇 (95%)	—	804	78.2	—	—	1.4	—	—	—
乙二醇	$C_2H_4(OH)_2$	1113	197.6	780	2.35	23	—	—	47.7
甘油	$C_3H_5(OH)_3$	1261	290 (分解)	—	—	1499	0.59	5.3	63
乙醚	$(C_2H_5)_2O$	714	34.6	360	2.34	0.24	0.14	16.3	18

续表

名　称	化学式	密度 (20℃) /(kg/m³)	沸点 (101.33 kPa) /℃	汽化热 /(kJ/kg)	比热容 (20℃) /[kJ /(kg·℃)]	黏度 (20℃) /mPa·s	热导率 (20℃) /[W /(m·℃)]	体积膨胀 系数 β × 10⁴ (20℃)/℃⁻¹	表面张力 σ × 10³ (20℃) /(N/m)
乙醛	CH₃CHO	783 (18℃)	20.2	574	1.9	1.3 (18℃)	—	—	21.2
糠醛	C₅H₄O₂	1168	161.7	452	1.6	1.15 (50℃)	—	—	43.5
丙酮	CH₃COCH₃	792	56.2	523	2.35	0.32	0.17	—	23.7
甲酸	HCOOH	1220	100.7	494	2.17	1.9	0.26	—	27.8
乙酸	CH₃COOH	1049	118.1	406	1.99	1.3	0.17	10.7	23.9
乙酸乙酯	CH₃COOC₂H₅	901	77.1	368	1.92	0.48	0.14 (10℃)	—	—
煤油	—	780~820	—	—	—	3	0.15	10.0	—
汽油	—	680~800	—	—	—	0.7~0.8	0.19 (30℃)	12.5	—

四、干空气的物理性质（101.3kPa）

温度 t/℃	密度ρ /(kg/m³)	比热容cₚ /[kJ/(kg·℃)]	热导率λ /[10⁻²W/(m·℃)]	黏度μ /10⁻⁵Pa·s	普朗特数Pr
-50	1.584	1.013	2.035	1.46	0.728
-40	1.515	1.013	2.117	1.52	0.728
-30	1.453	1.013	2.198	1.57	0.723
-20	1.395	1.009	2.279	1.62	0.716
-10	1.342	1.009	2.360	1.67	0.712
0	1.293	1.005	2.442	1.72	0.707
10	1.247	1.005	2.512	1.77	0.705
20	1.205	1.005	2.593	1.81	0.703
30	1.165	1.005	2.675	1.86	0.701
40	1.128	1.005	2.756	1.91	0.699
50	1.093	1.005	2.826	1.96	0.698
60	1.060	1.005	2.896	2.01	0.696
70	1.029	1.009	2.966	2.06	0.694
80	1.000	1.009	3.047	2.11	0.692
90	0.972	1.009	3.128	2.15	0.690
100	0.946	1.009	3.210	2.19	0.688
120	0.898	1.009	3.338	2.29	0.686
140	0.854	1.013	3.489	2.37	0.684
160	0.815	1.017	3.640	2.45	0.682
180	0.779	1.022	3.780	2.53	0.681
200	0.746	1.026	3.931	2.60	0.680
250	0.674	1.038	4.288	2.74	0.677
300	0.615	1.048	4.605	2.97	0.674
350	0.566	1.059	4.908	3.14	0.676
400	0.524	1.068	5.210	3.31	0.678
500	0.456	1.093	5.745	3.62	0.687
600	0.404	1.114	6.222	3.91	0.699
700	0.362	1.135	6.711	4.18	0.706
800	0.329	1.156	7.176	4.43	0.713
900	0.301	1.172	7.630	4.67	0.717
1000	0.277	1.185	8.041	4.90	0.719
1100	0.257	1.197	8.502	5.12	0.722
1200	0.239	1.206	9.153	5.35	0.724

五、水的物理性质

温度 /℃	饱和蒸气压/kPa	密度 /(kg/m³)	焓 /(kJ/kg)	比热容 /[kJ/(kg·℃)]	热导率 /[10⁻²W/(m·℃)]	黏度 /10⁻⁵Pa·s	体积膨胀系数 /10⁻⁴℃⁻¹	表面张力 /(10⁻⁵N/m)	普朗特数Pr
0	0.6082	999.9	0	4.212	55.13	179.21	-0.63	75.6	13.66
10	1.2262	999.7	42.04	4.191	57.45	130.77	0.70	74.1	9.52
20	2.3346	998.2	83.90	4.183	59.89	100.50	1.82	72.6	7.01
30	4.2474	995.7	125.69	4.174	61.76	80.07	3.21	71.2	5.42
40	7.3744	992.2	167.51	4.174	63.38	65.60	3.87	69.6	4.32
50	12.34	988.1	209.30	4.174	64.78	54.94	4.49	67.7	3.54
60	19.923	983.2	251.12	4.178	65.94	46.88	5.11	66.2	2.98
70	31.164	977.8	292.99	4.187	66.76	40.61	5.70	64.3	2.54
80	47.379	971.8	334.94	4.195	67.45	35.65	6.32	62.6	2.22
90	70.136	965.3	376.98	4.208	68.04	31.65	6.95	60.7	1.96
100	101.33	958.4	419.10	4.220	68.27	28.38	7.52	58.8	1.76
110	143.31	951.0	461.34	4.238	68.50	25.89	8.08	56.9	1.61
120	198.64	943.1	503.67	4.260	68.62	23.73	8.64	54.8	1.47
130	270.25	934.8	546.38	4.266	68.62	21.77	9.17	52.8	1.36
140	361.47	926.1	589.08	4.287	68.50	20.10	9.72	50.7	1.26
150	476.24	917.0	632.20	4.312	68.38	18.63	10.3	48.6	1.18
160	618.28	907.4	675.33	4.346	68.27	17.36	10.7	46.6	1.11
170	792.59	897.3	719.29	4.379	67.92	16.28	11.3	45.3	1.05
180	1003.5	886.9	763.25	4.417	67.45	15.30	11.9	42.3	1.00
190	1255.6	876.0	807.63	4.460	66.99	14.42	12.6	40.0	0.96
206	1554.77	863.0	852.43	4.505	66.29	13.63	13.3	37.7	0.93
210	1917.72	852.8	897.65	4.555	65.48	13.04	14.1	35.4	0.91
220	2320.88	840.3	943.70	4.614	64.55	12.46	14.8	33.1	0.89
230	2798.59	827.3	990.18	4.681	63.73	11.97	15.9	31	0.88
240	3347.91	813.6	1037.49	4.756	62.80	11.47	16.8	28.5	0.87
250	3977.67	799.0	1085.64	4.844	61.76	10.98	18.1	26.2	0.86
260	4693.75	784.0	1135.04	4.949	60.48	10.59	19.7	23.8	0.87
270	5503.99	767.9	1185.28	5.070	59.96	10.20	21.6	21.5	0.88
280	6417.24	750.7	1236.28	5.229	57.45	9.81	23.7	19.1	0.89
290	7443.29	732.3	1289.95	5.485	55.82	9.42	26.2	16.9	0.93
300	8592.94	712.5	1344.80	5.736	53.96	9.12	29.2	14.4	0.97
310	9877.6	691.1	1402.16	6.071	52.34	8.83	32.9	12.1	1.02
320	11300.3	667.1	1462.03	6.573	50.59	8.3	38.2	9.81	1.11
330	12879.6	640.2	1526.19	7.243	48.73	8.14	43.3	7.67	1.22
340	14615.8	610.1	1594.75	8.164	45.71	7.75	53.4	5.67	1.38
350	16538.5	574.4	1671.37	9.504	43.03	7.26	66.8	3.81	1.60
360	18667.1	528.0	1761.39	13.984	39.54	6.67	109	2.02	2.36
370	21040.9	450.5	1892.43	40.319	33.73	5.69	264	0.471	6.80

六、液体的黏度共线图

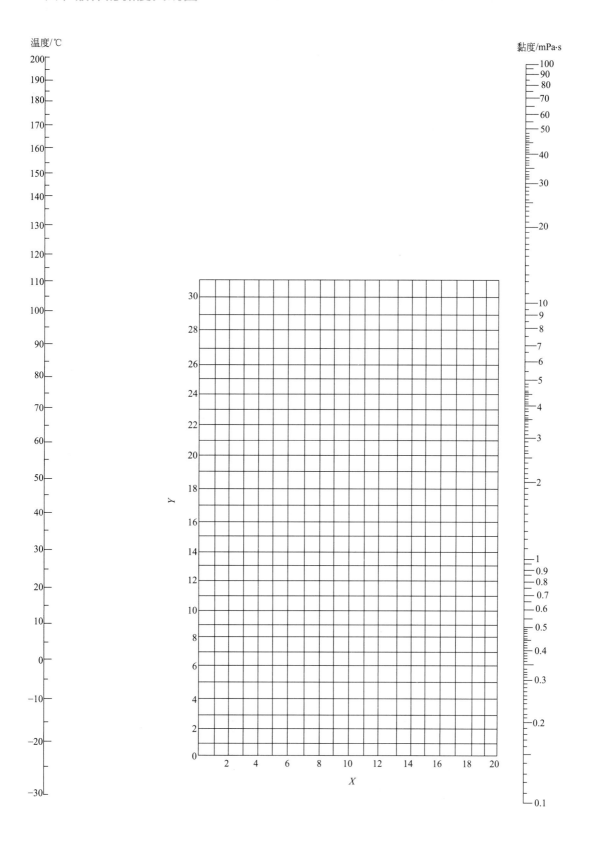

　　液体黏度共线图的坐标值列于下表中。

序号	名称	X	Y	序号	名称	X	Y
1	水	10.2	13.0	31	乙苯	13.2	11.5
2	盐水(25%NaCl)	10.2	16.6	32	氯苯	12.3	12.4
3	盐水(25%CaCl$_2$)	6.6	15.9	33	硝基苯	10.6	16.2
4	氨	12.6	2.2	34	苯胺	8.1	18.7
5	氨水(26%)	10.1	13.9	35	酚	6.9	20.8
6	二氧化碳	11.6	0.3	36	联苯	12.0	18.3
7	二氧化硫	15.2	7.1	37	萘	7.9	18.1
8	二硫化碳	16.1	7.5	38	甲醇(100%)	12.4	10.5
9	溴	14.2	18.2	39	甲醇(90%)	12.3	11.8
10	汞	18.4	16.4	40	甲醇(40%)	7.8	15.5
11	硫酸(110%)	7.2	27.4	41	乙醇(100%)	10.5	13.8
12	硫酸(100%)	8.0	25.1	42	乙醇(95%)	9.8	14.3
13	硫酸(98%)	7.0	24.8	43	乙醇(40%)	6.5	16.6
14	硫酸(60%)	10.2	21.3	44	乙二醇	6.0	23.6
15	硝酸(95%)	12.8	13.8	45	甘油(100%)	2.0	30.0
16	硝酸(60%)	10.8	17.0	46	甘油(50%)	6.9	19.6
17	盐酸(31.5%)	13.0	16.6	47	乙醚	14.5	5.3
18	氢氧化钠(50%)	3.2	25.8	48	乙醛	15.2	14.8
19	戊烷	14.9	5.2	49	丙酮	14.5	7.2
20	己烷	14.7	7.0	50	甲酸	10.7	15.8
21	庚烷	14.1	8.4	51	乙酸(100%)	12.1	14.2
22	辛烷	13.7	10.0	52	乙酸(70%)	9.5	17.0
23	三氯甲烷	14.4	10.2	53	乙酸酐	12.7	12.8
24	四氯化碳	12.7	13.1	54	乙酸乙酯	13.7	9.1
25	二氯乙烷	13.2	12.2	55	乙酸戊酯	11.8	12.5
26	苯	12.5	10.9	56	氟里昂-11	14.4	9.0
27	甲苯	13.7	10.4	57	氟里昂-12	16.8	5.6
28	邻二甲苯	13.5	12.1	58	氟里昂-21	15.7	7.5
29	间二甲苯	13.9	10.6	59	氟里昂-22	17.2	4.7
30	对二甲苯	13.9	10.9	60	煤油	10.2	16.9

　　用法举例：求苯在 50℃时的黏度，从本表序号 26 查得苯的 $X=12.5$，$Y=10.9$。把这两个数值标在前页共线图的 X-Y 坐标上得一点，把这点与图中左方温度标尺上 50℃的点取成一直线，延长，与右方黏度标尺相交，由此交点定出 50℃苯的黏度为 0.42mPa·s。

七、气体的黏度共线图

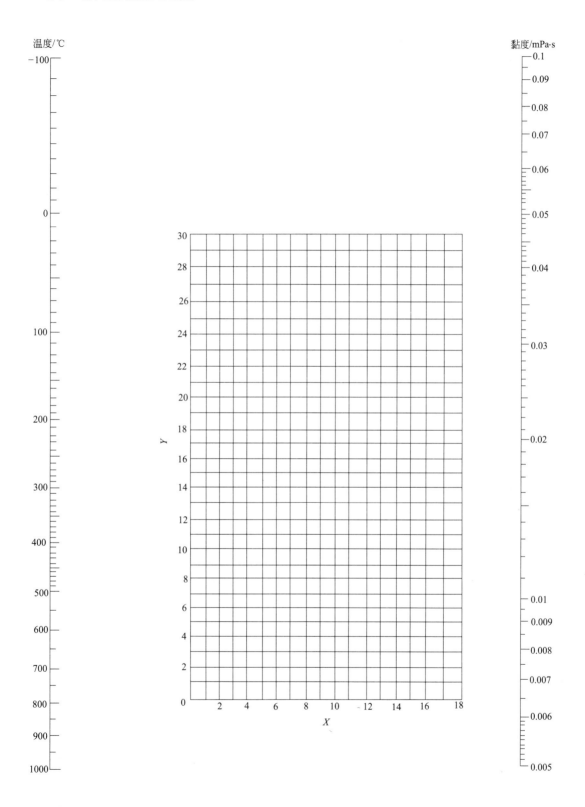

气体黏度共线图坐标值列于下表中。

序　号	名　　称	X	Y
1	空气	11.0	20.0
2	氧	11.0	21.3
3	氮	10.6	20.0
4	氢	11.2	12.4
5	$3H_2 + 1N_2$	11.2	17.2
6	水蒸气	8.0	16.0
7	二氧化碳	9.5	18.7
8	一氧化碳	11.0	20.0
9	氨	8.4	16.0
10	硫化氢	8.6	18.0
11	二氧化硫	9.6	17.0
12	二硫化碳	8.0	16.0
13	一氧化二氮	8.8	19.0
14	一氧化氮	10.9	20.5
15	氟	7.3	23.8
16	氯	9.0	18.4
17	氯化氢	8.8	18.7
18	甲烷	9.9	15.5
19	乙烷	9.1	14.5
20	乙烯	9.5	15.1
21	乙炔	9.8	14.9
22	丙烷	9.7	12.9
23	丙烯	9.0	13.8
24	丁烯	9.2	13.7
25	戊烷	7.0	12.8
26	己烷	8.6	11.8
27	三氯甲烷	8.9	15.7
28	苯	8.5	13.2
29	甲苯	8.6	12.4
30	甲醇	8.5	15.6
31	乙醇	9.2	14.2
32	丙醇	8.4	13.4
33	乙酸	7.7	14.3
34	丙酮	8.9	13.0
35	乙醚	8.9	13.0
36	乙酸乙酯	8.5	13.2
37	氟里昂-11	10.6	15.1
38	氟里昂-12	11.1	16.0
39	氟里昂-21	10.8	15.3
40	氟里昂-22	10.1	17.0

八、饱和水蒸气表（以温度为基准）

温度/℃	压力/kPa	蒸汽的密度/(kg/m³)	液体的焓/(kJ/kg)	蒸汽的焓/(kJ/kg)	汽化热/(kJ/kg)
0	0.6082	0.00484	0.00	2491.1	2491.1
5	0.8730	0.00680	20.94	2500.8	2479.9
10	1.2262	0.00940	41.87	2510.4	2468.5
15	1.7068	0.01283	62.80	2520.5	2457.7
20	2.3346	0.01719	83.74	2530.1	2446.4

温度/℃	压力/kPa	蒸汽的密度/(kg/m³)	液体的焓/(kJ/kg)	蒸汽的焓/(kJ/kg)	汽化热/(kJ/kg)
25	3.1684	0.02304	104.67	2539.7	2435.0
30	4.2474	0.03036	125.60	2549.3	2423.7
35	5.6207	0.03960	146.54	2559.0	2412.5
40	7.3766	0.05114	167.47	2568.6	2401.1
45	9.5837	0.06543	188.41	2577.8	2389.4
50	12.3400	0.08300	209.34	2587.4	2378.1
55	15.7430	0.10430	230.27	2596.7	2366.4
60	19.9230	0.13010	251.21	2606.3	2355.1
65	25.0140	0.16110	272.14	2615.5	2343.4
70	31.1640	0.19790	293.08	2624.3	2331.2
75	38.5510	0.24160	314.01	2633.5	2319.5
80	47.3790	0.29290	334.94	2642.3	2307.4
85	57.8750	0.35310	355.88	2651.1	2295.2
90	70.1360	0.42290	376.81	2659.9	2283.1
95	84.5560	0.50390	397.75	2668.7	2271.0
100	101.3300	0.59700	418.68	2677.0	2258.3
105	120.8500	0.70360	440.03	2685.0	2245.0
110	143.3100	0.82540	460.97	2693.4	2232.4
115	169.1100	0.96350	482.32	2701.3	2219.0
120	198.6400	1.11990	503.67	2708.9	2205.2
125	232.1900	1.29600	525.02	2716.4	2191.4
130	270.2500	1.49400	546.38	2723.9	2177.5
135	313.1100	1.71500	567.73	2731.0	2163.3
140	361.4700	1.96200	589.08	2737.7	2148.6
145	415.7200	2.23800	610.85	2744.4	2133.6
150	476.2400	2.54300	632.21	2750.7	2118.5
160	618.2800	3.25200	675.75	2762.9	2087.2
170	792.5900	4.11300	719.29	2773.3	2054.0
180	1003.5000	5.14500	763.25	2782.5	2019.3
190	1255.6000	6.37800	807.64	2790.1	1982.5
200	1554.7700	7.84000	852.01	2795.5	1943.5
210	1917.7200	9.56700	897.23	2799.3	1902.1
220	2320.8800	11.60000	942.45	2801.0	1858.7
230	2798.5900	13.98000	988.50	2800.1	1811.6
240	3347.9100	16.76000	1034.56	2796.8	1762.2
250	3977.6700	20.01000	1081.45	2790.1	1708.7
260	4693.7500	23.82000	1128.76	2780.9	1652.1
270	5503.9900	28.27000	1176.91	2768.3	1591.4

温度/℃	压力/kPa	蒸汽的密度/(kg/m³)	液体的焓/(kJ/kg)	蒸汽的焓/(kJ/kg)	汽化热/(kJ/kg)
280	6417.2400	33.47000	1225.48	2752.0	1526.5
290	7443.2900	39.60000	1274.46	2732.3	1457.8
300	8592.9400	46.93000	1325.54	2708.0	1382.5
310	9877.9600	55.59000	1378.71	2680.0	1301.3
320	11300.3000	65.95000	1436.07	2648.2	1212.1
330	12879.6000	78.53000	1446.78	2610.5	1163.7
340	14615.8000	93.98000	1562.93	2568.6	1005.7
350	16538.5000	113.20000	1636.20	2516.7	880.5
360	18667.1000	139.60000	1729.15	2442.6	713.0
370	21040.9000	171.00000	1888.25	2301.9	411.1
374	22070.9000	322.60000	2098.00	2098.0	0.0

九、饱和水蒸气表（以压力为基准）

压力(绝压)/kPa	温度/℃	蒸汽的密度/(kg/m³)	液体的焓/(kJ/kg)	蒸汽的焓/(kJ/kg)	蒸发热/(kJ/kg)
1	6.3	0.00773	26.48	2503.1	2746.8
1.5	12.5	0.01133	52.26	2515.3	2463.0
2	17.0	0.01486	71.21	2524.2	2452.9
2.5	20.9	0.01836	87.45	2531.8	2444.3
3	23.5	0.02179	98.38	2536.8	2438.4
3.5	26.1	0.02523	109.30	2541.8	2432.5
4	28.7	0.02867	120.23	2546.8	2426.6
4.5	30.8	0.03205	129.00	2550.9	2421.9
5	32.4	0.03537	135.69	2554.0	2418.3
6	35.6	0.04200	149.06	2560.1	2411.0
7	38.8	0.04864	162.44	2566.3	2403.8
8	41.3	0.05514	172.73	2571.0	2398.2
9	43.3	0.06156	181.16	2574.8	2393.6
10	45.3	0.06798	189.59	2578.5	2388.9
15	53.5	0.09956	224.03	2594.0	2370.0
20	60.1	0.13068	251.51	2606.4	2354.9
30	66.5	0.19393	188.77	2622.4	2333.7
40	78.0	0.24975	315.93	2634.1	2312.2
50	81.2	0.30799	339.80	2644.3	2304.5
60	85.6	0.36514	358.21	2652.1	2293.9
70	89.9	0.42229	376.61	2659.8	2283.2
80	93.2	0.474807	390.08	2665.3	2275.3
90	96.4	0.53384	403.49	2670.8	2267.4
100	99.5	0.58961	416.90	2676.3	2259.5

压力(绝压)/kPa	温度/℃	蒸汽的密度/(kg/m³)	液体的焓/(kJ/kg)	蒸汽的焓/(kJ/kg)	蒸发热/(kJ/kg)
120	104.5	0.69868	137.51	2684.3	2246.8
140	109.2	0.80758	457.67	2692.1	2234.4
160	113.01	0.82981	473.88	2698.1	2224.2
180	116.6	1.0209	489.32	2703.7	2214.3
200	120.2	1.1273	493.91	2709.2	2204.6
250	127.2	1.3904	534.39	2719.7	2185.4
300	133.3	1.6501	560.38	2728.5	2168.0
350	138.8	1.9074	583.76	2736.1	2152.3
400	143.4	2.1618	603.61	2742.1	2138.5
450	147.7	2.4152	622.42	2747.8	2125.4
500	151.7	2.6673	639.59	2752.8	2113.2
600	158.7	3.1686	670.22	2761.4	2091.1
700	164.7	3.6657	696.27	2767.8	2071.5
800	170.4	4.1614	720.96	2773.7	2052.7
900	175.1	4.6525	741.82	2778.1	2036.2
1000	179.9	5.1432	762.68	2782.5	2019.7
1100	180.2	5.6339	780.34	2785.5	2005.1
1200	187.8	6.1241	797.92	2788.5	1990.6
1300	191.5	6.6141	814.25	2790.9	1976.7
1400	194.8	7.1033	829.06	2792.4	1963.7
1500	193.2	7.5935	843.86	2794.5	1950.7
1600	201.3	8.0814	857.77	2796.0	1938.2
1700	204.1	8.5674	870.59	2797.1	1926.5
1800	206.9	9.0533	883.39	2798.1	1914.8
1900	209.8	9.5392	896.21	2799.2	1903.0
2000	212.2	10.0338	907.32	2799.7	1892.4
3000	233.7	15.0075	1005.4	2798.9	1793.5
4000	250.3	20.0969	1082.9	2789.8	1706.8
5000	263.8	25.3663	1146.9	2776.2	1629.2
6000	275.4	30.8494	1203.2	2759.5	1556.3
7000	285.7	36.5744	1253.2	2740.8	1487.6
8000	294.8	42.5768	1299.2	2720.5	1403.7
9000	303.2	48.8945	1343.4	2699.1	1356.5
10000	310.9	55.5407	1384.0	2677.1	1293.1
12000	324.5	70.3075	1463.4	2631.2	1167.7
14000	336.5	87.3020	1567.9	2583.2	1043.4
16000	347.2	107.8010	1615.8	2531.1	915.4
18000	356.9	134.4813	1619.8	2466.0	766.1
20000	365.6	176.5961	1817.8	2364.2	544.9

十、常用离心泵的规格（摘录）

1. IS 型单级单吸离心泵

型号	流量/(m³/h)	扬程/m	转速/(r/min)	汽蚀余量/m	泵效率	功率/kW		泵口径/mm	
						轴功率	配带功率	吸入	排出
IS 50-32-125	7.5	20	2900	2.0	60%	1.13	2.2	50	32
	12.5		2900				2.2		
	15		2900				2.2		
IS 50-32-160	7.5	32	2900	2.0	54%	2.02	3	50	32
	12.5		2900				3		
	15		2900				3		
IS 50-32-200	7.5	52.5	2900	2.0	38%	2.62	5.5	50	32
	12.5	50	2900	2.0	48%	3.54	5.5		
	15	48	2900	2.5	51%	3.84	5.5		
IS 50-32-250	7.5	82	2900	2.0	28.5%	5.67	11	50	32
	12.5	80	2900	2.0	38%	7.16	11		
	15	78.5	2900	2.5	41%	7.83	11		
IS 65-50-125	15	20	2900	2.0	69%	1.97	3	65	50
	25		2900				3		
	30		2900				3		
IS 65-50-160	15	35	2900	2.0	54%	2.65	5.5	65	50
	25	32	2900	2.0	65%	3.35	5.5		
	30	30	2900	2.5	66%	3.71	5.5		
IS 65-40-200	15	53	2900	2.0	49%	4.42	7.5	65	40
	25	50	2900	2.0	60%	5.67	7.5		
	30	47	2900	2.5	61%	6.29	7.5		
IS 65-40-250	15	80	2900	2.0	53%	10.3	15	65	40
	25		2900				15		
	30		2900				15		
IS 80-65-125	30	22.5	2900	3.0	64%	2.87	5.5	80	65
	50	20	2900	3.0	75%	3.63	5.5		
	60	18	2900	3.5	74%	3.93	5.5		
IS 80-65-160	30	36	2900	2.5	61%	4.82	7.5	80	65
	50	32	2900	2.5	73%	5.97	7.5		
	60	29	2900	3.0	72%	6.59	7.5		
IS 80-50-200	30	53	2900	2.5	55%	7.87	15	80	50
	50	50	2900	2.5	69%	9.87	15		
	60	47	2900	3.0	71%	10.8	15		
IS 80-50-250	30	84	2900	2.5	52%	13.2	22	80	50
	50	80	2900	2.5	63%	17.3	22		
	60	75	2900	3.0	64%	19.2	22		
IS 100-80-125	60	24	2900	4.0	67%	5.86	11	100	80
	100	20	2900	4.5	78%	7.00	11		
	120	16.5	2900	5.0	74%	7.28	11		
IS 100-80-160	60	36	2900	3.5	70%	8.42	15	100	80
	100	32	2900	4.0	78%	11.2	15		
	120	28	2900	5.0	75%	12.2	15		
IS 100-65-200	60	54	2900	3.0	65%	13.6	22	100	65
	100	50	2900	3.6	76%	17.9	22		
	120	47	2900	4.8	77%	19.9	22		

2. Sh 型单级双吸离心泵

型号	流量/(m³/h)	扬程/m	转速/(r/min)	汽蚀余量/m	泵效率	功率/kW		泵口径/mm	
						轴功率	配带功率	吸入	排出
100S90	60	95	2950	2.5	61%	23.9	37	100	70
	80	90			65%	28			
	95	82			63%	31.2			
150S100	126	102	2950	3.5	70%	48.8	75	150	100
	160	100			73%	55.9			
	202	90			72%	62.7			
150S78	126	84	2950	3.5	72%	40	55	150	100
	160	78			75.5%	46			
	198	70			72%	52.4			
150S50	130	52	2950	3.9	72.0%	25.4	37	150	100
	160	50			80%	27.6			
	220	40			77%	27.2			
200S95	216	103	2950	5.3	62%	86	132	200	125
	280	95			79.2%	94.4			
	324	85			72%	96.6			
200S95A	198	94	2950	5.3	68%	72.2	110	200	125
	270	87			75%	82.4			
	310	80			74%	88.1			
200S95B	245	72	2950	5	74%	65.8	75	200	125
200S63	216	69	2950	5.8	74%	55.1	75	200	150
	280	63			82.7%	59.4			
	351	50			72%	67.8			
200S63A	180	54.5	2950	5.8	70%	41	55	200	150
	270	46			75%	48.3			
	324	37.5			70%	51			
200S42	216	48	2950	6	81%	34.8	45	200	150
	280	42			84.2%	37.8			
	342	35			81%	40.2			
200S42A	198	43	2950	6	76%	30.5	37	200	150
	270	36			80%	33.1			
	310	31			76%	34.4			
250S65	360	71	1450	3	75%	92.8	160	250	200
	485	65			78.6%	108.5			
	612	56			72%	129.6			
250S65A	342	61	1450	3	74%	76.8	132	250	200
	468	54			77%	89.4			
	540	50			65%	98			

3. D 型节段式多级离心泵

型号	流量/(m³/h)	扬程/m	转速/(r/min)	汽蚀余量/m	泵效率	功率/kW		泵口径/mm	
						轴功率	配带功率	吸入	排出
D6-25×3	3.75	76.5	2950	2	33%	2.37	5.5	40	40
	6.3	75		2	45%	2.86			
	7.5	73.5		2.5	47%	3.19			
D6-25×4	3.75	102	2950	2	33%	3.16	7.5	40	40
	6.3	100		2	45%	3.81			
	7.5	98		2.5	47%	4.26			

续表

型号	流量/(m³/h)	扬程/m	转速/(r/min)	汽蚀余量/m	泵效率	功率/kW 轴功率	功率/kW 配带功率	泵口径/mm 吸入	泵口径/mm 排出
D6-25×5	3.75	127.5	2950	2	33%	3.95	7.5	40	40
	6.3	12.5		2	45%	4.77			
	7.5	122.5		2.5	47%	5.32			
D12-25×2	12.5	50	2950	2.0	54%	3.15	5.5	50	40
D12-25×3	7.5	84.6	2950	2.0	44%	3.93	7.5	50	40
	12.5	75		2.0	54%	4.73			
	15.0	69		2.5	53%	5.32			
D12-25×4	7.5	112.8	2950	2.0	44%	5.24	11	50	40
	12.5	100		2.0	54%	6.30			
	15	92		2.5	53%	7.09			
D12-25×5	7.5	141	2950	2.0	44%	6.55	11	50	40
	12.5	125		2.0	54%	7.88			
	15.0	115		2.5	53%	8.86			
D12-50×2	12.5	100	2950	2.8	40%	8.5	11	50	50
D12-50×3	12.5	150	2950	2.8	40%	12.75	18.5	50	50
D12-50×4	12.5	200	2950	2.8	40%	17	22	50	50
D12-50×5	12.5	250	2950	2.8	40%	21.7	30	50	50
D12-50×6	12.5	300	2950	2.8	40%	25.5	37	50	50
D16-60×3	10	186	2950	2.3	30%	16.9	22	65	50
	16	183		2.8	40%	19.9			
	20	177		3.4	44%	21.9			
D16-60×4	10	248	2950	2.3	30%	22.5	37	65	50
	16	244		2.8	40%	26.6			
	20	236		3.4	44%	29.2			
D16-60×5	10	310	2950	2.3	30%	28.2	45	65	50
	16	305		2.8	40%	33.3			
	20	295		3.4	44%	36.5			
D16-60×6	10	372	2950	2.3	30%	33.8	45	65	50
	16	366		2.8	40%	39.9			
	20	354		3.4	44%	43.2			
D16-60×7	10	434	2950	2.3	30%	39.4	55	65	50
	16	427		2.8	40%	46.6			
	20	413		3.4	44%	51.1			

4. F 型耐腐蚀离心泵

型号	流量/(m³/h)	扬程/m	转速/(r/min)	汽蚀余量/m	泵效率	功率/kW 轴功率	功率/kW 配带功率	泵口径/mm 吸入	泵口径/mm 排出
25F-16	3.60	16.00	2960	4.30	30.00%	0.523	0.75	25	25
25F-16A	3.27	12.50	2960	4.30	29.00%	0.39	0.55	25	25
25F-25	3.60	25.00	2960	4.30	27.00%	0.91	1.50	25	25
25F-25A	3.27	20.00	2960	4.30	26%	0.69	1.10	25	25
25F-41	3.60	41.00	2960	4.30	20%	2.01	3.00	25	25
25F-41A	3.27	33.50	2960	4.30	19%	1.57	2.00	25	25
40F-16	7.20	15.70	2960	4.30	49%	0.63	1.10	40	25
40F-16A	6.55	12.00	2960	4.30	47%	0.46	0.75	40	25
40F-26	7.20	25.50	2960	4.30	44%	1.14	1.50	40	25
40F-26A	6.55	20.00	2960	4.30	42%	0.87	1.10	40	25
40F-40	7.20	39.50	2960	4.30	35%	2.21	3.00	40	25

型号	流量 /(m³/h)	扬程/m	转速 /(r/min)	汽蚀余量 /m	泵效率	功率/kW 轴功率	功率/kW 配带功率	泵口径/mm 吸入	泵口径/mm 排出
40F-40A	6.55	32.00	2960	4.30	34%	1.63	2.20	40	25
40F-65	7.20	65.00	2960	4.30	24%	5.92	7.50	40	25
40F-65A	6.72	56.00	2960	4.30	24%	4.28	5.50	40	25
50F-103	14.4	103	2900	4	25%	16.2	18.5	50	40
50F-103A	13.5	89.5	2900	4	25%	13.2		50	40
50F-103B	12.7	70.5	2900	4	25%	11		50	40
50F-63	14.4	63	2900	4	35%	7.06		50	40
50F-63A	13.5	54.5	2900	4	35%	5.71		50	40
50F-63B	12.7	48	2900	4	35%	4.75		50	40
50F-40	14.4	40	2900	4	44%	3.57	7.5	50	40
50F-40A	13.1	32.5	2900	4	44%	2.64	7.5	50	40
50F-25	14.4	25	2900	4	52%	1.89	5.5	50	40
50F-25A	13.1	20	2900	4	52%	1.37	5.5	50	40
50F-16	14.4	15.7	2900	4	62%	0.99		50	40
50F-16A	13.1	12	2900	4	62%	0.69		50	40
65F-100	28.8	100	2900	4	40%	19.6		65	50
65F-100A	26.9	89	2900	4	40%	15.9		65	50
65F-100B	25.3	77	2900	4	40%	13.3		65	50
65F-64	28.8	64	2900	4	57%	9.65	15	65	50
65F-64A	26.9	55	2900	4	57%	7.75	18.5	65	50
65F-64B	25.3	48.5	2900	4	57%	6.43	18.5	65	50

5. Y型离心油泵

型号	流量 /(m³/h)	扬程/m	转速 /(r/min)	汽蚀余量 /m	泵效率	功率/kW 轴功率	功率/kW 配带功率	泵口径/mm 吸入	泵口径/mm 排出
50Y60	7.5	71		2.7	29%	5.00			
50Y60	13.0	67	2950	2.9	38%	6.24	7.5	50	40
50Y60	15.0	64		3.0	40%	6.55			
50Y60A	7.2	56		2.9	28%	3.92			
50Y60A	11.2	53	2950	3.0	35%	4.68	7.5	50	40
50Y60A	14.4	49		3.0	37%	5.20			
65Y60	15	67		2.4	41%	6.68			
65Y60	25	60	2950	3.05	50%	8.18	11	65	50
65Y60	30	55		3.5	57%	8.90			
65Y60A	13.5	55		2.3	40%	5.06			
65Y60A	22.5	49	2950	3.0	49%	5.13	7.5	65	50
65Y60A	27	45		3.3	50%	5.61			
65Y100	15	115		3.0	32%	14.7			
65Y100	25	110	2950	3.2	40%	18.8	22	65	50
65Y100	30	104		3.4	42%	20.2			
65Y100A	14	96		3.0	31%	11.8			
65Y100A	23	92	2950	3.1	39%	14.75	18.5	65	50
65Y100A	28	87		3.3	41%	16.4			
80Y100	30	110		2.8	42.5%	21.1			
80Y100	50	100	2950	3.1	51%	26.6	37	80	65
80Y100	60	90		3.2	52.5%	28.0			

续表

型号	流量 /(m³/h)	扬程/m	转速 /(r/min)	汽蚀余量 /m	泵效率	功率/kW		泵口径/mm	
						轴功率	配带功率	吸入	排出
	26	91		2.8	42.5%	15.2			
80Y100A	45	85	2950	3.1	52.5%	19.9	30	80	65
	55	78		3.1	53%	22.4			
	25	78		2.8	42%	12.65			
80Y100B	40	73	2950	2.9	52%	15.3	18.5	80	65
	55	62		3.1	55%	16.85			
	60	67		3.3	58%	18.85			
100Y60	100	63	2950	4.1	70%	24.5	30	100	80
	120	59		4.8	71%	27.7			
	54	54		3.4	54%	14.7			
100Y60A	90	49	2950	4.5	64%	18.9	22	100	80
	108	45		5.0	65%	20.4			
	48	42		3.0	54%	10.15			
100Y60B	79	38	2950	3.5	65%	12.55	15	100	80
	95	34		4.2	66%	13.3			

十一、某些固体的热导率

(一) 常用金属的热导率

热导率 /[W/(m·℃)]	温　度/℃				
	0	100	200	300	400
铝	277.95	227.95	227.95	227.95	227.95
铜	383.79	379.14	372.16	367.51	362.86
铁	73.27	67.45	61.64	54.66	48.85
铅	35.12	33.38	31.40	29.77	—
镁	172.12	167.47	162.82	158.17	—
镍	93.04	82.57	73.27	63.97	59.31
银	414.03	409.38	373.32	361.69	359.37
锌	112.81	109.90	105.83	401.18	93.04
碳钢	52.34	48.85	44.19	41.87	34.89
不锈钢	16.28	17.45	17.45	18.49	

(二) 常用非金属材料

材　料	温度t/℃	热导率 k/[W/(m·℃)]	材　料	温度t/℃	热导率 k/[W/(m·℃)]
软木	30	0.04303	木材		
玻璃棉	—	0.03489~0.06978	横向	—	0.1396~0.1745
保温灰	—	0.06978	纵向	—	0.3838
锯屑	20	0.04652~0.05815	耐火砖	230	0.8723
棉花	100	0.06978		1200	1.6398
厚纸	20	0.01369~0.3489	混凝土	—	1.2793
玻璃	30	1.0932	绒毛毡	—	0.0465
	-20	0.7560	85%氧化镁粉	0~100	0.06978
搪瓷	—	0.8723~1.163	聚氯乙烯	—	0.1163~0.1745
云母	50	0.4303	酚醛加玻璃纤维	—	0.2593
泥土	20	0.6987~0.9304	酚醛加石棉纤维	—	0.2942
冰	0	2.326	聚酯加玻璃纤维	—	0.2594
软橡胶	—	0.1291~0.1593	聚碳酸酯	—	0.1907
硬橡胶	0	0.1500	聚苯乙烯泡沫	25	0.04187
聚四氟乙烯	–	0.2419		-150	0.001745
泡沫玻璃	-15	0.004885	聚乙烯	—	0.3291
	-80	0.003489	石墨	—	139.56
泡沫塑料	—	0.04652			

十二、某些液体的热导率

液体		温度 t /℃	热导率 λ /[W/(m·℃)]	液体		温度 t /℃	热导率 λ /[W/(m·℃)]
乙酸				橄榄油		100	0.164
	100%	20	0.171	正戊烷		30	0.135
	50%	20	0.35			75	0.128
丙酮		30	0.177	氯化钾			
		75	0.164		15%	32	0.58
丙烯醇		25~30	0.180		30%	32	0.56
氨		25~30	0.50	氢氧化钾			
氨,水溶液		20	0.45		21%	32	0.58
		60	0.50		42%	32	0.55
正戊醇		30	0.163	硫酸钾	10%	32	0.60
		100	0.154	乙苯		30	0.149
异戊醇		30	0.152			60	0.142
		75	0.151	乙醚		30	0.138
苯胺		0~20	0.173			75	0.135
苯		30	0.159	汽油		30	0.135
		60	0.151	三元醇			
正丁醇		30	0.168		100%	20	0.284
		75	0.164		80%	20	0.327
异丁醇		10	0.157		60%	20	0.381
氯化钙盐水					40%	20	0.448
	30%	30	0.55		20%	20	0.481
	15%	30	0.59		100%	100	0.284
二硫化碳		30	0.161	正庚烷		30	0.140
		75	0.152			60	0.137
四氯化碳		0	0.185	正己烷		30	0.138
		68	0.163			60	0.135
氯苯		10	0.144	正庚醇		30	0.163
三氯甲烷		30	0.138			75	0.157
乙酸乙酯		20	0.175	正己醇		30	0.164
乙醇						75	0.156
	100%	20	0.182	煤油		20	0.149
	80%	20	0.237			75	0.140
	60%	20	0.305	盐酸			
	40%	20	0.388		12.5%	32	0.52
	20%	20	0.486		25%	32	0.48
	100%	50	0.151		38%	32	0.44
硝基苯		30	0.164	水银		28	0.36
		100	0.152	甲醇			
硝基甲苯		30	0.216		100%	20	0.215
		60	0.208		80%	20	0.267
正辛烷		60	0.14		60%	20	0.329
		0	0.138~0.156		40%	20	0.405
石油		20	0.180		20%	20	0.492
蓖麻油		0	0.173		100%	50	0.197
		20	0.168	氯甲烷		-15	0.192
						30	0.154
				正丙醇		30	0.171

十三、某些气体的热导率

气体或蒸气	温度t /K	热导率λ / [W/(m·℃)]	气体或蒸气	温度t /K	热导率λ / [W/(m·℃)]
空气	273	0.0242	氨	213	0.0164
	373	0.0317		273	0.0222
	473	0.0391		323	0.0272
	573	0.0459		373	0.0320
苯	273	0.0090	乙酸乙酯	319	0.0125
	319	0.0126		373	0.0166
	373	0.0178		457	0.0244
	457	0.0263	乙醇	293	0.0154
	485	0.0305		373	0.0215
正丁烷	273	0.0135	氯乙烷	273	0.0095
	373	0.0234		313	0.0164
异丁烷	273	0.0138		457	0.0234
	373	0.0241		485	0.0263
二氧化碳	223	0.0118	乙醚	273	0.0133
	273	0.0147		319	0.0171
	373	0.0230		373	0.0227
	473	0.0313		457	0.0327
	573	0.0396		485	0.0362
二硫化碳	273	0.0069	乙烯	202	0.0111
	280	0.0073		273	0.0175
一氧化碳	84	0.0071		323	0.0267
	94	0.0080		373	0.0279
	273	0.0234	正庚烷	373	0.0178
四氯化碳	319	0.0071		473	0.0194
	373	0.0090	正己烷	273	0.0125
	457	0.0112		293	0.0138
氯	273	0.0074	己烯	273	0.0106
甲烷	173	0.0173		373	0.0189
	223	0.0251	氢	173	0.113
	273	0.0302		223	0.144
	323	0.0372		273	0.173
甲醇	273	0.0144		323	0.199
	373	0.0222		373	0.223
乙酸甲酯	373	0.0102		573	0.308
	293	0.0118	环己烷	375	0.0164
乙烷	203	0.0114	氮	173	0.0164
	239	0.0149		273	0.0242
	273	0.0183		323	0.0277
	373	0.0303		373	0.0312
丙酮	273	0.0098	氧	173	0.0164
	319	0.0128		223	0.0206
	373	0.0171		273	0.0246
	457	0.0254		323	0.0284
乙炔	198	0.0118		373	0.0821
	273	0.0187	正戊烷	273	0.0128
	323	0.0242		293	0.0144
	373	0.0298	异戊烷	273	0.0125
氯甲烷	273	0.0067		373	0.0220
	319	0.0085	丙烷	273	0.0151
	373	0.0109		373	0.0261
	485	0.0164	二氧化硫	273	0.0087
	273	0.0092		373	0.0114
二氯甲烷	319	0.00125	水蒸气	319	0.0208
	373	0.0163		373	0.0237
	457	0.0225		473	0.0324
	485	0.0256		573	0.0429
三氯甲烷	273	0.0066		673	0.0545
	319	0.0080		773	0.0763
	373	0.0100	硫化氢	273	0.0132
	457	0.0133	水银	473	0.0341

十四、液体的比热容共线图

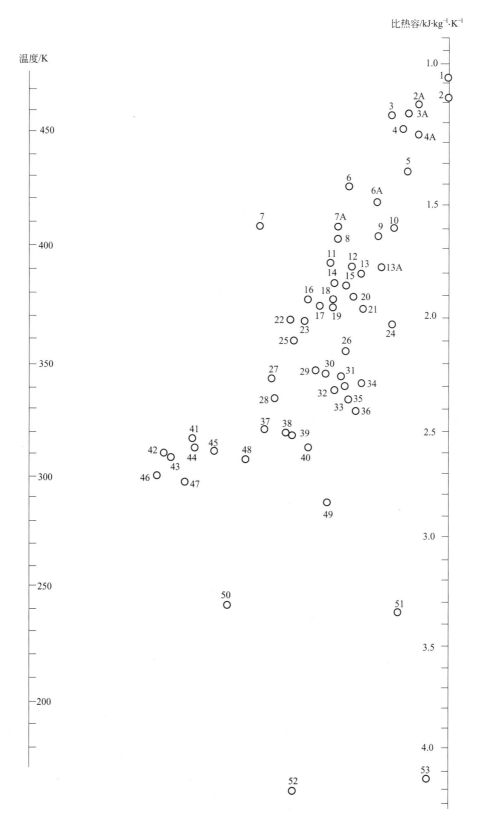

液体比热容共线图中的编号列于下表中。

编号	名称	温度范围/℃	编号	名称	温度范围/℃
53	水	10~200	35	己烷	-80~20
51	盐水(25%NaCl)	-40~20	28	庚烷	0~60
49	盐水(25%CaCl₂)	-40~20	33	辛烷	-50~25
52	氨	-70~50	34	壬烷	-50~25
11	二氧化硫	-20~100	21	癸烷	-80~25
2	二氧化碳	-100~25	13A	氯甲烷	-80~20
9	硫酸(98%)	10~45	5	二氯甲烷	-40~50
48	盐酸(30%)	20~100	4	三氯甲烷	0~50
22	二苯基甲烷	30~100	46	乙醇(95%)	20~80
3	四氯化碳	10~60	50	乙醇(50%)	20~80
13	氯乙烷	-30~40	45	丙醇	-20~100
1	溴乙烷	5~25	47	异丙醇	20~50
7	碘乙烷	0~100	44	丁醇	0~100
6A	二氯乙烷	-30~60	43	异丁醇	0~100
3	过氯乙烯	-30~40	37	戊醇	-50~25
23	苯	10~80	41	异戊醇	10~100
23	甲苯	0~60	39	乙二醇	-40~200
17	对二甲苯	0~100	38	甘油	-40~20
18	间二甲苯	0~100	27	苯甲醇	-20~30
19	邻二甲苯	0~100	36	乙醚	-100~25
8	氯苯	0~100	31	异丙醚	-80~200
12	硝基苯	0~100	32	丙酮	20~50
30	苯胺	0~130	29	乙酸	0~80
10	苯甲基氯	-30~30	24	乙酸乙酯	-50~25
25	乙苯	0~100	26	乙酸戊酯	-20~70
15	联苯	80~120	20	吡啶	-40~15
16	联苯醚	0~200	2A	氟里昂-11	-20~70
16	道舍姆 A (Dowtherm A) (联苯-联苯醚)	0~200	6	氟里昂-12	-40~15
14	萘	90~200	4A	氟里昂-21	-20~70
40	甲醇	-40~20	7A	氟里昂-22	-20~60
42	乙醇(100%)	30~80	3A	氟里昂-113	-20~70

用法举例：求丙醇在 47℃（320K）时的比热容，从本表找到丙醇的编号为 45，通过图中标号 45 的圆圈与图中左边温度标尺上 320K 的点联成直线并延长与右边比热容标尺相交，由此交点定出 320K 时丙醇的比热容为 2.71kJ/(kg·K)。

十五、气体的比热容共线图（101.33kPa）

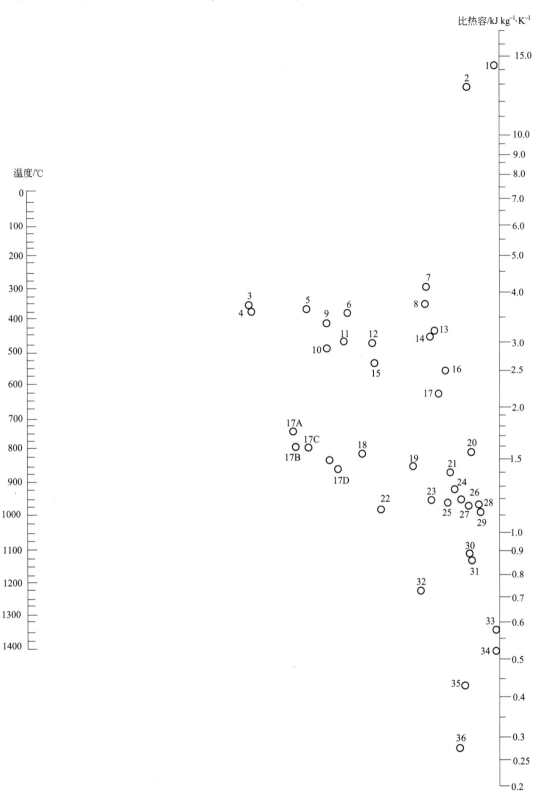

气体比热容共线图的编号列于下表中。

编　　号	气　　体	温度范围/K
10	乙炔	273～473
15	乙炔	473～673
16	乙炔	673～1673
27	空气	273～1673
12	氨	273～873
14	氨	873～1673
18	二氧化碳	273～673
24	二氧化碳	673～1673
26	一氧化碳	273～1673
32	氯	273～473
34	氯	473～1673
3	乙烷	273～473
9	乙烷	473～873
8	乙烷	873～1673
4	乙烯	273～473
11	乙烯	473～873
13	乙烯	873～1673
17B	氟里昂-11(CCl_3F)	273～423
17C	氟里昂-21($CHCl_2F$)	273～423
17A	氟里昂-22($CHClF_2$)	273～423
17D	氟里昂-113($CCl_2F\text{-}CClF_2$)	273～423
1	氢	273～873
2	氢	873～1673
35	溴化氢	273～1673
30	氯化氢	273～1673
20	氟化氢	273～1673
36	碘化氢	273～1673
19	硫化氢	273～973
21	硫化氢	973～1673
5	甲烷	273～573
6	甲烷	573～973
7	甲烷	973～1673
25	一氧化氮	273～973
28	一氧化氮	973～1673
26	氮	273～1673
23	氧	273～773
29	氧	773～1673
33	硫	573～1673
22	二氧化硫	272～673
31	二氧化硫	673～1673
17	水	273～1673

十六、蒸发潜热共线图

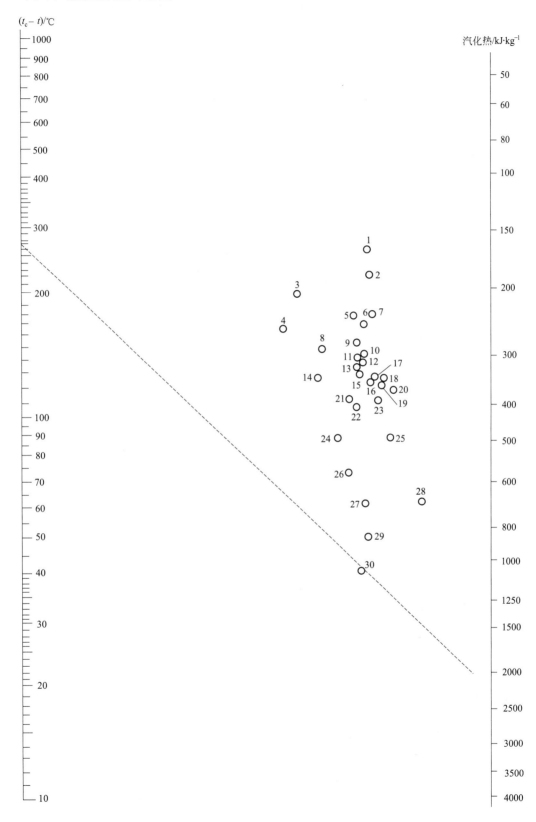

蒸发潜热共线图的编号列于下表中。

编　号	化　合　物	范围$(t_c - t)$/℃	临界温度t_c/℃
18	乙酸	100~225	321
22	丙酮	120~210	235
29	氨	50~200	133
13	苯	10~400	289
16	丁烷	90~20	153
21	二氧化碳	10~100	31
4	二硫化碳	140~275	273
2	四氯化碳	30~250	283
7	三氯甲烷	140~275	263
8	二氯甲烷	150~250	216
3	联苯	175~400	527
25	乙烷	25~150	32
26	乙醇	20~140	243
28	乙醇	140~300	243
17	氯乙烷	100~250	187
13	乙醚	10~400	194
2	氟里昂-11(CCl_3F)	70~250	198
2	氟里昂-12(CCl_2F_2)	40~200	111
5	氟里昂-21($CHCl_2F$)	70~250	178
6	氟里昂-22($CHClF_2$)	50~170	96
1	氟里昂-113($CCl_2F-CClF_2$)	90~250	214
10	庚烷	20~300	267
11	己烷	50~225	235
15	异丁烷	80~200	134
27	甲醇	40~250	240
20	氯甲烷	70~250	143
19	一氧化二氮	25~150	36
9	辛烷	30~300	296
12	戊烷	20~200	197
23	丙烷	40~200	96
24	丙醇	20~200	264
14	二氧化硫	90~160	157
30	水	10~500	374

【例】　求100℃水蒸气的蒸发潜热。

解　从表中查出水的编号为30，临界温度t_c为374℃，故

$$t_c - t = 374 - 100 = 274℃$$

在温度标尺上找出相应于274℃的点，将该点与编号30的点相连，延长与蒸发潜热标尺相交，由此读出100℃时水的蒸发潜热为2257kJ/kg。

十七、某些二元物系的气液相平衡数据

1. 苯-甲苯

苯摩尔分数		温度/℃	苯摩尔分数		温度/℃
液相中	气相中		液相中	气相中	
0.0	0.0	110.6	59.2%	78.9%	89.4
8.8%	21.2%	106.1	70.0%	85.3%	86.8
20.0%	37.0%	102.2	80.3%	91.4%	84.4
30.0%	50.0%	98.6	90.3%	95.7%	82.3
39.7%	61.8%	95.2	95.0%	97.0%	81.2
48.9%	71.0%	92.1	100.0%	100.0%	80.2

2. 乙醇-水

乙醇摩尔分数		温度/℃	乙醇摩尔分数		温度/℃
液相中	气相中		液相中	气相中	
0.00	0.00	100	32.73%	58.26%	81.5
1.90%	17.00%	95.5	39.65%	61.22%	80.7
7.21%	38.91%	89.0	50.79%	65.64%	79.8
9.66%	43.75%	86.7	51.98%	65.99%	79.7
12.38%	47.04%	85.3	57.32%	68.41%	79.3
16.61%	50.89%	84.1	67.63%	73.85%	78.74
23.37%	54.45%	82.7	74.72%	78.15%	78.41
26.08%	55.80%	82.3	89.43%	89.43%	78.15

3. 硝酸-水

硝酸摩尔分数		温度/℃	硝酸摩尔分数		温度/℃
液相中	气相中		液相中	气相中	
0	0	100.0	45%	64.6%	119.5
5%	0.3%	103.0	50%	83.6%	115.6
10%	1.0%	109.0	55%	92.0%	109.0
15%	2.5%	114.3	60%	95.2%	101.0
20%	5.2%	117.4	70%	98.0%	98.0
25%	9.8%	120.1	80%	99.3%	81.8
30%	16.5%	121.4	90%	99.8%	85.6
38.4%	38.4%	121.9	100%	100%	85.4
40%	46.0%	121.6			

4. 甲醇-水

甲醇摩尔分数		温度/℃	甲醇摩尔分数		温度/℃
液相中	气相中		液相中	气相中	
0	0	100.0	29.09%	68.01%	77.8
5.31	28.34	92.9	33.33%	69.18%	76.7

续表

甲醇摩尔分数		温度/℃	甲醇摩尔分数		温度/℃
液相中	气相中		液相中	气相中	
7.67	40.01	90.3	35.13%	73.47%	76.2
9.26	43.53	88.9	46.20%	77.56%	73.8
12.57	48.31	86.6	52.92%	79.71%	72.7
13.15	54.55	85.0	59.37%	81.83%	71.3
16.74	55.85	83.2	68.49%	84.92%	70.0
18.18	57.75	82.3	77.01%	89.62%	68.0
20.83	62.73	81.6	87.41%	91.94%	66.9
23.19	64.85	80.2	100.00%	100.00%	64.7
28.18	67.75	78.0			

十八、几种气体溶于水时的亨利系数

气体	温度/℃															
	0	5	10	15	20	25	30	35	40	45	50	60	70	80	90	100
$E \times 10^{-3}$/MPa																
H_2	5.87	6.16	6.44	6.70	6.92	7.16	7.38	7.52	7.61	7.70	7.75	7.75	7.71	7.65	7.61	7.55
N_2	5.36	6.05	6.77	7.48	8.14	8.76	9.36	9.98	10.5	11.0	11.4	12.2	12.7	12.8	12.8	12.8
空气	4.38	4.94	5.56	6.15	6.73	7.29	7.81	8.34	8.81	9.23	9.58	10.2	10.6	10.8	10.9	10.8
CO	3.57	4.01	4.48	4.95	5.43	5.87	6.28	6.68	7.05	7.38	7.71	8.32	8.56	8.56	8.57	8.57
O_2	2.58	2.95	3.31	3.69	4.06	4.44	4.81	5.14	5.42	5.70	5.96	6.37	6.72	6.96	7.08	7.10
CH_4	2.27	2.62	3.01	3.41	3.81	4.18	4.55	4.92	5.27	5.58	5.85	6.34	6.75	6.91	7.01	7.10
NO	1.71	1.96	1.96	2.45	2.67	2.91	3.14	3.35	3.57	3.77	3.95	4.23	4.34	4.54	4.58	4.60
C_2H_6	1.27	1.91	1.57	2.90	2.66	3.06	3.47	3.88	4.28	4.69	5.07	5.72	6.31	6.70	6.96	7.01
$E \times 10^{-2}$/MPa																
C_2H_4	5.59	6.61	7.78	9.07	10.3	11.5	12.9	—	—	—	—	—	—	—	—	—
N_2O	—	1.19	1.43	1.68	2.01	2.28	2.62	3.06	—	—	—	—	—	—	—	—
CO_2	0.737	0.887	1.05	1.24	1.44	1.66	1.88	2.12	2.36	2.60	2.87	3.45	—	—	—	—
C_2H_2	0.729	0.85	0.97	1.09	1.23	1.35	1.48	—	—	—	—	—	—	—	—	—
Cl_2	0.271	0.334	0.399	0.461	0.537	0.604	0.67	0.739	0.80	0.86	0.90	0.97	0.99	0.97	0.96	—
H_2S	0.271	0.319	0.372	0.418	0.489	0.522	0.617	0.685	0.755	0.825	0.895	1.04	1.21	1.37	1.46	1.062
E/MPa																
Br_2	2.16	2.79	3.71	4.72	6.01	7.47	9.17	11.04	13.47	16.0	19.4	25.4	32.5	40.9	—	—
SO_2	1.67	2.02	2.45	2.94	3.55	4.13	4.85	5.67	6.60	7.63	8.71	11.1	13.9	17.0	20.1	—

参 考 文 献

［1］ 冷士良、陆清、宋志轩. 化工单元操作及设备. 2版. 北京：化学工业出版社，2018.
［2］ 刘承先. 流体输送及非均相分离技术. 2版. 北京：化学工业出版社，2014.
［3］ 薛叙明. 传热应用技术. 3版. 北京：化学工业出版社，2019.
［4］ 刘媛. 传质分离技术. 3版. 北京：化学工业出版社，2020.
［5］ 王壮坤. 化工单元操作技术. 2版. 北京：高等教育出版社，2013.
［6］ 蒋丽芬. 化工原理. 2版. 北京：高等教育出版社，2014.
［7］ 张洪流. 流体流动与传热. 北京：化学工业出版社，2010.
［8］ 周立雪. 传质与分离技术. 北京：化学工业出版社，2010.
［9］ 汤金石，赵锦全. 化工过程及设备. 北京：化学工业出版社，1996.
［10］ 柴诚敬，张国亮. 化工流体流动与传热. 2版. 北京：化学工业出版社，2007.
［11］ 贾绍义，柴诚敬. 化工传质与分离过程. 2版. 北京：化学工业出版社，2007.
［12］ 陆美娟. 化工原理. 3版. 北京：化学工业出版社，2012.
［13］ 陈敏恒等. 化工原理. 4版. 北京：化学工业出版社，2015.
［14］ 杨祖荣. 化工原理. 3版. 北京：化学工业出版社，2014.
［15］ 严希康. 生化分离工程. 北京：化学工业出版社，2001.
［16］ 化工部人教司. 化工管路安装与维修. 北京：化学工业出版社，1997.
［17］ 贾绍义，柴诚敬. 化工原理. 高等教育出版社，2013.
［18］ 冯孝庭. 吸附分离技术. 北京：化学工业出版社，2000.
［19］ 刘茉娥等. 膜分离技术. 北京：化学工业出版社，2001.
［20］ 时钧. 化学工程手册. 2版. 北京：化学工业出版社，2002.
［21］ 姚玉英等. 化工原理. 天津：天津科学技术出版社，2011.